高等学校新工科计算机类专业系列教材

面向对象程序设计 ——Java

（第四版）

张白一　崔尚森　编著

西安电子科技大学出版社

内 容 简 介

本书将面向对象的理论与 Java 语言程序设计技术相结合，旨在提高读者正确运用面向对象的思维方法分析问题和解决问题的能力。全书共分 16 章。第 1 章介绍了编程语言的发展、Java 语言的特点和 Eclipse 集成开发环境。第 2～6 章主要讲述面向对象的基本理论、原理、技术方法和 Java 语言基础知识，阐述了面向对象程序设计的基本原则和特点。第 7～16 章讲述了 Java 的常用标准类库及编程技巧，主要包括字符串类、集合类、异常处理、输入/输出技术、GUI 设计、Java 2D 渲染、多线程技术、网络编程技术及 JDBC 编程技术。

本书可作为高等院校计算机类、软件工程类、信息类专业相关课程的教材，也可作为对面向对象编程技术和 Java 语言感兴趣的读者的自学用书。

图书在版编目(CIP)数据

面向对象程序设计：Java / 张白一，崔尚森编著. --4 版. --西安：西安电子科技大学出版社，2024.1(2024.11 重印)

ISBN 978-7-5606-7073-7

Ⅰ. ①面… Ⅱ. ①张… ②崔… Ⅲ. ①JAVA 语言—程序设计 Ⅳ. ①TP312.8

中国国家版本馆 CIP 数据核字(2023)第 210460 号

责任编辑 许青青

出版发行 西安电子科技大学出版社(西安市太白南路 2 号)

电 话 (029)88202421 88201467 邮 编 710071

网 址 www.xduph.com 电子邮箱 xdupfxb001@163.com

经 销 新华书店

印刷单位 陕西日报印务有限公司

版 次 2024 年 1 月第 4 版 2024 年 11 月第 3 次印刷

开 本 787 毫米×1092 毫米 1/16 印 张 26.5

字 数 630 千字

定 价 67.00 元

ISBN 978-7-5606-7073-7

XDUP 7375004-3

***** 如有印装问题可调换 *****

前 言

科学技术总是在不断地发展变化，随着时间的推移，总会出现一些新的技术并淘汰一些旧的技术。本书第三版于 2013 年出版，书中的某些内容已经不再适用当今的教学。为此，我们进行了本次修订。本次修订的主要内容包括：

第一，在前三版书中示例程序大量使用 Java Applet 程序，用它编写嵌入 HTML 页面中的动态网页。然而，随着技术的发展，Applet 的技术优势不再明显，并且存在一定的安全隐患，很多浏览器已经不再支持 Applet，Java 9 也已经废弃并移除了与 Applet 相关的 API。为适应这种变化，我们在本次修订中去掉了之前所有 Applet 示例程序，而改用 Application 示例程序。

第二，启用了可视化的集成开发环境 Eclipse，用图解方式介绍 Eclipse IDE 的安装和使用方法，这主要涉及第 1 章 1.2、1.3 和 1.4 节的内容。

第三，对第 8～14 章的内容进行了必要的调整和增删。

第四，将书中出现的所有示例程序全部在 Eclipse IDE 中进行了调试和运行。

第五，本书使用了 Java SE 17 版本，在论述及示例中不再使用 Java SE 17 版本中废弃的包、类及方法。

希望这些修改能为学习 Java 语言的读者提供更好的帮助。

全书共分 16 章。第 1 章介绍 Java 系统环境概述，第 2 章讲述 Java 语言基础，第 3 章讲述程序流程控制，第 4 章讲述类与对象，第 5 章介绍消息、继承与多态，第 6 章讲述数组，第 7 章讲述字符串类，第 8 章介绍集合框架，第 9 章讨论异常处理，第 10 章讲述输入与输出，第 11 章介绍 GUI 设计概述及布局管理，第 12 章讲述 GUI 设计中的事件响应，第 13 章介绍 Java 2D 渲染，第 14 章讲述多线程，第 15 章介绍网络编程，第 16 章介绍 JDBC 编程。

为了方便教学和实践，本书配有电子教案、示例和程序代码，读者可以登录西安电子科技大学出版社网站获取。

本书的编写和修改过程，是作者不断学习 Java 的过程，也是作者向同行学习、向学生学习的过程。在此，对使用该书的教师、学生，以及热心向我们提出宝贵意见和建议的读者深表谢意，并希望继续得到大家的支持和帮助。对于本书的各种意见和建议可直接发送电子邮件到 136022463@qq.com。

作 者
2023 年 8 月

目 录

第 1 章　Java 系统环境概述

Java 语言是美国 Sun Microsystems 公司于 1995 年正式推出的纯面向对象(object-oriented，OO)的程序设计语言。由于它很好地解决了网络编程语言中的诸多问题，因此一经推出，便受到了计算机界的普遍欢迎和接受，并得到了广泛的应用和发展，成为目前网络时代最为流行的程序设计语言。

面向对象的编程语言使程序能够比较直观地反映客观世界的本来面目，并且使软件开发人员能够运用人类认识事物所采用的一般思维方法进行软件开发，是当今计算机领域软件开发和应用的主流技术。所有面向对象的程序设计语言都支持对象、类、消息、封装、继承、多态等概念，而这些概念是人们在进行软件开发、程序设计的过程中逐渐提出来的。因此，要弄清面向对象及其相关概念，就得先从程序设计语言的发展谈起。

1.1　编程语言的发展

自从 1946 年第一台电子计算机问世以来，人们一直在探索自然语言与计算机语言之间的映射问题。我们知道，人类的任何思维活动都是借助其熟悉的某种自然语言进行的。若希望借助计算机完成人类的一种思维活动，就需要把用自然语言表达的内容转换成用计算机能够理解和执行的语言来表达，这类语言便是编程语言或程序设计语言。毫无疑问，电子计算机毕竟是一种机器，它能够理解和执行的编程语言和自然语言之间存在着较大的差距，这种差距被人们称作"语言的鸿沟"。这一鸿沟虽不可彻底消除，但可以逐渐变窄。事实上，从计算机问世至今，各种编程语言不断发展变迁，其目的就是缩小这一鸿沟。图 1.1 展示了从机器语言发展到面向对象的语言使"语言的鸿沟"变窄的情形。

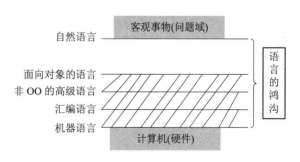

图 1.1　编程语言的发展使"语言的鸿沟"变窄

1.1.1　机器语言

电子计算机是一种机器，这种机器主要由电子元器件构成。对于电子元器件来说，最容易表达的是电流的通/断或电位的高/低状态。因此，在电子计算机问世之初，人们首先想

到的是用"0"和"1"两种符号来代表电路的通和断两种状态，这便是最早的编程语言
——机器语言。

机器语言是计算机能够理解并直接执行的唯一语言。整个语言只包含"0"和"1"两
种符号。用机器语言编写的程序，无论是指令、数据还是存储地址，都是由二进制的"0"
和"1"组成的。这种语言离计算机最近，机器能够直接执行它。然而，由"0"和"1"组
成的二进制串没有丝毫的形象意义，因此，它离人类的思维最远，"语言的鸿沟"最宽。所
以，用机器语言编写程序的效率最低，并且在编写程序时很容易发生错误。

1.1.2　汇编语言

为了克服机器语言的缺陷，人们设想用一些易于理解和记忆的符号来代替二进制码，
这便是汇编语言。由于汇编语言用符号构成程序，而这些符号表示指令、数据、寄存器、
地址等物理概念，因而，使用汇编语言编程在适合人类形象思维的道路上前进了一步。但
是，使用汇编语言编写程序时，编程人员依然需要考虑寄存器等大量的机器细节，即汇编
语言仍然是一种与具体机器硬件有关的语言，是一种面向机器的语言，因此，人们也把它
称为符号化的机器语言。

1.1.3　高级语言

由于机器语言和汇编语言都离不开具体的机器指令系统，用它们编程时要求程序员必
须熟悉所用计算机的硬件特性，因而，用它们编写程序的技术复杂，效率不高，且可维护性
和可移植性都很差。为了从根本上摆脱语言对机器的依附，人们经过多年的潜心研究，终于
在 1956 年推出了一种与具体机器指令系统无关、表达方式接近自然语言的计算机语言——
FORTRAN 语言。在 FORTRAN 语言程序中，采用了具有一定含义的数据命名和人们容易
理解的执行语句，屏蔽了机器细节，使得人们在书写和阅读程序时可以联系到程序所描述
的具体事物。所以，人们把这种"与具体机器指令系统无关，表达方式接近自然语言"的
计算机语言称为高级语言。高级语言的出现是编程语言发展史上的一大进步，它缩小了编
程语言与自然语言之间的鸿沟。

此后，高级语言进一步向体现客观事物的结构和逻辑含义的方向发展。结构化数据、
结构化语句、数据抽象、过程抽象等概念相继被提出。以 1971 年推出的 Pascal 为典型代表
的结构化程序设计语言，进一步缩小了编程语言和自然语言的距离。在此后的十几年中，
结构化程序设计进一步发展成为一门方法学。在 20 世纪 70 年代到 80 年代，各种结构化程
序设计语言及方法非常流行，成为当时软件开发设计领域的主流技术。

在结构化程序设计中，把程序概括为如下的公式：

$$程序 = 数据结构 + 算法$$

其中，数据结构是指利用计算机的离散逻辑来量化表达需要解决的问题，而算法则是研究
如何高效而快捷地组织解决问题的具体过程。可见，以结构化程序设计为代表的高级语言
是一种面向数据/过程的程序设计语言，故这类语言也称为面向过程的语言。

面向过程的语言可以精确地用计算机所理解的逻辑来描述和表达待解决问题的具体解
决过程。然而，它把数据和过程分离为相互独立的实体，使程序中的数据和操作不能有效

地组织成与问题域中的具体事物相对应的程序成分，所以它很难把一个具有多种相互关系的复杂事物表述清楚。程序员在编写算法时，必须时刻考虑所要处理问题的数据结构，如果数据结构发生了轻微的变化，那么对处理这些数据的算法也要做出相应的修改，甚至完全重写。因而，用这种程序设计方法编写的软件其重用性较差。为了较好地解决软件的重用性问题，使数据与程序始终保持相容，人们又提出了面向对象的程序设计方法。

1.1.4　面向对象的语言

面向对象的编程语言(object-oriented programming language，OOPL)的设计出发点是为了更直接地描述问题域中客观存在的事物(即对象)以及它们之间的关系。面向对象技术追求的是软件系统对现实世界的直接模拟，它将现实世界中的事物直接映射到软件系统的解空间。它希望用户最大程度地利用软件系统，花费少量的编程时间来解决需要解决的问题。

在面向对象的程序设计语言中，可以把程序描述为如下的公式：

$$程序 = 对象 + 消息$$

面向对象的语言对现实世界的直接模拟体现在下面几个方面：

(1) 对象(object)。只要我们仔细研究程序设计所面对的问题域——客观世界，就可以看到：客观世界是由一些具体的事物构成的，每个事物都具有自己的一组静态特征(属性)和一组动态特征(行为)。例如，一辆汽车有颜色、型号、马力、生产厂家等静态特征，又具有行驶、转弯、停车等动态特征。要把客观世界的这一事实映射到面向对象的程序设计语言中，则需把问题域中的事物抽象成对象，用一组数据描述该对象的静态特征(即属性，在 Java 中称为数据成员)，用一组方法来刻画该对象的动态特征(即行为)。

(2) 类(class)。客观世界中的事物既具有特殊性，又具有共同性。人类认识客观世界的基本方法之一就是对事物进行分类，即根据事物的共同性把事物归结为某些类。考虑一下所有的汽车和一辆汽车之间的关系就很容易理解这一点。OOPL 很自然地用类(class)来表示一组具有相同属性和方法的对象。

(3) 继承(inheritance)。在同一类事物中，每个事物既具有同类的共同性，又具有自己的特殊性。OOPL 用父类与子类的概念来描述这一事实。在父类中描述事物的共性，通过父类派生(derive)子类的机制来体现事物的个性。考虑同类事物中每个事物的特殊性时，可由这个父类派生子类，子类可以继承父类的共同性，又具有自己的特殊性。

(4) 封装(encapsulation)。客观世界中的事物是一个独立的整体，它的许多内部实现细节是外部所不关心的。例如，对于一个只管开车的驾驶员来说，他可能根本不知道他所驾驶的这辆汽车内部用了多少根螺钉或几米导线，以及它们是怎样组装的。OOPL 用封装机制把对象的属性和方法结合为一个整体，并且屏蔽了对象的内部细节。

(5) 关联(association)。客观世界中的一个事物可能与其他事物之间存在某种行为上的联系。例如，一辆行驶中的汽车遇到红色信号灯时要刹车停止，OOPL 便通过消息连接来表示对象之间的这种动态联系(也称之为关联)。

(6) 组合体(composite)。拥有其他对象的对象被称为组合体。客观世界中较为复杂的事物往往是由其他一些比较简单的事物构成的。例如，一辆自行车是由车架、车轮、把手等构件构成的。OOPL 也提供了描述这种组合体的功能。

综上所述，面向对象的编程语言使程序能够比较直接地反映客观世界的本来面目，并且使软件开发人员能够运用人类认识事物所采用的一般思维方法来进行软件开发。面向对象的语言和人类认识、理解客观世界所使用的自然语言之间的差距是比较小的。当然，二者之间仍然存在着一定的差距，自然语言的丰富多样和借助人脑的联想思维才能辨别的语义，仍是目前任何一种计算机编程语言无法相比的。

1.1.5 面向对象语言的发展

面向对象的语言是在软件开发的实践中逐步提出并不断完善的。1967 年由挪威计算中心开发的 Simula 67 语言首先引入了类的概念和继承机制，被看作面向对象语言的鼻祖。

20 世纪 70 年代出现的 CLU、并发 Pascal、Ada 和 Modula-2 等编程语言，对抽象数据类型理论的发展起到了重要作用。这些语言支持数据与操作的封装。

1980 年提出的 Smalltalk-80 是第一个完善的、能够实际应用的面向对象的语言。它在系统的设计中强调对象概念的统一，并引入和完善了类、方法、实例等概念和术语，应用了继承机制和动态链接。它被看作一种最纯粹的面向对象的程序设计语言。

从 20 世纪 80 年代中期到 90 年代，是面向对象语言走向繁荣的阶段。其主要表现是大批比较实用的 OOPL 涌现，如 C++、Objective-C、Object Pascal、COLOS(common lisp object system)、Eiffel、Actor 及 Java 等。

综观所有的面向对象程序设计语言，我们可以把它们分为两大类：

(1) 纯粹的面向对象语言，如 Smalltalk、Java。在这类语言中，绝大部分语言成分都是"对象"。这类语言强调的是开发快速原型的能力。

(2) 混合型的面向对象语言，如 C++、Object Pascal。这类语言在传统的过程化语言中加入了各种面向对象的语言，它们强调的是运行效率。

1.2 网络时代的编程语言——Java

Internet 将世界各地成千上万的计算机子网连接成一个庞大的整体，而这些子网是由各种各样不同型号、不同规模、使用不同操作系统、具有不同应用软件平台的计算机组成的。这就很自然地提出了一个问题：有没有一种语言，使得程序员用这种语言编写的程序可以在不同的计算机上运行，从而减少编程工作量，提高程序的可移植性，使 Internet 能够发挥更多、更大的作用呢？Java 正因顺应了这种需求而得到了广泛的使用。它以其平台无关性、面向对象、多线程、半编译半解释等特点而成为网络时代的编程语言。

1.2.1 Java 的产生

1991 年初，美国 Sun Microsystems 公司(以下简称 Sun 公司)成立了一个以 James Gosling 为首、名为 Green 的项目研发小组，其目标是开发一个面向家用电器市场的软件产品，用软件实现一个对家用电器进行集成控制的小型控制装置。他们首先注意到这个产品必须具有平台独立性，即让该软件在任何 CPU 上都能运行。为达到此目的，Gosling 首先从改写

C++ 语言的编译器着手。但是，他们很快便意识到这个产品还必须具有高度的简洁性和安全性，而 C++ 在这方面显然无法胜任。因此，Gosling 决定自行开发一种新的语言，并将该语言命名为 Oak(橡树)。

Oak 是 Green 项目小组开发的一个名为"StarSeven"的产品的一个组成部分。StarSeven 是一个集成了 Oak、GreenOS(一种操作系统)、用户接口模块和硬件模块四个部分的类似于 PDA(personal digital assistant，个人数字助理)的设备。StarSeven 的第一个原型于 1992 年 8 月问世。尽管这个原型非常成功，但在竞争激烈的家用电器市场上却败给了竞争对手。失败的原因固然是多方面的，但笔者认为这与 Sun 公司的主业是计算机产品而不是家用电器产品这一因素密切相关。

"有心栽花花不红，无心插柳柳成荫。"有趣的是，在这段时间里，WWW 的发展却如日中天。1993 年 7 月，伊利诺伊大学的 NCSA 推出了一个在 Internet 上广为流行的 WWW 浏览器 Mosaic 1.0 版。然而，这时的 WWW 页面虽然内容丰富，可以实现声、图、文并茂，但它却是静态的，若想增加 WWW 的动感，需要通过一种机制来使它具有动态性。其解决方案显然是嵌入一种既安全可靠又非常简练的语言。Oak 完全能满足这一要求。但是，要将它推向市场，为人们所广泛接受，还必须采用一种合适的策略。1994 年，由于 Sun 公司的创始人之一 Bill Joy 的介入，才使 Oak 成为 Java 而得以走红。

Bill Joy 早年曾参与过 UNIX 的开发，深知网络对 UNIX 的推广所起的作用。因此，他不仅指定 Gosling 继续完善 Oak(发布时改名为 Java)，同时要求 Naughton 用 Oak 编写一个真正的应用程序——WebRunner，也就是后来被命名为 HotJava 的 WWW 浏览器。1994 年底，两个人均出色地完成了各自的任务。这时，在这个产品的发布问题上，Bill Joy 力排众议，采取了"让用户免费使用来占领市场份额"的策略，促成了 Java 与 HotJava 于 1995 年在 Internet 上的免费发布。由于 Java 确实是一种分布式、安全性高、内部包含的编译器非常小的适合网络开发环境的语言，因而一经发布，立即得到包括 Netscape 在内的各 WWW 厂商的广泛支持。工业界一致认为 Java 的发布是 20 世纪 80 年代以来计算机界的一件大事。微软总裁 Bill Gates 认为："Java 是长期以来最卓越的程序设计语言。"而今，Java 已成为最流行的网络编程语言。

Java 名称的由来：由于 Oak 这个名称与其他产品的名称雷同，因此开发小组后来为这个新语言取了一个新名称——Java(爪哇)。据说取这个名称的灵感来自这样一个故事：研发小组的成员经常在公司附近的一家咖啡厅喝咖啡，而咖啡的原产地是 Java。

1.2.2　Java 版本与 Java 平台

Java 由 Sun Microsystems 公司于 1995 年 5 月推出后，伴随着不断增加的新的需求，Java 语言经过多年的版本迭代和更新，功能变得越来越强，其应用程序也越来越健壮。2009 年 Oracle 公司收购了 Sun Microsystems 公司，Java 成为 Oracle 公司旗下的一个产品。Java 语言版本的主要更新时间如表 1.1 所示。

随着 Java 的快速发展，Java 的应用领域也越来越广泛，最终形成了现有的三大平台：Java SE、Java EE 和 Java ME。这个体系架构对应了不同级别的应用开发。

Java SE(Java standard edition，标准版)：用于服务器、PC，主要用于桌面和低端商务应用程序及系统的开发。它是 Java EE 和 Java ME 的基础，是本书使用的平台。

表 1.1　Java 语言版本的主要更新时间

时间	版 本 号
1995	Java
2004	Java 5，更改了版本命名方式，出现了很多新特性
2005	Java 6，Sun 公司发布了 3 个版本，即 Java SE、Java EE、Java ME
2014	Java 8，自 Java 发布以来的最大一次版本升级
2018	Java 11，长期支持版
2022	Java 18

Java EE(Java enterprise edtion，企业版)：用于服务器，构建可扩展的企业级 Java 平台。它定义了一系列的服务 API 和协议等，主要适用于分布式系统和以 Web 为基础的应用程序的开发。

Java ME(Java micro edtion，微型版)：适用于移动设备和嵌入式设备系统的开发，如手机、PDA、电视机顶盒和打印机等。

1.2.3　Java 的特点

Sun 公司在"Java 白皮书"中对 Java 的定义是"Java: A simple, object-oriented, distributed, interpreted, robust, secure, architecture-neutral, portable, high-performance, multi-threaded, and dynamic language."。按照这个定义，Java 是一种具有"简单、面向对象的、分布式、解释型、健壮、安全、与体系结构无关、可移植、高性能、多线程和动态执行"等特性的语言。下面我们简要叙述 Java 的这些特性。

1. 简单性

Java 语言简单而高效,基本 Java 系统(包含编译器和解释器)所占空间只有 250 KB 左右。当然，这与 Java 的起源有很大关系。前已述及，Java 最初是为了对家用电器进行集成控制而设计的一种语言，因此它必须具有简单明了的特性。

我们注意到, Gosling 等人在设计 Java 之初，是从改写 C++ 编译器入手的，这就使 Java 具有了以下特点：其语言风格类似于 C++，保留了 C++ 语言的优点；摒弃了 C++ 中不安全且容易引发程序错误的指针；消除了 C++ 中可能给软件开发、实现和维护带来麻烦的地方，包括其冗余、二义性和存在安全隐患之处，如操作符重载、多重继承和数据类型自动转换等；简化了内存管理和文件管理——Java 提供了 C++ 中不具备的自动内存垃圾搜集机制，从而减轻了编程人员进行内存管理的负担，有助于减少软件错误。从这些方面看，Java 是 C++ 的简化和改进，因而 C++ 程序员可以很快掌握 Java 编程技术。

Java 的简单性是以增加运行时系统的复杂性为代价的。以内存管理为例，自动内存垃圾处理减轻了面向对象编程的负担，但 Java 运行时系统却必须内嵌一个内存管理模块。虽然如此，对编程人员而言，Java 的简单性只会是一个优点，它可以使我们的学习曲线更趋合理化，加快我们的开发进度，减少程序出错的可能性。

2. 面向对象

Java 语言是纯面向对象的，它不像 C++ 那样既支持面向对象的技术，又支持面向过程的程序设计技术。至于对象及其相关概念请参阅第 4 章，这里只从一个侧面说明面向对象的编程语言与面向过程的编程语言之间的区别。

传统的面向过程的编程语言把程序概括为

$$程序 = 数据结构 + 算法$$

而面向对象的编程语言把程序概括为

$$程序 = 对象 + 消息$$

在面向对象的技术中，可以把现实世界中的任何实体都看作是对象。对象其实就是现实世界模型的一个自然延伸。现实世界中的对象均具有属性和行为，映射到计算机程序上，属性用数据表示，行为用程序代码实现。可见，对象实际上就是数据和算法(程序代码)的封装体，它用一个自主式框架把代码和数据结合在一起。面向对象的程序设计技术较传统的面向过程的程序设计技术更能真实地模拟现实世界。

Smalltalk 的发明人 Alan Kay 对第一个成功的面向对象语言——Smalltalk 总结出的五个基本特征如下(当然，这些特征也是 Java 语言所具备的)：

(1) 万物皆对象。理论上讲，我们可以抽取待解问题的任何概念化成分，将其表示为程序中的对象。可以将对象视为奇特的变量，它既可以存储数据，也可以执行操作。

(2) 程序是对象的集合，它们通过发送消息实现调用。消息就是对某个特定对象的方法的调用请求。具体来说，要想请求一个对象，就必须向该对象发送一条消息。

(3) 每个对象都有自己的由其他对象所构成的存储。换句话说，可以通过创建包含现有对象的包的方式来创建新的对象。因此，可以在程序中构建复杂的体系，同时将其复杂性隐藏在对象的简单性背后。

(4) 每个对象都拥有其类型。按照通用的说法，"每个对象都是某个类(class)的一个实例(instance)"，这里"类"就是"类型"的同义词。每个类区别于其他类的最重要特性就是"可以发送什么样的消息给它"。

(5) 某个特定类型的所有对象都可以接收同样的消息。例如，因为"圆形"类型的对象同时也是"几何形"类型的对象，所以，一个"圆形"对象必定能够接收发送给"几何形"对象的消息。这也意味着可以编写与"几何形"交互并自动处理所有与"几何形"性质相关的事物的代码。

Java 语言是纯面向对象的，它的设计集中于对象及其接口，它提供了简单的类机制以及动态的接口模型。对象中封装了它的属性和行为，实现了模块化和信息隐藏；而类则提供了一类对象的原型，并且通过继承机制，子类可以使用父类所提供的方法，实现了代码的复用。

3. 可移植性(平台无关性)

程序的可移植性指的是程序不经修改就能在不同硬件或软件平台上运行的特性，即"一次编写，到处运行"的特性。可移植性在一定程度上决定了程序的可应用性。可移植性分为两个层次：源代码级可移植性和二进制代码级可移植性。C 和 C++只具有一定程度的源代码级可移植性，其源程序要想在不同平台上运行，必须重新编译。而 Java 不仅是源代码级可移植的，甚至经过编译之后形成的二进制代码——字节码，也同样是可移植的。

Java 采用了多种机制来保证可移植性，其中最主要的有两条：

(1) Java 既是编译型的，又是解释型的。Java 语言与传统语言的不同运行机制如图 1.2

所示。图 1.2(a)是传统语言的运行机制。其特点是：源程序经过编译生成的目标代码(.obj
文件) 是为在某个特定的操作系统上运行而产生的，该文件中包含了对应处理机的本机代
码，所以，不能移植到其他的操作系统上运行。图 1.2(b)是 Java 语言的运行机制。它的特
点是：源程序经过编译生成的字节码代码(.class 文件)是在 Java 虚拟机(Java virtual machine，
JVM)平台上运行的，而不是直接在操作系统平台上运行的。JVM 在任何平台上都提供给编
译程序一个共同的接口。编译程序只需要面向 JVM，生成 JVM 能够理解的字节码代码，
然后由 JVM 的解释器负责解释执行。JVM 把 Java 字节码代码与具体的软/硬件平台分隔开
来，保证了字节码的可移植性。关于 JVM 的更详细叙述请参阅 1.4.2 节。

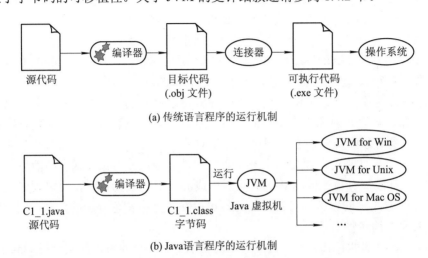

(a) 传统语言程序的运行机制

(b) Java语言程序的运行机制

图 1.2　Java 语言与传统语言的不同运行机制

(2) Java 采用的是基于国际标准——IEEE 标准的数据类型。Java 的数据类型在任何机
器上都是一致的，它不支持特定于具体的硬件环境的数据类型，它还规定同一种数据类型
在所有实现中必须占据相同的空间大小(C++的数据类型在不同的硬件环境或操作系统下占
据的内存空间是不同的)。通过在数据类型的空间大小方面采用统一标准，Java 成功地保证
了其程序的平台独立性。

此外，Java 的可移植性还体现在 Java 的运行环境上。Java 编译器是用 Java 语言本身编
写的，而其他编程语言运行的环境则是用 ANSI C(美国标准 C 语言)编写的。Java 的整个运
行环境体现了一个定义良好的可移植性接口。Java 语言规范还遵循 POSIX(可移植操作系统
接口)标准，这也是使 Java 具有良好可移植性的重要原因。

4. 高性能

一般情况下，可移植性、稳定性和安全性几乎总是以牺牲性能为代价的，解释型语言
的执行效率一般也要低于直接执行源码的效率。但 Java 所采用的措施却很好地弥补了这些
性能差距。这些措施包括：

(1) 高效的字节码。Java 字节码格式的设计充分考虑了性能因素，其字节码的格式非
常简单，这使得经由 Java 解释器解释执行后可产生高效的机器码。Java 编译器生成的字节
码和机器码的执行效率相差无几。据统计，Java 字节码的执行效率非常接近于由 C 和 C++
生成的机器码的执行效率。

（2）多线程。线程是现代操作系统提出的一个新概念，是比传统的进程更小的一种可并发执行的执行单位。线程的概念提高了程序执行的并发度，从而可提高系统效率。C 和 C++采用的是单线程的体系结构，均未提供对多线程的语言级支持。与此相反，Java 却提供了完全意义上的多线程支持。

Java 的多线程支持体现在两个方面：① Java 环境本身就是多线程的，它可以利用系统的空闲时间来执行必要的垃圾清除和一般性的系统维护等操作；② Java 还提供了对多线程的语言级支持，利用 Java 的多线程编程接口，编程人员可以很方便地编写出支持多线程的应用程序，提高程序的执行效率。必须注意的是，Java 的多线程支持在一定程度上可能会受其运行时支撑平台的限制，并且依赖于其他一些与平台相关的特性。比方说，如果操作系统本身不支持多线程，Java 的多线程就可能只是"受限"的或不完全的多线程。

（3）及时编译和嵌入 C 代码。Java 的运行环境还提供了另外两种可选的性能提高措施：及时编译和嵌入 C 代码。及时编译是指在运行时把字节码编译成机器码，这意味着代码仍然是可移植的，但在开始时会有一个编译字节码的延迟过程。嵌入 C 代码在运行速度方面效果当然是最理想的，但会给编程人员带来额外的负担，同时将降低代码的可移植性。

5．分布式

分布的概念包括数据分布和操作分布两个方面。数据分布是指数据可以分散存放于网络上不同的主机中，以解决海量数据的存储问题；操作分布则是指把计算分散到不同的主机上进行处理，这就如同由许多人协作共同完成一项大而复杂的工作一样。

Java 是面向网络的语言。它拥有广泛的能轻易地处理 TCP/IP 协议的运行库，如 HTTP 与 FTP 类库等。这使得在 Java 中比在 C 或 C++中更容易建立网络连接。对于数据分布，Java 应用程序可以利用 URL 通过网络开启和存取对象，就如同存取一个本地文件系统一样简单。对于操作分布，Java 的客户机/服务器模式可以把计算从服务器分散到客户端，从而提高整个系统的执行效率，避免陷入瓶颈，增加动态可扩充性。

6．动态特性

多数面向对象程序设计语言在系统设计和编程阶段都能充分体现 OO 思想，但却很难将其延伸到系统运行和维护阶段。这主要是因为多数语言都采用静态链接机制。一个系统是由多个模块组成的，若采用静态链接机制，则在编译时就会将系统的各模块和类链接组合成一个整体，即一个目标文件。如果某个类进行了修改，则整个系统就必须重新编译。这对于大型分布式系统(如交通信息处理系统、金融机构信息处理系统等)的修改、维护或升级是不利的。如何在系统运行阶段动态地进行系统的修改或升级便成为迫切需要解决的问题。

Java 采用"滞后联编"机制，即动态链接机制，解决了上述问题。Java 的"滞后联编"技术将 OO 特点延伸到系统的运行阶段。Java 程序的基本组成单位是类，若一个系统是由多个类模块组成的，编译时每个类被分别编译成相应的类文件，即字节码文件，一个字节码系统由若干个字节码文件组成，使得系统的类模块性得以保留。在系统运行时，字节码文件按程序运行的需要而动态装载(也可以通过网络来载入)。因此，如果在一个系统中修改了某一个类，只需要对此类重新编译，不必对系统中的其他类重新编译。这就保证了系统在运行阶段可以动态地进行类或类库的修改或升级。"滞后联编"机制使得 Java 程序能够适应不断变化的运行环境，使用户能够真正拥有"即插即用"(plug-and-play)的软件模块功能。

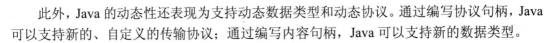

此外，Java 的动态性还表现为支持动态数据类型和动态协议。通过编写协议句柄，Java 可以支持新的、自定义的传输协议；通过编写内容句柄，Java 可以支持新的数据类型。

7．健壮性和安全性

Java 设计的目的是用于网络/分布式计算环境。为此，Java 提供了一系列安全检查机制使得 Java 更具健壮性和安全性。Java 的安全检查机制分为多级，主要包括 Java 语言本身的安全性设计、严格的编译检查、运行检查和网络接口级的安全检查等。

(1) Java 语言本身的安全性设计。Java 去掉了 C++ 中许多复杂的、冗余的、有二义性的概念，如操作符重载、多继承、窄化类型转换等，去掉了 C++ 语言中的指针运算、结构体或联合、需要释放内存等功能，而提供了数组下标越界检查机制、异常处理机制、自动内存垃圾收集机制等，使 Java 语言功能更精练、更健壮。

① 不支持窄化类型转换。在 C++ 中可以进行窄化类型转换，例如，将一浮点值赋予整型变量，这样有可能面临信息丢失的危险。Java 不支持窄化类型转换，如果需要，必须显式地进行类型转换。

② 不支持指针数据类型。C++ 程序在安全性方面的最大问题在于指针的使用。使用指针的一个危险是它能够访问任意内存空间，如果病毒利用指针进入操作系统的内存空间，并在其中执行特权指令，它就能随心所欲地进行破坏。Java 语言不支持指针数据类型，一切对内存的访问都必须通过对象的实例变量来实现，从而杜绝了内存被非法访问，程序员便不再能够凭借指针在任意内存空间中"遨游"。

③ 数组下标越界检查机制。Java 提供的数组下标越界检查机制，使网络黑客们无法构造出不进行数组下标越界检查的 C 和 C++ 语言所支持的那种指针。

通过类型检查、Null 指针检测、数组边界检测等方法，可以在开发的早期发现程序中的错误。

④ 完善的异常处理机制。异常情况可能经常由"被零除""数组下标越界""文件未找到"等原因引起。如果没有异常处理机制，则必须编写一大堆既烦琐又难理解的指令来进行管理。Java 语言中通过提供异常处理机制来解决异常的处理问题，简化了异常处理任务，增强了程序的可读性和系统容错能力。

⑤ 自动内存垃圾收集机制。C++ 程序缺乏自动的内存管理机制，在 C++ 中，必须手工分配、释放所有的动态内存。如果忘记释放原来分配的内存，或是释放了其他程序正在使用的内存，就会出错。Java 提供垃圾收集器，可自动收集闲置对象占用的内存，防止程序员在管理内存时产生错误。

(2) 编译检查。Java 编译器对所有的表达式和参数都要进行类型相容性的检查以确保类型是兼容的。在编译时，Java 会指出可能出现但未被处理的例外，帮助程序员正确地进行选择以防止系统崩溃。另外，Java 在编译时还可捕获类型声明中的许多常见错误，防止动态运行时不匹配问题的出现。在编译期间，Java 编译器并不分配内存，而是推迟到运行时由解释器决定，这样编程人员就无法通过指针来非法访问内存。

(3) 运行检查。在运行期间，Java 的运行环境提供了字节码校验器、类装载器、运行时内存布局和文件的访问限制 4 级安全保障机制。

① 字节码校验器(byte code verifier)。当 Java 字节码进入解释器时，即使 Java 编译器

生成的是完全正确的字节码，解释器也必须再次对其进行检查，这是为了防止正确的字节码在解释执行前可能被改动。

②　运行时内存布局和类装载器(class loader)。Java 解释器将决定程序中类的内存布局，这意味着黑客们将无法预先得知一个类的内存布局结构，从而也就无法利用该信息来"刺探"或破坏系统。随后，类装载器负责把来自网络的类装载到其单独的内存区域，避免应用程序之间的相互干扰或破坏。

③　文件访问限制。客户机端管理员还可以限制网络上装载的类只能访问某些允许的文件系统。

(4) 网络接口级安全检查。在网络接口级，用户可按自己的需要来设置网络访问权限。

上述机制综合在一起，使得 Java 成了最安全的编程语言和环境之一，并且保证了 Java 代码无法成为类似特洛伊木马和蠕虫等具有潜在破坏作用的病毒的宿主。

1.3　Java 的开发运行环境

目前有许多为快速开发 Java 程序提供的集成开发环境(integrated development environment，IDE)。它将编辑、编译、构造、调试和在线帮助集成在一个用户图形界面中，有效地提高了编程速度。当前最流行的 Java IDE 是 Eclipse、IntelliJ IDEA、NetBeans 等。

Eclipse 作为著名的跨平台自由集成开发环境，最初是由 IBM 公司开发，2001 年 11 月，IBM 公司组建了 Eclipse 联盟，并由该联盟负责这种工具的后续开发。Eclipse 最大的特点是采用了插件的结构，通过下载、安装不同的插件，就可以实现不同类型程序的开发。该平台开放源码，任何人都可以免费得到，并可以在此基础上开发各自的插件，极大地简化了软件的开发过程，深受开发者喜爱。所以，本书选用 Eclipse 作为开发工具。

1.3.1　下载 Eclipse

(1) 链接 Eclipse 的 URL，即 http://www.eclipse.org/downloads/，点击后进入如图 1.3 所示的界面。

图 1.3　Eclipse IDE 下载界面

(2) 点击图 1.3 中的"Download Packages"按钮，出现如图 1.4 所示的界面。选择"Eclipse IDE for Java Developers"(面向 Java 开发人员的 Eclipse IDE)，它是任何 Java 开发者都可以使用的一个基本工具，包括 Java IDE、Git 客户端、XML 编辑器、Maven 和 Gradle 集成。

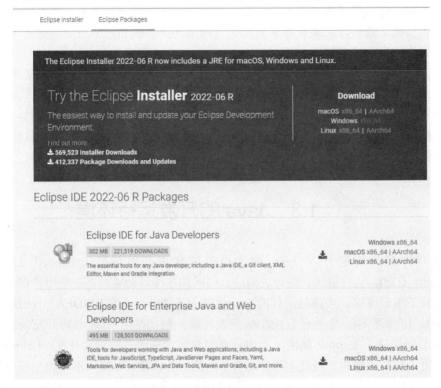

图 1.4　Eclipse Packages 界面

(3) 点击图 1.4 中"Eclipse IDE for Java Developers"右侧的"Windows x86_64"，出现如图 1.5 所示的界面。

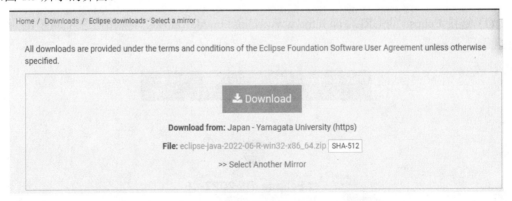

图 1.5　Eclipse IDE for Java Developers 下载界面

(4) 点击图 1.5 中的"Download"按钮，出现如图 1.6(a)所示的界面。这是一个捐款页面，可以不用管它，等 5 s 后会弹出如图 1.6(b)所示的新建下载任务界面。此时可选择或指定下载文件存放的文件夹位置。本书下载文件的存放位置是"F:/Java/Eclipse"。指定好后点击"下载"按钮即可。

(a)　捐款界面

(b)　新建下载任务界面

图 1.6　下载 Eclipse

这里下载的版本是 Eclipse 的最基础版本。

(5) 下载的压缩文件及解压后的文件夹及其存放位置如图 1.7 所示。

图 1.7　下载的 Eclipse 压缩包及解压文件夹

1.3.2　运行 Eclipse

图 1.8 是解压后的文件夹的内容。Eclipse 不需要安装，只需将压缩包解压便可使用。双击图 1.8 中的执行文件 ⬤ eclipse 便会启动 Eclipse 编辑运行环境。需要注意的是，

第一次打开需要设置工作环境：指定自己的工作目录或者使用默认的 C 盘工作目录，它是一个存放工程文件的文件夹。本书指定的工作目录为"f:\java\eclipse-workspace"，如图 1.9 所示。然后点击 "Launch" 按钮，进入如图 1.10 所示的 Eclipse IDE 欢迎界面。

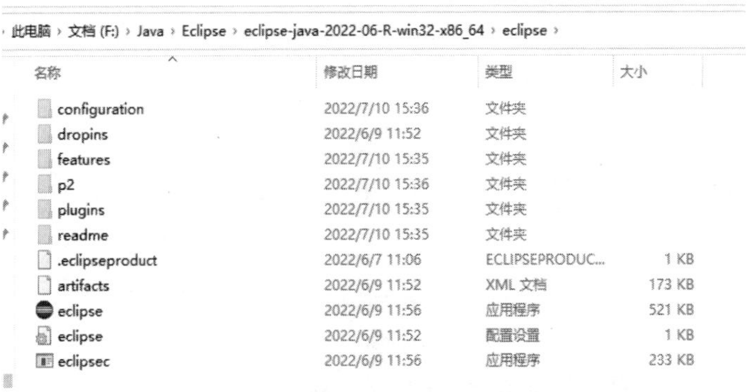

图 1.8　Eclipse 的解压缩文件夹文件

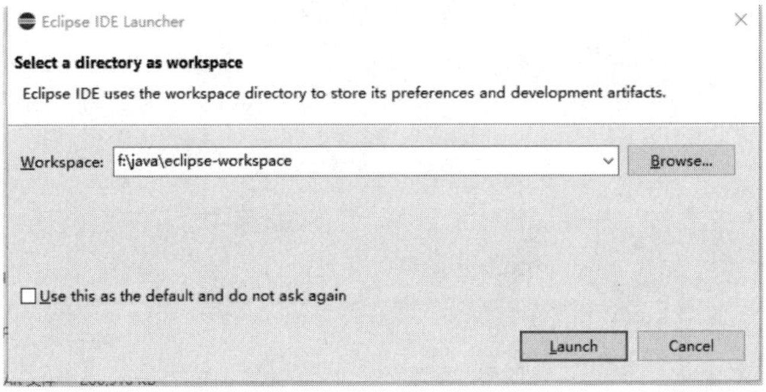

图 1.9　设定工作目录

图 1.10　Eclipse IDE 欢迎界面

关闭左上角的"Welcome"按钮，进入如图 1.11 所示的 Eclipse 工作台用户界面，此界面的说明见 1.3.2 节。

Eclipse 自带一个标准插件集，包括 Java 开发工具(Java development kit，JDK)。我们在此界面上可以建立 Java 工程，运行 Java 程序，而不需要再下载 Java SE 平台。

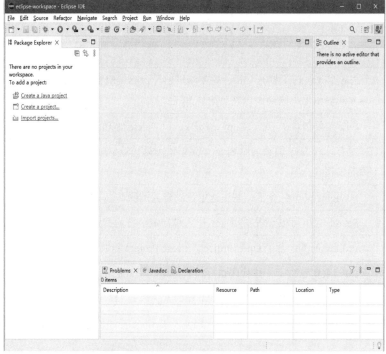

图 1.11　Eclipse 工作台用户界面

1.3.3　Eclipse 窗口说明

运行 Eclipse，进入 Eclipse 工作台用户界面，如图 1.12 所示。整个窗口称为工作台，主要有主菜单、工具栏、透视图、状态栏等几个组成部分，而透视图又由视图和编辑器组合而成。

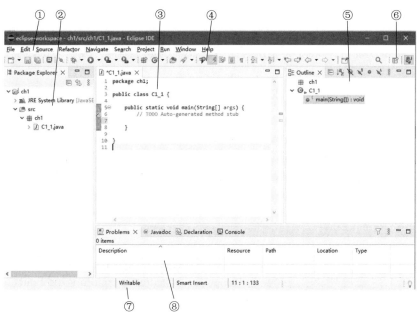

图 1.12　Eclipse 工作台用户界面

① 主菜单：详细内容如表 1.2 所示。

表 1.2　主菜单信息

菜单名	描　述
File	File 菜单包含了打开文件、关闭编辑器、保存编辑的内容、重命名文件等功能，可以导入和导出工作区的内容及关闭 Eclipse
Edit	Edit 菜单包含了 Cut、Copy、Paste、和 Delete 等功能
Source	只有打开 Java 编辑器时 Source 菜单才可见。Source 菜单关联了一些关于编辑 Java 源码的操作
Navigator	Navigate 菜单包含了一些快速定位到资源的操作
Search	Search 菜单可以设置在指定工作区对指定字符的搜索
Project	Project 菜单包含了 Open Project，Close Project 和 Rebuild Project 等功能
Run	Run 菜单包含了一些代码执行模式与调试模式的操作
Window	Window 菜单允许同时打开多个窗口及关闭视图。Eclipse 的参数设置在该菜单下
Help	Help 菜单用于显示帮助窗口，包含了 Eclipse 描述信息、安装插件

② 包资源管理器视图：用于显示 Java 工程中的源文件、引用的库等，开发 Java 程序主要是用这个视图。

③ 编辑器：用于代码的编辑。

④ 工具栏：包含的按钮都是相应菜单的快捷方式。这些按钮又可分为几组：文件工具栏以及调试、运行、搜索、浏览工具栏等。

⑤ 大纲视图：用于显示代码的纲要结构，单击结构树的各结点可以在编辑器中快速定位代码。

⑥ 透视图快捷按钮：用来切换各个透视图。系统提供了 8 种透视图，分别为 CVS 资源库研究、Java(缺省值)、Java 类型层次结构、Java 浏览、插件开发、调试、小组同步和资源透视图。

透视图所包含的视图并非一成不变，各视图的位置和大小均可通过鼠标拖动操作进行更改，也可以关闭一些视图或加入其他一些视图，Eclipse 可以自动记忆当前界面的改变。透视图快捷按钮的右边显示的是默认 Java 透视图。

⑦ 状态栏：包含鼠标所点击位置的一些信息，如鼠标单击编辑器时，状态栏会显示编辑器所显示的文件是否可编辑，以及鼠标所处位置在编辑器中的行列号。

⑧ 问题视图：用于显示代码或项目配置的错误，鼠标双击错误项可以快速定位代码。

1.3.4　调整字体、字号

(1) 选择点击 Window→Preferences，如图 1.13 所示，弹出如图 1.14 所示的界面。

(2) 在图 1.14 左侧列表中选择点击 General→Appearance→Colors and Fonts。

(3) 在 "Colors and Fonts" 界面选择点击 Basic→Text Font，出现如图 1.15 所示的界面，可以看到当前文字的大小默认为 10。

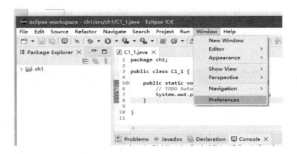

图 1.13　Eclipse Window 菜单选项

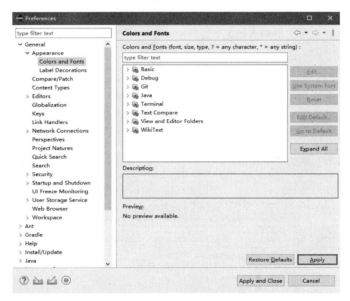

图 1.14　Colors and Fonts 界面

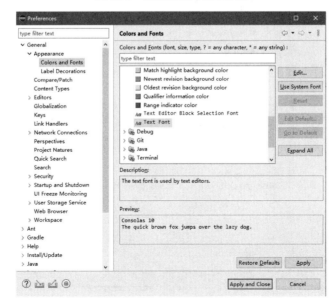

图 1.15　Text Font 信息

(4) 点击"Edit" 按钮，出现如图 1.16 所示的界面；重新设置字体字号后如图 1.17 所示；点击"确定"，返回上一个界面，如图 1.18 所示。在图 1.18 界面点击"Apply and Close" 按钮，出现如图 1.19 所示的界面，可以看到改变后的字体字号。

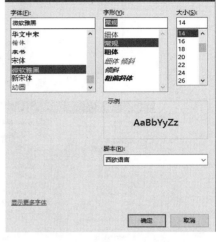

图 1.16　默认字体字号　　　　　　　　图 1.17　重新设置字体字号

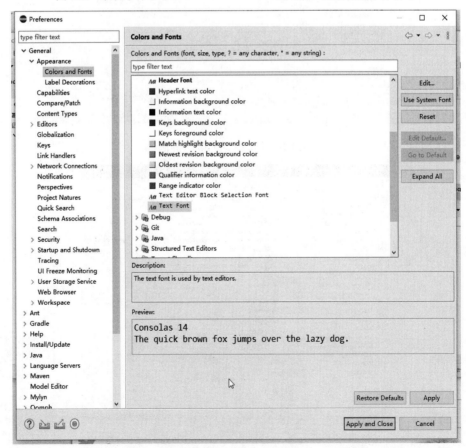

图 1.18　新的 Text Font 信息

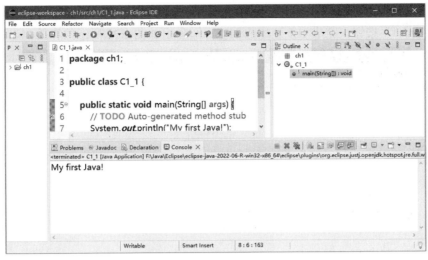

图 1.19　改变后的字体字号

 1.4　Java 程序的运行步骤

1.4.1　Java 应用程序的建立及运行

Java 应用程序的建立及运行可分为下述三个步骤：

(1) 在 Eclipse IDE 中创建一个工程。

(2) 建立 Java 源程序文件。

(3) 编译运行 Java 源程序。

下面我们通过示例程序 C1_1.java(见习题)的建立和执行来详细地讲述这一过程。

1. 创建一个 IDE 工程

(1) 双击图 1.8 中的执行文件 ⬤ eclipse，启动如图 1.20 所示的 Eclipse IDE 编辑运行环境。在图 1.20 所示界面中选择 File→New→Java Project，点击"Java Project"按钮，弹出如图 1.21 所示的界面。

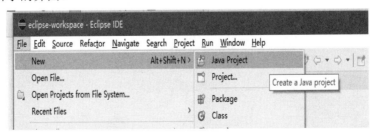

图 1.20　建立一个工程的操作界面

(2) 在图 1.21 中的 "Project Name" 栏中输入工程名称，如"ch1"(工程名的命名规则：全小写英文)。Eclipse 已经安装了 Java 开发工具："JRE"(Java runtime environment)和 "Project Layout"等。"Project Layout"是项目布局选择，决定了源代码和 class 文件是否

放置在独立的文件夹中。在图 1.21 界面中，除了文件名外，其他选项均采用默认即可。然后点击"Finish"按钮，完成 ch1 工程的创建，即弹出如图 1.22 所示的界面。

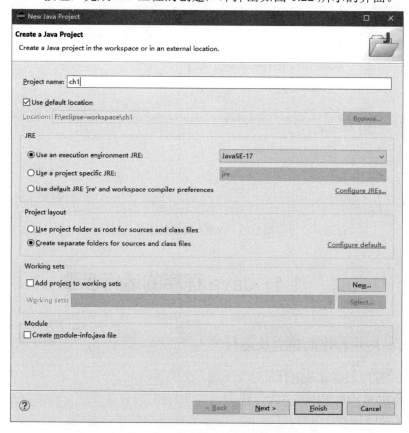

图 1.21　New Java Project 界面

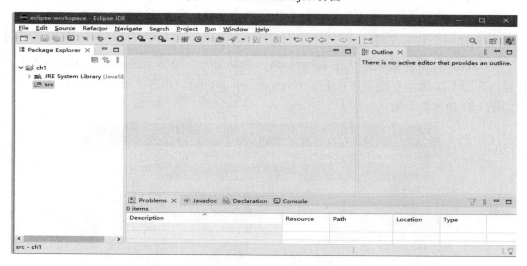

图 1.22　ch1 工程界面

(3) 在 ch1 工程下创建一个 C1_1 新类。在图 1.22 ch1 工程的 src 文件夹上单击右键，选择 New→Class，如图 1.23 所示。点击"Class"后，弹出如图 1.24 所示的界面。

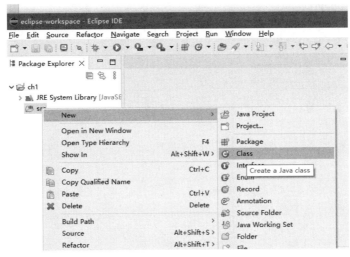

图 1.23　创建类界面

(4) 在图 1.24 中，确认工程文件夹名(Source folder)及包名(Package)是否正确。包名可以重新定义，默认与工程名相同。在"Name"文本框中输入类名 C1_1(类名要求第一个字符大写)，勾选"public static void main()"复选框。再点击"Finish"按钮，完成 C1_1 类的创建，即弹出如图 1.25 所示的界面。ch1 工程中的 C1_1 类的存储位置如图 1.26 所示。

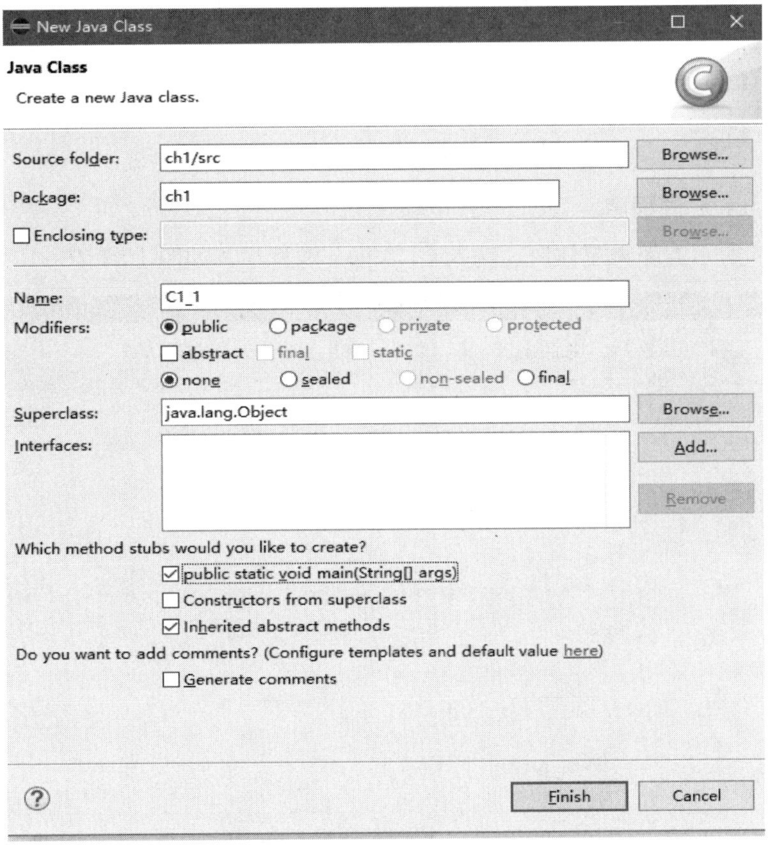

图 1.24　创建 ch1 工程中的 C1_1 类界面

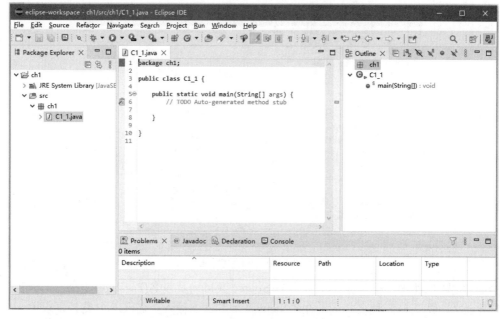

图 1.25　创建了空的 C1_1 类

图 1.26　建好的"ch1"工程的 C1_1 类的存储位置

2．建立 Java 源程序

在图 1.25 所示的编辑窗体内，输入 C1_1.java 源程序，如图 1.27 所示。

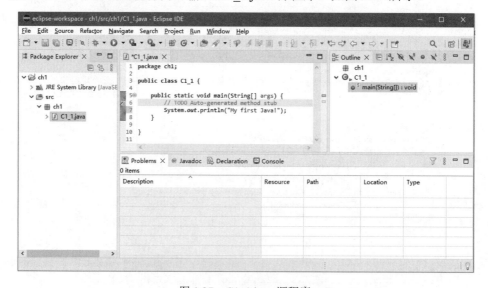

图 1.27　C1_1.java 源程序

3. 编译运行 Java 源程序

运行 C1_1.java 程序有三种方法：

(1) 在图 1.28(a)的菜单栏中选择 Run→Run As→1 Java Application 并运行。

(2) 在图 1.28(b)所示编辑窗口中单击鼠标右键，在弹出的菜单中选择 Run As→1 Java Application 并运行。

(3) 在工具栏点击 ⊙ 运行。

如果编译 Java 源程序没有错误，则在编辑窗口下面显示如图 1.29 所示的运行结果。如果编译 Java 源程序有错误，则在编辑窗口下面显示错误信息，此时需要修改源程序后再编译运行。

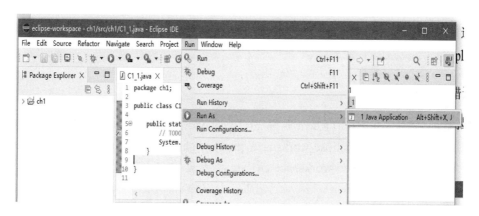

(a) 菜单栏中选择程序运行

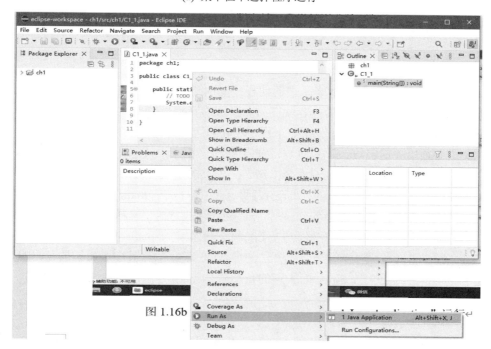

(b) 编辑窗口中选择程序运行

图 1.28　运行 C1_1.java 程序方法

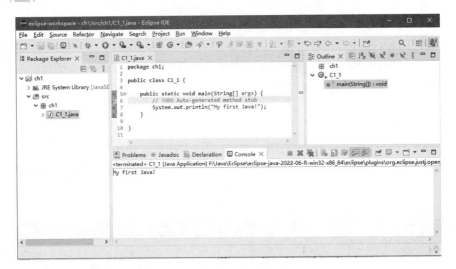

图 1.29　程序 C1_1.java 的运行结果

4．程序分析

(1) 工程名(ch1)-包名(ch1)-Java 源程序(C1_1.java)的存储结构如图 1.30 所示。建立的工程名 ch1 的存储位置是 F:\eclipse-workspace，package ch1 这一行定义了一个名为 ch1 的包，它的存储位置是 F:\eclipse-workspace\ch1\src，源程序文件 C1_1.java 的存储位置是 F:\eclipse-workspace\ch1\src\ch1。关于包的更详细解释请参阅第 5 章。

名称	修改日期	类型	大小
C1_1.java	2022/7/10 22:16	JAVA 文件	1 KB

图 1.30　工程名-包名-Java 源程序的存储结构

(2) public class C1_1 这一行表示声明此程序要创建一个名为 C1_1 的类。public 指出这个类是公共类，而这个类定义的内容就在后面紧跟的花括号内。

Java 程序必须以类的形式出现，一个程序中可以定义若干个类，但只能定义一个 public 类。定义类必须用关键字 class 作为标志。如果在一个程序中只定义了一个 public 类，那么这个类名也一定是文件名，否则编译会出错。关于类的定义在后面章节会详细说明。

(3) public static void main(String[ ]args)表明这是 C1_1 类的 main 主方法。在 Java 编程中，每一个应用程序都必须包含一个 main 主方法，当程序执行时，解释器会去找主方法，它是程序的入口点，若无此方法，解释器会显示错误信息。在定义 main 方法时，public static void 不可缺少，String[] args 是传递给 main 方法的参数(见第 7 章)，其中 String 是参数的类型，args 是参数名(可自定义)。main 后面紧跟的花括号是 main 方法的实现内容。本例中只包含一条语句：

```
System.out.println("My first Java!");
```

此语句的功能是使用 Java API 的 System.out.println()方法把消息"My first Java!"发送到标准输出设备(这里是显示器)上。

Java API(Java application interface，Java 的应用编程接口)是 Sun 公司开发的类库，用于

应用程序的开发。System 是 Java 类库 lang 包中的一个类，System.out 是 Java 类库 io 包中
PrintStream 类的一个对象，该对象提供了 println()方法，此方法的作用是向标准输出设备输
出参数指定的字符串的内容，输出完成后光标定位在下一行。

1.4.2　JDK、JRE、JVM 术语及它们之间的关系

JDK(Java development kit)是 Java 开发工具包的简称，是整个 Java 的核心，提供了 Java
的开发环境和运行环境(JRE)。

JRE(Java runtime environment)是 Java 运行环境的简称，它提供了库、Java 虚拟机 (JVM)
和其他组件来运行使用 Java 编程语言编写的应用程序。

JVM(Java virtual machine)是 Java 虚拟机的简称，它是 Java 实现跨平台应用的最核心的
部分。

三者之间的关系图 1.31 所示。

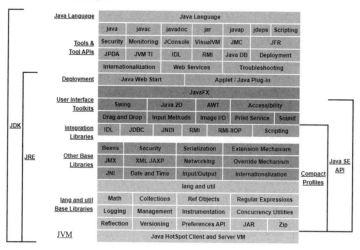

图 1.31　JDK、JRE、JVM 三者之间的关系

1.4.3　JVM 的体系结构及工作原理

Java 语言是一种半编译半解释型的语言。Java 程序需要独立的 Java 解释器来解释运行。

一个由 Java 语言编写的源程序，经过 Java 编译器编译，生成 Java 虚拟机上的字节码，
再由 Java 虚拟机上的执行引擎(解释器)执行，并产生执行结果。一个 Java 语言程序的编译、

解释和执行过程如图 1.32 所示。

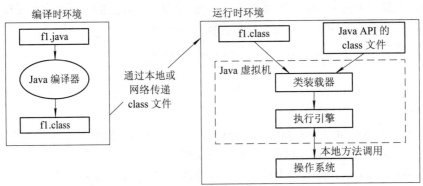

图 1.32　Java 语言程序的编译、解释和执行过程

Java 虚拟机(JVM)是可以运行 Java 字节码的假想计算机，是 Java 面向网络的核心，支持 Java 面向网络体系结构三大支柱(平台无关性、安全性和网络移动性)的所有方面，其主要任务是装载 .class 文件并执行其中的字节码。JVM 的内部体系结构如图 1.33 所示，主要分为三部分：类装载器子系统、运行时数据区和执行引擎。

(1) 类装载器子系统：负责装载所有由用户自己编写生成的 .class 文件以及这些.class 文件引用的 JDK API。

(2) 执行引擎：负责将字节码翻译成适用于本地机系统的机器码，然后再送硬件执行。

(3) 运行时数据区：主要包括方法区、堆、Java 栈、PC 寄存器、本地方法栈等。

① 每个 JVM 实例都有一个方法区和堆。堆主要存放所有程序在运行时创建的对象或数组。方法区主要存放类装载器加载的 .class 文件、类的静态变量。方法区和堆由所有线程共享。

② 每个线程都有自己的 PC 寄存器和 Java 栈。PC 寄存器的值指示下一条将被执行的指令。Java 栈记录存储该线程中 Java 方法调用的状态。每当启动一个新线程时，JVM 都会创建一个新的 Java 栈，用于保存线程的运行状态。

③ 本地方法栈：存储本地方法调用的状态。

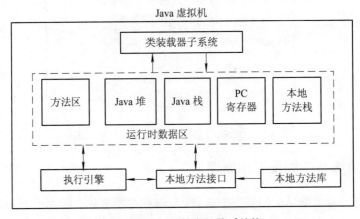

图 1.33　JVM 的内部体系结构

当启动一个 Java 程序时，就会产生一个 JVM 实例。当该程序关闭退出时，这个 JVM

实例也就随之消亡。每个 Java 程序都运行在自己的 Java 虚拟机实例中。Java 虚拟机实例通过调用某个初始类的 main()方法来运行一个 Java 程序。main()方法作为该程序初始线程的起点，任何其他的线程都是由这个初始线程启动的。

如果需要安装最新版的 JDK，见 1.4.4 节下载安装过程。

1.4.4　下载和安装 JDK

1. 下载 JDK

JDK(Java development kit，Java 开发工具集)是使用 Java 编程语言构建应用程序和组件的开发环境，是整个 Java 开发的核心，它包含了 Java 的运行环境(JVM+Java 系统类库)和 Java 工具。在 64 位 Microsoft Windows 操作系统上安装 JDK 的步骤如下：

(1) 进入 Oracle 网站，如图 1.34 所示。

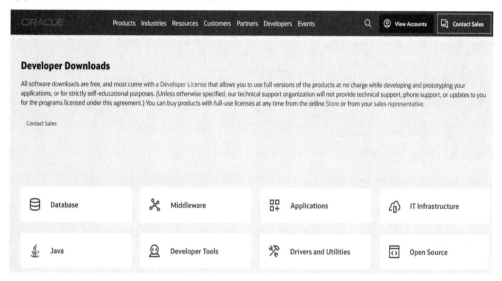

图 1.34　Oracle 官方网站开发人员下载界面

(2) 在图 1.34 中点击"Java"，进入 Java SE 平台下载界面，如图 1.35 所示。

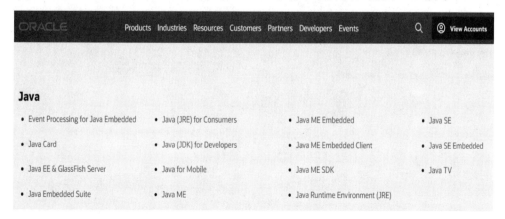

图 1.35　开发人员下载界面

(3) 在图 1.35 中点击 "Java SE"，进入 Java SE 下载界面，如图 1.36 所示。

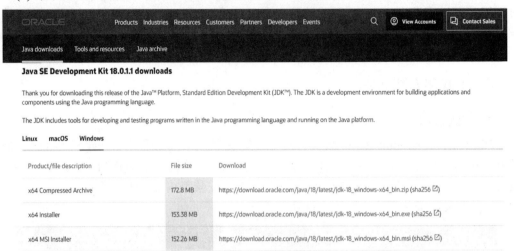

图 1.36　Java SE 下载界面

(4) 在图 1.36 中选择 "Windows" 菜单，下载最新版 x64 安装包。

(5) 下载的文件及存放位置如图 1.37 所示。

图 1.37　下载的文件

2. 安装 JDK

(1) 安装。

双击图 1.37 的文件，出现如图 1.38 所示的界面，然后点击"下一步"，再点击图 1.39 中的 "更改"，本书存放位置是 F:\Java\jdk-18.0.1.1\。更改后点击 "确定" 即可。

图 1.38　安装程序　　　　　　　　　　　图 1.39　选择目标文件夹

再点击 "下一步"，如图 1.40 所示，点击 "关闭"，完成安装。

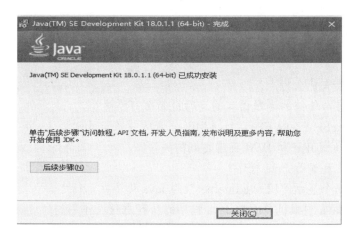

图 1.40　完成安装

(2) 测试环境变量的配置情况。

在键盘上按 + r 组合键，启动"运行"程序，如图 1.41 所示。

图 1.41　启动"运行"程序

在图 1.41 的文本框中输入"cmd"，点击"确定"，出现如图 1.42 所示的界面。

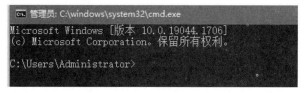

图 1.42　进入运行界面

在图 1.42 的 DOS 提示符">"后输入"java -version"后按回车键，出现图 1.43 内容，说明此时 Java 已经完成环境变量配置，不需要再进行配置了。

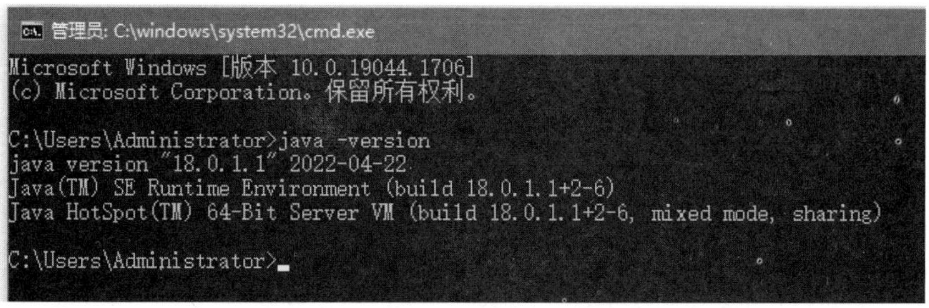

图 1.43　检查环境变量的配置情况

习　题　1

1.1　Java 语言有什么特点？

1.2　Java 语言与传统的高级语言的运行机制有何不同？

1.3　论述 Java SE、Java EE 、Java ME 三者的关系与区别。

1.4　论述 JDK、JRE 和 JVM 三者之间的关系。

1.5　怎样建立和运行 Java 程序？

1.6　试编写一个显示"I Love Internet"的 Java 程序并运行之。

1.7　什么是 Java 虚拟机？它对 Java 程序的执行有什么作用？

【示例程序 C1_1.java】编写一个输出字符串"My first Java!"的程序。

```java
package ch1;
public   class   C1_1
{   public   static   void   main(String   args[ ])
   {   System.out.println("My first Java!");     }}
```

第2章　Java 语言基础

本章讨论 Java 语言程序设计中最基本的问题，它们是：标识符、关键字、数据类型、常量、变量、表达式、声明语句、赋值语句、数据的输入与输出等。

2.1　Java 符号集

符号是构成语言和程序的基本单位。Java 语言不采用通常计算机语言系统所采用的 ASCII 代码集，而是采用更为国际化的 Unicode 字符集。在这种字符集中，每个字符用两个字节即 16 位来表示。这样，整个字符集中共包含 65 535 个字符。其中，前面 256 个字符表示 ASCII 码，使 Java 对 ASCII 码具有兼容性；后面 21 000 个字符用来表示汉字等非拉丁字符。但是，Unicode 只用在 Java 平台内部，当涉及打印、屏幕显示、键盘输入等外部操作时，仍由计算机的具体操作系统决定其表示方法。例如，使用英文操作系统时，仍采用 8 位二进制表示的 ASCII 码。Java 编译器接收到用户程序代码后，可将它们转换成各种基本符号元素。

Java 符号按词法可分为如下五类：

(1) 标识符。它唯一地标识计算机中运行或存在的任何一个成分的名称。不过，通常所说的标识符是指用户自定义的标识符，即用户为自己程序中的各种成分所定义的名称。

(2) 关键字。关键字也称为保留字，是 Java 系统本身已经使用且被赋予特定意义的一些标识符。

(3) 运算符。运算符是表示各种运算的符号，它与运算数一起组成运算式，以完成计算任务，如表示算术运算的 +、−、*、/ 等算术运算符以及其他一些运算符号。

(4) 分隔符。分隔符是在程序中起分隔作用的符号，如空格、逗号等。

(5) 常量。这里主要是指标识符常量。为了使用方便和统一，Java 系统对一些常用的量赋予了特定的名称，这种用一个特定名称标记的常量便称为标识符常量。例如，用 Integer.MAX_VALUE 代表最大整数 2 147 483 647。用户也可以把自己程序中某些常用的量用标识符定义为标识符常量。

2.1.1　标识符及其命名

在计算机中运行或存在的任何一个成分(变量、常量、方法和类等)，都需要有一个名字以标识它的存在和唯一性，这个名字就是标识符。用户必须为自己程序中的每一个成分

取一个唯一的名字(标识符)。在 Java 语言中对标识符的定义有如下规定：

(1) 标识符的长度不限。但在实际命名时其长度不宜过长，过长会增加录入的工作量。

(2) 标识符可以由字母、数字、下画线"_"和美元符号"$"组成，且必须以字母、下画线或美元符号开头。

(3) 标识符中同一个字母的大写或小写被认为是不同的标识符，即标识符区分字母的大小写。例如，C1_1 和 c1_1 代表不同的标识符。

通常情况下，为提高程序的可读性和可理解性，在对程序中的任何一个成分命名时，应该取一个能反映该对象含义的名称作为标识符。此外，作为一种习惯，标识符的开头或标识符中出现的每个单词的首字母通常大写，其余字母小写，如 TestPoint、getArea。

2.1.2　关键字

关键字通常也称为保留字，是程序设计语言本身已经使用且被赋予特定意义的一些标识符。它们主要是类型标识符(如 int、float、char、class 等)或控制语句中的关键字(如 if、while)等。下面列出了 Java 语言的关键字。需要特别注意的是，由于程序设计语言的编译器在对程序进行编译的过程中对关键字作特殊对待，因此，编程人员不能用关键字作为自己定义程序成分的标识符。

abstract	boolean	break	byte	byvalue *	case
cast	catch	char	class	const*	continue
default	do	double	else	extends	false
final	finally	float	for	future	generic
goto*	if	implements	import	inner	instanceof
int	interface	long	native	new	null
operator	outer	package	private	protected	public
rest	return	short	static	super	switch
synchronized	this	throw	throws	transient	true
try	var	void	volatile	while	

注：有*标记的关键字是被保留但当前尚未使用的。

2.1.3　运算符

运算符与运算数一起组成运算式，以完成计算任务。下面列出了 Java 的运算符。

+	+=	–	–+	*	*=
/	/=	|	|=	^	^=
&	&=	%	%=	>	>=
<	<=	!	!=	++	--
>>	||	==	=	~	?:
.	instanceof	[ ]			

2.1.4　分隔符

分隔符将程序代码组织成编译器所理解的形式，它构造了语句的结构和程序的结构。下面列出了 Java 的分隔符。

( )　　{}　　[ ]　　;　　，　　　　空格符

2.1.5　注释

注释是程序中的说明性文字，是程序的非执行部分。在程序中加注释的目的是使程序更加易读、易理解，有助于修改程序以及他人阅读。程序(软件)的易读性和易理解性是软件质量评价的重要指标之一，程序中的注释对于学术交流和软件维护具有重要的作用。Java 语言中使用如下三种方式给程序加注释：

(1) //注释内容。表示从 "//" 开始直到此行末尾均作为注释。例如：

　　　//comment　　line

(2) /*注释内容*/。表示从 "/*" 开始直到 "*/" 结束均作为注释，可占多行。例如：

　　/*　comment　on one
　　　　or more line　*/

(3) /**注释内容*/。表示从 "/**" 开始直到 "*/" 结束均作为注释，可占多行。例如：

　　/**　documenting　comment
　　　　having　many　line　*/

在编程时，如果只注释一行，则选择第一种；若注释内容较多，一行写不完时，既可选择第一种方式，在每行注释前加 "//"，也可选择第二种方式，在注释段首尾分别加 "/*" 和 "*/"；第三种方式主要用于创建 Web 页面的 HTML 文件，Java 的文档生成器能从这类注释中提取信息，并将其规范化后用于建立 Web 页。

2.2　数据类型、常量与变量

任何一种程序设计语言，都要使用和处理数据，而数据又可以区分为不同的类型。例如，我们在中学时已经将数值区分为自然数、小数、有理数、虚数等。用计算机进行数据处理时，同样要将数据区分为不同的类型，即通过指明变量所属的数据类型，将相关的操作封装在数据类型中。

熟练地掌握常量、变量、数据类型等基本概念，可为程序设计奠定坚实的基础。

2.2.1　数据类型的概念

数据以某种特定的格式存放在计算机的存储器中，不同的数据占用存储单元的多少不同，而且，不同数据的操作方式也不尽相同。在计算机中，将数据的这两方面的性质抽象为数据类型的概念。因此，数据类型在程序中就具有两个方面的作用：一是确定了该类型数据的取值范围，这实际上是由给定数据类型所占存储单元的多少来决定的；二是确定了允许对这些数据所进行的操作。例如，整数类型和浮点类型都可以进行加、减、乘、除四则运算，而字符型和布尔型就不能进行这类运算。同样，整数类型可以进行求余运算，而浮点类型就不能进行这种运算。

表 2.1 列出了 Java 语言所使用的数据类型。我们将在介绍了常量、变量等基本概念之后，再结合实例对各种数据类型做具体讲解。

表 2.1　Java 数据类型及其在定义时使用的关键字

名　称			使用的关键字	占用字节数
数据类型	基本类型	整数类型 字节型	byte	1
		短整型	short	2
		整型	int	4
		长整型	long	8
		浮点类型 单精度型	float	4
		双精度型	double	8
		字符类型	char	2
		布尔类型	boolean	
	引用类型	字符串	string	
		数组	[]	
		类	class	
		接口	interface	

2.2.2　常量

常量是指在程序的整个运行过程中其值始终保持不变的量。在 Java 系统中，常量有两种形式：一种是以字面形式直接给出值的常量；另一种则是以关键字 final 定义的标识符常量。不论是哪种形式的常量，它们一经建立，在程序的整个运行过程中其值始终不会改变。按照由浅入深的学习规律，这里我们只讨论以字面形式直接给出值的常量，至于以关键字 final 定义的标识符常量，将在第 4 章讨论 final 修饰符时专门论述。

Java 中常用的常量按其数据类型来分，有整数型常量、浮点型常量、布尔型常量、字符型常量和字符串常量等五种。下面逐一介绍它们。

1. 整数型常量

整数型常量有三种表示形式：

(1) 十进制整数：以 10 为底，由数字 0 到 9 组成，如 56，−24，0。

(2) 八进制整数：以 16 为基数，零开头后继由数字 0～7 构成，如 017，0，0123。

(3) 十六进制整数：以 16 为基数，0x 开头后继由数字 0～9、字母 a～f 或 A～F 构成，如 0x17，0x0，0xf，0xD。

(4) 二进制：以 2 为底，0b 开头后继由数字 0 和 1 组成，如 0b1000。

整数型常量在机内使用 4 个字节存储，适合表示的数值范围是−2 147 483 648～2 147 483 647。若要使用更大的数值，则应在数据末尾加上大写的 L 或小写的 l(即长整型数据)，这样可使整数型常量使用 8 个字节存储。

2．浮点型常量

浮点型常量又称实型常量，用于表示有小数部分的十进制数，它有两种表示形式：

(1) 小数点形式。它由数字和小数点组成，如 3.9，−0.23，−23.，.23，0.23。

(2) 指数形式，如 2.3e3、2.3E3 都表示 2.3×10^3；.2e−4 表示 0.2×10^{-4}。

浮点型常量在机内的存储方式又分为两种：单精度与双精度。在浮点型常量后不加任何字符或加上 d 或 D，表示双精度，如 2.3e3，2.3e3d，2.3e3D，2.4，2.4d，2.4D。在机内用 8 个字节存放双精度浮点型常量。在浮点型常量后加上 f 或 F，表示单精度，如 2.3e3F，2.4f，2.4F。用 4 个字节存放单精度浮点型常量。

3．布尔型常量

布尔型常量只有两个：true 和 false。它代表一个逻辑量的两种不同的状态值，用 true 表示真，而用 false 表示假。

4．字符型常量

字符型常量有四种形式：

(1) 用单引号括起的单个字符。这个字符可以是 Unicode 字符集中的任何字符，如'b'，'F'，'4'，'*'。

注意：在程序中用到引号的地方(不论单引号或双引号)，应使用英文半角的引号，不要写成中文全角的引号。初学者往往容易忽视这一问题，造成编译时的语法错误。

(2) 用单引号括起的转义字符。ASCII 字符集中的前 32 个字符是控制字符，具有特殊的含义，如回车、换行等，这些字符很难用一般方式表示。为了清楚地表示这些特殊字符，Java 中引入了一些特别的定义：用反斜线"\\"开头，后面跟一个字母来表示某个特定的控制符。这便是转义字符。Java 中的转义字符如表 2.2 所示。

表 2.2　Java 的转义字符

引用方法	对应 Unicode 码	标准表示法	意　义
'\b'	'\u0008'	BS	退格
'\t'	'\u0009'	HT	水平制表符 tab
'\n'	'\u000a'	LF	换行
'\f'	'\u000c'	FF	表格符
'\r'	'\u000d'	CR	回车
'\"'	'\u0022'	"	双引号
'\''	'\u0027'	'	单引号
'\\'	'\u005c'	、	反斜线

(3) 用单引号括起的八进制转义序列，形式为 '\ddd'。此处，ddd 表示八进制数中的数字符号 0～7，如 '\101'。

八进制表示法只能表示 '\000'～'\377' 范围内的字符，即表示 ASCII 字符集部分，不能表示全部的 Unicode 字符。

(4) 用单引号括起的 Unicode 转义字符，形式为 '\uxxxx'。此处，xxxx 表示十六进制数，如 '\u3a4f'。

5. 字符串常量

字符串常量是用双引号括起的 0 个或多个字符串序列。字符串中可以包括转义字符，如 "Hello"，"two \ nline"，"\22\u3f07\n A　　B　　1234\n"，" "。

在 Java 中要求一个字符串在一行内写完。若需要一个大于一行的字符串，则可以使用连接操作符 "+" 把两个或更多的字符串常量串接在一起，组成一个长串。

例如，"How　do" + "you　do? \n" 的结果是 "How　do　you　do? "。

2.2.3　变量

变量是在程序的运行过程中其值可以被改变的量。变量除了区分为不同的数据类型外，更重要的是每个变量都具有变量名和变量值两重含义。变量名是用户自己定义的标识符，这个标识符代表计算机存储器中存储一个数据的位置的名字，它代表着计算机中的一个或一系列存储单元。变量名一旦定义便不会改变。变量的值则是这个变量在某一时刻的取值，它是变量名所表示的存储单元中存放的数据，它是随着程序的运行而不断变化的。变量名与变量值的关系，恰似宾馆的房间号与这个房间中住的客人的关系，房间号不变而客人随时都有可能改变。变量之所以称为变量，是因为在这个固定的名字下的取值可以随时发生变化。

Java 中的变量遵从先声明后使用的原则。声明的作用有两点：一是确定该变量的标识符(即名称)，以便系统识别它并指定存储地址，这便是 "按名访问" 原则；二是为该变量指定数据类型，以便系统为它分配足够的存储单元。因此，声明变量包括给出变量的名称和指明变量的数据类型，必要时还可以指定变量的初始值。变量的声明是通过声明语句来实现的。变量的声明格式如下：

　　　　类型名　变量名 1[, 变量名 2][, …];

或　　　　类型名　变量名 1[=初值 1][, 变量名 2[=初值 2], …];

其中，方括号括起来的部分是可选的。

变量经声明以后，便可以对其进行赋值和使用。作为方法内的变量(局部变量)经声明之后，若在使用前没有赋值，则会在编译时指出语法错误。下面均是一些合法的变量声明语句：

```
char   ch1，  ch2;              //char 是类型名，ch1、ch2 是变量名(标识符)
int    i, j, k=9;              //int 为类型名，i、j、k 为变量名，并且 k 的初值为 9
float   x1=0, x2, y1=0, y2;     // float 是类型名，x1、x2、y1、y2 是变量名
```

1. 整数型变量

整数型变量用来表示整数。Java 中的整数类型，按其取值范围之不同，可区分为如表2.3 所示的四种。

表 2.3　整数型变量

类型	存储需求	取 值 范 围
byte	1 字节	$-128 \sim 127(-2^7 \sim 2^7-1)$
short	2 字节	$-32\,768 \sim 32\,767(-2^{15} \sim 2^{15}-1)$
int	4 字节	$-2\,147\,483\,648 \sim 2\,147\,483\,647(-2^{31} \sim 2^{31}-1)$
long	8 字节	$-9\,223\,372\,036\,854\,775\,808 \sim 9\,223\,372\,036\,854\,775\,807(-2^{63} \sim 2^{63}-1)$

整数型变量的定义方法是在自己定义的变量名(标识符)前面加上 Java 系统关键字 byte、short、int、long 中的某一个，这个标识符所代表的变量就属于该关键字类型的整数型变量，它的存储需求和取值范围就限定在表 2.3 所示的范围内。此外，Java 允许在定义变量标识符的同时给变量赋初值(初始化)。例如：

　　　　int　i, j, k=9;　//声明标识符分别为 i、j、k 的变量赋值为整数型变量，并且 k 的初值为 9

　　　此外，在 Java 程序中，int 型和 long 型的最小值和最大值可用符号常量表示，如表 2.4 所示。

表 2.4　整数类型的最小值和最大值的符号常量表示

符号常量名	含　义	十　进　制　值
Integer.MIN_VALUE	最小整数	−2 147 483 648
Integer.MAX_VALUE	最大整数	2 147 483 647
Long.MIN_VALUE	最小长整数	−9 223 372 036 854 775 808
Long.MAX_VALUE	最大长整数	9 223 372 036 854 775 807

【程序示例 C2_1.java】　　常用进制数的输入与输出。

```
package ch2;
public   class   C2_1
{
   public   static   void   main(String   args[ ])
   {    byte   a1=071;       //八进制数
        byte   a2=10;        //十进制数
        byte   a3=0x21;      //十六进制数
        byte   a4=0b1000;   //二进制数
        int    b1,b2,i1=4;
        short    c1=0x1E2;
        long    d=0x10EF,d1=1234567;
        b1=b2=15;
        System.out.println("sum="+(1+5));
        System.out.print("a1=0"+Integer.toOctalString(a1)+"(八进制输出) ");
        System.out.print("\ta1="+a1); //按十进制值输出
        System.out.print("\ta2="+a2);
        System.out.print("\ta3=0x"+Integer.toHexString(a3)+"(十六进制输出)");
        System.out.println("\ta3="+a3); //按十进制值输出
        System.out.print("a4="+a4+" (十进制输出)");
        System.out.print("\t i1="+Integer.toBinaryString(i1)+"(二进制输出)");
        System.out.print("\ti1="+i1);
```

```
        System.out.print("\tb1="+b1);
        System.out.println("\tb2="+b2);
        System.out.format("c1=0x"+ "%x ", c1);
        System.out.print("\tc1="+c1); //按十进制值输出
        System.out.print("\td="+d);      //按十进制值输出
        System.out.print("\td1="+d1);
    }
}
```

该程序的运行结果如下:

```
sum=6
a1=071(八进制输出)   a1=57     a2=10      a3=0x21(十六进制输出)   a3=33
a4=8 (十进制输出)     i1=100(二进制输出)   i1=4      b1=15      b2=15
c1=0x1e2   c1=482      d=4335     d1=1234567
```

本书约定:为调试程序方便,本书为每章建立一个工程,工程名和包名取章的英文单词 Chapter 的前两个字母 ch,后跟章号。例如,第 2 章的工程名是 ch2,对应的包名也是 ch2;第 3 章的工程名是 ch3,对应的包名是 ch3,依此类推。此外,为节省篇幅,在第 2 章 C2_1.java 程序之后,书中例题如无特别说明,就不再写包的定义语句(如 package ch2;) 了,而在 Eclipse IDE 的实际程序中是有的。

2. 浮点型变量

浮点型变量用来表示小数。Java 中的浮点型变量按其取值范围之不同,可区分为 float 型(浮点型)和 double 型(双精度型)两种,如表 2.5 所示。

表 2.5　浮点型变量

类型	存储需求	取 值 范 围
float	4 字节	$-3.402\ 823\ 47E+38F \sim 3.402\ 823\ 47E+38F$ (7 位有效数据)
double	8 字节	$-1.797\ 693\ 134\ 862\ 315\ 7E+308 \sim 1.797\ 693\ 134\ 862\ 315\ 7E+308$ (15 位有效数据)

浮点型变量的定义方法与整型变量的定义方法类似,区别仅在于在自己定义的变量名 (标识符)前面加的 Java 系统关键字是 float 或 double。例如:

```
    double   b;
    float   a1=3.4f,a2=3.4f ,a3;
```

第一行声明标识符 b 为双精度(double)型变量,第二行声明标识符分别为 a1、a2、a3 的变量为单精度(float)型变量,并且 a1、a2 的初值都为 3.4。

应注意两点:第一,不能写成 float a1=a2=3.4f;第二,常量值后的 f 不可省略。

Java 还提供了代表 float 型和 double 型最小值和最大值的符号常量,见表 2.6。

表 2.6　浮点类型的特定值的符号常量表示

符　号	含　义
Float.MIN_VALUE	1.4e-45
Float.MAX_VALUE	3.402 823 47E+37
Float.NEGATIVE_INFINITY	小于-3.402 823 47E+38
Float.POSITIVE_INFINITY	大于 Float.MAX_VALUE 的数
Double.MIN_VALUE	5e-324
Double.MAX_VALUE	1.797 693 134 862 315 7E+308
Double.NEGATIVE_INFINITY	小于-1.797 693 134 862 315 7E+308 的数
Double.POSITIVE_INFINITY	大于 Double.MAX_VALUE 的数
NaN	无意义的运算结果

【程序示例 C2_2.java】　float 型数据的输入与输出。

```
public  class  C2_2
{  public  static  void  main(String  args[ ])
    {
        float  x,y,z;
        x=94.3f;
        y=32.9f;
        z=x/y;
        System.out.println(x+"/"+y+"="+z);
    }
}
```

该程序的运行结果如下：

94.3/32.9=2.8662612

注意：C2_2.java 中省略了包的定义语句 package ch2。后续程序也是如此，不再赘述。

3. 字符型变量

Java 提供的字符型变量如表 2.7 所示。

表 2.7　字 符 型 变 量

类　型	存储需求	范　围
Char	2 字节	Unicode 字符集

字符型变量的定义方法是在变量标识符前加上系统关键字"char"。例如：

char c1,c2='A';

即声明标识符分别为 c1、c2 的变量为字符型变量，并且 c2 的初值为字符 A。

【程序示例 C2_3.java】　字符型数据的输入与输出。

```
public  class  C2_3
```

```
{   public   static   void   main(String   args[ ])
   {
        char   c1, c2, c3;              //声明变量 c1、c2、c3 为字符型变量
        c1='H';                        //在以 c1 标识的存储单元中存入字符 H
        c2='\\';                       //在以 c2 标识的存储单元中存入字符\
        c3='\115';                     //在 c3 中存入八进制数 115 代表的 ASCII 字符 M
        System.out.print(c1);          //输出字符型变量 c1 的值
        System.out.print(c2);          //输出字符型变量 c2 的值
        System.out.print(c3);          //输出字符型变量 c3 的值
   }
}
```

该程序的运行结果如下：

    H\M

4. 布尔型变量

Java 提供的布尔型变量如表 2.8 所示。

表2.8   布 尔 型 变 量

类　型	取 值 范 围
boolean	true 或 false

布尔型变量的定义方法是在变量标识符前加上系统关键字 boolean。例如：

    boolean   f1=true, f2=false;

该行声明变量 f1、f2 为布尔型变量，并且我们为 f1 取初值为 true，f2 取初值为 false。

需要指出的是，这种数据类型表示 1 位信息，但它所占存储空间的大小没有明确指定，仅定义为能够存储字面值 true 或 false。

【示例程序 C2_4.java】   布尔型数据的运算。

```
public   class   C2_4
{   public   static   void   main(String   args[ ])
   {
        boolean   x, y, z;              //声明变量 x、y、z 为布尔型变量
        int   a=89, b=20;
        x=(a>b);                       //对布尔型变量赋值(这里涉及的关系运算请参阅表 2.12)
        y=(a!=b);                      //对布尔型变量赋值
        z=(a+b==43);                   //对布尔型变量赋值
        System.out.println("x="+x);    //输出布尔型变量的值
        System.out.println("y="+y);    //输出布尔型变量的值
        System.out.println("z="+z);    //输出布尔型变量的值
   }
}
```

该程序的运行结果如下：

    x=true

    y=true

    z=false

2.2.4　引用类型

Java 语言中除基本数据类型以外的数据类型称为引用类型，引用类型的特点是：

(1) 引用类型数据以对象的形式存在。

(2) 引用类型变量的值是某个对象的句柄，而不是对象本身。

(3) 声明引用类型变量时，系统只为该变量分配引用空间，并未创建一个具体的对象。

详细内容在本书第 3 章以后介绍。

 ## 2.3　表达式和语句

表达式是用运算符把操作数(变量、常量及方法等)连接起来表达某种运算或含义的式子。表达式通常用于简单地计算或描述一个操作条件。系统在处理表达式后将根据处理结果返回一个值，该值的类型称为表达式的类型。表达式的类型由操作数和运算符的语义确定。Java 语言的运算符很丰富，因此，表达式的种类也很多。根据表达式中所使用的运算符和运算结果的不同，可以将表达式分为算术表达式、关系表达式、逻辑表达式、赋值表达式、条件表达式等。本节将逐一介绍各类表达式。

2.3.1　算术表达式

算术表达式是由算术运算符和位运算符与操作数连接组成的表达式。表达式的类型由运算符和操作数确定。算术表达式的运算与我们在中、小学的知识基本相同。本节只讨论算术运算符所组成的算术表达式，位运算符组成的表达式在后面单独讨论。

1. 算术运算符

算术运算符是根据所需要操作数的个数，可分为双目运算符和单目运算符，见表 2.9。

表 2.9　算 术 运 算 符

运算符		运算	举例	等效的运算
双目 运算符	+	加法	a+b	
	−	减法	a−b	
	*	乘法	a*b	
	/	除法	a/b	
	%	取余数	a%b	
单目 运算符	++	自增 1	a++或++a	a=a+1
	−−	自减 1	a−−或−−a	a=a−1
	−	取反	−a	a=−a

双目运算符需要两个操作数，这两个操作数分别写在运算符的左右两边。单目运算符只需要一个操作数，它可以位于运算符的任意一侧，但是分别有不同的含义。

需要注意的是：

(1) 两个整数类型的数据做除法时，结果只保留整数部分。例如，2/3 的结果为 0。

(2) 只有整数类型才能够进行取余运算，其结果是两数整除后的余数。例如：9%2 的结果为 1。

(3) 自增与自减运算符只适用于变量，且变量可以位于运算符的任意一侧，但各有不同的效果。例如，下面的三个语句清楚地说明了这一点：

```
int   a1=2,a2=2;
int   b=(++a1)*2;   //等价于 a1=a1+1; b=a1*2;
int   c=(a2++)*2;   //等价于 c=a2*2; a2=a2+1;
```

尽管 a1 和 a2 的原值都为 2，但执行后 b 的值是 6，而 c 的值是 4，这是因为++a1 表示在使用变量 a1 之前，先使 a1 的值加 1，然后再使用其新值，即先加 1 后使用；而 a2++表示先使用 a2 的原值，待使用完之后，再使 a2 的值加 1，即先使用后加 1。当然，这三个语句执行完后，a1 和 a2 的值都为 3。

2. 算术运算符的优先级

所谓运算符的优先级，是指当一个表达式中出现不同的算术运算符时，执行运算的优先次序。表 2.10 列出了算术运算符的优先级。

表 2.10   算术运算符的优先级

优先级	分 组	操作符	规 则
高 ↓ 低	子表达式	( )	若有多重括号，则首先计算最里面的子表达式的值；若同一级有多对括号，则从左到右依次计算
	单目操作符	+, -	表示正号和负号
	乘法操作符	*, /, %	若一个表达式中有多个乘法操作符，那么从左到右依次计算
	加法操作符	+, -	若一个表达式中有多个加法操作符，那么从左到右依次计算

图 2.1 为算术运算符的优先次序示例。

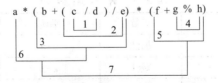

图 2.1   算术运算符的优先次序示例

在书写表达式时，应该注意以下几点：

(1) 写表达式时，若运算符的优先级记不清，可使用括号改变优先级的次序。

(2) 过长的表达式可分为几个表达式来写。

(3) 在一个表达式中最好不要连续使用两个运算符，如 a+++b。这种写法往往使读者弄不清到底是 a+(++b)，还是(a++)+b。如果一定要表达这种含义，则最好用括号进行分组或者用空格符分隔，如 a+ ++b。

　　🖳【示例程序 C2_5.java】　 ++和--运算符的使用。

```
public    class    C2_5
{
    public    static    void    main(String    args[ ])
    {
        int    x,y,z,a,b;
        a=9;
        b=2;
        x=a%b;
        y=2+ ++a;    //等价于 a=a+1; y=2+a;
        z=7+ --b;
        System.out.print("\tx="+x);
        System.out.print("\ty="+y);
        System.out.println("\tz="+z);
    }
}
```

该程序的运行结果如下：

```
x=1       y=12       z=8
```

3. 强制类型转换

　　强制类型转换是指当一个表达式中出现的各种变量或常量的数据类型不同时，所进行的数据类型转换(casting conversion)。Java 程序中的类型转换(不含布尔型)可分为显式类型转换和隐式类型转换两种形式。

　　(1) 隐式类型转换。对于由双目运算中的算术运算符组成的表达式，一般要求运算符两边的两个操作数的类型一致，如果两者的类型不一致，则系统会自动转换为较高(即取值范围较大)的类型，这便是隐式数据类型转换。根据操作数的类型，隐式转换的规则如下：

　　(byte 或 short)与 int 型运算，转换为 int 型；

　　(byte 或 short 或 int)与 long 型运算，转换为 long 型；

　　(byte 或 short 或 int 或 long)与 float 型运算，转换为 float 型；

　　(byte 或 short 或 int 或 long 或 float)与 double 型运算，转换为 double 型；

　　char 型与 int 型运算，转换为 int 型。

　　C++ 的隐式类型转换允许"窄化转换"，即允许将能容纳更多信息的数据类型转换为无法容纳这些数据的类型。例如，可以将 double 型数据赋给 int 型变量。而 Java 的隐式类型转换不允许窄化转换操作，如果要做，则必须进行显式类型转换，这是一种比较安全的操作。

　　例如：

```
int    i;
```

```
short  j=3;
float  a=5.0f;
```
则 i+j+a 的值为 float 型。

(2) 显式类型转换。隐式类型转换只能由较低类型向较高类型转换。在实际工作中，有时也可能需要由较高类型向较低类型转换。例如，我们在计算数值时为了保证其精度，为某些变量取了较高的数据类型(如 double 型)，但在输出时，往往只需要保留两、三位小数或者只输出整数，这时只能进行显式类型转换。显式类型转换需要人为地在表达式前面指明所需要转换的类型，系统将按这一要求把某种类型强制性地转换为指定的类型，其一般形式如下：

```
(<类型名>)<表达式>
```
例如：

```
int  i;
float  h=9.6F;
i=(int)h;
```
则 i 的值为 9。

需要注意的是：使用显式转换会导致精度下降或数据溢出，因此要谨慎使用。此外，显式类型转换是暂时的。

例如：

```
int  i=98,m;
float  h;
h=3.4F+(float)i;
m=2+i;
```
在 h=3.4F+(float)i 表达式中，通过显式类型转换将整型变量 i 的类型转换为 float 型，而在其后的表达式 m=2+i 中，i 仍为 int 型。可见，显式类型转换是暂时的。

【示例程序 C2_6.java】　　强制类型转换的使用。

```java
public  class  C2_6
{
    public  static  void  main(String  args[ ])
    {
        int  x,y;
        x=(int)82.5;
        y=(int)'A'+(int)'b';    //等价于 65+98
        System.out.print("\tx="+x);
        System.out.println("\ty="+y);
    }
}
```
该程序的运行结果如下：

```
x=82    y=163
```

2.3.2　赋值表达式

由赋值运算符组成的表达式称为赋值表达式。

1. 赋值运算符

在 Java 语言中，赋值运算符是"="。赋值运算符的作用是将赋值运算符右边的数据或表达式的值赋给赋值运算符左边的变量。注意：赋值号左边必须是变量。

例如：

```
double    s=6.5+45;    //将表达式 6.5+45 的值赋给变量 s
```

2. 赋值中的类型转换

在赋值表达式中，如果运算符两侧的数据类型不一致，但赋值符左边变量的数据类型较高时，系统会自动进行隐式类型转换，当然也可以人为地进行显式类型转换；如果赋值符左边变量的数据类型低于右边表达式值的类型，则必须进行显式类型转换，否则编译时会报错。例如：

```
int    a=65602;
float    b;
char    c1, c2='A';
b=a;             //正确的隐式类型转换，运算时先将 a 的值转换为 b 的类型，再赋给 b
b=c2;            //正确的隐式类型转换
c1=a;            //不正确的隐式类型转换，编译器会报错
c2=(char) a;     //正确的显式类型转换，运算时 Java 将 a 的值按 char 类型的宽度削窄
                 //(抛弃高位的两个字节)再赋给 c2，使 c2 的值为字符'B'
```

3. 复合赋值运算符

在赋值运算符"="之前加上其他运算符，则构成复合赋值运算符。Java 的复合赋值运算符见表 2.11。

表 2.11　Java 的复合赋值运算符

复合赋值运算符	举例	等效于	复合赋值运算符	举例	等效于
+=	x+=y	x=x+y	-+	x-=y	x=x-y
*=	x*=y	x=x*y	/=	x/=y	x=x/y
%=	x%=y	x=x%y	^=	x^=y	x=x^y
&=	x&=y	x=x&y	|=	x|=y	x=x|y
<<=	x<<=y	x=x<<y	>>=	x>>=y	x=x>>y
>>>=	x>>>=y	x=x>>>y			

📁【示例程序 C2_7.java】　复合赋值运算符的使用。

```java
public    class    C2_7
{
    public    static    void    main(String    args[ ])
```

```
    {
        int   x,y,z;
        x=1;    y=2;    z=3;
        x+=y;           //等价于 x=x+y;
        y%=x;           //等价于 y=y%x;
        z/=x;           //等价于 z=z/x;
        System.out.print("\tx="+(x+=y));
        System.out.print("\ty="+y);
        System.out.println("\tz="+z);
    }
}
```

该程序的运行结果如下：

```
    x=5     y=2     z=1
```

2.3.3　表达式语句

前已述及，计算机程序是通过语句向计算机系统发出操作指令的，而最基本的语句便是表达式语句。在 Java 程序中，只要在一个表达式的末尾加上一个分号“;”，就构成了表达式语句。最典型的例子是在一个赋值表达式的末尾加上一个分号，就可以构成赋值语句。例如：x=8 是一个赋值表达式，而 x=8; 是一个赋值语句。

可见，分号是 Java 语句中不可缺少的一部分，一个语句必须在末尾带一个分号。简单地说，表达式是一个数学上的概念，而表达式语句是程序设计中的概念。

2.3.4　关系表达式

利用关系运算符连接的式子称为关系表达式。关系运算实际上就是我们常说的比较运算，它有 6 个运算符号，如表 2.12 所示。关系运算容易理解，但需注意两点：一是关系表达式的运算结果是一个逻辑值“真”或“假”，在 Java 中用 true 表示“真”，用 false 表示“假”；二是注意区分等于运算符“==”和赋值运算符“=”。

表 2.12　Java 的关系运算符

运算符	含义	示例(设 x=6,y=8)	
		运算	结果
==	等于	x==y	false
!=	不等于	x!=y	true
>	大于	x>y	false
<	小于	x<y	true
>=	大于等于	x>=y	false
<=	小于等于	x<=y	true

　【示例程序 C2_8.java】　关系表达式的使用。

```
public   class   C2_8
```

```
{
    public static void main(String args[ ])
    {
        boolean x,y;
        double a,b;
        a=12.897;
        b=345.6;
        x=(a!=b);
        y=(a==b);
        System.out.println("(a>b)="+(a>b));
        System.out.println("x="+x);
        System.out.println("y="+y);
    }
}
```

该程序的运行结果如下：

```
(a>b)=false
x=true
y=false
```

2.3.5 逻辑表达式

利用逻辑运算符将操作数连接的式子称为逻辑表达式，逻辑表达式的运算结果是布尔型值。逻辑运算符如表 2.13 所示。

表 2.13　Java 的逻辑运算符

运算符	运算	举例	运 算 规 则
&	与	x&y	当 x、y 都为 true 时，结果为 true，其余为 false
|	或	x|y	当 x、y 都为 false 时，结果为 false，其余为 true
!	非	!x	当 x 为 true 时，结果为 false；当 x 为 false 时，结果为 true
^	异或	x^y	当 x、y 都为 true 或都为 false 时，结果为 false
&&	条件与	x&&y	当 x、y 都为 true 时，结果为 true，其余为 false
||	条件或	x||y	当 x、y 都为 false 时，结果为 false，其余为 true

注意：在执行"&"或"|"运算时，运算符左右两边的表达式首先被运算执行，然后再对两表达式的结果进行与、或运算。而利用"&&"和"||"执行操作时，如果从左边的表达式中得到的操作数能确定运算结果，就不再对右边的表达式进行运算。采用"&&"和"||"的目的是加快运算的速度。

　　💾【示例程序 C2_9.java】　逻辑表达式的使用。

```
public class C2_9
{
    public static void main(String args[ ])
```

```
    {
        boolean   x,y,z,a,b;
        char c='A';
        a='b'>'N';
        b = c != 'A';
        x=(!a);
        y=(a&&b);
        z=(a&b);
        System.out.print("\ta="+a);
        System.out.print ("\tb="+b);
        System.out.print("\tx="+x);
        System.out.print("\ty="+y);
        System.out.println("\tz="+z);      }
    }
```

该程序的运行结果如下:

```
        a=true   b=false   x=false   y=false   z=false
```

2.3.6　位运算

Java 语言中包含运算符。位运算是对整数的二进制表示的每一位进行操作。位运算的操作数和结果都是整型量。位运算符如表 2.14 所示。

表 2.14　Java 的位运算符

运算符	含义	示例 表达式	运算规则 (设 x=11010110, y=01011001, n=2,则运算结果见右)	运算结果
~	位反	~x	将 x 按比特位取反,原来的 1 变为 0,原来的 0 变为 1	00101001
&	位与	x&y	x、y 的对应位均为 1 时结果为 1,其余结果为 0	01010000
|	位或	x|y	x、y 的对应位只要有 1 结果便为 1,均为 0 时结果为 0	11011111
^	位异或	x^y	x、y 的对应位只有 1 个 1 时结果为 1,其余结果为 0	10001111
<<	左移	x<<n	x 各比特位左移 n 位,右边的空位补 0	01011000
>>	右移	x>>n	x 各比特位右移 n 位,左边的空位按符号位补 0 或 1	11110101
		y >>n		00010110
>>>	无符号 右移	x>>>n	x 各比特位右移 n 位,左边的空位一律补 0	00110101
		y >>>n		00010110

说明:Java 的位运算通常是对 32 位二进制整数的运算,这里为了简单只列出了 8 位。

💾【示例程序 C2_10.java】　位运算的使用。

```
    public   class   C2_10
    {
        public   static   void   main(String   args[ ])
        {
```

```
byte   a=0b0110;   //二进制数
byte   b=0b0101;
byte   n=0b01;
System.out.print("\t ~a="+Integer.toBinaryString(~a));
System.out.print("\ta&b="+Integer.toBinaryString(a&b));
System.out.println("\ta|b="+Integer.toBinaryString(a|b));
System.out.print("\ta^b="+Integer.toBinaryString(a^b));
System.out.print("\tb<<n="+Integer.toBinaryString(b<<n));
System.out.print("\ta>>n="+Integer.toBinaryString(a>>n));
System.out.print("\ta>>>n="+Integer.toBinaryString(a>>>n));   }
   }
```

该程序的运行结果如下：

~a=11111111111111111111111111111001   a&b=100   a|b=111

a^b=11   b<<n=1010   a>>n=11   a>>>n=11

2.3.7 运算符的优先级

运算符的优先级决定了表达式中不同运算被执行的先后次序，优先级高的先进行运算，优先级低的后进行运算。在优先级相同的情况下，由结合性决定运算的顺序。表 2.15 中列出了 Java 运算符的优先级与结合性。

表 2.15 Java 运算符的优先级与结合性

运　算　符	描　　述	优先级		结合性
. [ ] ( )	域运算，数组下标，分组括号	1	最高	自左至右
++ -- - ! ~	单目运算	2	单目	右/左
new (type)	分配空间，强制类型转换	3		自右至左
* / %	算术乘、除、求余运算	4		
+ -	算术加减运算	5		
<< >> >>>	位运算	6		
< <= > >=	小于，小于等于，大于，大于等于	7		自左至右
== !=	相等，不等	8	双目	(左结合性)
&	按位与	9		
^	按位异或	10		
|	按位或	11		
&&	逻辑与	12		
||	逻辑或	13		
?:	条件运算符	14	三目	
= *= /= %= += -= <<= >>= >>>= &= ^= |=	赋值运算	15	赋值 最低	自右至左 (右结合性)

对于运算符的优先级，最基本的规律是：域和分组运算的优先级最高，接下来依次是单目运算、双目运算、三目运算，赋值运算的优先级最低。

Eclipse IDE 显示的第 2 章 ch2 工程中示例程序的创建及存储位置如图 2.2 所示。

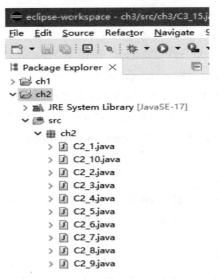

图 2.2　ch2 工程中示例程序的创建及存储位置

习　题　2

2.1　什么是标识符？Java 语言对用户自定义标识符有哪些要求？

2.2　什么是关键字？关键字与标识符有什么区别？

2.3　下列符号中哪些不能作为 Java 程序的标识符？说明理由。

$98　x7.8　_wi　-wi　5ag

\ar　true　(key)　p1　a( )

2.4　为什么要对程序做注释？在 Java 语言中如何书写注释？

2.5　什么是数据类型？为什么要将数据区分为不同的数据类型？

2.6　Java 语言有哪些数据类型？

2.7　在下列符号中找出不属于整数常量的符号，并说明理由。

-51　67f　045　0xab　0.75　4.0

2.8　在下列符号中找出不属于字符常量的符号，并说明理由。

'\101\'　'\b'　'\%'　'\u0030'　'+'　N　'\a'　s　'\-'

2.9　什么是变量？变量名与变量值有什么根本性区别？声明变量有什么作用？

2.10　使整型变量 x 加 1 的 Java 语句有四种形式，试分别写出这四种表示形式。

2.11　说明 x=3+++a; 与 x=3+a++; 的差别。

2.12　若 x=4，y=2，计算 z 值：

(1) z=x&y;　　(2) z=x|y;　　(3) z=x^y;　　(4) z=x>>y;

(5) z=~x;　　(6) z=x<<y;　　(7) z=x>>>y.

2.13 陈述下面 Java 语句中操作符的计算顺序，并给出运行该语句后 x 的值。

(1) x=5+3*5/3-2;

(2) x=4%4+4*4-4/4;

(3) x=(2*4*(2+(4*2/(2))-3));

2.14 假设 x 为 10，y 为 20，z 为 30，求下列布尔表达式的值。

(1) x<10 || x>10;

(2) x>y && y>x;

(3) (x<y+z) && (x+10<=20);

(4) z-y==x && (y-z)==x;

(5) x<10 && x>10;

(6) x>y || y>x;

(7) !(x<y+z) || !(x+10<=20);

(8) (!(x==y)) && (x!=y) && (x<y || y<x)。

2.15 什么是表达式？什么是语句？

2.16 设 z 的初始值为 3，求下列表达式运算后的 z 值。

(1) z+=z;   (2) z-=2;   (3) z*=2*6;   (4) z/=z+z;   (5) z+=z-=z*=z。

2.17 说明在数据类型转换中，什么是隐式类型转换？什么是显式类型转换？

2.18 写出下列程序的运行结果。

```
class   TestP{
    public   static   void   main(String   args[ ]){
        int   x=5,   y=32;
        float   a=8.6f,   b=4.0F;
        System.out.println("x="+x+"y="+y);
        System.out.println("\ta="+a+"\tb="+b);
        System.out.println("\nx+y="+x+y+"\ta*b="+a*b);
    }
}
```

2.19 试编写一个计算圆面积和圆周长的程序并调试运行。

第3章　程序流程控制

在第 2 章的示例程序中，语句是按它们的书写顺序一句接一句地执行的，这样的程序称为顺序结构程序。顺序结构程序只能解决简单的问题。本章讲述的流程控制语句是用来控制程序的流程或走向的。使用流程控制语句，可以使得程序在执行时跳过某些语句或反复执行某些语句。编写解决复杂问题的程序时都会用到流程控制语句。Java 的流程控制语句有三种：分支语句、循环语句和转移语句。使用分支语句编写的程序称为选择结构程序；使用循环语句编写的程序称为循环结构程序。

3.1　选择结构程序设计

Java 语言提供了两条基本的分支选择语句：if 语句和 switch 语句。用这两条语句可以形成以下三种形式的选择结构：

(1) 双分支选择结构：由 if-else 语句构成，用来判定一个条件(布尔表达式)，当条件为真(true)时执行一个操作，当条件为假(false)时执行另一个操作。

(2) 单分支选择结构：由省略了 else 的 if 语句构成，在条件为真时执行一个操作，在条件为假时则跳过该操作。

(3) 多分支选择结构：由 switch 语句构成，根据表达式的值来决定执行不同操作中的某一个操作。当然，使用嵌套的 if 语句也可以实现多分支选择结构。

3.1.1　if 语句

if 语句是构造分支选择结构程序的基本语句。使用 if 语句的基本形式可构造双分支选择结构程序；使用省略了 else 的 if 语句可构造单分支选择结构程序；使用嵌套的 if 语句可构造多分支选择结构程序。下面分别讲述这几种形式。

1．if 语句的基本形式

if 语句的基本形式如下：

```
if(布尔表达式)
    语句区块 1
else
    语句区块 2
```

其执行流程如图 3.1 所示。

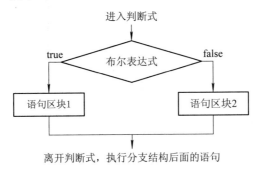

图 3.1　if 语句的基本形式

说明：

(1) 这里的"布尔表达式"为关系表达式或逻辑表达式(下同)。

(2) "语句区块"是指一个语句或多个语句。当为多个语句时，一定要用一对花括号"{"和"}"将其括起，使之成为一个复合语句。例如，在下面程序的 if 语句中，当关系表达式 grade≥60 为 true 时，执行"语句区块 1"，它由两个语句构成，所以使用了一对花括号使其构成一个复合语句，否则，编译时会指出语法错误；而当关系表达式 grade≥60 为 false 时，执行"语句区块 2"，它只有一个语句，所以可以省去花括号。

　【示例程序 C3_1.java】　判断给出的一个成绩，输出"通过"或"不及格"。

```java
public  class  C3_1
{ public  static  void  main(String[ ]  args)
  {
    int   grade;
    grade=86;   //读者在调试时也可赋一个小于 60 的成绩试试看
      /* 此处最好使用一个数据输入语句。但 Java 从键盘读取整数或浮点数时要使用类、
         对象、方法等知识。限于我们目前所学，此处用了一个赋值语句，待读者学习了
         第 4 章后，可对该程序进行相应的修改，使其适应于各种情况 */
    if(grade>=60)
    { System.out.print("通过，成绩是：");
      System.out.println(grade);
    }
    else
      System.out.println("不及格");
  }
}
```

该程序的运行结果如下：

　　　通过，成绩是：86

请注意该程序的缩进格式。这种缩进格式虽然不是必需的，但由于它突出了程序的结构，大大提高了程序的清晰度和可读性，故提倡和推荐这种程序书写风格。

💾【示例程序 C3_2.java】　比较两个数的大小。

```java
public class C3_2 {
    public static void main(String[] args) {
        double d1=43.4;
        double d2=85.3;
        if(d1>=d2)
            System.out.println(d1+">="+d2);
        else
            System.out.println(d1+"<"+d2);
    }
}
```

该程序的运行结果如下：

```
43.4<85.3
```

2. 省略了 else 子句的 if 语句

在 if 语句中，可以省略 else 子句以形成单分支结构。其形式如下：

　　if(布尔表达式)语句区块

其执行流程如图 3.2 所示。

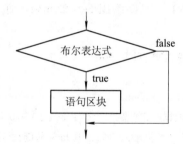

图 3.2　if 语句中省略了 else 子句的形式

💾【示例程序 C3_3.java】　判断给出的一个成绩，当成绩小于 60 时，输出"未通过"及具体成绩，其他情况则什么也不输出。

```java
public class C3_3
{ public static void main(String[] args)
  {
    int grade;
    grade=56; //读者在调试时也可赋一个等于或大于 60 的成绩试试看
    if(grade<60)
    { System.out.print("未通过，成绩是：");
      System.out.println(grade);
    }
  }
}
```

该程序的运行结果如下：

　　　未通过，成绩是：56

3. if 语句的嵌套

在实际问题中，往往并不能由一个简单的条件就可以决定执行某些操作，而是需要由若干个条件来决定执行若干个不同的操作。例如，将百分制转换为 5 分制的问题就是一个典型代表。Java 语言对于这一类问题提供了多种处理方法：可以用逻辑运算符构成复杂的布尔表达式，也可以在 if 语句中嵌套 if 语句，还可以使用 switch 语句。这里主要讨论嵌套的 if 语句。

读者也许已经注意到，在 if 语句中的"语句区块"可以是任何合法的 Java 语句，当然也包括 if 语句本身。因此，如果在 if 语句的"语句区块"中仍然是 if 语句，则构成 if 语句的嵌套结构，从而形成多分支选择结构的程序。当然，if 语句既可以嵌套在 if 语句后，也可以嵌套在 else 语句后，其形式如下：

　　　　if(布尔表达式 1)语句区块 1

　　　else　if(布尔表达式 2)语句区块 2

　　　　　else　if(布尔表达式 3)语句区块 3

　　　　　　　　　⋮

　　　　　　　else　语句区块 n+1

图 3.3 展示了嵌套在 else 语句后的情形。

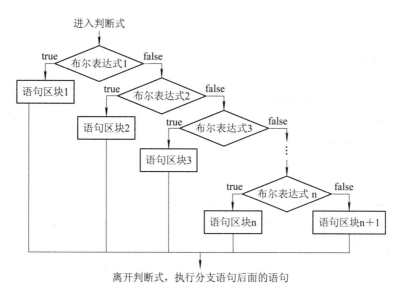

图 3.3　if 嵌套结构的一种形式

📖【示例程序 C3_4.java】　使用 if 语句的嵌套结构将百分制转换为 5 分制。

```java
public  class  C3_4
{
    public  static  void  main(String[ ]  args)
    {
```

```
int    grade=76;
if(grade>=90)System.out.println("成绩:优");
else if(grade>=80)System.out.println("成绩:良");
    else if(grade>=70)System.out.println("成绩:中等");
        else if(grade>=60)System.out.println("成绩:及格");
            else System.out.println("成绩:不及格");
}
}
```

该程序的运行结果如下：

成绩: 中等

4. 使用 if 语句的嵌套结构时的注意事项

(1) Java 编译器将 else 与离它最近的 if 组合在一起，除非用花括号"{}"才能指定不同的匹配方式。例如，某编程者的意图是当 x 和 y 都大于 6 时，输出"设备正常"的信息；而当 x 不大于 6 时，输出"设备出错"的信息。为此，他写出了如下程序：

💾【示例程序 C3_5.java】　 if 语句嵌套结构的使用。

```
public    class    C3_5
{
  public    static    void    main(String[ ]    args)
  { int    x,y;
    x=3;y=14;
    if(x>6)
        if(y>6)
                System.out.println("设备正常");
    else
        System.out.println("设备出错");
    }
}
```

该程序在执行时，只有当 x>6，且 y≤6 时才输出"设备出错"的信息；而当 x 不大于 6 时什么信息也不输出。这是因为该程序中有两个 if 而只有一个 else，这时，这个 else 将与离它最近的 if 配对，而与书写中的对齐方式无关。实际上，该程序的 if 嵌套结构图如图 3.4 所示，且由于 x=3，故程序运行后没有输出，与编程者的意图相悖。如果希望 if 嵌套结构按编程者的意图执行，则必须用花括号将内嵌的 if 结构括起来，即写为

```
if(x>6)
{   if(y>6)
    System.out.println("设备正常");
}
else
    System.out.println("设备出错");
```

这样的 if 嵌套结构图如图 3.5 所示。用花括号将第二个 if 结构括起，即可向编译器表明它是一个省略了 else 的 if 语句，而程序中的 else 与第一个 if 结构相对应。

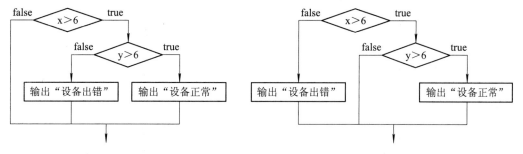

图 3.4　程序 C3_5 的 if 嵌套结构图　　　　　图 3.5　程序 C3_5 改写后的 if 嵌套结构图

(2) 在 if 嵌套语句中，同样要注意每个"语句区块"只能是"一个语句或一个复合语句"，当"语句区块"中包含多条语句时，必须用花括号将这些语句括起来，使其构成一个复合语句，否则会导致语法错误或输出错误。例如，下面两个程序片段中左侧的嵌套 if 语句在 x>6 时，不论 y 的值如何，总会执行第二个输出语句；而右侧的嵌套 if 语句只有当 x和 y 都大于 6 时，才执行两条输出语句，否则，一条输出语句也不执行。这两个程序片段的 if 嵌套结构如图 3.6 所示。

```
if(x>6)                        if(x>6)
   { if(y>6)                      if(y>6)
     System.out.print("x="+x);       {  System.out.print("x="+x);
     System.out.print("y="+y);          System.out.print("y="+y);
   }                              }
```

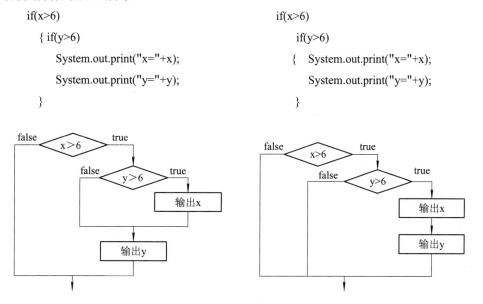

图 3.6　上述两个程序片段的 if 嵌套结构

3.1.2　switch 语句

当要从多个分支中选择一个分支去执行时，虽然可用 if 嵌套语句来解决，但当嵌套层数较多时，程序的可读性大大降低。Java 提供的 switch 语句可清楚地处理多分支选择问题。switch 语句可以根据表达式的值来执行多个操作中的一个，其格式如下：

```
switch(表达式)
{        case  值1：语句区块1；break;      //分支1
         case  值2：语句区块2；break;      //分支2
           ⋮
         case  值n：语句区块n；break;      //分支n
      [ default ：    语句区块n+1；]       //分支n+1
}
```

switch 语句的执行流程如图 3.7 所示。

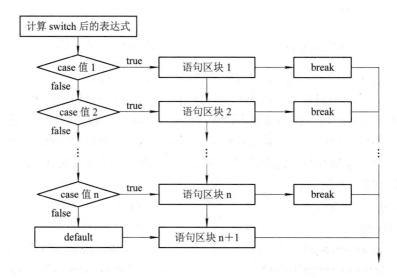

图 3.7   switch 语句的流程控制

说明：

(1) switch 后面的表达式的类型可以是 byte、char、short 和 int(不允许是浮点数类型和 long 型)。

(2) case 后面的值 1，2，…，n 是与表达式类型相同的常量，但它们之间的值应各不相同，否则就会出现相互矛盾的情况。case 后面的语句区块可以不用花括号括起。

(3) default 语句可以省去不要。

(4) 当表达式的值与某个 case 后面的常量值相等时，就执行此 case 后面的语句区块。

(5) 若去掉 break 语句，则执行完第一个匹配 case 后的语句区块后，会继续执行其余 case 后的语句区块，而不管这些语句区块与前面的 case 值是否匹配。

【示例程序 C3_6.java】   判断成绩等级。

```
public class C3_6 {
    public static void main(String[] args)
    {
        int k;   int grade=86;   k=grade/10;
        switch(k) {
            case 10:     case 9:
```

```
                    System.out.println("成绩:优");   break;
            case 8:
            case 7:
                    System.out.println("成绩:良");   break;
            case 6:
                    System.out.println("成绩:及格"); break;
            default:    System.out.println("成绩:不及格");
        }
    }
}
```

该程序的运行结果如下：

成绩:良

3.1.3 条件运算符

对于一些简单的 if/else 语句，可用条件运算符来替代。例如，若有以下 if 语句：

```
if (x>y)   m=x;
else     m=y;
```

则可用下面的条件运算符来替代：

```
m=(x>y)? x ： y
```

其中，"? ："被称为条件运算符；"(x>y)? x ： y"被称为条件表达式。条件表达式的语义是：若(x>y)条件为 true，则表达式的值取 x 的值，否则表达式的值取 y 的值。条件表达式的一般形式如下：

布尔表达式 1? 表达式 2 ： 表达式 3

在条件表达式中：

(1) 表达式 2 和表达式 3 的类型必须相同。

(2) 条件运算符的执行顺序是：先求解表达式 1，若值为 true 则执行表达式 2，此时表达式 2 的值将作为整个条件表达式的值；否则求解表达式 3，此时表达式 3 的值将作为整个条件表达式的值。

在实际应用中，常常将条件运算符与赋值运算符结合起来，构成赋值表达式，以替代比较简单的 if-else 语句。条件运算符的优先级高于赋值运算符，因此，其结合方向为"自右至左"。

【示例程序 C3_7.java】 条件运算符的使用。

```
public  class   C3_7
{
    public  static  void  main(String  args[ ])
    {
        int   x,y,z,a,b;
        a=1;   b=2;
        x=(a>b)? a : b;
```

```
        y=(a!=b) ? a : b;
        z=(a<b) ? a : b;
        System.out.print("\tx="+x);
        System.out.print("\ty="+y);
        System.out.println("\tz="+z);
    }
}
```

该程序的运行结果如下：

    x=2   y=1   z=1

 ## 3.2   循环结构程序设计

循环语句的作用是反复执行一段程序代码，直到满足终止条件为止。Java 语言提供的循环语句有 while 语句、do-while 语句和 for 语句。这些循环语句各有其特点，用户可根据不同的需要选择使用。

3.2.1   while 语句

while 语句的一般格式如下：

    while(布尔表达式)
    {
            循环体语句区块
    }

while 语句中各个成分的执行次序是：先判断布尔表达式的值，若值为 false，则跳出循环体，执行循环体后面的语句；若布尔表达式的值为 true，则执行循环体中的语句区块，然后再回去判断布尔表达式的值，如此反复，直至布尔表达式的值为 false，跳出 while 循环体为止。其执行流程如图 3.8 所示。

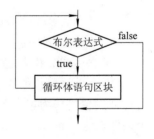

图 3.8   while 循环结构流程图

📥【示例程序 C3_8.java】   打印数字 1～4。

```
public   class   C3_8
{
  public   static   void   main(String[ ]   args)
  {   int   counter=1;           //循环变量及其初始值
      while(counter<=4)          //循环条件
      {  System.out.println("counter="+counter);
         counter++;              //循环变量增值
      }
  }
}
```

该程序的运行结果如下：

    counter=1

    counter=2

    counter=3

    counter=4

3.2.2 do-while 语句

do-while 语句的一般格式如下：

    do{

        循环体语句区块

      }while(布尔表达式)

do-while 语句中各个成分的执行次序是：先执行一次循环体语句区块，然后再判断布尔表达式的值，若值为 false，则跳出 do-while 循环，执行后面的语句；若值为 true，则再次执行循环体语句区块。如此反复，直到布尔表达式的值为 false，跳出 do-while 循环为止。其执行流程如图 3.9 所示。

do-while 循环语句与 while 循环语句的区别仅在于 do-while 循环中的循环体至少执行一次，而 while 循环中的循环体可能一次也不执行。

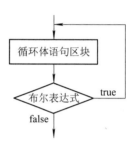

图 3.9 do-while 循环结构流程图

🖫【示例程序 C3_9.java】 计算从 1 开始的连续 n 个自然数之和，当其和值刚好超过 4 时结束，求这个 n 值。

```
public class C3_9 {
    public static void main(String[] args) {
        int n=0;
        int sum=0;                  //循环变量及其初始值
         do{
            n++;
            sum+=n;                 //循环变量增值
            }while(sum<=4);         //循环条件
        System.out.println("sum="+sum);
        System.out.println("n="+n);
        }
    }
```

该程序的运行结果如下：

    sum=6   n=3

3.2.3 for 语句

for 语句的一般格式如下：

    for(初值表达式；布尔表达式；循环过程表达式)
    {
        循环体语句区块
    }

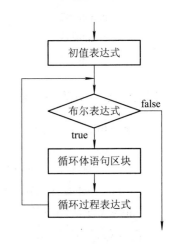

图 3.10   for 循环流程图

其中：初值表达式对循环变量赋初值；布尔表达式用来判断循环是否继续进行；循环过程表达式完成修改循环变量、改变循环条件的任务。

for 语句的执行流程见图 3.10。其执行过程如下：

(1) 求解初值表达式。

(2) 求解布尔表达式，若值为真，则执行循环体语句区块，然后再执行第(3)步；若值为假，则跳出循环语句。

(3) 求解循环过程表达式，然后转去执行第(2)步。

📘【示例程序 C3_10.java】　求自然数 1～6 之间所有奇数之和。

```
public   class   C3_10
{
    public   static   void   main(String[ ]   args)
    {
        int    sum=0,odd;
        for(odd=1;odd<=6;odd+=2)
            {  sum +=odd;  }
        System.out.println("sum="+sum+"     odd="+odd);
    }
}
```

该程序的运行结果如下：

    sum=9   odd=7

请考虑输出的 odd 值为什么是 7，而不是 5，sum 的输出值中是否加上了 7。

📘【示例程序 C3_11.java】　求解 Fibonacci 数列 1，1，2，3，5，8，…的前 10 个数。

分析该数列并得到构造该数列的递推关系式：

$$\begin{cases} F_1 = 1 & (n=1) \\ F_2 = 1 & (n=2) \\ F_n = F_{n-1} + F_{n-2} & (n \geq 3) \end{cases}$$

将其写成如下的 Java 程序：

```
public   class   C3_11
{  public   static   void   main(String[ ]   args)
    {
        int   f1=1, f2=1;   //f1 为第一项，即奇位项；f2 为第二项，即偶位项
```

```
    for( int   i=1;  i<10/2;  i++)
    {
        System.out.print("\t"+f1+"\t"+f2);      //每次输出两项
        if(i%2==0)System.out.println("\n");     //每输出两次共 4 项后换行
        f1=f1+f2;                               //计算下一个奇位项
        f2=f2+f1;                               //计算下一个偶位项
    }
  }
}
```

该程序的运行结果如下：

```
1       1       2       3
5       8       13      21
```

3.2.4　for 语句头的变化与逗号运算符

需要注意的是，在 for 语句中，for 语句头的构件——括号内的三个表达式，均可省略，但两个分号不可省略。当在 for 语句头的构件中省略了任何一个表达式时，应该注意将其写在程序中的其他位置，否则会出现"死循环"等问题。请读者务必牢记，如果不是万不得已，最好不要使用省略表达式的形式，因为使用这种形式实际上已经失去了使用 for 语句的意义。下面通过一个例子来说明省略这些表达式时的情况。

【示例程序 C3_12.java】　编写求解 $\sum\limits_{n=1}^{10} n$（即 $1+2+3+\cdots+9+10$）的程序。

```
    public   class   C3_12
    {
      public   static   void   main(String[ ]   args)
      {
          int   i=1;              //初值表达式写在循环语句之前
          int   sum=0;
          for(;;)                 //for 头的三个构件全部省略
          {   sum +=i++;          //循环过程表达式 i++写在了循环体内
              if(i>10) break;     //布尔表达式写在了循环体内的 if 语句中
          }
          System.out.println("sum="+sum);
      }
    }
```

该程序的运行结果如下：

```
    sum=55
```

此外，在 for 语句头的构件中，"初值表达式"和"循环过程表达式"中还可以使用逗号运算符。

💾【示例程序 C3_13.java】　在 for 循环的初值表达式中使用逗号运算符。

```
public class C3_13
{
    public static void main(String[ ] args)
    {
        int i,sum;
        for(i=1,sum=0;i<=10;i++)    //初值表达式中使用了逗号运算符
            sum+=i;
        System.out.println("sum="+sum);
    }
}
```

该程序的运行结果如下：

```
sum=55
```

💾【示例程序 C3_14.java】　在"初值表达式"和"循环过程表达式"中都使用了逗号运算符，且省略了"布尔表达式"的情况。

```
public class C3_14
{   public static void main(String[ ] args)
    {
        int i,sum;
        //下面的 for 循环中省略了布尔表达式，其余位置使用了逗号运算符
        for(i=1,sum=0;  ; i++,sum+=i)
            if(i>10)break;        //循环体改成了判定跳转语句
        System.out.println("sum="+sum);
    }
}
```

该程序的运行结果如下：

```
sum=65
```

3.2.5　循环语句比较

前面通过示例程序讲述了三种循环语句的用法。一般情况下，Java 系统提供的三种循环语句是可以相互替代的，尤其是对于那些确切地知道所需执行次数的循环更是如此。由于 for 语句头中包含了控制循环所需要的各个构件，因此，对于同样的问题，使用 for 循环编写的程序最简洁清晰。如果读者将求自然数 1～10 之和的问题分别用三种循环结构写出，就可以清楚地看到这一事实。对于那些只知道某些语句要反复执行多次(至少执行一次)，但不知道确切执行次数的问题，使用 do-while 循环会使程序更清晰。对于那种某些语句可能要反复执行多次，也可能一次都不执行的问题，使用 while 循环当然是最好的。

3.2.6　循环控制要点

进行循环控制主要有两种办法：一种是用计数器控制循环，另一种是用标记控制循环。

大多数循环结构程序是利用计数器的原理来控制的。设计计数器控制循环的程序，需要把握下面几个要点：

(1) 循环控制变量(或循环计数器)的名字，即循环变量名。

(2) 循环控制变量的初始值。

(3) 每执行一次循环，循环控制变量的增量(或减量)。

(4) 测试循环控制变量的终值条件(即是否继续进行循环)。

通过仔细分析前面的示例程序可以看出，用三种不同的循环语句编写的程序都具有上述四个方面的内容，其中以 for 语句最为典型，它把所有这些构件都放在了 for 语句头中，图 3.11 明确地指出了这些方面。

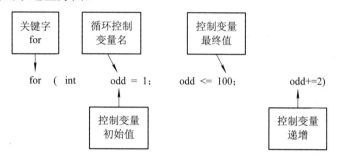

图 3.11　一个典型 for 语句头的组成构件

用标记控制循环主要适用于那些事先无法知道循环次数的事务处理。例如，统计选票就是这样一类问题，只知道有许多人参加投票，但不能确切地知道选票数。在这种情况下可以使用一个叫作标记值的特殊值作为"数据输入结束"的标志，当用户将所有合法的数据都输入之后，可以输入这个标记值，表示最后一个数据已经输入完了。循环控制语句得到这个标记值后，结束循环。标记控制循环通常也称作不确定循环，因为在循环开始执行之前并不知道循环的次数。下面的程序使用"#"作为循环控制标记。

【示例程序 C3_15.java】　设有李、王、张三人竞选领导，由群众投票表决，试设计一个统计选票的程序。

```
import java.util.Scanner;
public  class  C3_15
{ public  static  void  main(String[ ]  args) throws  IOException
  {
      //Scanner 类是一个简单的文本扫描器类，可以从键盘读入数据
      Scanner sc = new Scanner(System.in);              //创建 Scanner 类对象 sc
      int  Ltotal=0,Wtotal=0,Ztotal=0;                  //计数器
      char  name;    String  c1;
      System.out.print("enter letter L or W or Z name, # to end:");
      c1=sc.next();                      //从键盘上读取一个字符串赋给字符串变量 c1
      name=c1.charAt(0);                 // charAt(0)是从一个字符串中截取第 0 个字符的方法
      while(name!='#')
      {
```

```
switch(name)
{
    case 'L':
    case 'l':    //李姓人的得票，列出两个 case 分别处理大、小写字母
        Ltotal=Ltotal+1; break;
    case 'W':
    case 'w':   //王姓人的得票
        Wtotal=Wtotal+1; break;
    case 'Z':
    case 'z':   //张姓人的得票
        Ztotal=Ztotal+1; break;
}    //switch 语句结束
System.out.print("enter letter L or W or Z name ,# to end:");
c1=sc.next();
name=c1.charAt(0);
}    //while 循环结束
System.out.println(" Ltotal="+Ltotal);
System.out.println(" Wtotal="+Wtotal);
System.out.println(" Ztotal="+Ztotal);
    }
}
```

该程序运行时，可在 Eclipse IDE 的"输出"窗口中通过键盘输入数据，输入过程及运行结果如图 3.12 所示。

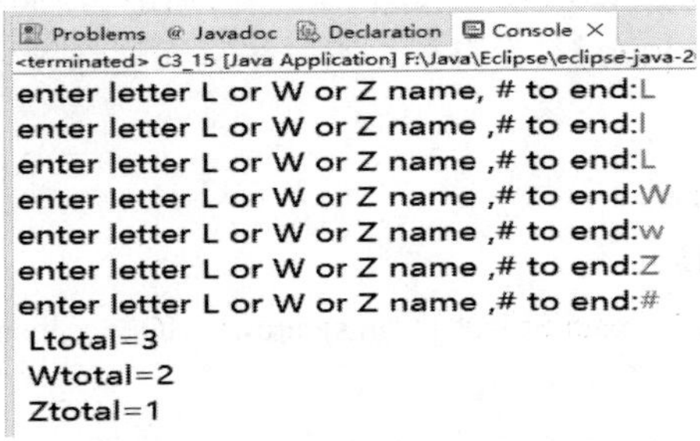

图 3.12　程序 C3_15 运行结果

注意：该程序中使用了我们尚未学过的 Scanner 类，该类的使用步骤如下：

(1) 导入系统包中的类，如本例中的"import　java.util.Scanner;"。

(2) 创建 Scanner 类的对象，如本例中的"Scanner sc = new Scanner(System.in);"。

(3) 调用 Scanner 类提供的方法，如本例中的"c1=sc.next();"。

sc.next( )表示遇到第一个有效字符(非空格、非换行符)时开始扫描，获取扫描到的内容，即获得第一个扫描到的不含空格、换行符的单个字符串，当遇到第一个分隔符或结束符(空格或换行符)时结束扫描。Scanner 类的更多使用方法将在后面章节讲解。

3.2.7　循环嵌套

循环嵌套是指在循环体内包含有循环语句的情形。Java 语言提供的三种循环结构可以自身嵌套，也可以相互嵌套，因此，其嵌套形式非常多。但在循环嵌套时必须注意的是：无论哪种嵌套关系都必须保证每一个循环结构的完整性，不能出现交叉。下面几种循环嵌套都是合法的形式：

(1)　while( ) //外循环开始
　　{
　　while( ) //内循环开始
　　{ 　} //内循环结束
　　} //外循环结束

(2)　for(; 　; 　) //外循环开始
　　{
　　for(; ;) //内循环开始
　　{ 　} //内循环结束
　　} //外循环结束

(3)　do //外循环开始
　　{
　　do //内循环开始
　　{
　　}while( ); //内循环结束
　　}while( ); //外循环结束

(4)　for(; ;) //外循环开始
　　{
　　while( ) 　//内循环开始
　　{ 　} //内循环结束
　　} 　//外循环结束

(5)　while( )
　　{
　　　do
　　　{
　　　}while( );
　　}

(6)　do
　　{
　　　for(; ;)
　　　{ 　}
　　} while( );

🖫【示例程序 C3_16.java】　编程打印三角形数字图案。

```
public    class C3_16
{   public    static   void    main(String[ ]    args)
    {
      for(int    i=1;i<=10;i++)                //外层 for 循环
      {   for(int    j=1;j<=11-i;j++)          //内嵌 for 循环
              System.out.print("    ");        //内嵌 for 循环的循环体
          for(int    j=1;j<=i;j++)             //并列的内嵌 for 循环
          {   if(i>=10) System.out.print(+i+" ");
              else      System.out.print(+i+"    ");
          }                                    //并列的内嵌 for 循环结束
          System.out.println(" ");
      }                                        //外层 for 循环结束
    }
}
```

该程序的运行结果如图 3.13 所示。

```
                1
              2   2
            3   3   3
          4   4   4   4
        5   5   5   5   5
      6   6   6   6   6   6
    7   7   7   7   7   7   7
  8   8   8   8   8   8   8   8
9   9   9   9   9   9   9   9   9
10 10 10 10 10 10 10 10 10 10
```

图 3.13　程序 C3_16 运行结果

【示例程序 C3_17.java】　　编写求解 $\sum_{n=1}^{8} n!$ (即 $1! + 2! + 3! + \cdots + 7! + 8!$)的程序。

```java
public   class   C3_17
  {
     public   static   void   main(String[ ]   args)
     {
         int   n=1,m,s,k=0;
         while(n<=8)
          {
             for(s=1,m=1;m<=n;m++)
                s=s*m;           //计算 n!，结果存于 s 中
             k=k+s;              //计算前 n 项阶乘之和，结果存于 k 中
             System.out.println(n+"!="+s+"   k="+k);
             n++;
          }
     }
  }
```

该程序的运行结果如下：

```
1!=1       k=1
2!=2       k=3
3!=6       k=9
4!=24      k=33
5!=120     k=153
6!=720     k=873
7!=5040     k=5913
8!=40320     k=46233
```

3.3　break 和 continue 语句

Java 语言提供的用于改变程序执行流向的转移语句有 break、continue、return 和 throw 等，本节先介绍 break 和 continue。break 语句可以独立使用，而 continue 语句只能在循环体中使用。

3.3.1　break 语句

break 语句通常有不带标号和带标号两种形式：

> break；

> break　lab；

其中，break 是关键字；lab 是用户定义的标号。

break 语句虽然可以独立使用，但通常主要用于 switch 结构和循环结构中，控制程序的执行流程转移。break 语句的应用有下列三种情况：

(1) break 语句用在 switch 语句中，其作用是强制退出 switch 结构，执行 switch 结构后的语句。这一功能已在 3.1.2 节中陈述过。

(2) break 语句用在单层循环结构的循环体中，其作用是强制退出循环结构，如图 3.14 所示。若程序中有内外两重循环，而 break 语句写在内循环中，则执行 break 语句只能退出内循环，而不能退出外循环。若想要退出外循环，可使用带标号的 break 语句。

(3) break lab 语句用在循环语句中(必须在外循环入口语句的前方写上 lab 标号)，可使程序流程退出标号所指明的外循环，如图 3.15 所示。

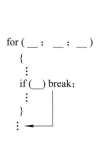

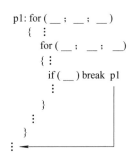

图 3.14　break 语句在单循环中的执行流程　　图 3.15　break 语句在双循环中的执行流程

　📂【示例程序 C3_18.java】　　求 1～50 间的素数。

素数也称为质数，是不能被从 2 开始到比它自身小 1 的任何正整数整除的自然数，如 3，5，7 等都是素数。解决该问题的算法可用伪代码描述如下：

(1) 构造外循环得到一个 1～50 之间的数 i，为减少循环次数，可跳过所有偶数。

(2) 构造内循环得到一个 2～m 之间的数 j，令 m=$\sqrt{i}$ 。

　　　　　{考察 i 是否能被 j 整除，若能整除则 i 不是素数，结束内循环；}

(3) 内循环结束后判断 j 是否大于等于 m+1，若是，则 i 必为素数，打印输出之；否则，再次进行外循环。

将上述伪代码写成如下 Java 程序：

```java
public class C3_18
{
  public static void main(String[] args)
  {
    int n=0,m,j,i;
    for(i=3;i<=50;i+=2)                    //外层循环
    { m=(int)Math.sqrt((double)i);
      for(j=2;j<=m;j++)                    //内嵌循环
        if((i%j)==0) break;                //内嵌循环结束
      if(j>=m+1)
      { if(n%6==0)System.out.println("\n"); //换行控制
        System.out.print(i+"  ");
        n++;
      }//if
    } //外层循环结束
  }
}
```

该程序的运行结果如下：

```
3    5    7    11   13   17
19   23   29   31   37   41
43   47
```

💾【示例程序 C3_19.java】　求自然数 1～20 间的素数。

解此题可改写示例程序 C3_18.java，外循环控制仍是 1～50，但当外循环执行到第 21 次时，在内循环中利用带标号的 break 语句使其终止。

```java
public class C3_19
{
  public static void main(String[] args)
  {
    int n=0,m,j,i;
    p1: for(i=3;i<=50;i+=2)                //外层循环，前面有标号 p1
      {
        m=(int)Math.sqrt((double)i);
        for(j=2;j<=m;j++)                  //内嵌循环
        {
          if((i%j)==0)break;
          if(i==21)break p1;               //条件成立时结束由标号 p1 所指明的循环
```

```
        }    //内嵌循环结束
        if(j>=m+1)
          {
              if(n%6==0) System.out.println("\n");
              System.out.print(i+"    ");
              n++;
          }
        }    //外循环结束
    }
  }
```

该程序的运行结果如下：

```
3    5    7    11   13   17
19
```

3.3.2　continue 语句

continue 语句只能用于循环结构中，其作用是使循环短路。它有下述两种形式：

```
continue;
continue    lab;
```

其中，continue 是关键字；lab 为标号。

(1) continue 语句也称为循环的短路语句。在循环结构中，当程序执行到 continue 语句时就返回到循环的入口处，再执行下一次循环，而不执行循环体内写在 continue 语句后的语句。

(2) 当程序中有嵌套的多层循环时，为从内循环跳到外循环，可使用带标号的 continue lab 语句。此时应在外循环的入口语句前方加上标号。

📁【示例程序 C3_20.java】　使用 continue 语句改写示例程序 C3_16.java。

```
public    class    C3_20
{
    public    static    void    main(String[ ]    args)
      {   int   j;
          p1: for(int    i=1;i<=10;i++)
            {
              j=1;
              while(j<=11-i) {  System.out.print("    ");    j++;    }
              for(j=1;j<=i;j++)
                {
                    if(i==3) continue; //当 i＝3 时，不论 j 为何值，均不执行后面的两条语句
                    if(j==9) continue p1; //当 j＝9 时，跳到外循环入口处
                    System.out.print(i+"    ");
```

```
            }//for j
        System.out.println(" ");
        }// for i
    }//main
}
```

该程序的运行结果如下：

```
            1
            2   2


        4   4   4   4
          5   5   5   5   5
        6   6   6   6   6   6
      7   7   7   7   7   7   7
      8   8   8   8   8   8   8   8
    9   9   9   9   9   9   9   9        10 10 10 10 10 10 10 10
```

请将此程序的运行结果与示例程序 C3_16.java 的执行结果比较，注意第三行与最后一行的变化。

本书第 3 章 ch3 工程中所有示例程序在 Eclipse IDE 中的存放位置及关系如图 3.16 所示。

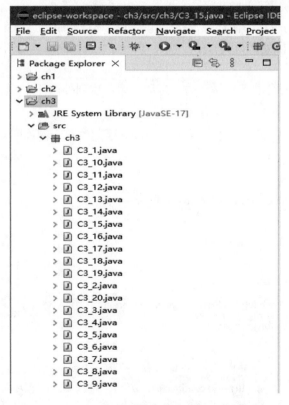

图 3.16　ch3 工程中示例程序的存放位置及关系

习　题　3

3.1　下列 3 条语句中哪两条是等价的？

(1) if(a==b)

　　if(c==d)a=1;

　　　else　b=1;

(2) if(a==b)

　　{ if(c==d)a=1；}

　　　else b=1；

(3) if(a==b)

　　{if(c==d)a=1;

　　else b=1；}

3.2　在使用 switch 语句时应该注意哪些问题？

3.3　根据下列函数编写程序，给定 x 值，输出 y 值：

$$y=\begin{cases} x & (x<1) \\ 3x-2 & (1\leqslant x<10) \\ 4x & (x\geqslant 10) \end{cases}$$

3.4　利用 if 的嵌套语句表示下列 switch 语句。

```
switch(grade)
{
    case  7:
    case  6:    a=11;
                b=22;
                break;
    case  5:    a=33;
                b=44;
                break;
    default:    a=55;
                break;
}
```

3.5　说明 while 与 do-while 语句的差异。

3.6　读程序并写出执行结果。

```
for(k=1;k<=5;k++)
    { if(k>4)break;
        System.out.println("k="+k);}
```

3.7　编写程序，求 $\sum\limits_{k=1}^{10} k^2$ 的值。

3.8　指出下列循环语句中的错误(包括死循环)。

(1) for(int i=1.0; i<=2.0;i+=0.1)

　　{ x=y；　a=b;}

(2) while(x==y);

 { x=y; a=b;}

(3) for(int i=10; i>0;i++)

 {x=y; a=b;}

(4) while(x<1 && x>10)

 {a=b; }

3.9 编写一个程序：输入 3 个数，将它们按大小顺序输出。

3.10 分别用三种循环结构编写程序，求自然数 1～50 之和。

3.11 编写程序，求 $1 + 3 + 7 + 15 + 31 + \cdots + (2^{20} - 1)$ 的值。

3.12 已知 $S = 1 - \dfrac{1}{2} + \dfrac{1}{3} - \dfrac{1}{4} + \cdots + \dfrac{1}{n-1} - \dfrac{1}{n}$，试编写程序求解 n=100 时的 S 值。

3.13 编写打印如下图形的程序。

(1) #   (2) * * * * *   (3) $

 ##   * * * * $ $ $

 ###   * * * $ $ $ $ $

 ####   * * $ $ $

 #####   * $

3.14 编写打印"九九乘法口诀表"的程序。

第4章 类 与 对 象

　　人类在认识世界的漫长历史中，面对包罗万象、错综复杂的大千世界，形成了一些控制研究对象复杂性的原则，并运用这些原则来简化问题的复杂性，从而对客观世界产生了正确的、简明扼要的认识。这些原则主要有分类、抽象、封装和继承等。面向对象的方法论之所以具有强大的生命力，主要原因是它较全面地运用了这些原则。通过本章的学习，我们会看到，在一个面向对象的系统中：

　　(1) 对象是对现实世界中事物的抽象，是 Java 程序的基本封装单位，是类的实例。

　　(2) 类是对象的抽象，是数据和操作的封装体。

　　(3) 属性是事物静态特征的抽象，在程序中用数据成员加以描述。

　　(4) 操作是事物动态特征的抽象，在程序中用成员方法来实现。

4.1　类与对象的概念

　　程序设计所面对的问题域——客观世界，是由许多事物构成的，这些事物既可以是有形的(比如一辆汽车)，也可以是无形的(比如一次会议)。在面向对象的程序设计中，客观世界中的事物映射为对象。对象是面向对象程序设计中用来描述客观事物的基本单位。客观世界中的许多对象，无论其属性还是其行为常常有许多共同性，抽象出这些对象的共同性便可以构成类。所以，类是对象的抽象和归纳，对象是类的实例。

4.1.1　抽象原则

　　所谓抽象(abstraction)，就是从被研究对象中舍弃个别的、非本质的、或与研究主旨无关的次要特征，而抽取与研究工作有关的实质性内容加以考察，形成对所研究问题正确的、简明扼要的认识。例如，"马"就是一个抽象的概念，实际上没有任何两匹马是完全相同的，但是我们舍弃了每匹马个体之间的差异，抽取其共同的、本质性的特征，就形成了"马"这个概念。

　　抽象是科学研究中经常使用的一种方法，是形成概念的必要手段。在计算机软件开发领域中，所有编程语言都提供抽象机制，人们所能够解决的问题的复杂性直接取决于抽象的层次和质量。编程语言的抽象是指求解问题时是否根据运行解决方案的计算机结构来描述问题，它是从机器语言→汇编语言→面向过程的语言→面向对象的语言这样的路径发展的。

随着不同抽象层次的进展，目前主要强调的是过程抽象和数据抽象。

1. 过程抽象

过程抽象(procedural abstraction)是指任何一个完成确定功能的操作序列，其使用者都可把它看作一个单一的实体，尽管这个操作可能是由一系列更低级的操作完成的。

过程抽象隐藏了过程的具体实现。例如，用于求一个正整数平方的过程可以有下面的不同实现方式：

方式 1：

```
int   square(int   k)
{    return   k*k;    }
```

方式 2：

```
int   square(int   k)
{
     int result=0;
    for(int i=0; i<k; i++)   result+=k;
    return   result;
}
```

以上两种实现方式代表了相同的抽象操作：当传递一个正整数调用 square 过程时，它们都返回输入值的平方，不同的实现方式并不影响任何一个调用 square 过程的程序的正确性。

面向过程的语言(如 Fortran、Pascal、C 等)的程序设计采用的是过程抽象。过程在 C 语言中称为函数，在其他语言中称为子程序。当求解一个问题时，过程抽象的程序设计是将一个复杂的问题分解为多个子问题，如果子问题仍然比较复杂，可再分解为多个子问题，形成层次结构。每一个子问题就是一个子过程，高层的过程可以将它下一层中的过程当作抽象操作来使用，而不用考虑它下一层中的过程的实现方法。最后，从最底层的过程逐个求解，合并形成原问题的解。

过程抽象有两个主要优点：① 通过将过程看作抽象操作，编程人员可以在无须知道过程是如何实现的这一情况下使用它们；② 只要抽象操作的功能是确定的，即使过程的实现被修改，也不会影响使用这个过程的程序。

然而，过程抽象只关注操作，没有把操作和被操作的数据作为一个整体来看待，存在一定的弊端。20 世纪 70 年代，学者们提出了抽象数据类型的概念，后来进一步发展成数据抽象的概念。

2. 数据抽象

数据抽象(data abstraction)把系统中需要处理的数据和施加于这些数据之上的操作结合为一个不可分的系统单位(即对象)，根据功能、性质、作用等因素把它们抽象成不同的抽象数据类型。每个抽象数据类型既包含了数据，也包含了针对这些数据的授权操作，并限定数据的值只能由这些操作来观察和修改。因此，数据抽象是相对于过程抽象的更为严格、更为合理的抽象方法。

在数据抽象中，一个抽象数据类型(值或对象)表示一组数据和一组公共操作，这些操作构成这些数据的接口。数据值的实现包括它的内部表示和基于这些表示的操作的实现。数据抽象仅给编程人员提供数据值的接口而屏蔽了它的实现,编程人员通过接口访问数据。

使用数据抽象有很多优点。首先，用户不需要了解详细的实现细节就可使用它。其次，由于对用户屏蔽了数据类型的实现，因此，只要保持接口不变，数据实现的改变并不影响用户的使用。另外，由于接口规定了用户与数据之间所有可能的交互，因此，也就避免了用户对数据的非授权操作。

面向对象的程序设计就是采用数据抽象这一方法来构建程序中的类和对象的。它强调把数据和操作结合为一个不可分的系统单位——类/对象，对象的外部只需要知道这个对象能做什么，而不必知道它是如何做的。

3. 面向过程程序设计和面向对象序设计的不同

下面通过编写求长方形面积的程序实例来说明面向过程的程序设计与面向对象的程序设计的不同。

(1) 在面向过程的程序设计中，把计算长方形的面积看成一个长方形过程，在过程中给出长和宽变量和求长方形面积的语句，将长和宽的值作为长方形过程的参数，通过调用该过程就可以得到该长方形的面积。

```
int    area(int l,int w)
{
    int    length=l;
    int    width=w;
    return    (length*width) ;
}
…
t= area(30,20);   //将长和宽的值作为长方形过程的参数，调用长方形的过程，得到长方形的面积
…
```

(2) 面向对象的程序设计。首先，把长方形看成一个长方形对象，将长方形对象的共性抽象出来设计成长方形类，定义类的属性(静态特征)和方法(动态特征)。然后，创建长方形类的对象，将长和宽的值的信息传递给对象的方法，调用对象的方法求对象的面积。

```
class    Rectangle   //设计一个长方形类
{
     int   length;          类的属性(静态特征)
    int    width;

    int    area(int   l,int   w)
    {
        int    length=l;                类的方法(动态特征)         Rectangle 类
        int    width=w;
        return    (length*width) ;
    }
}
```

```
…
Rectangle   rec=new   Rectangle ();      //创建 Rectangle 类 rec 的对象
rec. area(30,20);   //将长和宽的值的信息传递给对象的方法，调用对象的方法求对象的面积
…
```

4.1.2　对象

只要仔细研究程序设计所面对的问题域——客观世界，我们就可以看到：客观世界是由一些具体的事物构成的，每个事物都具有自己的一组静态特征(属性)和一组动态特征(行为)。例如，一辆汽车有颜色、型号、马力、生产厂家等静态特征，又具有行驶、转弯、停车等动态特征。把客观世界的这一事实映射到面向对象的程序设计中，则是把问题域中的事物抽象成了对象(object)，把事物的静态特征(属性)抽象成了一组数据，把事物的动态特征(行为)抽象成了一组方法。因此，对象具有下述特征：

(1) 对象标识：即对象的名字，是用户和系统识别它的唯一标志。例如，汽车的牌照可作为每一辆汽车对象的标识。对象标识有"外部标识"和"内部标识"之分。外部标识供对象的定义者或使用者使用，内部标识供系统内部唯一地识别每一个对象。在计算机世界中，我们可以把对象看成是计算机存储器中一块可标识的区域，它能保存固定或可变数目的数据(或数据的集合)。

(2) 属性：即一组数据，用来描述对象的静态特征，如汽车的颜色、型号、马力、生产厂家等。在 Java 程序中，这组数据被称为数据成员。

(3) 方法：也称为服务或操作，它是对对象动态特征(行为)的描述。每一个方法确定对象的一种行为或功能。例如，汽车的行驶、转弯、停车等动作可分别用 move( )、rotate( )、stop( )等方法来描述。为避免混淆，本书把方法称为成员方法。

在 Java 程序中，类是创建对象的模板，对象是类的实例，任何一个对象都是隶属于某个类的。Java 程序设计是从类的设计开始的，所以，在进一步讲述对象的知识之前，我们必须先掌握类的概念。

4.1.3　类

对象是对事物的抽象，而类是对对象的抽象和归纳。人类在认识客观世界时经常采用的思维方法就是把众多的事物归纳成一些类。分类所依据的原则是抽象，即抽象出与当前目标有关的本质特征，而忽略那些与当前目标无关的非本质特征，从而找出事物的共性，把具有共同性质的事物归结为一类，得出一个抽象的概念——类。

在面向对象的编程语言中，类是一个独立的程序单位，是具有相同属性和方法的一组对象的集合。类的概念使我们能对属于该类的全部对象进行统一描述。例如，"树具有树根、树干、树枝和树叶，它能进行光合作用"，这个描述适合于所有的树，从而不必对每棵具体的树都进行一次这样的描述。因此，在定义对象之前应先定义类。描述一个类需要指明下述三个方面的内容：

(1) 类标识：类的一个有别于其他类的名字。这是必不可少的。

(2) 属性说明：用来描述相同对象的静态特征。

(3) 方法说明：用来描述相同对象的动态特征。

例如，下面是对 Dog 类进行的描述：

```
class  Dog  // class 指出这是一个类，Dog 是类标识
{
    String   name;
    int  AverageWeight;        类的属性(静态特征)
    int  AverageHeight;
    public  void  move( )
      {  …  }                 类的方法(动态特征)     Dog 类
    public  void  ShowDog( )
      {  …  }
}
```

4.1.4　类与对象的关系

类给出了属于该类的全部对象的抽象定义，而对象则是符合这种定义的一个实体。类与对象之间的关系就如同一个模具与用这个模具铸造出来的铸件之间的关系一样。也就是说，我们可以把类与对象之间的关系看成是抽象与具体的关系。在面向对象的程序设计中，对象被称作类的一个实例(instance)，而类是对象的模板(template)。类是多个实例的综合抽象，而实例又是类的个体实物。图 4.1 所示为类与对象的关系。

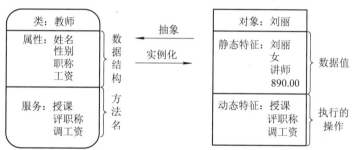

图 4.1　类与对象的关系

由于对象是类的实例，因此在定义对象之前应先定义类。在定义了类之后，才可以在类的基础上创建对象。

4.1.5　定义类的一般格式

进行 Java 程序设计，实际上就是定义类的过程。一个 Java 源程序文件往往是由许多个类组成的。从用户的角度看，Java 源程序中的类分为两种：

(1) 系统定义的类，即 Java 类库，是系统定义好的类。类库是 Java 语言的重要组成部分。Java 语言由语法规则和类库两部分组成。语法规则确定了 Java 程序的书写规范；类库则提供了 Java 程序与运行它的系统软件(Java 虚拟机)之间的接口。Java 类库是一组由它的发明者 SUN 公司以及其他软件开发商编写好的 Java 程序模块，每个模块通常对应一种特定的基本功能和任务，且这些模块都是经过严格测试的，因而也是正确有效的。当编写的 Java 程序需要完成其中某一功能时，就可以直接利用这些现成的类库，而不需要一切从头

编写，这样不仅可以提高编程效率，也可以保证软件的质量。关于 Java 类库的更多内容将在 4.1.6 节及以后的章节中讲述。

(2) 用户自己定义的类。系统定义的类虽然实现了许多常见的功能，但是用户程序仍然需要针对特定问题的特定逻辑来定义自己的类。用户按照 Java 的语法规则，把所研究的问题描述成 Java 程序中的类，以解决特定问题。进行 Java 程序设计，首先应学会怎样定义类。

在 Java 程序中，用户自己定义类的一般格式如下：

```
class 类名
{
    数据成员
    成员方法
}
```

可以看出，类的结构是由类说明和类体两部分组成的。类的说明部分由关键字 class 与类名组成，类名的命名遵循 Java 标识符的定义规则；类体是类声明中花括号所包括的全部内容，它又由数据成员(属性)和成员方法(方法)两部分组成。数据成员描述对象的属性；成员方法刻画对象的行为或动作，每一个成员方法确定一个功能或操作。图 4.2 为类的图形表示。

图 4.2　类的图形表示

💾【示例程序 C4_1.java】　定义一个有数据成员及成员方法的类。

```java
public class C4_1 {
    public static void main(String[] args) {
        int    a=5;                            //数据成员 a
        double    b=23.4;                      //数据成员 b
        System.out.println("a= "+a+" b="+b);   //系统提供的方法
    }//main
}
```

该程序的执行结果如下：

```
a= 5    b=23.4
```

4.1.6　Java 类库

要想掌握好 Java 面向对象的编程技术，编写出高质量的程序，必须对 Java 的类库有足够的了解。Java 平台提供了一个庞大的类库(一组包)，这个库被称为应用程序编程接口(application program interface，API)，它可以帮助开发者方便、快捷地开发 Java 程序。Java 平台 API 规范包含 Java SE 平台提供的所有包、接口、类、字段和方法。Java 类库由成百上千个单独的类、接口组成。为了管理这些类、接口，Java 系统根据实现功能的不同，划分成不同的集合，每个集合称为一个包，所有包合称为类库。包是组织一组相关类和接口的命名空间，包也称为文件夹。Java 类库的每个包中都有若干个具有特定功能和相互关系的类和接口。

有了类库中的类，编写 Java 程序时就不必一切从头做起，这样就避免了代码的重复和错误，提高了编程的效率。一个用户程序中系统标准类使用得越多、越全面、越准确，这个程序的质量就越高；相反，离开了系统标准类和类库，Java 程序几乎寸步难行。所以，学习 Java 语言程序设计，要做到：① 学习其语法规则，即第 2～3 章中的基本数据类型、基本运算和基本语句等，这是编写 Java 程序的基本功；② 学习使用类库，这是提高编程效率和提升质量的必由之路，甚至从一定程度上说，能否熟练自如地掌握尽可能多的 Java 类库，决定了一个 Java 程序员编程能力的高低。

使用类库中的类有三种方式：

(1) 直接使用系统类。例如，在字符界面向系统标准输出设备输出字符串时使用的方法 System.out.println( )，就是系统类 System 的动态属性 out 的方法。

(2) 继承系统类，即在用户程序里创建系统类的子类。

(3) 创建系统类的对象，如第 3 章 C3_15.java 程序中的语句：

　　Scanner sc = new Scanner(System.in); 就是创建了一个系统类 Scanner 的对象 sc。

使用第二种和第三种方式，用户程序需要在此前用 import 语句引入它所用到的系统类或系统类所在的包，如第 3 章 C3_15.java 程序中的语句 import java.util.Scanner。

类库包中的程序都是字节码形式的程序，利用 import 语句将一个包引入到程序里，就相当于在编译过程中将该包中所有系统类的字节码加入用户的 Java 程序中，这样用户的 Java 程序就可以使用这些系统类及其中的各种功能了。

java.base 模块定义了 Java SE 平台的基础 API。下面摘要列出 java.base 模块中经常使用的包。

(1) java.lang 包：提供对 Java 编程语言的设计至关重要的类，是 Java 语言的核心类库，包含了运行 Java 程序必不可少的系统类，如基本数据类型、基本数学函数、字符串处理、线程、异常处理类等。每个 Java 程序运行时，系统都会自动地引入 java.lang 包，所以这个包的加载是缺省的。

(2) java.lang.annotation 包：为 Java 编程语言注释工具提供库支持。

(3) java.lang.invoke 包：提供了与 Java 虚拟机交互的低级基元。

(4) java.lang.ref 包：提供使用对象类与垃圾收集器的有限程度的交互。

(5) java.io 包：通过数据流，序列化和文件系统提供系统的输入和输出。

(6) java.net 包：提供用于实现网络应用程序的类。

(7) java.net.spi 包：提供 java.net 包的服务。

(8) java.util 包：包含集合框架、一些国际化支持类、服务加载器、属性、随机数生成、字符串解析和扫描类、base64 编码和解码、位数组和几个杂项实用程序的类。

(9) java.util.concurrent 包：提供并发编程中通常比较实用的类。

(10) java.time 包：提供日期、时间、瞬间和持续时间的主要的 API。

(11) java.text 包：提供用于以独立于自然语言的方式处理文本、日期、数字和消息的类和接口。

(12) javax.net 包：提供网络应用程序的类。

(13) javax.net.ssl 包：提供安全套接字包的类。

4.1.7　创建对象

创建对象通常包括声明引用变量、创建对象和初始化对象三步。

1．声明引用变量

引用变量通常也被称为对象。为了弄清这两者之间的区别与联系，有人曾以遥控器操纵电视机为例说明如下："在用遥控器操纵电视中，电视机是对象，遥控器是引用变量"。需要注意的是：强调引用变量与对象的不同是强调二者的存储关系，而从逻辑上看，如果引用变量是引用对象的变量，则这个变量名在逻辑上指向对象，否则，几句话说不清对象名是什么。因此，在此后的讲述中，在不强调二者的存储关系时，我们就把引用变量名简称为对象名或对象。声明引用变量的格式如下：

　　　　类名　引用变量名表；

其中，类名是指对象所属类的名字，它是在声明类时定义的；引用变量名表是指一个或多个引用变量名，若为多个引用变量名时，则用逗号进行分隔。例如：

　　　　class_name　object1，object2；

这条语句声明了两个引用变量 object1 和 object2，它们都属于 class_name 类。声明引用变量时，系统只为该变量分配引用空间，存放在 Java 定义的栈内存中，其值为 null，如图 4.3 所示。此时，并未创建具体的对象。

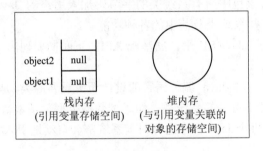

图 4.3　声明引用变量的内存分配图

2．创建对象

一旦声明了一个引用变量，就可以将它与一个创建的对象相关联。通常用 new 操作符来实现这一目的。创建对象的格式如下：

　　　　引用变量名＝new 构造方法( )

例如：

　　　　object1＝new　class_name( )；

　　　　object2＝new　class_name( )；

也可以在声明引用变量的同时创建对象，格式如下：

　　　　类名　引用变量名＝new 构造方法( )

例如：

　　　　class_name　Object1＝new　class_name( )；

　　　　class_name　Object2＝new　class_name( )；

其中，new 是 Java 的关键字，也可将其称为运算符，因为 new 的作用是创建对象，为对象分配存储空间，并存放在 Java 定义的堆内存中。引用变量的值是该对象存储的地点，如图 4.4 所示。执行 new class_name( )将产生一个 class_name( )类的实例，即对象。当确定了引用变量和对象时，则可用引用变量来操纵对象。

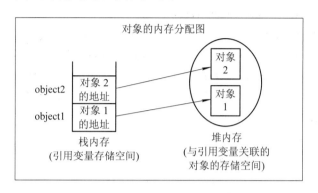

图 4.4　创建对象的内存分配图

3. 初始化对象

初始化对象是指由一个类生成一个对象时，为这个对象确定初始状态，即为它的数据成员赋初始值的过程。这一过程有三种实现方法：第一种是用默认初始化原则赋初值，如表 4.1 所示；第二种是用赋值语句赋初值；第三种是由 Java 提供专用的方法来完成它，这个方法被称为构造方法。关于构造方法的详细内容请参阅本书 4.1.9 节。

表 4.1　Java 提供数据成员默认初始化原则

数据成员类型	默认取值	数据成员类型	默认取值
byte	0	float	0.0f
short	0	double	0.0d
int	0	boolean	false
long	0	所有引用类型	null
char	'\u0000'		

4.1.8　使用对象

一个对象可以有许多属性和多个方法。在面向对象的系统中，一个对象的属性和方法被紧密地结合成一个整体，二者是不可分割的，并且限定一个对象的属性值只能由与它关联的引用变量或对象的方法来读取和修改。这便是封装和信息隐藏的一个方面。

当一个对象被创建后，这个对象就拥有了自己的数据成员和成员方法，我们可以通过与之关联的引用变量名来引用对象的成员，引用方式如下：

引用变量名.数据成员名

对象的成员方法的引用方式如下：

引用变量名.成员方法名(参数表)

【示例程序 C4_2.java】　定义一个 Dogs 类，使其包括 name、weight 和 height 三个数据成员和一个名为 showDog 的成员方法。为 Dogs 类创建与引用变量 dane 关联的对象和与引用变量 setter 关联的对象，确定两个对象的属性后引用 showDog 方法显示这两个对象的属性。

```java
public class C4_2 {
    public static void main(String[] args) {
        Dogs    dane;                        //声明 dane 为属于 Dogs 类的引用变量
        dane=new    Dogs( );                 //创建由 dane 引用的 Dogs 对象
        Dogs setter=new    Dogs( );          //创建引用变量 setter 引用的 Dogs 对象
            //以下六条语句是通过引用变量将一组值赋给对象的数据成员
        dane.name="Gread Dane";
        dane.weight=100;    dane.height=23;
        setter.name="Irish Setter";
        setter.weight=20;    setter.height=30;
            //引用对象的成员方法
        dane.showDog();
        setter.showDog();
    }//main
}
//定义 Dogs 类
class    Dogs
{
    //以下三条语句定义 Dogs 类的数据成员
    public    String    name;
    public    int    weight;
    public    int    height;
        //Dogs 类的成员方法 showDog( )
    public    void    showDog()
    {
        System.out.println("Name:"+name);
        System.out.println("Weight:"+weight);
        System.out.println("Height:"+height);
    } //showDog( )
}// Dogs
```

该程序的运行结果如下：

Name:Gread Dane

Weight:100

Height:23

Name:Irish Setter

Weight:20

Height:30

注意：Dogs setter=new Dogs( );语句执行后，则完成了以下三项工作。

(1) 声明 setter 为属于 Dogs 类的引用变量。

(2) 使用 new 操作符来创建一个 Dogs 类的对象与 setter 相关联。该对象有三个数据成员 name、weight 和 height 和一个成员方法 showDog()。

(3) 用默认初始化原则为对象的数据成员赋初值，如图 4.5 所示。

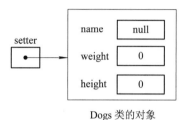

Dogs 类的对象

图 4.5 setter 关联对象示意图

4.1.9 对象的初始化与构造方法

创建对象后，要为对象的数据成员赋值(如示例程序 C4_2.java 中的 dane.Name="Gread Dane";等 6 条语句)，为简化这一操作，Java 系统提供了专用的方法——构造方法来完成这一操作。

构造方法是一个类的方法中方法名与类名相同的类方法。每当使用 new 关键字创建一个对象时，每当为新建对象开辟了内存空间之后，Java 系统将会自动调用构造方法初始化这个新建对象。构造方法是类的一种特殊方法，它的特殊性主要体现在以下几个方面：

(1) 构造方法的方法名与类名相同。

(2) 构造方法是类的方法，它能够简化对象数据成员的初始化操作。

(3) 不能对构造方法指定类型，它有隐含的返回值，该值由系统内部使用。

(4) 构造方法一般不能由编程人员显式地直接调用，在创建一个类的对象的同时，系统会自动调用该类的构造方法将新对象初始化。

(5) 构造方法可以重载，即可定义多个具有不同参数的构造方法。

(6) 构造方法可以继承，即子类可以继承父类的构造方法。

(7) 如果用户在一个自定义类中未定义该类的构造方法，则系统将会为这个类定义一个缺省的空构造方法。这个空构造方法没有形式参数，也没有任何具体语句，不能完成任何操作。但在创建一个类的新对象时，系统要调用该类的构造方法将新对象初始化。

🖫【示例程序 C4_3.java】 将示例程序 C4_2 改写为定义了构造方法的程序。

```
public class C4_3 {

public static void main(String[] args) {

Dogs1 dane=new Dogs1("Gread Dane",100,23);

Dogs1 setter=new Dogs1("Irish Setter",20,30);

                                    //引用对象的成员方法
```

```
        dane.showDog();

            setter.showDog();

    }//main

    }


    class   Dogs1                        //定义 Dogs 类
    {
        public   String   name;          //定义 Dogs 类的数据成员
        public   int   weight;
        public   int   height;
        public Dogs1(String   Name, int   cWeight, int   cHeight)
        {
    name=Name;
    weight=cWeight;
    height=cHeight;
        } //Dogs1 构造方法


        //Dogs1 类的成员方法 showDog( )
        public   void   showDog()
        {
          System.out.println("Name:"+name);

          System.out.println("Weight:"+weight);

          System.out.println("Height:"+height);
        } //成员方法 showDog( )
    }// Dogs1 类
```

该程序的运行结果与示例程序 C4_2.java 的执行结果相同。

注意：如果构造方法中的参数名与数据成员名相同。例如：

```
    public   Dogs1(String   name, int   weight, int   height)
    {   name=name;       //默认左边标识符为数据成员名,右边标识符为参数名
        weight=weight;
        height=height;
    }
```

则对同名数据成员名封闭, 左边标识符数据为成员名,右边标识符为参数名。可以使用代表本类对象的关键字 this 指出数据成员名之所在。例如：

```
    public   dogs(String   name, int   weight, int   height)
```

```
    {
        this.name=name; //用 this 指出数据成员名
        this.weight=weight;
        this.height=height;
    }
```

关于 this，将在 5.4.4 节讲述。

4.2 封 装 机 制

封装是面向对象系统的一个重要特性，是数据抽象思想的具体体现。

4.2.1 封装的概念

在面向对象的程序设计中，封装就是把对象的属性和行为结合成一个独立的单位，并尽可能隐藏对象的内部细节(称为信息隐藏)。用户无需知道对象内部方法的实现细节，但可以根据对象提供的外部接口来访问该对象。

封装反映了事物的相对独立性。封装在编程上的作用是使对象以外的部分不能随意存取对象的内部数据(属性)，从而有效地避免了外部错误对它的"交叉感染"。另一方面，当对象的内部做了某些修改时，由于它只通过少量的接口对外提供服务，因此大大减少了内部的修改对外部的影响。封装具有下述特征：

(1) 在类的定义中设置访问对象属性(数据成员)及方法(成员方法)的权限，限制本类对象及其他类对象的使用范围。

(2) 提供一个接口来描述其他对象的使用方法。

(3) 其他对象不能直接修改本对象所拥有的属性和方法。

面向对象系统中类的概念本身具有封装的意义，因为对象的特性是由它所属的类说明来描述的。Java 提供四种访问控制级别对对象的属性和方法进行封装：公共(public)、保护(protected)、包(package)和私有(private)。其中，包是用来封装一组相关类的。

4.2.2 类的严谨定义

在 4.1.5 节中，我们已经给出了定义类的一般格式，那时我们给出的类的结构如下：

```
class 类名
{   数据成员
    成员方法
}
```

这一结构只给出了定义一个类所必不可少的内容，而忽略了类定义的许多细节。有了封装的概念后，我们就可以进一步来学习类的严谨定义。类的严谨定义格式如下：

```
[类修饰符]  class 类名 [extends 父类名] [implements  接口列表]
{
    数据成员
```

```
    成员方法
}
```

可以看出，在类的严谨定义格式中，类的说明部分增加了[类修饰符]、[extends 父类名]和[implements 接口列表]三个可选项。合理地使用这些可选项，就可以充分地展示封装、继承和信息隐藏等面向对象的特性。由于这部分内容比较庞杂，我们在这里作简要说明后，将分别在后面的章节中详细讨论。

(1) 类修饰符(qualifier)：用于规定类的一些特殊性，主要是说明对它的访问限制。

(2) 类名：遵从 2.1.1 节所述标识命名规则，但按惯例通常首字母要大写。

(3) extends 父类名：指明新定义的类是由已存在的父类派生出来的，这样，这个新定义的类就可以继承一个已存在类——父类的某些特征。Java 只支持单继承，一个类只能有一个父类名。

(4) implements 接口列表：一个类可以实现多个接口，接口之间用逗号分隔。通过接口机制可以实现多重继承。

(5) 类体：包括花括号{}括起来的所有内容。

4.2.3　类修饰符

类的修饰符用于说明对它的访问限制。一个类可以没有修饰符，也可以有 public、final、abstract 等几种不同的修饰符。它们的作用是不同的，下面分别予以介绍。

1．无修饰符的情况

如果一个类前无修饰符，则这个类只能被同一个包里的类使用。Java 规定，同一个程序文件中的所有类都在同一个包中。这就是说，无修饰符的类可以被同一个程序文件中的类使用，但不能被其他程序文件中的类(即其他包中的类)使用。

🖫【示例程序 C4_4.java】　　无修饰符类的使用。

```
class   Pp1                    //无修饰符的类 Pp1
{
   int   a=45;                 //Pp1 类的数据成员 a
}

public   class   C4_4         //公共类 C4_4
{
   public   static   void   main(String[ ]   args)
   {
      Pp1   p1=new   Pp1( );    //类 C4_4 中创建了一个无修饰符类 Pp1 的对象
      System.out.println(p1.a);
   }
}
```

该程序的运行结果如下：

45

在 C4_4.java 程序中定义了两个类：无修饰符的类 Pp1 和公共类 C4_4。它们是同一个程序文件(即同一个包)中的两个类，所以，在类 C4_4 中可以创建 Pp1 类的对象，且 p1 可以引用这个对象的数据成员 a。关于数据成员的访问限制，将在 4.3 节中论述。

2．public 修饰符

如果一个类的修饰符是 public，则这个类是公共类。公共类不但可供它所在包中的其他类使用，也可供其他包中的类使用。在程序中可以用 import 语句引用其他包中的 public 类。Java 规定，在一个程序文件中，只能定义一个 public 类，其余的类可以是无修饰符的类，也可以是用 final 修饰符定义的最终类；否则，编译时系统会报错。

【示例程序 C4_5.java】　public 修饰符类的使用。

```
class    Pp
{
    C4_5    f1=new    C4_5( );    //在 Pp 类中创建 C4_5 类的对象
    int    add( )
    {  //下面的语句用引用变量 f1 引用 C4_5 类对象的数据成员 b 和 c
        return(f1.b+f1.c);
    }
}
public    class    C4_5           //定义公共类 C4_5
{
    int    b=20,c=3;             //C4_5 类的数据成员 b 和 c
    public    static    void    main(String[ ]    args)
     {
        Pp    p1=new    Pp( );   //创建 Pp 类的对象
        System.out.println(p1.add( ));
     }
}
```

该程序的运行结果如下：

23

在程序 C4_5.java 中定义了两个类：无修饰符的默认类 Pp 和公共类 C4_5。它们是两个无继承关系的类，但由于类 C4_5 是公共类，因此，在类 Pp 中可以创建 C4_5 类的对象，引用变量 f1 可以引用该对象的数据成员 b 和 c。在公共类 C4_5 中创建了一个 Pp 类的对象，对象的数据成员为 f1 是 C4_5 类的引用变量，如图 4.6 所示。p1 可以引用 Pp 类的成员方法 add( )。

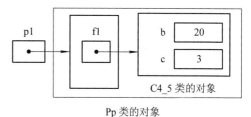

图 4.6　p1 关联对象示意图

3．final 修饰符

用 final 修饰符修饰的类被称为最终类。最终类是不能被任何其他类所继承的。定义最终类的目的如下：

(1) 用来完成某种标准功能。例如，Java 系统定义好的用来实现网络功能的 InetAddress、Socket 等类都是 final 类。将一个类定义为 final 类，则可以将它的内容、属性和功能固定下来，与它的类名形成稳定的映射关系，从而保证引用这个类时所实现的功能是正确无误的。

(2) 提高程序的可读性。从父类派生子类，再从子类派生子类，使软件变得越来越复杂。而在必要的层次上设置 final 类，可以提高程序的可读性。

(3) 提高安全性。病毒的闯入途径之一是在一些处理关键信息的类中派生子类，再用子类去代替原来的类。由于用 final 修饰符定义的类不能再派生子类，截断了病毒闯入的途径，因而提高了程序的安全性。

💾【示例程序 C4_6.java】　　final 修饰符类的使用。

```java
final class P1    //用 final 修饰的类 P1
{
    int i=7;   int j=1;
    void f()
    {   System.out.println("OK");   }
}


public   class   C4_6         //定义公共类 C4_6
{
    public   static   void   main(String[ ] args)
    {
        P1 n=new P1( );
        n.f();
        n.i=40;
         n.j++;
        System.out.println("i="+n.i);
        System.out.println("j="+n.j);
    }
}
```

该程序的运行结果如下：

```
OK
i=40
j=2
```

4．abstract 修饰符

用 abstract 修饰符修饰的类称为抽象类。抽象类刻画了研究对象的公有行为特征，并通过继承机制将这些特征传送给它的派生类。其作用在于将许多有关的类组织在一起，提供一个公共的基类，为派生具体类奠定基础。此外，当一个类中出现了一个或多个用 abstract

修饰符定义的方法时，必须在这个类的前面加上 abstract 修饰符，将其定义为抽象类。有关抽象类及抽象方法的详细内容将在 5.5 节介绍。

5. 类修饰符使用注意事项

可以同时使用两个修饰符来修饰一个类，当使用两个修饰符修饰一个类时，这些修饰符之间用空格分开，写在关键字 class 之前，修饰符的顺序对类的性质没有任何影响。

需要注意的是：一个类可以被修饰为 public abstract，也可以被修饰为 public final，但不能被修饰为 abstract final，这是因为 abstract 类自身没有对象，需要派生子类后再创建子类的对象，而 final 类不能派生子类，所以不存在用 abstract final 两个修饰符修饰的类。

4.3　数　据　成　员

数据成员在有些书上也称为成员变量或变量。由于变量一词所包容的内容甚多，为了避免混淆，尤其是为了与成员方法体中定义的(局部)变量有所区分，我们将类中用来描述研究对象静态特征的变量称为数据成员。

4.3.1　数据成员的声明

数据成员是用来描述事物的静态特征的。一般情况下，声明一个数据成员时必须给出这个数据成员的标识符并指明它所属的数据类型。在这里我们要指出的是：声明一个数据成员除了这些必做的事情外，还可以用修饰符对数据成员的访问权限做出限制。这样，数据成员的声明就成了如下形式：

　　　[修饰符]　数据成员类型　数据成员名表；

其中，修饰符是可选的，它是指访问权限修饰符 public、private、protected 和非访问权限修饰符 static、final 等；数据成员类型就是 int、float 等 Java 允许的各种定义数据类型的关键字；数据成员名表是指一个或多个数据成员名，即用户自定义标识符，当同时声明多个数据成员名时，彼此间用逗号分隔。

关于数据成员类型、数据成员名表的内容，我们在前面的章节中已经多次讨论过，只有修饰符是新出现的内容。因此，本节只对修饰符中的非访问权限修饰符 static、final 做一些论述。有关访问权限修饰符的内容，将在 5.2.1 节中讲解。

4.3.2　用 static 修饰的静态数据成员

用 static 修饰符修饰的数据成员是不属于任何一个类的具体对象，而是属于类的静态数据成员。其特点如下：

(1) 它是被保存在类的内存区的公共存储单元中，而不是被保存在某个对象的内存区中。因此，一个类的任何对象访问它时，存取到的都是相同的数值。

(2) 可以通过类名加点操作符访问它。

(3) static 类数据成员仍属于类的作用域，还可以使用 public static、private static 等进行修饰。修饰符不同，可访问的层次也不同。

　　💾【示例程序 C4_7.java】　对上述特点(1)和(2)的示例。

```
class Pc
{   static double ad=8;   }

public   class   C4_7        //定义公共类 C4_7
{
    public   static   void   main(String[ ] args)
     {
        Pc m=new Pc( );
        Pc m1=new Pc( );
        m.ad=0.1;           //只对类的数据成员 ad 赋值
        System.out.println("m1="+m1.ad);
        System.out.println("Pc="+Pc.ad);
        System.out.println("m="+m.ad);
     }
}
```

该程序的运行结果如下：

```
m1=0.1
Pc=0.1
m=0.1
```

注意：m1、m 和 Pc 访问类的数据成员都具有相同的值。

4.3.3　静态数据成员的初始化

　　静态数据成员的初始化可以由用户在定义时进行，也可以由静态初始化器来完成。静态初始化器是由关键字 static 引导的一对花括号括起的语句块，其作用是在加载类时，初始化类的静态数据成员。静态初始化器与构造方法不同，它有下述特点：

　　(1) 静态初始化器用于对类的静态数据成员进行初始化，而构造方法用来对新创建的对象进行初始化。

　　(2) 静态初始化器不是方法，没有方法名、返回值和参数表。

　　(3) 静态初始化器是在它所属的类加载到内存时由系统调用执行的，而构造方法是在系统用 new 运算符产生新对象时自动执行的。

　　💾【示例程序 C4_8.java】　静态数据成员的初始化。

```
class Cc
{   static int n;      int nn;
    static                    //静态初始化器
      {   n=20;   }           //初始化类的静态数据成员 n
      Cc( )                   //类 Cc 的构造方法
```

```
      {   nn=n++;   }
    }


    public   class   C4_8         //定义公共类 C4_8
    {
      public   static   void   main(String[ ] args)
       {
            Cc m=new Cc( );     Cc m1=new Cc( );
          System.out.println("m1="+m1.nn);
          System.out.println("m="+m.nn);
       }
    }
```

该程序的运行结果如下：

```
    m1=21    m=20
```

4.3.4 用 final 修饰的最终数据成员

如果一个类的数据成员用 final 修饰符修饰，则这个数据成员就被限定为最终数据成员。最终数据成员可以在声明时进行初始化，也可以通过构造方法赋值，但不能在程序的其他部分赋值，它的值在程序的整个执行过程中是不能改变的。所以，也可以说用 final 修饰符修饰的数据成员是标识符常量。

用 final 修饰符说明常量时，需要注意以下几点：

(1) 需要说明常量的数据类型并指出常量的具体值。

(2) 若一个类有多个对象，而某个数据成员是常量，最好将此常量声明为 static，即用 static final 两个修饰符修饰它，这样做可节省空间。

🖫【示例程序 C4_9.java】 用 final 修饰的最终数据成员。

```
    class Ca
    {    static int n=20;
         final int nn;              //声明 nn，但没有赋初值
         final int k=40;            //声明 k 并赋初值 40
         Ca( ) {   nn= ++n; }      //在构造方法中给 nn 赋值
    }
    public class C4_9 {
       public static void main(String[] args) {
           Ca m1=new Ca( );        //创建 Ca 对象，使其静态数据成员 nn 的值为 21
           Ca m2=new Ca( );        //创建 Ca 对象，使其静态数据成员 nn 的值为 22
           // m1.nn=90;             这是一个错误的赋值语句，因为 nn 是标识符常量
           System.out.println("m2.nn="+m2.nn);
           System.out.println("m2.k="+m2.k);
           System.out.println("m1.nn="+m1.nn);
```

```
        System.out.println("m1.k="+m1.k);
    }
}
```

该程序的运行结果如下：

　　m2.nn=22

　　m2.k=40

　　m1.nn=21

　　m1.k=40

注意：程序中对两个静态数据成员 nn 和 k 采用了不同的初始化形式，因此 k 值保持不变，而 nn 值通过构造方法每次增加 1。

4.4　成员方法

成员方法描述对象所具有的功能或操作，反映对象的行为，是具有某种相对独立功能的程序模块。它与过去所说的子程序、函数等概念相似。一个类或对象可以有多个成员方法，对象通过执行它的成员方法对传来的消息作出响应，完成特定的功能。成员方法一旦被定义，便可在不同的程序段中被多次调用，故可增强程序结构的清晰度，提高编程效率。例如，下面的成员方法可完成两个整数的求和运算，一旦完成了它的编写和调试，便可在程序中随时调用该方法，传递不同的参数来完成任意两个整数的求和运算。

```
int   add(int x,int y)
{   int z;
    z=x+y;
    return(z);
}
```

4.4.1　成员方法的分类

为了便于理解，我们先来看看成员方法的分类。我们可以从不同的角度出发，对成员方法进行分类。

从成员方法的来源看，可将成员方法分为以下两种：

(1) 类库成员方法。这是由 Java 类库提供的，用户只需要按照 Java 提供的调用格式去使用这些成员方法即可。

(2) 用户自己定义的成员方法。这是为了解决用户的特定问题，由用户自己编写的成员方法。

从成员方法的形式看，可将成员方法分为以下两种：

(1) 无参成员方法。例如：

```
void printStar( ){ … }
```

(2) 带参成员方法。例如：

```
int add(int x,int y){ … }
```

当然，还可以从成员方法的功能上将其分为数学运算方法、字符处理方法等。介绍上面分类的主要目的是帮助我们理解类库成员方法、带参成员方法等几个最常用的名词。实际上，类库成员方法可以是无参成员方法，也可以是带参成员方法。同样，某个带参成员方法既可能是类库成员方法，也可能是用户自己定义的成员方法。

4.4.2　声明成员方法的格式

在 Java 程序中，成员方法的声明只能在类中进行，其格式如下：

[修饰符]返回值的类型　成员方法名(形式参数表)　throw　[异常表]
{
　　　说明部分
　　　执行语句部分
}

成员方法的声明包括成员方法头和方法体两部分，成员方法头确定成员方法的名字、形式参数的名字和类型、返回值的类型、访问限制和异常处理等；方法体由包括在花括号内的说明部分和执行语句部分组成，它描述该方法功能的实现。

在成员方法头中：

(1) 修饰符。修饰符可以是公共访问控制符 public、私有访问控制符 private、保护访问控制符 protected 等访问权限修饰符，也可以是静态成员方法修饰符 static、最终成员方法修饰符 final、本地成员方法修饰符 native、抽象成员方法修饰符 abstract 等非访问权限修饰符。访问权限修饰符指出满足什么条件时该成员方法可以被访问。非访问权限修饰符指明成员方法的使用方式。

(2) 返回值的类型。返回值的类型用 Java 允许的各种数据类型关键字(如 int、float 等)指明成员方法在完成其所定义的功能后，运算结果值的数据类型。若成员方法没有返回值，则在返回值的类型处应写上 void 关键字，以表明该方法无返回值。

(3) 成员方法名。成员方法名也就是用户遵循标识符定义规则命名的标识符。按照惯例，方法名应该是一个小写的动词或多个单词，若为多个单词，则第一个动词小写，后续单词的第一个字母大写。

(4) 形式参数表。成员方法可分为带参成员方法和无参成员方法两种。对于无参成员方法来说，无形式参数表这一项，但成员方法名后的一对圆括号不可省略；对于带参成员方法来说，形式参数表指明调用该方法所需要的参数个数、参数的名字及参数的数据类型，其格式如下：

(形式参数类型 1　形式参数名 1，形式参数类型 2　形式参数名 2，…)

(5) throw [异常表]。它指出当该方法遇到方法的设计者未曾想到的一些问题时如何处理。这部分内容将在第 9 章专门介绍。

4.4.3　方法体中的局部变量

方法体描述该方法所要完成的功能，它由变量声明语句、赋值语句、流程控制语句、方法调用语句、返回语句等 Java 允许的各种语句成分组成，是程序设计中最复杂的部分，几乎会用到我们已经学习过的和将要学习的绝大多数内容。本着由浅入深、循序渐进的原则，这里先提请读者注意如下几点：

(1) 在方法体内可以定义本方法所使用的变量，这种变量是局部变量，它的生存期与作用域是在本方法内。也就是说，局部变量只在本方法内有效或可见，离开本方法后，这些变量被自动释放。

(2) 在方法体内定义变量时，变量前不能加修饰符。

(3) 局部变量在使用前必须明确赋值，否则编译时会出错。

(4) 在一个方法内部，可以在复合语句中定义变量，这些变量只在复合语句中有效，这种复合语句也被称为程序块。下面的示例程序 C4_11.java 中指出了这一问题。

【示例程序 C4_10.java】　局部变量及其用法。

```java
public  class  C4_10
{
    public  static  void  main(String[ ]  args)
    {
        int   a=2,b=3;
        int   f=add(a,b);      //调用 add 方法
        System.out.println("f="+f);
        //System.out.println("z="+z);  错误语句，z 在 add 方法内，离开 add 则被清除
    }
    static  int  add(int  x,int  y)
    {
        //public  int  zz;   //错误语句，在局部变量 zz 前误加了 public 修饰符
        int  z,d;             //本方法中定义的变量 z 和 d
        z=x+y;                //若写成 z=x+d;就会出错，因为 d 还没有被赋值就使用
        return z;
    }
}
```

该程序的运行结果如下：

```
f=5
```

【示例程序 C4_11.java】　复合语句中声明的局部变量。

```java
public  class  C4_11
{
    public  static  void  main(String[ ]  args)
    {
        int  a=2,b=3;
        { int  z=a+b;               //复合语句中声明的变量 z
          System.out.println("z="+z);
        }
    // System.out.println("z="+z);错误语句，z 只在复合语句中有效
    }
```

```
        }
```

该程序的运行结果如下：

```
        z=5
```

4.4.4 成员方法的返回值

若方法有返回值，则在方法体中用 return 语句指明要返回的值。其格式如下：

```
        return   表达式;
```

或

```
        return(表达式);
```

其中，表达式可以是常量、变量、对象等，且上述两种形式是等价的。此外，return 语句中表达式的数据类型必须与成员方法头中给出的"返回值的类型"一致。

例如：

```
        return z;

        return(z);

        return(x>y?x:y);

        if(x>y) return true;

        else      return(false);
```

上述语句都是合法的，且"return z;"与"return(z);"等价；"return(x>y?x:y);"与"if(x>y) return true;   else   return(false);"等价。

4.4.5 形式参数与实际参数

一般来说，可通过如下格式来调用成员方法：

```
        成员方法名(实参列表)
```

但在调用时应注意下述问题：

(1) 对于无参成员方法来说，是没有实参列表的，但方法名后的括弧不能省略。

(2) 对于带参数的成员方法来说，实参的个数、顺序必须与形式参数的个数、顺序保持一致，实参的数据类型与形参的数据类型按照 Java 类型转换规则相匹配，各个实参间用逗号分隔。实参名与形参名可以相同也可以不同。

(3) 实参可以是表达式，此时要注意使表达式的数据类型与形参的数据类型按照 Java 类型转换规则相匹配。

(4) 实参变量(基本数据类型变量)对形参变量的数据传递是"值传递"，即只能由实参传递给形参，而不能由形参传递给实参。程序中执行到调用成员方法时，Java 把实参值拷贝到一个临时的存储区(栈)中，形参的任何修改都在栈中进行，当退出该成员方法时，Java 自动清除栈中的内容。

下面我们通过一个程序来说明上述各点。

【示例程序 C4_12.java】 实际参数与形式参数的传递使用(1)。

```java
public   class   C4_12
{
    static   void   add(double   x,double   y)
```

```
        {
            double   z;
            z=x+y;
            System.out.println("z="+z);
            x=x+3.2;y=y+1.2;
            System.out.println("x="+x+"\ty="+y);
        }
        static   double   add1(double   y1,double   y2)
        {
            double   z;
            z=y1+y2+2.9;
            return   z;
        }
    public   static   void   main(String[ ]   args)
        {
            int   a=2,b=7;
            double   f1=2,f2=4,f3;
            add(a,b);          //按 Java 的类型转换规则达到形参类型
            System.out.println("a="+a+"\tb="+b);
            // f3=add1(f1, f2, 3.5);  错误语句，实参与形参的参数个数不一致
            f3=2+add1(f1,f2);
            System.out.println("f1="+f1+"\tf2="+f2+"\tf3="+f3);
        }
    }
```

该程序的运行结果如下：

```
    z=9.0
    x=5.2    y=8.2
    a=2      b=7
    f1=2.0   f2=4.0  f3=10.9
```

💾【示例程序 C4_13.java】   实际参数与形式参数的传递使用(2)。

```
    public   class   C4_13
    {
        static   void   add(double   x,double   y)
        {
            double   z;
            z=x+y;
            System.out.println("z="+z);
        }
        static   double   add1(double   y1,double   y2)
```

```
        {
            double    z;
            z=y1+y2+2.9;
            return    z;
        }
        public    static    void    main(String[ ]    args)
        {
            int    a=2;
            double    f1=2,f2=4;
            add(a,add1(f1,f2));
        }
    }
```

该程序的运行结果如下：

　　10.9

4.4.6　成员方法的调用方式

成员方法的调用可有下述几种方式。

1. 方法语句

成员方法作为一个独立的语句被调用。例如，程序 C4_12.java 中的 "add(a,b)；" 语句就是这种形式。

2. 方法表达式

成员方法作为表达式中的一部分，通过表达式被调用。例如，程序 C4_12.java 中的 "f3=2+add1(f1,f2)；" 语句就是这种形式。

3. 方法作为参数

一个成员方法作为另一个成员方法的参数被调用。例如，程序 C4_13.java 中的 "add(a,add1(f1,f2))；" 语句就是这种形式的代表。更为典型的是，在递归的成员方法中，一个成员方法作为它自身的参数被调用。

4. 通过对象来引用

这里有两重含义，一是通过形如 "引用变量名.方法名" 的形式来引用与之关联的对象的方法。另一个是当一个对象作为成员方法的参数时，通过把与之关联的引用变量作为参数来引用对象的成员方法。例如，程序 C4_6.java 中的 "n.f()；" 语句，其中的 n 就是对象。

4.4.7　调用成员方法时应注意的事项

首先，当一个方法调用另一个方法时，这个被调用的方法必须是已经存在的方法。除了这个要求之外，还要视被调用的成员方法存在于何处而做不同的处理。

(1) 如果被调用的方法存在于本文件中，而且是本类的方法，则可直接调用。我们前面列举的例子基本上都是这种情况。

(2) 如果被调用的方法存在于本文件中，但不是本类的方法，则要由类的修饰符与方法的修饰符来决定是否能被调用。

(3) 如果被调用的方法不是本文件的方法而是 Java 类库的方法，则必须在文件的开头处用 import 命令将调用有关库的方法将所需要的信息写入本文件中。例如，第 3 章示例程序 C3_15.java 需要从键盘输入字符串，调用了 Scanner 类提供的方法 next()，因此，我们在程序文件的开头处写上了"import　java.util.Scanner;"语句，指出在本文件中要调用 util 包中的类。

(4) 如果被调用的方法是用户在其他的文件中自己定义的方法，则必须通过加载用户包的方式来调用。这部分内容将在 5.5 节中讲述。

4.4.8　成员方法的递归调用

我们前面讲述的程序都以严格的层次方式在一个方法中调用另一个方法。但是，对于某些实际问题，方法调用自身会使程序更为简洁清晰，而且会使程序的执行逻辑与数理逻辑保持一致。例如，数学中对于 N! 的定义如下：

$$N! = \begin{cases} 1 & (N = 0) \\ N(N-1)! & (N > 0) \end{cases}$$

这个定义是递归的，即在 N! = N(N-1)! 中，(N-1)! 实际上是 N! 的减 1 递推。对于这样的问题，我们可以构造循环来求解，即用 $1 \times 2 \times 3 \times \cdots \times (n-1) \times n$ 的算式求得结果。但是，由于它的定义本身是递归的，用递归算法实现则更符合数理逻辑。例如，求 4! 的过程可表示成图 4.7 所示的形式。

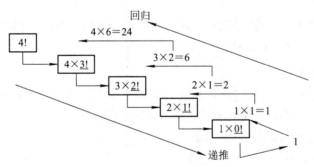

图 4.7　求 4! 的递归过程

成员方法的递归调用就是指在一个方法中直接或间接调用自身的情况。例如：

```
int f1(int n)
{
    int p;
    ⋮
    p=f1(n-1)
    ⋮
    return   p;
```
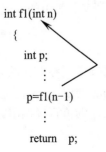

}

在这个例子中，方法 f1( )中调用了 f1( )本身，这种调用是直接调用。

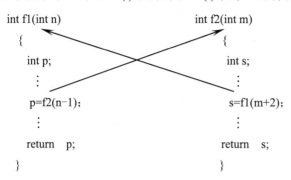

在这个例子中，方法 f1( )在调用 f2( )方法的过程中，又调用了方法 f1( )本身；同样，方法 f2( )在调用 f1( )的过程中，又调用了方法 f2( )本身，这种调用是间接调用。

【示例程序 C4_14.java】 编程计算 4! 的值。

```java
public    class   C4_14
    {
    static   int   fac(int   n)
        {
            int   fa;
            if(n==0)
                fa=1;
            else
                fa=n*fac(n-1);   //递归调用自身
            return fa;
        }
    public   static   void   main(String[ ]   args)
        {
            int   n=4;
            int   f1=fac(n);       //调用 fac( )方法
            System.out.println("4!="+f1);
        }
    }
```

该程序的运行结果如下：

    4!=24

该程序中 fac( )方法的递归调用如图 4.8 所示。

从图中可以看到，求 4! 时，main 方法调用 fac(4)方法，fac(4) 调用 fac(3)，fac(3) 调用 fac(2)，fac(2) 调用 fac(1)，fac(1) 调用 fac(0)，fac(0)方法得到确定值为 1，回归得到 fac(1)=1，再回归得到 fac(2)=2，再回归得到 fac(3)=6，最后再回归得到 fac(4)=24，fac( )方

法共被调用了 5 次。

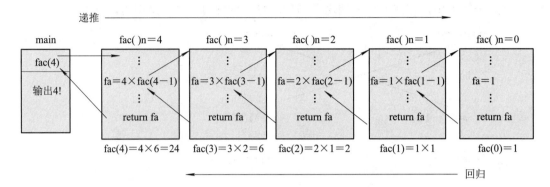

图 4.8 计算 4! 的成员方法 fac 的递归调用关系

💾【示例程序 C4_15.java】 编程求出 Fibonacci 数列的第 8 项。

```java
public   class   C4_15
{
    public   static   void   main(String[ ]   args)
    {
        int   n=8;
        int   f8=fibo(n);
        System.out.println("f8="+f8);
    }
    static   int   fibo(int   n)
    {
        if(n==1) return    1;
         else if(n==2) return    1;
              else   return (fibo(n-1)+fibo(n-2));
    }
}
```

该程序的运行结果如下：

    f8=21

4.4.9 用 static 修饰的静态方法

用 static 修饰符修饰的方法被称为静态方法，它是属于整个类的类方法。不用 static 修饰符限定的方法，是属于某个具体类的对象的方法。static 方法使用特点如下：

(1) static 方法是属于整个类的，它在内存中的代码段将随着类的定义而被分配和装载。而非 static 的方法是属于某个对象的方法，当这个对象被创建时，在对象的内存中拥有这个方法的专用代码段。

(2) 调用静态方法时，可以使用与对象关联的引用变量名作前缀，也可以使用类名作前缀。

(3) static 方法只能访问 static 数据成员，不能访问非 static 数据成员，但非 static 方法可以访问 static 数据成员。

(4) static 方法只能访问 static 方法，不能访问非 static 方法，但非 static 方法可以访问 static 方法。

(5) static 方法不能被覆盖，也就是说，这个类的子类不能有相同名及相同参数的方法。

(6) main 方法是静态方法。在 Java 的每个 Application 程序中，都必须有且只能有一个 main 方法，它是 Application 程序运行的入口点。

例如：

```
class  F
{  int  d1;
    static  int  d2;
    void  me( ){ … }
    static  void  me1( ){ … }
    static  void  me2( )
    {  me1( );              //合法调用
       d1=34;               //错，引用了非 static 数据成员
       me( );               //错，调用了非 static 方法
       d2=45;               //合法
    }
}
class  F1 extends  F
{
    void  me1( ){ … }       //错，不能覆盖类的方法
}
```

4.4.10 数学函数类方法

作为 static 方法的典型例子，我们来看看 Java 类库提供的实现常用数学函数运算的标准数学函数方法，这些方法都是 static 方法。标准数学函数方法在 java.lang.Math 类中，使用方法比较简单，其格式如下：

　　类名.数学函数方法名(实参表列)

java.lang.Math 类提供的数学函数方法见表 4.2。

表 4.2　java.lang.Math 类提供的数学函数方法

函 数 方 法	功　　能
public static double sin(double a)	正弦函数
public static double cos(double a)	余弦函数
public static double tan(double a)	正切函数
public static double asin(double a)	反正弦函数
public static double acos(double a)	反余弦函数

续表

函 数 方 法	功 能
public static double atan(double a)	反正切函数
public static double toRadians(double a)	将度转换为弧度
public static double toDegrees(double a)	将弧度转换为度
public static double exp(double a)	指数函数(e^a)
public static double log(double a)	自然对数
public static double sqrt(double a)	平方根
public static double IEEEremainder(double f1,double f2)	两个数相除的余数
public static double ceil(double a)	获取不小于指定 double 数的最小双精度实数
public static double floor(double a)	获取不大于指定 double 数的最小双精度实数
public static double rint(double a)	获取最接近指定 double 数的整数
public static double atan2(double a,double b)	获取指定 double 数相除的反正切值
public static double pow(double a,double b)	a 的 b 次方
public static int round(float a)	获取最接近指定数的整数
public static long round(double a)	获取最接近指定数的数
public static double random(double a)	获取一个大于等于 0 且小于 1 的随机数
public static int abs(int a)	取绝对值
public static long abs(long a)	取绝对值
public static float abs(float a)	取绝对值
public static double abs(double a)	取绝对值
public static int max(int a,int b)	获取两个指定数的最大值
public static long max(long a,long b)	获取两个指定数的最大值
public static float max(float a,float b)	获取两个指定数的最大值
public static double max(double a,double b)	获取两个指定数的最大值
public static int min(int a,int b)	获取两个指定数的最小值
public static long min(long a,long b)	获取两个指定数的最小值
public static float min(float a,float b)	获取两个指定数的最小值
public static double min(double a,double b)	获取两个指定数的最小值

💾【示例程序 C4_16.java】 数学函数类方法的使用。

```
public class   C4_16
{    public  static  void  main(String[ ]  args)
     {
         double   a=2,b=3;
         double  z1=Math.pow(a,b);    //调用 Math 类的 pow 方法求 a 的 b 次方
```

```
   double   z2=Math.sqrt(9);          //调用 Math 类的 sqrt 方法求 9 的平方根
   System.out.print("z1="+z1);
   System.out.println("\tz2="+z2);
   }
}
```

该程序的运行结果如下：

  z1=8.0   z2=3.0

4.4.11 用 final 修饰的方法

在面向对象的程序设计中，子类可以利用重载机制修改从父类那里继承来的某些数据成员及成员方法。这种方法在给程序设计带来方便的同时，也给系统的安全性带来了威胁。为此，Java 语言提供了 final 修饰符来保证系统的安全。用 final 修饰符修饰的方法称为最终方法，如果类的某个方法被 final 修饰符所限定，则该类的子类就不能覆盖父类的方法，即不能再重新定义与此方法同名的自己的方法，而仅能使用从父类继承来的方法。可见，使用 final 修饰方法，就是为了给方法"上锁"，防止任何继承类修改此方法，以保证程序的安全性和正确性。

注意：在 4.2.3 节中我们已经讲过，final 修饰符也可用于修饰类，而当用 final 修饰符修饰类时，所有包含在 final 类中的方法，都将自动成为 final 方法。

 【示例程序 C4_17.java】   用 final 修饰符修饰的方法的使用。

```
   class   A1
   {   final   int   add(int   x,int   y)          //用 final 修饰符修饰的方法
      {   return(x+y);   }
        int   mul(int   a,int   b)
        {
          int   z;
          z=add(1,7)+a*b;
          return   z;
        }
   }
   public   class   C4_17   extends   A1          //类 C4_17 是类 A1 的子类
   {
      /* int   add(int   x,int   y)
      {   return(x+y+2); }   子类 C4_17 企图覆盖父类 A1 的 final 方法，这是非法的 */
      public   static   void   main(String[ ]   args)
      {
        int   a=2,b=3,z1,z2;
        C4_17   p1=new   C4_17( );
        z1=p1.add(a,b);                     //子类对象可以引用父类的 final 方法
        z2=p1.mul(a,b);
```

```
        System.out.println("z1="+z1);
        System.out.println("z2="+z2);
    }
}
```

该程序的运行结果如下：

```
z1=5      z2=14
```

4.4.12　用 native 修饰的方法

用修饰符 native 修饰的方法称为本地方法，使用此类方法的目的是将其他语言(如 C、C++、FORTRAN、汇编语言等)嵌入到 Java 语言中。这样 Java 就可以充分利用已经存在的其他语言的程序功能模块进行编程，以提高编程效率。

在 Java 程序中使用 native 修饰的方法时应该特别注意平台问题。由于用 native 修饰的方法嵌入的模块(其他语言书写的)是以非 Java 字节码的二进制代码形式嵌入 Java 程序的，而这种二进制代码通常只能运行在编译生成它的平台之上，因此整个 Java 程序的跨平台性能将受到限制或破坏，除非 native 修饰的方法引入的代码也是跨平台的。有关详细内容本书不再介绍，有兴趣者请参阅 Java 手册。

第 4 章 ch4 工程中示例程序在 Eclipse IDE 中显示的位置及其关系如图 4.9 所示。

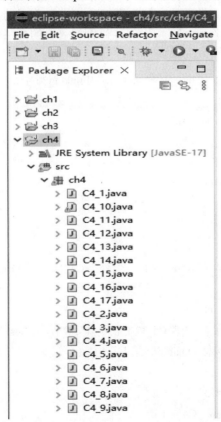

图 4.9　ch4 工程中示例程序显示的位置及关系

习 题 4

4.1　什么是类？如何定义一个类？类的成员一般分为哪两部分？这两部分有何区别？

4.2　什么是对象？如何创建一个对象？对象的成员如何表示？

4.3　如何对对象进行初始化？

4.4　什么是构造方法？构造方法有哪些特点？

4.5　什么是封装机制？

4.6　静态数据成员与非静态数据成员有何不同？

4.7　静态成员方法与非静态成员方法有何不同？

4.8　final 数据成员和成员方法有什么特点？

4.9　类的修饰符有什么作用？

4.10　填空。

(1) 关键字＿＿＿引入类的定义。

(2) 一个＿＿＿＿＿是一个特殊的方法，用于初始化一个类的对象。

(3) 一个声明为 static 的方法不能访问＿＿＿＿＿类成员。

(4) 对于带参数的成员方法来说，实参的个数、顺序以及它们的数据类型必须要与＿＿＿＿＿的个数、顺序以及它们的数据类型保持一致。

(5) 实参变量对形参变量的数据传递是＿＿＿＿＿。

(6) 在方法体内可以定义本方法所使用的变量，这种变量是＿＿＿＿，它的生存期与作用域是在＿＿＿＿内。

(7) 方法体内定义变量时，变量前不能加＿＿＿＿。

(8) 局部变量在使用前必须＿＿＿＿，否则编译时会出错。

(9) 构造方法的方法名与＿＿＿＿相同。

(10) 类的修饰符是 public，说明这个类可供＿＿＿＿＿包使用。

4.11　将示例程序 C4_16.java 改写为有构造方法的程序。

4.12　将示例程序 C4_12.java 改写为有两个类的程序。

4.13　编程计算 $50＋49＋48＋\cdots＋1$ 的值，用递归方法实现。

第5章　消息、继承与多态

现实世界中的任何事物都是对象，这些对象的相互作用造就了这个丰富多彩、生机勃勃的世界。在面向对象的系统中，对象间的相互作用是通过一个对象向另一个对象发送消息的方式来体现的。多个对象之间通过传递消息来请求或提供服务，从而使一个软件具有更强大的功能。继承是存在于面向对象程序中的两个类之间的一种关系，是面向对象程序设计方法中的一种重要手段，是面向对象技术中最具特色、与传统方法最不相同的一个特点。在一个软件系统中，通过继承机制可以更有效地组织程序结构，明确类间关系，并充分利用已有类来完成更复杂、更深入的开发，实现软件复用。多态则是面向对象的程序中同名的不同方法共存的情况，引入多态机制可以提高类的抽象度和封闭性，统一一个类的对外接口。通过对本章的学习，我们将会深入地了解面向对象系统中的这些特性。

5.1　消　　息

在面向对象技术中，对象与对象之间并不是彼此孤立的，它们之间存在着联系，对象之间的联系是通过消息来传递的。在面向对象的程序中，消息就是数据成员及成员方法的引用。

5.1.1　消息的概念

在日常生活中，人与人之间要进行交流。某人可以向别人提供服务，例如，他可以开汽车，教学生学习等；同时他也需要别人为他提供服务，例如，他要吃饭但不可能自己去种地，要穿衣不可能自己去织布，他必须请求别人的帮助；同样，他什么时间讲课，也必须得到他人的请求或命令。"请求"或"命令"便是人与人进行交流的手段。

在面向对象的系统中，把"请求"或"命令"抽象成"消息"，对象之间的联系是通过消息传递来实现的。当系统中的其他对象请求这个对象执行某个服务时，它就响应这个请求，完成指定的服务。通常我们把发送消息的对象称为发送者，把接收消息的对象称为接收者。对象间的联系，只能通过消息传递来进行。对象也只有在收到消息时才被激活，去完成消息要求的功能。

消息就是向对象发出服务请求，是对数据成员和成员方法的引用。因此，它应该含有这些信息：提供服务的对象标识——对象名、服务标识——方法名、输入信息——实际参数、回答信息——返回值或操作结果。消息具有以下三个性质：

(1) 同一对象可接收不同形式的多个消息，产生不同的响应。

(2) 相同形式的消息可以发送给不同的对象，各对象所做出的响应可以是截然不同的。

(3) 消息的发送可以不考虑具体的接收者，对象可以响应消息，也可以对消息不予理会，对消息的响应并不是必需的。

5.1.2 公有消息和私有消息

在面向对象的系统中，消息分为两类：公有消息和私有消息。当有一批消息同属于一个对象时，由外界对象直接发送给这个对象的消息称为公有消息；对象发送给自己的消息称为私有消息。私有消息对外是不开放的，外界不必了解它。外界对象只能向此对象发送公有消息，而不能发送私有消息，私有消息是由对象自身发送的。

5.1.3 特定于对象的消息

特定于对象的消息是指将所有能支持此对象可接受消息的方法集中在一起，形成一个大消息，称为特定于对象的消息。这些消息让对象执行这个方法而不管它可能做什么及怎么做。特定于对象的消息可分为以下三种类型：

(1) 返回对象内部状态的消息。

(2) 改变对象内部状态的消息。

(3) 做一些特定操作，改变系统状态的消息。

💾【示例程序 C5_1.java】 不同类型消息的传递示例。

```java
package ch5;
class  Student
{
  public   String   name;
  public   char    sex;
  public   int     no;
  public   int     age;
  Student(int   cno, String   cname, char   csex, int   cage)
  {
    name=cname;
    sex=csex;
    no=cno;
    age=cage;
  }
  public void showNo( ){System.out.println("No:"+no);}
  public void showName( ){System.out.println("Name:"+name);}
  public void showSex( ){System.out.println("Sex:"+sex);}
```

```java
    public void showAge( ){System.out.println("age:"+age);}
}
class   StudentScore
{
    private   int   no;
    private   double score;
    public   void   sendScore(int cno,double cscore)
     {   //下面两条语句是对象发送给自身的消息，要求给自己的数据成员赋值
         //这是一种私有消息，外界是不知道的
         no=cno;
         score=cscore;
     }
    void printScore( ){System.out.println("No:"+no+"   score:"+score);}
}
public   class C5_1
{
    public   static   void   main(String[ ]   args)
     {
         int m;
         //下面两句发送 new 消息给类 Student，要求创建 st1,st2 的对象
         Student   st1=new   Student(101,"zhang li",'F',18);
         Student   st2=new   Student(102,"hong bing",'M',17);
         //发送 new 消息给类 StudentScore，要求创建 sc1,sc2 的对象
         StudentScore   sc1=new   StudentScore( );
         StudentScore   sc2=new   StudentScore( );
         /* 向 st1 的对象发送显示学号、名字、年龄的消息。这些消息都是公有消息。它们形成
             了同一对象可接收不同形式的多个消息，产生不同的响应*/
         st1.showNo( );        //这是一条消息，消息响应的结果是显示 st1 的对象的学号
         st1.showName( );    //消息响应的结果是显示对象姓名的消息
         st1.showAge( );      //消息响应的结果是显示对象年龄的消息
         st1.age=20;           //修改对象的数据成员的消息，修改 st1 对象的年龄
         m=st1.age;            //返回对象的数据成员的消息，将返回消息赋给变量 m
         System.out.println("m="+m);
         /* 向 st2 的对象发送两个显示信息的消息，与 st1 的对象相同，用来显示学号及名字。
             这些消息都是公有消息，说明了相同形式的消息可以送给不同的对象，各对象所
             做出的响应可以是截然不同的*/
         st2.showNo( );
         st2.showName( );
```

```
        //向 sc1、sc2 的对象各发送一个按学号输入成绩单的消息，这些消息都是公有消息
        sc1.sendScore(101,97);
        sc2.sendScore(102,84);
        //向 sc1、sc2 的对象各发送一个打印消息，这些消息都是公有消息
        sc1.printScore( );
        sc2.printScore( );
    }
}
```

该程序中包含三个类，分别是 Student、StudentScore 和 C5_1，它们之间有不同类型的消息传递，其运行结果如下：

```
No:101
Name:zhang li
age:18
m=20
No:102
Name:hong bing
No:101    score:97.0
No:102    score:84.0
```

 # 5.2　访 问 控 制

一个类总能够访问自己的数据成员和成员方法。但是，其他类是否能访问这个类的数据成员或成员方法，是由该类的访问控制符及该类数据成员和成员方法的访问控制符决定的。这就是说，访问控制符是一组限定类、数据成员或成员方法是否可以被其他类访问的修饰符。类的访问控制符只有 public 一个，缺省访问控制符是具有"友好访问"的特性。数据成员和成员方法的访问控制符有 public、private、protected 和缺省访问控制符等几种。类、数据成员和成员方法的访问控制符及其作用见表 5.1。

表 5.1　类、数据成员和成员方法的访问控制符及其作用

数据成员与方法	public	缺　省
public	所有类	包中类(含当前类)
protected	包中类(含当前类)，所有子类	包中类(含当前类)
缺省(friendly)	包中类(含当前类)	包中类(含当前类)
private	当前类本身	当前类本身

通过声明类的访问控制符可以使整个程序结构清晰、严谨，减少可能产生的类间干扰和错误。

5.2.1　公共访问控制符 public

Java 的类是通过包的概念来组织的，简单地说，定义在同一个程序文件中的所有类都属于同一个包。处于同一个包中的类都是可见的，即可以不做任何说明而方便地互相访问和引用。而对于不同包中的类，一般来说，它们相互之间是不可见的，当然也不可能互相引用。然而，当一个类被声明为 public 时，只要在其他包的程序中使用 import 语句引入这个 public 类，就可以访问和引用这个类，并创建这个类的对象，访问这个类内部可见的数据成员，引用它的可见的方法。例如，Java 类库中的许多类都是公共类，我们在程序中就是通过 import 语句将其引入的。

当一个类的访问控制符为 public 时，表明这个类作为整体对其他类是可见和可使用的，这个类就具有了被其他包中的类访问的可能性。但是，处于不同包中的 public 类作为整体对其他类是可见的，并不代表该类的所有数据成员和成员方法也同时对其他类是可见的，这得由这些数据成员和成员方法的修饰符来决定。只有当 public 类的数据成员和成员方法的访问控制符也被声明为 public 时，这个类的所有用 public 修饰的数据成员和成员方法才同时对其他类也是可见的。在进行程序设计时，如果希望某个类能作为公共工具供其他类和程序使用，则应该把类本身和类内的方法都声明为 public。例如，把 Java 类库中的标准数学函数类 math 和标准数学函数方法都声明为 public，以供其他类和程序使用。

需要注意的是，数据成员和成员方法的访问控制符被声明为 public 时，会造成安全性和封装性下降，所以一般应尽量少用。

【示例程序 C5_2_1A.java 和 C5_2_2B.java】　有没有 public 访问控制符的不同。示例程序如下：

(1)　A.java：

```
package ch5_2_1;
public  class  A
{
    double x1;                      //友好访问的数据成员
    public double x2;               //公共的数据成员
    public  double  ar(double x)    //公共的成员方法
      {
          double s;
          s=x;
          return s;
      }
}
```

(2)　B.java：

```
package ch5_2_2;
 import ch5_2_1.A;
 public class B
```

```
    {
        public  static  void  main(String[ ]  args)
        {
            double s1;
            A p1=new   A();                 //创建 A 类 p1 的对象
        //  p1.x1=7;    x1 不是公共数据成员，不能访问
            p1.x2=5.2;                  //访问 A 类 p1 的对象的数据成员
            s1=p1.ar(8);                //访问 A 类 p1 的对象的成员方法
            System.out.println("p1.x2="+p1.x2+" s1="+s1);
        }
    }
```

　　上述两个程序文件的位置及其关系如图 5.1 左窗口所示，其运行结果见图 5.1 右下窗口所示，其运行结果：p1.x2=5.2　s1=8.0。

　　程序说明：为了说明有没有 public 访问控制符的不同，我们在 ch5_2_1 包的 A.java 文件中创建了 A 类，并定义了一个没有 public 访问控制符的数据成员 x1 和一个由 public 修饰的数据成员 x2；然后，我们又在 ch5_2_2 包的 B.java 文件中创建 B 类，在 B 类中创建 A 类 p1 的对象实例，并访问该对象的数据成员及成员方法。可以看出，在 B 类中对于没有 public 访问控制符的 A 类 p1 的对象的数据成员 x1 是不能访问的，编译时会报错，所以，程序中将其注释掉了。

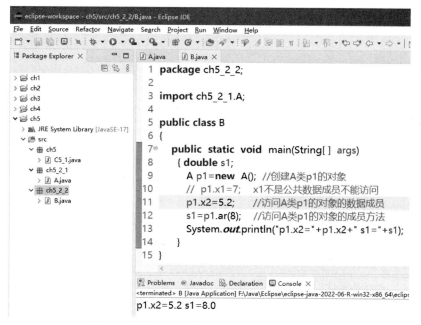

图 5.1　程序 A.java 和 B.java 的位置及运行结果

5.2.2　缺省访问控制符

　　如果一个类没有访问控制符，说明它具有缺省的访问控制特性，这种缺省的访问控制

特性称为"友好访问"。友好访问规定只有在同一个包中的对象才能访问和引用这些类，因此，友好访问又称为包访问性。同样道理，类内的数据成员和成员方法如果没有访问控制符来限定，那么它们同样具有"友好访问"的特性，它们也具有包访问性，可以被同一个包中的其他类所访问和引用。

🔲【示例程序 C5_2.java 和 ClassArea.java】　缺省访问控制符的程序示例。

在 ch5 包中创建两个类：ClassArea 类和 C5_2 类。其中，ClassArea 是缺省访问控制符的类，其功能是计算矩形的面积；C5_2 是一个公共类，在这个类中创建 classArea 类的实例对象 ss，并访问该对象的成员方法。示例程序如下：

(1)　ClassArea.Java 文件。

```
package ch5;
class   ClassArea
 {
     double lon,wid;                      //数据成员的修饰符为缺省
     double area(double x,double y)        //成员方法的修饰符为缺省
     {
         double s;                         //方法内的变量
         lon=x;
         wid=y;
         s=lon*wid;                        //求矩形的面积
         return s;                         //返回面积值
     }
 }
```

(2)　C5_2.Java 文件。

```
package ch5;
public   class   C5_2
{
    public   static   void   main(String[ ]   args)
    {
        double   a=2.2,b=3.1,z;
        /*在类 C5_2 中创建被访问 ClassArea 类的 ss 的对象，并引用对象
         *的成员方法。这就是说，包中类是可见的，可以互相引用*/
        ClassArea   ss=new   ClassArea( );
        z=ss.area(a,b);                    //访问 ss 的对象的成员方法
        System.out.println("z="+z);
    }
}
```

上述两个程序文件的创建位置及其关系如图 5.2 左窗口所示，其运行结果见图 5.2 右下窗口，其运行结果是：z=6.8200000000000001。

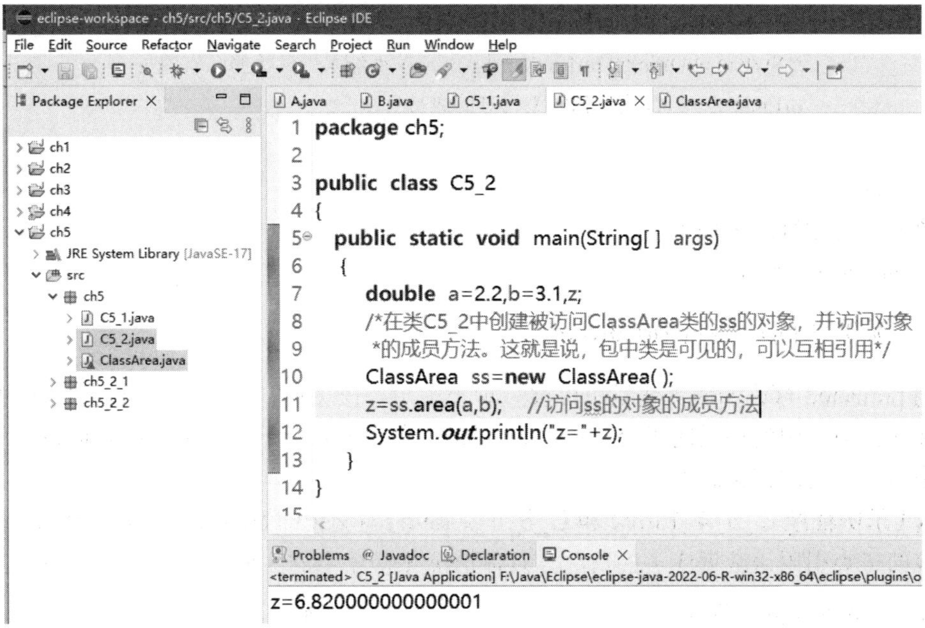

图 5.2　程序 C5_2.java 和 ClassArea.java 的位置关系及运行结果

5.2.3　私有访问控制符 private

用 private 修饰的数据成员或成员方法只能被该类自身访问和修改，而不能被任何其他类(包括该类的子类)访问和引用。它提供了最高的保护级别。当其他类希望获取或修改私有成员时，需要借助于类的方法来实现。

💾【示例程序 C5_3.java】　同一包的同一文件中，用 private 修饰的父类的数据成员不能被子类的实例对象引用，故程序中将该语句变成了注释语句。

```
package ch5;
class   P1
{
    private   int   n=9;                       //私有数据成员 n
    int   nn;
    P1( )   //构造方法
      {  nn=n++;  }                            //可以被该类的对象自身访问和修改
    void   ma( )
      {  System.out.println("n="+n);  }        //可以被该类的对象自身访问
}
public   class   C5_3   extends   P1           //类 class C5_3 是类 P1 的子类
{
    public static void main(String[ ] args)
      {
        P1   m1=new   P1( );
```

```
        System.out.println("m1.nn="+m1.nn);
        // System.out.println("m1.n="+m1.n); 错，不能引用父类的私有成员
        m1.ma( );   //可以引用 P1 类自身的成员方法
      }
    }
```

该程序的运行结果如下：

    m1.nn=9   n=10

5.2.4 保护访问控制符 protected

用 protected 修饰的成员变量可以被三种类引用：该类自身、与它在同一个包中的其他类以及在其他包中的该类的子类。使用 protected 修饰符的主要作用是允许其他包中的它的子类来访问父类的特定属性。

【示例程序 C_5_4_1.java 和 C_5_4_2.java】当父类的数据成员用 protected 修饰时，其他包的子类引用该数据成员的情况。具体情况见程序中的注释。

(1) C_5_4_1.java 程序。

```
    package ch5_2_1;
    public class C4_1 {
        protected   double   x1;
        double x2;
        protected   double   ar(double x)
           {  double s;
               s=x;
               return s;
           }
    }
```

(2) C_5_4_2.java 程序。

```
    package ch_5_5_2_2;
    import   ch_5_5_2_1.C4_1;
    public class C_5_4_2 extends C_5_4_1
    {
      public   static   void   main(String[ ]   args)
      {  double s1;
        C_5_4_2 p1=new   C4_2();
        p1.x1=7;         //可以访问，属性 x1 是 protected 修饰的
        s1=p1.ar(4);     //可以访问，方法 ar()是 protected 修饰的
        // p1.x2=9; 错，不能访问，x2 没有访问控制符，不能被另一包的实例对象访问
        System.out.println("p1.x1="+p1.x1+" s1="+s1);
      }
    }
```

在 ch5_2_1 包中创建 C_5_4_1 类，ch5_2_2 包中创建 C_5_4_2 类，它们的位置及其关系见图 5.3 左窗口所示，其运行结果见图 5.3 右下窗口，其运行结果：p1.x1=7.0　s1=4.0。

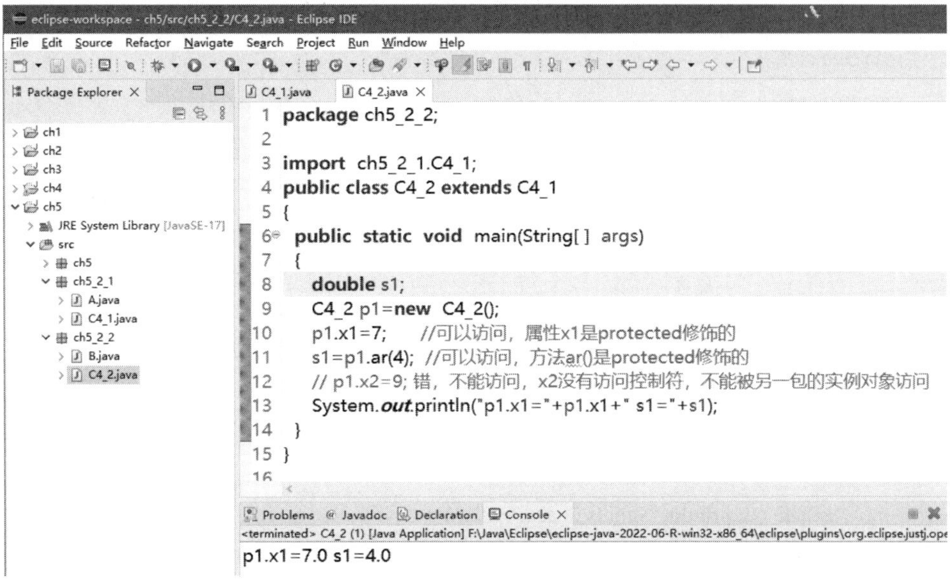

图 5.3　程序 C_5_4_1.java 和 C_5_4_2.java 的位置关系及运行结果

5.3　多态机制

多态是面向对象系统中的又一重要特性，它描述的是同名方法可以根据发送消息的对象传送参数的不同，采取不同的行为方式的特性。面向对象系统中采用多态，可以大大提高程序的抽象程度和简洁性，更重要的是，它最大限度地降低了类和程序模块之间的耦合性，提高了类模块的封闭性，使得它们不需了解对方的具体细节，就可以很好地共同工作。这一点对程序的设计、开发和维护都有很大的好处。

5.3.1　多态的概念

多态是指一个程序中具有相同名字而内容不同的方法共存的情况。这些方法同名的原因是它们的最终功能和目的都相同，但是由于在完成同一功能时可能遇到不同的具体情况，因此需要定义包含不同具体内容的方法，来代表多种具体实现的形式。

多态是面向对象程序设计中的一个重要特性，其目的是提高程序的抽象度、封闭性和简洁性，统一一个或多个相关类对外的接口。

Java 中提供了两种多态机制：重载与覆盖。

5.3.2　重载

当在同一类中定义了多个同名而不同内容的成员方法时，我们称这些方法是重载 (override)的方法。重载的方法主要通过形式参数列表中参数的个数、参数的数据类型和参数的顺序等方面来区分不同。在编译期间，Java 编译器要检查每个方法所用的参数数目和类型，然后调用正确的方法。

　　🔲【示例程序 C5_5.java】　　加法运算重载的例子。

```
package ch5；
public class C5_5
  {
    static int   add(int   a,int   b)                    //重载的方法 1
      {   return(a+b); }
    static double   add(double x,double y)               //重载的方法 2
      {   return(x+y); }
    static double   add(double x,double y, double z)     //重载的方法 3
      {   return(x+y+z); }
    public static void main(String[] args)
      {
       System.out.println("Sum is:"+add(8.5,2.3));
       System.out.println("Sum is:"+add(21,38));
       System.out.println("Sum is:"+add(8.5,2.3,8.5+2.3));
      }//main
  }
```

该程序的运行结果如下：

```
Sum is: 10.8
Sum is: 59
Sum is: 21.6
```

　　该类中定义了三个名为 add 的方法：重载方法 1 是计算两个整数的和；重载方法 2 是计算两个浮点数的和；重载方法 3 是计算三个浮点数的和。编译器会根据方法被调用时提供的实际参数，选择并执行对应的重载方法。

5.3.3　覆盖

　　面向对象系统的继承机制中子类可以继承父类的方法。但是，子类的某些特征可能与从父类中继承来的特征有所不同，为了体现子类的这种个性，Java 允许子类对父类的同名方法重新进行定义，即在子类中可以定义与父类中已定义的方法同名而内容不同的方法。这种多态被称为覆盖(overload)。

　　由于覆盖的同名方法存在于子类对父类的关系中，因此只需在方法引用时指明引用的是父类的方法还是子类的方法，就可以很容易地把它们区分开来。具体应用请参阅 5.4.3 节。

5.4　继　承　机　制

　　继承是面向对象程序设计的又一种重要手段。在面向对象的程序设计中，采用继承机制可以有效地组织程序的结构，设计系统中的类，明确类间关系，充分利用已有的类来完成更复杂、深入的开发，大大提高程序开发的效率，降低系统维护的工作量。

5.4.1　继承的概念

同类事物具有共同性，在同类事物中，每个事物又具有其特殊性。运用抽象的原则舍弃对象的特殊性，抽取其共同性，则可得到一个适应于一批对象的类，这便是一般类；而那些具有特殊性的类称为特殊类。也就是说，如果类 B 具有类 A 的全部属性和方法，而且又具有自己特有的某些属性和方法，则把类 A 称作一般类，把类 B 叫作类 A 的特殊类。例如：考虑轮船和客轮这两个类。轮船具有吨位、时速、吃水线等属性，并具有行驶、停泊等服务；客轮具有轮船的全部属性与服务，又有自己的特殊属性(如载客量)和服务(如供餐等)。若把轮船看作一般类，则客轮是轮船的特殊类。

在面向对象程序设计中运用继承原则，就是在每个由一般类和特殊类形成的一般—特殊结构中，把一般类的对象实例和所有特殊类的对象实例都共同具有的属性和操作一次性地在一般类中进行显式的定义，在特殊类中不再重复地定义一般类中已经定义的东西，但是在语义上，特殊类却自动地、隐含地拥有它的一般类(以及所有更上层的一般类)中定义的属性和操作。特殊类的对象拥有其一般类的全部或部分属性与方法，称作特殊类对一般类的继承。

继承所表达的就是一种对象类之间的相交关系，它使得某类对象可以继承另外一类对象的数据成员和成员方法。若类 B 继承类 A，则属于 B 的对象便具有类 A 的全部或部分性质(数据属性)和功能(操作)，我们称被继承的类 A 为基类、父类或超类，而称继承类 B 为类 A 的派生类或子类。父类与子类的层次关系如图 5.4 所示。

继承避免了对一般类和特殊类之间共同特征的重复描述。同时，通过继承可以清晰地表达每一项共同特征所适应的概念范围——在一般类中定义的属性和操作适应于这个类本身以及它以下的每一层特殊类的全部对象。运用继承原则使得系统模型更简洁、清晰。

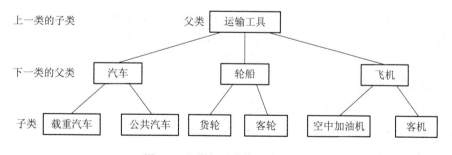

图 5.4　父类与子类的层次关系

5.4.2　继承的特征

一般来说，继承具有下述特征：

(1) 继承关系是传递的。若类 C 继承类 B，类 B 继承类 A，则类 C 既有从类 B 那里继承下来的属性与方法，也有从类 A 那里继承下来的属性与方法，还可以有自己新定义的属性和方法。继承来的属性和方法尽管是隐式的，但仍是类 C 的属性和方法。继承是在一些比较一般的类的基础上构造、建立和扩充新类的最有效的手段。

(2) 继承简化了人们对事物的认识和描述，能清晰体现相关类间的层次结构关系。

(3) 继承提供了软件复用功能。若类 B 继承类 A，那么建立类 B 时只需要再描述与基类(类 A)不同的少量特征(数据成员和成员方法)即可。这种做法能减小代码和数据的冗余度，大大增加程序的重用性。

(4) 继承通过增强一致性来减少模块间的接口和界面，大大增加了程序的易维护性。

(5) 提供多重继承机制。从理论上说，一个类可以是多个一般类的特殊类，它可以从多个一般类中继承属性与方法，这便是多重继承。Java 出于安全性和可靠性的考虑，仅支持单重继承，而通过使用接口机制来实现多重继承。图 5.5 所示是一个单重继承与多重继承的例子。

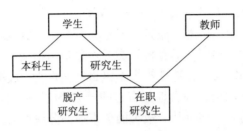

图 5.5　单重继承与多重继承的例子

在这个模型中，"本科生""研究生""脱产研究生"都为单继承，而"在职研究生"为多重继承，因为它不仅继承"学生"/"研究生"的属性和行为，还继承"教师"的属性和行为。

5.4.3　Java 用 extends 指明继承关系

在 Java 程序设计中，继承是通过 extends 关键字来实现的。在定义类时使用 extends 关键字指明新定义类的父类，新定义的类称为指定父类的子类，这样就在两个类之间建立了继承关系。这个新定义的子类可以从父类那里继承所有非 private 的属性和方法作为自己的成员。实际上，在定义一个类而不给出 extends 关键字及父类名时，默认这个类是系统类 object 的子类。下面分不同情况来讲解继承关系。

1．数据成员的继承

子类可以继承父类的所有非私有的数据成员。

💾【示例程序 C5_6.java】　数据成员的继承。

```java
package ch5;
class  A1
{
    int   x=25;
    private  int   z;              //不能被子类继承的私有数据成员 z
}
class  C5_6  extends  A1           //A1 是 C5_6 的父类，C5_6 是 A1 的子类
{
```

```
public   static   void   main(String[ ] argS)
{
    C5_6   p=new   C5_6( );
    System.out.println("p.x="+p.x);   //输出继承来的数据成员的值
    //System.out.println("p.z="+p.z); 错，不能继承 private 修饰的 z
}
}
```

该程序的运行结果如下：

```
p.x=25
```

2．数据成员的隐藏

数据成员的隐藏是指在子类中重新定义一个与父类中已定义的数据成员名完全相同的数据成员，即子类拥有了两个相同名字的数据成员，一个是继承父类的，另一个是自己定义的。当子类引用这个同名的数据成员时，默认操作是引用它自己定义的数据成员，而把从父类那里继承来的数据成员隐藏起来。当子类要引用继承自父类的同名数据成员时，可使用关键字 super 引用，这部分内容将在 5.4.4 节介绍。

📓【示例程序 C5_7.java】　数据成员的隐藏。

```
package ch5;
class   A11
{   int x=8;  }                        //父类中定义了数据成员 x


class   C5_7   extends   A11
{   int   x=24;                        //子类中也定义了数据成员 x
    public   static   void   main(String[ ] argS)
    {
        int   s1,s2;
        A11   p=new   A11( );          //创建父类 p 的对象
        C5_7   p1=new   C5_7( );       //创建子类 p1 的对象
        s1=p.x;
        s2=p1.x;        //子类对象引用自己的数据成员，把父类数据成员隐藏起来
        System.out.println("s1="+s1);
        System.out.println("s2="+s2);
    }
}
```

该程序的运行结果如下：

```
s1=8    s2=24
```

3．成员方法的继承

子类可以继承父类的非私有成员方法。下面的程序说明这一问题。

【示例程序 C5_8.java】　成员方法的继承。

```java
package ch5;
class  A2
{
     int x=0,y=1;
     void Myp( )
     {    System.out.println("x="+x+"   y="+y); }
     private void Printme( )
     {    System.out.println("x="+x+"   y="+y); }
}


public  class  C5_8  extends  A2
{
   public  static  void  main(String  arg[ ])
     {
         int  z=3;
         C5_8  p1=new  C5_8( );
         p1.Myp( );
         // p1.Printme( ); 错，不能继承父类的 private 方法
     }
}
```

该程序的运行结果如下:

```
x=0   y=1
```

4. 成员方法的覆盖

子类可以重新定义与父类同名的成员方法，实现对父类方法的覆盖(overload)。方法的覆盖与数据成员的隐藏的不同之处在于：子类隐藏父类的数据成员只是使之不可见，但父类同名的数据成员在子类对象中仍然占有自己独立的内存空间；子类方法对父类同名方法的覆盖将清除父类方法所占用的内存，从而使父类方法在子类对象中不复存在。

【示例程序 C5_9.java】　成员方法的覆盖。

```java
package ch5;
class  A3
{
     int  x=10;
     int  y=31;
     public  void  Printme( )
     {  System.out.println("x="+x+"   y="+y);}
}
public  class  C5_9  extends  A3
```

```
        {
            int    z=35;
            public void Printme( )              //子类中定义了与父类同名的成员方法，实现覆盖
                {   System.out.println(" z="+z);   }
            public static void main(String arg[ ])
                {
                    A3    p2=new    A3( );          //创建父类 p2 的对象
                    C5_9    p1=new    C5_9( );      //创建子类 p1 的对象
                    p1.Printme( );                 //子类对象引用子类方法，覆盖了父类的同名方法
                    p2.Printme( );                 //父类对象引用父类方法
                }
        }
```

该程序的运行结果如下：

```
        z=35    x=10    y=31
```

方法的覆盖中需要注意的是：子类在重新定义父类已有的方法时，应保持与父类完全相同的方法名、返回值类型和参数列表，否则就不是方法的覆盖，而是子类定义自己特有的方法，与父类的方法无关。

5.4.4　this 与 super

1. this 的使用场合

在一些容易混淆的场合，例如，当成员方法的形参名与数据成员名相同，或者成员方法的局部变量名与数据成员名相同时，在方法内借助 this 来明确表示引用的是类的数据成员，而不是形参或局部变量，从而提高程序的可读性。简单地说，this 代表了当前对象的一个引用，可将其理解为对象的另一个名字，通过这个名字可以顺利地访问对象，修改对象的数据成员，引用对象的方法。归纳起来，this 的使用场合有下述三种：

(1) 用来访问当前对象的数据成员，其使用形式如下：

```
        this.数据成员
```

(2) 用来访问当前对象的成员方法，其使用形式如下：

```
        this.成员方法(参数)
```

(3) 当有重载的构造方法时，用来引用同类的其他构造方法，其使用形式如下：

```
        this(参数)
```

下面通过例子来说明前两种用法，关于第三种用法，将在 5.4.5 节介绍。

🖬【示例程序 C5_10.java】　this 的使用。

```
        package ch5;
        class    A4
        {   int    x=0;    int y=1;
            public    void    Printme( )
                {
```

```
        System.out.println("x="+x+" y="+y);
        System.out.println("I am an "+this.getClass( ).getName( ));
        //用 this 来访问当前对象的成员方法，通过 this 表示当前对象，来打印当前对象的类名
        //其中的 getClass( )和 getName( )是系统类库中提供的方法
    }
}
public   class   C5_10   extends   A4
{
    public   static   void   main(String   arg[ ])
    { C5_10   p1=new   C5_10( );
        p1.Printme( );
    }
}
```

该程序的运行结果如下：

    x=0   y=1

    I am an ch5.C5_10

🖫【示例程序 C5_11.java】   this 的使用。

```
 package ch5;
 class   AlassArea
 {    double    x,y;
      double    area(double x,double y)
      {  double    s;
          this.x=x;        //借助 this 来表示引用的是类数据成员
          this.y=y;
          s=this.x * this.y;
          return s;
      }
  }


 public   class   C5_11   extends   AlassArea
 {
     public   static   void   main(String[ ]   args)
     {
         double    a=2.2,b=3.1,z;
         C5_11 ss=new   C5_11( );        //创建 ss 的对象
         z=ss.area(a,b);                //引用父类对象的成员方法求面积
         System.out.println("z="+z);
     }
 }
```

该程序的运行结果如下：

    z=6.820000000000001

💾【示例程序 C5_12.java】 计算圆的面积和周长。

```
package ch5;
public   class   C5_12
{
    public static void main(String[ ] args)
    {
        double x;
        Circle   cir=new   Circle(5.0);
        x=cir.area( );
        System.out.println("圆的面积="+x);
        x=cir.perimeter( );
        System.out.println("圆的周长="+x);
    }
}
class   Circle
{
    double r;                        //定义半径
    final double PI=3.14159265359;   //定义圆周率
    public   Circle(double r)        //类的构造方法
    {   this.r=r;        }           //通过构造方法给 r 赋值
    double area( )                   //计算圆面积的方法
    {    return PI*r*r; }
    double perimeter( )              //计算圆周长的方法
    {
        return 2*(this.area( )/r);   //使用 this 变量获取圆的面积
    }
}
```

该程序的运行结果如下：

    圆的面积=78.53981633974999
    圆的周长=31.415926535899995

2．super 的使用场合

super 表示的是当前对象的直接父类对象，是当前对象的直接父类对象的引用。所谓直接父类，是相对于当前对象的其他祖先类而言的。例如，假设类 A 派生出子类 B，类 B 又派生出自己的子类 C，则类 B 是类 C 的直接父类，而类 A 是类 C 的祖先类。super 代表的就是直接父类。若子类的数据成员或成员方法名与父类的数据成员或成员方法名相同，当要引用父类的同名方法或使用父类的同名数据成员时，可用关键字 super 来指明父类的数据成员和方法。

super 的使用方法有以下三种。

(1) 用来访问直接父类隐藏的数据成员，其使用形式如下：

　　super.数据成员

(2) 用来引用直接父类中被覆盖的成员方法，其使用形式如下：

　　super.成员方法(参数)

(3) 用来引用直接父类的构造方法，其使用形式如下：

　　super(参数)

下面通过例子来说明前两种用法，关于第三种用法，将在 5.4.5 节介绍。

【示例程序 C5_13.java】　super 的使用。

```java
package ch5;
class   A5
{
  int   x=4;  int   y=1;
  public   void   printme( )
  {
      System.out.println("x="+x+" y="+y);
      System.out.println("class name: "+this.getClass( ).getName( ));
  }
}
public class   C5_13   extends   A5
{
  int   x;
  public   void   printme( )
  {
      int   z=super.x+6;                    //引用父类(即 A5 类)的数据成员
      super.printme( );                    //引用父类(即 A5 类)的成员方法
      System.out.println("I am an    "+this.getClass( ).getName( ));
      x=5;
      System.out.println(" z="+z+"    x="+x);        //打印子类的数据成员
  }
  public   static   void   main(String   arg[ ])
  {
      int   k;
      A5   p1=new   A5( );
      C5_13   p2=new   C5_13( );
      p1.printme( );
      p2.printme( );
      // super.printme( );        //错，在 static 方法中不能引用非 static 成员方法
```

```
        // k=super.x+23;          //错，在 static 方法中不能引用非 static 数据成员
    }
}
```

该程序的运行结果如下：

```
x=4    y=1
class name: ch5.A5
x=4    y=1
class name: ch5.C5_13
I am an    ch5.C5_13
z=10    x=5
```

5.4.5　构造方法的重载与继承

1．构造方法的重载

一个类的若干个构造方法之间可以相互引用。当一个构造方法需要引用另一个构造方法时，可以使用关键字 this，同时这个引用语句应该是整个构造方法的第一个可执行语句。使用关键字 this 来引用同类的其他构造函数时，优点是可以最大限度地提高对已有代码的利用程度，提高程序的抽象度和封装性，减少程序维护的工作量。

🔲【示例程序 C5_14.java】　构造方法的重载。

```
    package ch5;
    class    Addclass
    {
        public int x=0,y=0,z=0;
        //以下是多个同名不同参数的构造方法
        Addclass(int x)              //可重载的构造方法 1
          {    this.x=x;    }
        Addclass(int x,int y)        //可重载的构造方法 2
          {
            this(x);                 //当前构造方法引用可重载的构造方法 1
            this.y=y;
          }
        Addclass(int x,int y,int z)  //可重载的构造方法 3
          {
            this(x,y);               //当前构造方法引用可重载的构造方法 2
            this.z=z;
          }
        public int add( )
          {    return   x+y+z;    }
    }
```

```java
public   class   C5_14
{
    public static void main(String[ ] args)
     {
        Addclass   p1=new   Addclass(2,3,5);
        Addclass   p2=new   Addclass(10,20);
        Addclass   p3=new   Addclass(1);
        System.out.println("x+y+z="+p1.add( ));
        System.out.println("x+y="+p2.add( ));
        System.out.println("x="+p3.add( ));
     }
}
```

该程序的运行结果如下：

```
x+y+z=10
x+y=30
x=1
```

2．构造方法的继承

子类可以继承父类的构造方法，构造方法的继承遵循以下原则：

(1) 子类无条件地继承父类的不含参数的构造方法。

(2) 如果子类自己没有构造方法，则它将继承父类的无参数构造方法，并将这些方法作为自己的构造方法；如果子类定义了自己的构造方法，则在创建新对象时，它将先执行继承自父类的无参数构造方法，然后再执行自己的构造方法。

(3) 对于父类的含参数构造方法，子类可以通过在自己的构造方法中使用 super 关键字来引用它，但这个引用语句必须是子类构造方法的第一个可执行语句。

【示例程序 C5_15.java】　构造方法的继承。

```java
package ch5;
class   Addclass2
{
    public   int x=0,y=0,z=0;
    Addclass2(int   x)              //父类可重载的构造方法 1
    {   this.x=x;   }
    Addclass2(int   x,int   y)        //父类可重载的构造方法 2
    {   this.x=x; this.y=y;   }
    Addclass2(int   x,int   y,int z)   //父类可重载的构造方法 3
    {   this.x=x; this.y=y; this.z=z;   }
    public int add( )
    { return   x+y+z;}
}
```

```java
public   class   C5_15   extends       Addclass2
 {
     int   a=0,b=0,c=0;
     C5_15(int   x)                      //子类可重载的构造方法 1
     {   super(x);
        a=x+7;
     }
     C5_15(int   x,int   y)              //子类可重载的构造方法 2
     {   super(x,y);
        a=x+5; b=y+5;
      }
     C5_15(int   x,int   y,int   z)      //子类可重载的构造方法 3
     {   super(x,y,z);
        a=x+4; b=y+4; c=z+4;
     }

     public   int   add( )
     {
       System.out.println("super: x+y+z="+super.add( ));
       return   a+b+c;
     }
     public   static   void   main(String[ ]   args)
      {
        C5_15 p1=new    C5_15(2,3,5);
        C5_15 p2=new    C5_15(10,20);
        C5_15 p3=new    C5_15(1);
        System.out.println("a+b+c="+p1.add( ));
        System.out.println("a+b="+p2.add( ));
        System.out.println("a="+p3.add( ));
      }
  }
```

该程序的运行结果如下：

```
super: x+y+z=10
a+b+c=22
super: x+y+z=30
a+b=40
super: x+y+z=1
a=8
```

5.4.6　向方法传递对象

前面已讲过传递给方法的参数可以是表达式(如常量、变量)、对象等,并说明传递给方法的参数若是变量,则只能由实参传递给形参,而不能由形参带回,即它是一种单向值传递。也就是说,在方法的调用过程中,对于形参变量值的修改并不影响实参变量值。但是,传递给方法的参数若是对象,则实参与形参的对象的引用指向同一个对象,因此成员方法中对对象的数据成员的修改,会使实参对象的数据成员值也发生同样的变化。这种参数的传递方式被称为双向地址传递。

【示例程序 C5_16.java】　方法中的参数是对象时的情形。

```java
package ch5;
class   Student1
{
    public   String   Name;
    public int age=16;
    public int score=0;
    public void ShowStudent()
    {
      System.out.println("Name:"+Name);
      System.out.println("age:"+age);
      System.out.println("score:"+score);
    }
}
public class C5_16 {
    static void   studentAttributes(Student1 s,String Name,int age,int score)
     {
         s.Name=Name;
         s.age=age;
         s.score=score;
     }
    public   static   void   main(String[ ]   args)
     {
      Student1   st1=new   Student1( );     //创建 st1 的对象
      Student1   st2=new   Student1( );     //创建 st2 的对象
      studentAttributes(st1,"zhang",23,81); //对象 st1 作为实参
      studentAttributes(st2,"li",24,90);    //对象 st2 作为实参
      st1.ShowStudent(); //执行此方法可发现 st1 的对象将新值带回
      st2.ShowStudent();//再次执行此方法可发现 st2 的对象将新值带回
     }
}
```

该程序的运行结果如下：

Name:zhang

age:23

score:81

Name:li

age:24

score:90

5.4.7　继承与封装的关系

在面向对象系统中，有了封装机制以后，对象之间只能通过消息传递进行通信。那么，继承机制的引入是否削弱了对象概念的封装性？继承和封装是否矛盾？其实这两个概念并没有实质性的冲突，在面向对象系统中，封装性主要指的是对象的封装性，即将属于某一类的一个具体的对象封装起来，使其数据和操作成为一个整体。

在引入了继承机制的面向对象系统中，对象依然是封装得很好的实体，其他对象与它进行通信的途径仍然只有一条，那就是发送消息。类机制是一种静态机制，不管是基类还是派生类，对于对象来说，它仍然是一个类的实例，既可能是基类的实例，也可能是派生类的实例。因此，继承机制的引入丝毫没有影响对象的封装性。

从另一角度看，继承和封装机制还具有一定的相似性，它们都是一种共享代码的手段。继承是一种静态共享代码的手段，通过派生类对象的创建，可以接受某一消息，启动其基类所定义的代码段，从而使基类和派生类共享这一段代码。封装机制所提供的是一种动态共享代码的手段，通过封装，我们可将一段代码定义在一个类中，在另一个类所定义的操作中，我们可以通过创建该类的实例，并向它发送消息而启动这一段代码，同样也达到共享的目的。

5.5　抽象类、接口与包

抽象类体现数据抽象的思想，是实现程序多态性的一种手段。接口则是 Java 中实现多重继承的唯一途径。包是一个更大的程序单位，主要实现软件复用。

5.5.1　抽象类

假设我们要编写一个计算矩形、三角形和圆的面积与周长的程序，若按前面所学的方式编程，我们必须定义四个类——圆类、三角形类、矩形类和使用前三个类的公共类，它们之间没有继承关系，如图 5.6 所示。程序写好后虽然能执行，但从程序的整体结构上看，三个类之间的许多共同属性和操作在程序中没有很好地被利用，需要重复编写代码，降低了程序的开发效率，且使出现错误的机会增加。

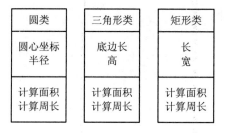

图 5.6　具有相同特征却彼此独立的几个类

仔细分析上面例子中的三个类,可以看到这三个类都要计算面积与周长,虽然公式不同但目标相同。因此,我们可以为这三个类抽象出一个父类,在父类里定义圆、三角形和矩形三个类共同的数据成员及成员方法。把计算面积与周长的成员方法名放在父类给予说明,再将具体的计算公式在子类中实现,如图 5.7 所示。这样,我们通过父类就大概知道子类所要完成的任务,而且,这些方法还可以应用于求解平行四边形、梯形等图形的周长与面积。这种结构就是抽象类的概念。

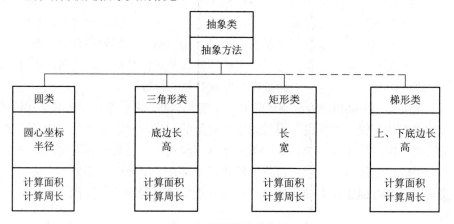

图 5.7　抽象类及其应用

Java 程序用抽象类(abstract class)来实现自然界的抽象概念。抽象类的作用在于将许多有关的类组织在一起,提供一个公共的类,即抽象类,而那些被它组织在一起的具体的类将作为它的子类由它派生出来。抽象类刻画了公有行为的特征,并通过继承机制传送给它的派生类。在抽象类中定义的方法称为抽象方法,这些方法只有方法头的声明,用一个分号来代替方法体的定义,即只定义成员方法的接口形式,而没有具体操作。只有派生类对抽象成员方法的重定义才真正实现与该派生类相关的操作。在各子类继承了父类的抽象方法之后,再分别在方法体重新定义它,形成若干个名字相同,返回值类型相同,参数列表也相同,目的一致,但是具体实现方法有一定的差别。抽象类中定义抽象方法的目的是实现一个接口,即所有的子类对外都呈现一个相同名字的方法。

抽象类是它的所有子类的公共属性的集合,是包含一个或多个抽象方法的类。使用抽象类的一大优点就是可以充分利用这些公共属性来提高开发和维护程序的效率。对于抽象类与抽象方法的限制如下:

(1) 凡是用 abstract 修饰符修饰的类被称为抽象类。凡是用 abstract 修饰符修饰的成员方法被称为抽象方法。

(2) 抽象类中可以有零个或多个抽象方法，也可以包含非抽象的方法。

(3) 抽象类中可以没有抽象方法，但是有抽象方法的类必须是抽象类。

(4) 对于抽象方法来说，在抽象类中只指定其方法名及其类型，而不书写其实现代码。

(5) 抽象类可以派生子类，在抽象类派生的子类中必须实现抽象类中定义的所有抽象方法。

(6) 抽象类不能创建对象，创建对象的工作由抽象类派生的子类来实现。

(7) 如果父类中已有同名的 abstract 方法，则子类中就不能再有同名的抽象方法。

(8) abstract 不能与 final 并列修饰同一个类。

(9) abstract 不能与 private、static、final 或 native 并列修饰同一个方法。

📁【示例程序 C5_17.java】 抽象类的应用。

```java
package ch5_17;
abstract  class  Shapes              //定义一个抽象类 Shapes
{
    public   int    width,height;
    public   Shapes(int width,int height)
      {
          this.width=width;
          this.height=height;
      }
    abstract double getArea( );        //求图形面积的抽象方法
    abstract double getPerimeter( );    //求图形周长的抽象方法
}

class  Square  extends  Shapes        //由抽象类 Shapes 派生的子类——矩形类
{
    public   double   getArea( ){return(width*height);}
    public   double   getPerimeter( ){return(2*width+2*height);}
    public   Square(int width,int height)
        {  super(width,height);    }
}

class  Triangle  extends  Shapes      //由抽象类 Shapes 派生的子类——三角形类
{
    public double c;   //斜边
    public double getArea( ){return(0.5*width*height);}
    public double getPerimeter( ){return(width+height+c);}
    public Triangle(int base,int height)
      {
          super(base,height);
```

```
                c=Math.sqrt(width*width+height*height);
            }
        }


    class   Circle   extends   Shapes        //由抽象类 Shapes 派生的子类——圆类
        {
            public double r;                   //半径
            public double getArea( ){return(r*r*Math.PI);}
            public double getPerimeter( ){return(2*Math.PI*r);}
            public   Circle(int width,int height)
              {
                  super(width,height);
                  r=(double)width/2.0;
              }
        }


    public class C5_17 {
        public static void main(String[] args)
        {
            Square   Box=new   Square(25,25);
            System.out.println("Square   Area="+Box.getArea( )+"   Perimeter="+Box.getPerimeter( ));
            Triangle tri=new   Triangle(8,4);
            System.out.println("Triangle   Area="+tri.getArea( )+"   Perimeter="+tri.getPerimeter( ));
            Circle   Oval=new   Circle(25,25);
            System.out.println("Circle   Area="+Oval.getArea( )+"   Perimeter="+Oval.getPerimeter( ));
        }
    }
```

该程序的运行结果如下：

```
    Square   Area=625.0    Perimeter=100.0
    Triangle  Area=16.0    Perimeter=20.94427190999916
    Circle   Area=490.8738521234052    Perimeter=78.53981633974483
```

从本例可以看出，类 Square、类 Circle 及类 Triangle 都由抽象类 Shape 派生而来，它们都实现了 getArea 和 getPerimeter 的抽象方法。

5.5.2　接口

多重继承是指一个子类可以有多个直接父类，该子类可以全部或部分继承所有直接父类的数据成员及成员方法。例如，冷藏车既是一种汽车，也是一种制冷设备，所以它是汽车的子类，也是制冷设备的子类。自然界中这种多重继承结构到处可见。

在面向对象的程序设计语言中，有些语言(如 C++)提供了多继承机制。而 Java 出于安全性、简化程序结构的考虑，不支持类间的多继承而只支持单继承。然而在解决实际问题的过程中，在很多情况下仅仅依靠单继承并不能将复杂的问题描述清楚。为了使 Java 程序的类间层次结构更加合理，更符合实际问题的本质，Java 语言提供接口来实现多重继承机制。

1. 声明接口

声明接口的格式如下：

　　　　[修饰符] interface 接口名［extends 父接口名列表］
　　　　{
　　　　　　常量数据成员声明
　　　　　　抽象方法声明
　　　　}

说明：

(1) interface 是声明接口的关键字，可以把它看成一个特殊类。

(2) 接口名要求符合 Java 标识符的规定。

(3) 修饰符有两种：public 和默认。public 修饰的接口是公共接口，可以被所有的类和接口使用；默认修饰符的接口只能被同一个包中的其他类和接口使用。

(4) 父接口列表。接口也具有继承性。定义一个接口时可以通过 extends 关键字声明该接口是某个已经存在的父接口的派生接口，它将继承父接口所有的属性和方法。与类的继承不同的是，一个接口可以有一个以上的父接口，它们之间用逗号分隔。

(5) 常量数据成员声明。常量数据成员前可以有也可以没有修饰符。修饰符是 public final static 和 final static；接口中的数据成员都是用 final 修饰的常量，写法如下：

　　　　修饰符　数据成员类型　数据成员名=常量值

或

　　　　数据成员名=常量值

例如：

　　　　public final static double PI=3.14159;

　　　　final static int a=9;

　　　　int SUM=100；（等价于 final static int SUM=100;）

(6) 抽象方法声明。接口中的方法都是用 abstract 修饰的抽象方法。在接口中只能给出这些抽象方法的方法名、返回值类型和参数列表，而不能定义方法体。格式如下：

　　　　返回值类型　方法名(参数列表);

其中，接口中的方法默认为 public abstract 方法。接口中方法的方法体可以由 Java 语言书写，也可以由其他语言书写。方法体由其他语言书写时，接口方法由 native 修饰符修饰。

从上面的格式可以看出，定义接口与定义类非常相似。实际上完全可以把接口理解成一种特殊的类，即由常量和抽象方法组成的特殊类。一个类只能有一个父类，但是它可以同时实现若干个接口。在这种情况下，如果把接口理解成特殊的类，那么这个类利用接口实际上就获得了多个父类，即实现了多重继承。

接口定义仅仅是实现某一特定功能的对外接口和规范，而不能真正地实现这个功能，这个功能的真正实现是在"继承"这个接口的各个类中完成的，即要由这些类来具体定义接口中各抽象方法的方法体。因而在 Java 中，通常把对接口功能的"继承"称为"实现"。

2. 定义接口注意事项

定义接口要注意以下几点：

(1) 接口定义用关键字 interface，而不是用 class。

(2) 接口中定义的数据成员全是 final static 修饰的，即常量。

(3) 接口中没有自身的构造方法，所有成员方法都是抽象方法。

(4) 接口也具有继承性，可以通过 extends 关键字声明该接口的父接口。

3. 类实现接口的注意事项

一个类要实现接口，即一个类要实现多个接口时，要注意以下几点：

(1) 在类中，用 implements 关键字就可以实现接口。一个类若要实现多个接口，可在 implements 后用逗号隔开多个接口的名字。

(2) 如果实现某接口的类不是 abstract 的抽象类，则在类的定义部分必须实现指定接口的所有抽象方法，即为所有抽象方法定义的方法体，而且方法头部分应该与接口中的定义完全一致，即有完全相同的返回值和参数列表。

(3) 如果实现某接口的类是 abstract 的抽象类，则它可以不实现该接口的所有方法。但是对于这个抽象类的任何一个非抽象的子类而言，它们的父类所实现的接口中的所有抽象方法都必须有实在的方法体。这些方法体可以来自抽象的父类，也可以来自子类自身，但是不允许存在未被实现的接口方法。这主要体现了非抽象类中不能存在抽象方法的原则。

(4) 接口的抽象方法的访问限制符都已指定为 public，所以类在实现方法时，必须显式地使用 public 修饰符，否则将被系统警告为缩小了接口中定义的方法的访问控制范围。

💾【示例程序 C5_18.java】 将 C5_17.java 改写为接口程序。

```java
package ch5_18;
interface   Shapes                        //定义一个接口
{
    abstract double   getArea( );         //自动被定义为 public
    double   getPerimeter( );             //自动被定义为 public
}

class   Square   implements   Shapes      //类要实现接口
{
  public   int    width,height;
  public   double   getArea( ){return(width*height);}
  public   double   getPerimeter( ){return(2*width+2*height);}
  public   Square(int   width,int   height)
   {
     this.width=width;
     this.height=height;
   }
```

```
}

class  Triangle  implements  Shapes          //类要实现接口
{ public  int  width,height;
    public  double  c;
    public  double  getArea( ){return(0.5*width*height);}
    public  double  getPerimeter( ){return(width+height+c);}
    public  Triangle(int  base,int  height)
      {
        width=base;
        this.height=height;
        c=Math.sqrt(width*width+height*height);
      }
}

class  Circle  implements  Shapes          //类要实现接口
{
    public  int  width,height;
    public  double  r;
    public  double  getArea( ){return(r*r*Math.PI);}
    public  double  getPerimeter( ){return(2*Math.PI*r);}
    public  Circle(int  width,int  height)
      {
        this.width=width;
        this.height=height;
        r=(double)width/2.0;
      }
}

public class C5_18 {
    public static void main(String[] args)
      {
        Square  Box=new  Square(25,25);
        System.out.println("Square  Area="+Box.getArea( )+"  Perimeter="+Box.getPerimeter( ));
        Triangle  tri=new  Triangle(8,4);
        System.out.println("Triangle  Area="+tri.getArea( )+"  Perimeter="+tri.getPerimeter( ));
        Circle  Oval=new  Circle(25,25);
        System.out.println("Circle  Area="+Oval.getArea( )+"  Perimeter="+Oval.getPerimeter( ));
      }
}
```

该程序的运行结果如下：

Square Area=625.0 Perimeter=100.0

Triangle Area=16.0 Perimeter=20.94427190999916

Circle Area=490.8738521234052 Perimeter=78.53981633974483

从本例可以看出，类 Square、类 Circle 及类 Triangle 定义了接口 Shape 的抽象方法，从而实现了接口。

5.5.3 包与程序复用

前面已介绍过，Java 语言提供了很多包，如 java.io、java.lang 等，这些包中存放着一些常用的基本类，如 System 类、String 类、Math 类等，它们被称为 Java 类库中的包。使用这些包使我们的编程效率大大提高。读者不妨想一想，直接使用 Java 类库中的 Math.sqrt( ) 方法求解任意非负实数的平方根与自己动手编写这个程序，哪个效率高？在许多场合反复使用那些早已编写好的，且经过严格测试的程序的技术被称为软件复用，在面向对象的程序设计中称为对象复用。

对象复用是面向对象编程的主要优点之一，它是指同一对象在多个场合被反复访问。在 Java 语言中，对象是类的实例，类是创建对象的模板，对象是以类的形式体现的。因此，对象复用也就体现在类的重用上。

利用面向对象技术开发一个实际的系统时，编程人员通常需要定义许多类并使之共同工作，有些类可能要在多处反复被访问。在 Java 程序中，如果一个类在多个场合下要被反复访问，可以把它存放在一个称之为"包"的程序组织单位中。可以说，包是接口和类的集合。引用包有利于实现不同程序间类的重用。Java 语言为编程人员提供了自行定义包的机制。

包的作用有两个：一是划分类名空间，二是控制类之间的访问。这就需要我们注意下述两点：首先，既然包是一个类名空间，那么，同一个包中的类(包括接口)不能重名，不同包中的类可以重名；第二，类之间的访问控制是通过类修饰符来实现的，若类声明的修饰符为 public，则表明该类不仅可以供同一包中的类访问，而且还可以被其他包中的类访问，若类声明无修饰符，则表明该类仅供同一包中的类访问。

1. 创建包

包的创建就是将源程序文件中的接口和类纳入指定的包中。在一般情况下，Java 源程序由四部分组成：

(1) 一个包(package)说明语句(可选项)。其作用是将本源文件中的接口和类纳入指定包中。源文件中若有包说明语句，则必须是第一个语句。

(2) 若干个(import)语句(可选项)。其作用是引入本源文件中需要使用的包。

(3) 一个 public 的类声明。在一个源文件中只能有一个 public 类。

(4) 若干个属于本包的类声明(可选)。

包的声明语句格式如下：

    package 包名;

利用这个语句就可以创建一个具有指定名字的包，当前.java 文件中的所有类都被放在这个包中。例如，下面的语句是合法创建包的语句：

```
package    shape;
package shape.shapeCircle;
```

创建包就是在当前文件夹下创建一个子文件夹，存放这个包中包含的所有类的 .class
文件。package shape.shapeCircle；语句中的符号 "."代表了目录分隔符，说明这个语句创
建了两个文件夹：第一个是当前文件夹下的子文件夹 shape；第二个是 shape 下的子文件夹
shapeCircle，当前包中的所有类就存放在这个文件夹里。

若源文件中未使用 package，则该源文件中的接口和类位于 Java 的无名包中(无名包又
称缺省包)，它们之间可以相互访问非 private 的数据成员或成员方法。无名包中的类不能被
其他包中的类访问和复用。

🖬【示例程序 C5_19.java】 改写示例程序 C5_18.java，将接口与类纳入包中。

第一步，在 shape 包中建立四个源文件，文件名及文件中的程序如下所示。

(1) 名为 Shapes.java 的文件如下：

```
package    shape;    //包名
public    interface    Shapes
{
    abstract    double    getArea( );
    abstract    double    getPerimeter( );
}
```

(2) 名为 Square.java 的文件如下：

```
package    shape;
public    class    Square    implements    Shapes
{
    public    int    width,height;
    public    double    getArea( )
      { return(width*height); }
    public    double    getPerimeter( )
      { return(2*width+2*height); }
    public    Square(int    width,int    height)
      {
        this.width=width;
        this.height=height;
      }
}
```

(3) 名为 Triangle.java 的文件如下：

```
package    shape;
public    class    Triangle    implements    Shapes
{ public    int    width,height;
```

```
    public   double   c;
    public   double   getArea( )
    {   return(0.5*width*height); }
    public   double   getPerimeter( )
    {   return(width+height+c); }
    public   Triangle(int base,int   height)
    {
        width=base;
        this.height=height;
        c=Math.sqrt(width*width+height*height);
    }
}
```

(4) 名为 Circle.java 的文件如下：

```
package   shape;
public  class  Circle  implements  Shapes
{ public   int   width,height;
    public   double   r;
    public   double   getArea( )
    {   return(r*r*Math.PI); }
    public   double   getPerimeter( )
    {   return(2*Math.PI*r); }
    public   Circle(int   width,int   height)
    {
        this.width=width;
        this.height=height;
        r=(double)width/2.0;
    }
}
```

第二步，在 ch5_19 包中建立一个公共类程序 C5_19.java。

```
package ch5_19;
import shape.Circle;
import shape.Square;
import shape.Triangle;
public class C5_19 {
    public static void main(String[] args)
    {
        Square   Box=new   Square(25,25);
        System.out.println("Square Area="+Box.getArea( )+"   Perimeter="+Box.getPerimeter( ));
```

```
        Triangle    tri=new    Triangle(8,4);
        System.out.println("Triangle    Area="+tri.getArea( )+"    Perimeter="+tri.getPerimeter( ));
        Circle    Oval=new    Circle(25,25);
        System.out.println("Circle    Area="+Oval.getArea( )+"    Perimeter="+Oval.getPerimeter( ));
    }
}
```

工程、包和类的隶属关系见图 5.8 左窗口所示。

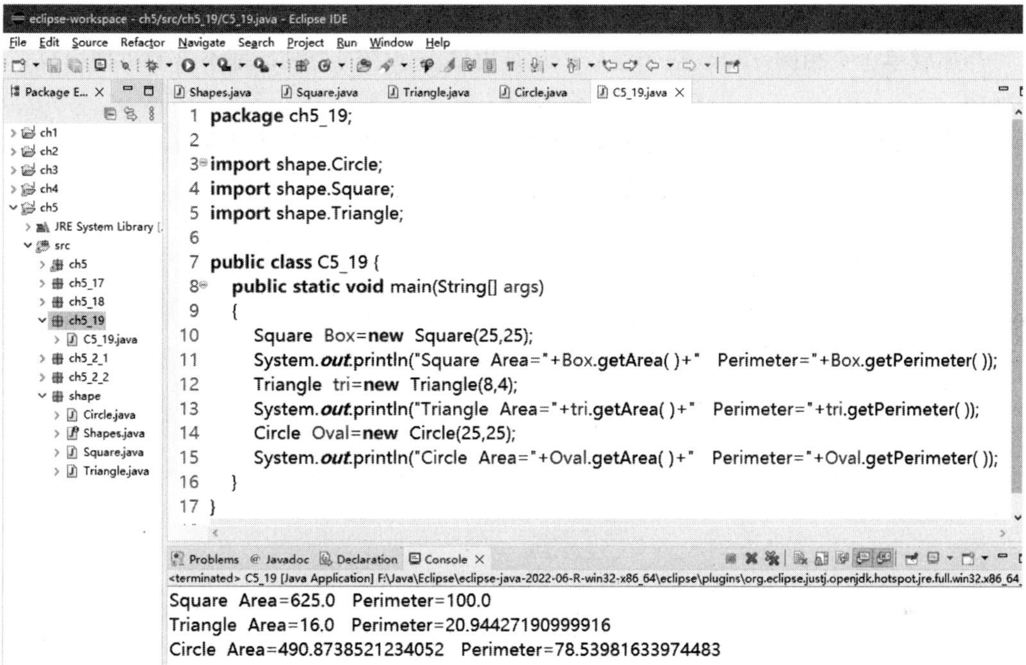

图 5.8　包 shape 中和包 ch5_19 中的 Java 程序

运行 C5_19 程序，运行结果如下：

```
    Square    Area=625.0    Perimeter=100.0
    Triangle    Area=16.0    Perimeter=20.94427190999916
    Circle    Area=490.8738521234052    Perimeter=78.53981633974483
```

2．包的引用

将类组织成包的目的是更好地利用包中的类。通常一个类只能引用与它在同一个包中的类。如果需要使用其他包中的 public 类，则可以使用如下的几种方法。

(1) 在引入的类前加包名。一个类要引用其他类有两种方式：一是对于同一包中的其他类可直接引用，如 C5_18.java 中的引用；二是对于不同包中的其他类引用时需在类名前加包名，例如，若在源文件中要引用包 shape 中的类 Circle，可在源文件中的 Circle 之前加"shape."，如 shape.Circle c=new shape.Circle(25,25,5,3)。

(2) 用 import 关键字加载需要使用的类。如果上面的方法使用起来比较麻烦，还有一种简单的方法，就是在当前程序中利用 import 关键字加载需要使用的类，这样在程序中引用这个类的地方就不需要再使用包名作为前缀了。例如，程序 C5_19.java 在程序开始处增

加了

      import   shape.Circle ；

语句之后，在程序中就直接写成如下：

      Circle c=new Circle(25,25,5,3);

（3）用 import 关键字加载整个包。上面的方法利用 import 语句加载了其他包中的一个类，若希望引入整个包也可以直接利用 import 语句。加载整个包的 import 语句可以写成如下：

      import   shape.*；

与加载单个类相同，加载整个包后，凡是用这个包中的类时，都不需要再使用包名作为前缀。

第 5 章 ch5 工程中示例程序在 Eclipse IDE 中的位置及关系如图 5.9 所示。

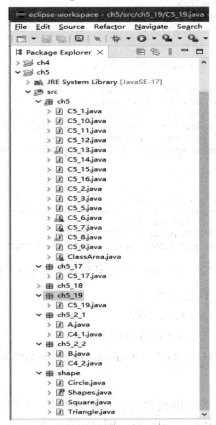

图 5.9   ch5 工程中示例程序的位置及其关系

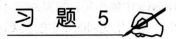 习 题 5

5.1   什么是消息？什么是公有消息和私有消息？

5.2   说明类、数据成员和成员方法的访问控制符及其作用。

5.3   若在一个缺省类中的数据成员及成员方法的访问控制符为 public，则这个类可供什么样的包引用?

5.4　若在一个 public 类中的数据成员及成员方法的访问控制符为缺省，则这个类可供什么样的包引用?

5.5　若在一个 public 类中的数据成员及成员方法的访问控制符为 protected，则这个类可供什么样的包引用?

5.6　若在一个 public 类中的数据成员及成员方法的访问控制符为 private，则这个类可供什么样的包引用?

5.7　什么是多态机制?

5.8　说明重载与覆盖的区别。

5.9　什么是继承机制? 它的特征是什么?

5.10　什么是抽象类? 使用时要注意哪些问题?

5.11　什么是接口? 使用时要注意哪些问题?

5.12　什么是包?

5.13　包的作用是什么?

5.14　编写一个程序实现方法的重载。

5.15　编写一个程序实现方法的覆盖。

5.16　编写一个程序实现数据成员的隐藏。

5.17　编写一个有 this 和 super 的程序。

5.18　编写一个程序实现抽象类概念。

5.19　编写一个程序实现多继承机制。

5.20　编写一个程序实现包的功能。

5.21　填空:

(1) 如果类 pa 继承自类 fb，则类 pa 被称为_____类，类 fb 被称为_____类。

(2) 继承使_____成为可能，它节省了开发时间，鼓励使用先前证明过的高质量的软件构件。

(3) 如果一个类包含一个或多个的 abstract 方法，它就是一个_____类。

(4) 一个 super 类一般代表的对象数量要_____其子类代表的对象数量。

(5) 一个子类一般比其 super 类封装的功能性要_____。

(6) 标记成_____的类的成员只能由该类的方法访问。

(7) Java 用_____关键字指明继承关系。

(8) this 代表了_____的引用。

(9) super 表示的是当前对象的_____对象。

(10) 抽象类的修饰符是_____。

(11) 接口中定义的数据成员是_____。

(12) 接口中没有什么_____方法，所有的成员方法都是_____方法。

第6章 数　　组

　　假设要计算一个班 30 名学生某门课程的平均成绩，如果我们使用简单类型的变量，则要命名 30 个不同的标识符，如 grade1，grade2，grade3，…，grade29，grade30 来存储这 30 名学生某门课程的成绩，且只能使用如下的语句来完成这个计算：

　　　　sum = grade1+grade2+grade3+grade4+grade5;

　　　　sum = sum+grade6+grade7+grade8+grade9+grade10;

　　　　　　⋮

　　　　average=sum/30;

这样的程序不仅烦琐而呆板，更让人难以忍受的是若有更多的学生成绩要进行计算，仅变量名就多得惊人，更何况编写程序。然而，仔细考察这一问题就可以发现，不论有多少名学生，其成绩的数据类型都是一致的，是否可以命名一个变量使之代表这些学生的成绩呢？答案是肯定的，那就是使用数组。

　　数组是各种程序设计语言中最常用的一种数据结构。数组是用一个标识符(变量名)和一组下标来代表一组具有相同数据类型的数据元素的集合。这些数据元素在计算机存储器中占用一片连续的存储空间，其中的每个数组元素在数组中的位置是固定的，可以通过一个称作下标的编号来加以区分，通过标识符和下标可以访问每一个数据元素。从这个意义上看，也可以把数组理解为用一个标识符来代表一组相同类型变量的技术。

　　使用数组来处理上面提出的问题是非常高效的，因为数组一旦完成其定义和创建，便可在程序中用循环变量作为数组的下标，故可利用循环语句来简化程序的书写。例如，上面的问题可写成：

　　　　for(int i=0,sum=0;i<30;i++) sum=sum+grade[i];

　　　　average=sum/30;

　　这里的 grade[i]就是一个数组元素，当 i 为 0 时它是 grade[0]，当 i 为 1 时它是 grade[1]……可见，数组提供了在计算机存储器中快速且简便的数据存取方式，可以很方便地定位和操作数组中的每个元素。数组的应用大大提高了对数据操作的灵活性。

　　在 Java 语言中，数组被定义为：

　　(1) 数组是一个对象(object)，属于引用类型，它由一系列具有相同类型的带序号的元素组成。这些元素的序号从 0 开始编排，并且通过下标操作符[]中的数字引用它们。

　　(2) 数组中的每个元素相当于该对象的数据成员变量，数组中的元素可以是任何数据类型，包括基本类型和引用类型。

　　(3) 根据数组中下标的个数(或方括号的对数)可将数组区分为只有一对方括号的一维

数组和有两对方括号的二维数组。

6.1 一 维 数 组

只有一个下标的数组称为一维数组，它是数组的基本形式。建立一维数组通常包括声明数组、创建数组对象和初始化数组三步。

6.1.1 一维数组的声明

声明一维数组就是要确定数组名(引用数组对象的变量名)、数组的维数和数组元素的数据类型。一维数组的声明格式如下：

　　类型标识符　数组名[ ]；

或

　　类型标识符[ ]　数组名；

类型标识符：数组元素的数据类型，它可以是 Java 的基本类型和引用类型。

数组名：数组对象的引用变量名，这个名称应遵从 Java 标识符的定义规则。

数组的维数：用方括号"[ ]"的个数来确定的。对于一维数组来说，只需要一对方括号。

例如：

　　int　abc[ ]; //声明名为 abc 的一维整型数组

　　double[ ]　example2;　/*声明名为 example2 的双精度型一维数组*/

注意：声明一维数组时，系统只为数组对象的引用变量在内存的变量存储区中分配存储空间，但并未创建具体的数组对象，所以，这个变量的值为 null。它们的内存分配情况如图 6.1 所示。

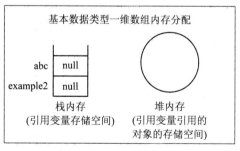

图 6.1　数组名的内存分配

6.1.2 创建一维数组对象

创建一维数组对象主要包括三个方面的工作：一是为数组对象在对象存储区中分配存储空间；二是对数组对象进行初始化；三是将新创建的数组对象与已声明的引用数组对象的变量(即数组名)关联起来。一维数组对象的创建可以通过直接指定数组元素初始值的方式完成，也可以用 new 操作符完成。

1．直接指定初值的方式创建数组对象

用直接指定初值的方式创建数组对象是在声明一个数组的同时创建数组对象。具体做法是将数组元素的初值依次写入赋值号后的一对花括号内，各个元素初值间用逗号分隔，即给这个数组的所有元素赋上初始值；初始值的个数也就确定了数组的长度。例如：

　　　　int[ ] a1={23,–9,38,8,65};

这条语句声明数组名为 a1(a1 也称为引用数组对象的变量名，本书称它为 a1 数组)；数组元素的数据类型为整型(int，占 4 个字节)，共有 5 个初始值，故数组元素的个数为 5。这样一个语句为 Java 分配存储空间提供了所需要的全部信息，系统可为这个数组对象分配 5 × 4 = 20 个字节的连续存储空间。

a1 数组的值是 a1 关联的数组对象的首地址，如图 6.2 所示。数组对象的元素由 a1[ ] 引用，经过初始化后，使 a1[0]=23，a1[1]=–9，a1[2]=38， a1[3]= 8，a1[4]= 65，如图 6.3 所示。

注意：Java 中的数组元素下标从 0 开始。

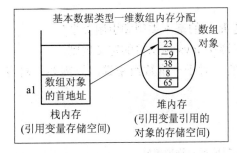

图 6.2　a1 关联对象示意图

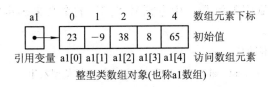

图 6.3　a1 数组的初始化

2．用关键字 new 创建数组对象

用关键字 new 创建数组对象，并按照 Java 提供的数据成员默认初始化原则(见第 4 章)对数组元素赋初值。用关键字 new 来创建数组对象有以下两种方式。

(1) 先声明数组，再创建数组对象。这实际上由两条语句构成，格式如下：

　　　　类型标识符　数组名[ ]；

　　　　数组名=new 类型标识符[数组长度]；

其中，第一条语句是数组的声明语句；第二条语句是创建数组对象并初始化语句。应该注意的是：两条语句中的数组名、类型标识符必须一致。数组长度通常是整型常量，用以指明数组元素的个数。例如：

　　　　int　a[ ]；

　　　　a=new　int[9]；

定义 a 数组对象有 9 个元素，并按照 Java 提供的数据成员默认初始化原则进行初始化，如图 6.4 所示。

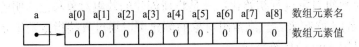

图 6.4　用 new 创建数组对象并初始化

（2）在声明数组的同时用 new 关键字创建数组对象，并初始化。这种初始化实际上是将上面所述的两条语句合并为一条语句罢了。格式如下：

　　　　类型标识符　数组名[ ]=new 类型标识符[数组长度]；

或

　　　　类型标识符[ ]　数组名=new 类型标识符[数组长度]；

　　例如：

　　　　int[ ] a=new　int[10]；

6.1.3　一维数组的引用

当数组经过初始化后，就可通过数组名与下标来引用数组中的每一个元素。一维数组元素的引用格式如下：

　　　　数组名[数组下标]

其中：数组名是与数组对象关联的引用变量；数组下标是指元素在数组中的位置，数组下标的取值范围是 0～(数组长度–1)，下标值可以是整数型常量或整数型变量表达式。例如，在有了“int[ ] a=new int[10]；”声明语句后，下面的两条赋值语句是合法的：

　　　　a[3]=25；

　　　　a[3+6]=90；

但

　　　　a[10]=8；

是错误的。这是因为 Java 为了保证安全性，要对引用时的数组元素进行下标是否越界的检查。这里的 a 数组在初始化时确定其长度为 10，下标从 0 开始到 9 正好 10 个元素，因此，不存在下标为 10 的数组元素 a[10]。

6.2　一维数组引用举例

一维数组是数组的最基本形式，其应用非常广泛，下面举例予以说明。

6.2.1　测定数组的长度

在 Java 语言中，数组是一种对象。数组经初始化后就确定了它的长度(数组元素的个数)，Java 用一个内置的 length 属性来测定数组的长度。

　【示例程序 C6_1.java】　数组的声明、初始化和其长度的测定。

```java
public class C6_1
{
    public static void main(String arg[])
    {   int i;
        double a1[];              //[]放在引用变量后面声明
        char[] a2;               //[]放在引用变量前面声明
        a1=new double[8];        //创建 a1 数组，数组元素个数为 8，类型 double 型
```

```
a2=new char[8];           //创建 a2 数组，数组元素个数为 8，类型 char 型
int a3[]=new int[8];      //创建 a3 数组，数组元素个数为 8，类型 int 型
byte[] a4=new byte[8];    //创建 a4 数组，数组元素个数为 8，类型 byte 型
char a5[]={'A','B','C','D','E','F','H','I'};   //创建 a5 数组，直接指定初值
    //下面各句测定各数组的长度
System.out.println("a1.length="+a1.length);
System.out.println("a2.length="+a2.length);
System.out.println("a3.length="+a3.length);
System.out.println("a4.length="+a4.length);
System.out.println("a5.length="+a5.length);
//以下各句引用数组中的每一个元素，为各元素赋值
for(i=0;i<8;i++)
{ a1[i]=100.0+i;
   a3[i]=i;
   a2[i]=(char)(i+97);      //显式强制类型转换，将整型数转换为字符型
}
//下面各句打印各数组元素
System.out.println("\ta1\ta2\ta3\ta4\ta5");
System.out.println("\tdouble\tchar\tint\tbyte\tchar");
for(i=0;i<8;i++)
System.out.println("\t"+a1[i]+"\t"+a2[i]+"\t"+ a3[i]+"\t"+a4[i]+"\t"+a5[i]);
    }
  }
```

该程序的运行结果如下：

```
a1.length=8
a2.length=8
a3.length=8
a4.length=8
a5.length=8
```

a1	a2	a3	a4	a5
double	char	int	byte	char
100.0	a	0	0	A
101.0	b	1	0	B
102.0	c	2	0	C
103.0	d	3	0	D
104.0	e	4	0	E
105.0	f	5	0	F
106.0	g	6	0	H
107.0	h	7	0	I

6.2.2 数组下标的灵活使用

我们在本章开头提出的计算 30 名学生平均成绩问题的关键是一般的变量标识符中没有可变的东西,而数组作为一组变量的代表者其下标可以使用变量。实际上,我们在示例程序 C6_1.java 中已经用到了数组下标的这一特性。下面我们通过几个例子来说明数组下标的灵活使用。

　　【示例程序 C6_2.java】 用数组求解 Fibonacci 数列的前 20 项,即使用数组下标表达式求解数学上的迭代问题。

```java
public class C6_2
{
    public static void main(String[ ] args)
    {
        int i;
        int f[ ]=new int[20];       //创建 f 数组,使其可存储 20 个整型数据
        f[0]=1;
        f[1]=1;
        for(i=2;i<20;i++)
            f[i]=f[i-2]+f[i-1];      //数组元素的下标使用循环变量
        for(i=0;i<20;i++)
        {
            if(i%5==0)System.out.println("\n");
            System.out.print("\t"+f[i]);
        }
    }
}
```

该程序的运行结果如下:

1	1	2	3	5
8	13	21	34	55
89	144	233	377	610
987	1597	2584	4181	6765

在日常生活中,人们几乎每天都要进行查找。例如,在电话号码簿中查找某单位或某人的电话号码;在字典中查阅某个词的读音和含义等。查找的关键问题是如何快速地找到待查的内容。例如,查字典的关键是如何快速地确定待查之字在字典中的哪一页。对于浩如烟海的计算机中的数据,有相当多的数据是以数组的形式组织与存放的。以数组的形式组织和存放数据的数据结构被称为顺序表。对于顺序表的查找,人们已经发明了许多种算法,典型的有顺序查找和二分(折半、对分)查找。

顺序查找是将待查值与顺序表(数组)中的每个元素逐一进行比较,直至查找成功或到达数组的最后一个元素还未找到。这种查找的效率相对较低。

　　二分查找是在一个有序表(数据是按其值由小到大或由大到小依次存放的，这里我们以值由小到大排列为例)中，每次都将待查值与中间的那个元素比较，若相等则查找成功；否则，调整查找范围，若中间那个元素的值小于待查值，则在表的后一半中查找，若中间那个元素的值大于待查值，则在表的前一半中查找；如此循环，每次只与一半元素中的一个元素比较，可使查找效率大大提高。

【示例程序 C6_3.java】　　设数组中的数值是由小到大存放的，编写二分查找程序。

```java
package ch6;
import java.util.Scanner;
class FindSearch
{
    int binarySearch(int arr[ ],int searchValue)
    {
        int low=0;                 // low 是第一个数组元素的下标
        int high=arr.length-1;     // high 是最后一个数组元素的下标
        int mid=(low+high)/2;      // mid 是中间那个数组元素的下标
        while(low<=high && arr[mid]!=searchValue)
        {
            if( arr[mid]<searchValue)
                low=mid+1;         //要找的数可能在数组的后半部分中
            else
                high=mid-1;        //要找的数可能在数组的前半部分中
            mid=(low+high)/2;
        }
        if(low>high) mid=-1;
        return mid;                // mid 是数组元素下标，若为-1，则表示不存在要查找的元素
    }
}


public class C6_3
{
    public static void main(String[ ] args)
    {
        //Scanner 类是一个简单的文本扫描器类，可以从键盘上读入数据
        @SuppressWarnings("resource")
        Scanner sc = new Scanner(System.in);        //创建 Scanner 类对象 sc
        int i,search,mid;
        String c1;
        int arr[ ]={2,4,7,18,25,34,56,68,89};
        System.out.println("打印原始数据");
```

```
        for(i=0;i<arr.length;i++)   System.out.print(" "+arr[i]);
        System.out.println("\n");
        System.out.println("请输入要查找的整数");
        c1=sc.next();                    //从键盘上读取一个字符串赋给 c1
        search=Integer.parseInt(c1);     //取出字符串并将其转换为整型数赋给 search
        FindSearch p1=new   FindSearch( );
        mid=p1.binarySearch(arr,search);
        if(mid==-1)    System.out.println("没找到！");
        else    System.out.println("所查整数在数组中的位置下标是："+mid);
      }
    }
```

该程序的运行结果如下：

```
    打印原始数据
     2 4 7 18 25 34 56 68 89
    请输入要查找的整数  68
    所查整数在数组中的位置下标是：7
```

这个程序的查找过程及其查找元素的位置(数组下标)的变化如图 6.5 所示。在这个程序中使用 Scanner 类从键盘上读入数据。关于 Scanner 类的使用可参阅第 3 章的示例程序 C3_15.java。

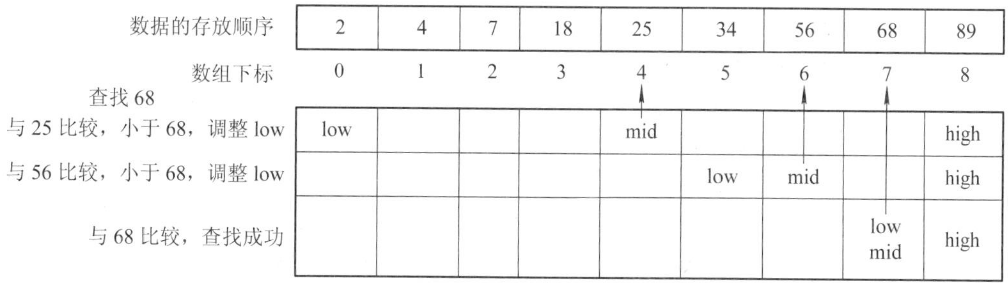

数据的存放顺序	2	4	7	18	25	34	56	68	89
数组下标	0	1	2	3	4	5	6	7	8

查找 68									
与 25 比较，小于 68，调整 low	low				mid				high
与 56 比较，小于 68，调整 low						low	mid		high
与 68 比较，查找成功								low mid	high

图 6.5　二分查找的比较与下标调整过程

6.2.3　数组名之间的赋值

Java 语言允许两个类型相同但数组名不同(指向不同的对象)的数组相互赋值。赋值的结果是两个类型相同的数组名指向同一数组对象。

【示例程序 C6_4.java】　编程实现两个数组名之间的赋值。

```
public class C6_4
{
    public static void main(String arg[ ])
    {
        int i;
        int[ ] a1={2,5,8,25,36};
```

```
int a3[ ]={90,3,9};
System.out.println("a1.length="+a1.length);
System.out.println("a3.length="+a3.length);
a3=a1;     //赋值的结果是 a3 指向 a1 指向的数组
               //而 a3 先前指向的含有 3 个元素的数组由于没有指向而消失
System.out.print("a1:");
for(i=0;i<a1.length;i++)   System.out.print("    "+a1[i]);
System.out.println("\n");
System.out.println("a3.length="+a3.length);
System.out.print("a3:");
for(i=0;i<a3.length;i++) System.out.print("    "+a3[i]);
System.out.println("\n");
    }
  }
```

该程序的运行结果如下：

```
a1.length=5
a3.length=3
a1:   2   5   8   25   36
a3.length=5
a3:   2   5   8   25   36
```

6.2.4　向成员方法传递数组元素

向成员方法传递数组元素也就是用数组元素作为成员方法的实参。由于实参可以是表达式，而数组元素可以是表达式的组成部分，因此，数组元素可以作为成员方法的实参。若数组元素的数据是基本数据类型，则数组元素作为成员方法的实参与用变量作为实参一样，都是单向值传递，即只能由数组元素传递给形参，程序中对形参的任何修改并不改变数组元素的值。

💾【示例程序 C6_5.java】　数组元素作为成员方法的实参(数据是基本数据类型)，在成员方法中改变形参 x 和 y 的值，方法调用结束后实参数组元素的值没有改变。

```
class Ff
{
    int aa(int x, int y)           //定义方法 aa，有两个整型形参 x 和 y
    { int z;
        x=x+4;   y=y+2;     z=x*y;        return z;
    }
}
public class C6_5
{
    public static void main(String[ ] args)
```

```
    {
        int arr[ ]={6,8,9};      //声明并初始化数组 arr
        int len=arr.length, k;
        Ff p1=new Ff( );
        k=p1.aa(arr[0],arr[1]);     //数组元素 arr[0]和 arr[1]作为方法 aa 的实参
        System.out.println("k="+k);
        for(int i=0;i<len;i++)
            System.out.print("  "+arr[i]);     //循环输出数组元素的值
        System.out.println("\n");
    }
}
```

该程序的运行结果如下：

```
    k=100
     6   8   9
```

6.2.5　向成员方法传递数组名

在定义成员方法时可以用数组名作为它的形参，并指定它的数据类型。在这种情况下调用该成员方法时，必须用具有相同数据类型的数组名作为成员方法对应位置的实参，即向成员方法传递数组名。更应强调的是，数组名作为成员方法的实参时，是把实参数组对象的起始地址传递给形参数组名，即两个数组名共同引用同一对象。因此，在成员方法中对形参数组名指向的各元素值的修改，都会使实参数组名指向的各元素的值也发生同样的变化。这种参数的传递方式被称为"双向地址传递"。

💾【示例程序 c6_6.java】　两个数组相加，将结果存入第二个数组中。

```
class Add1Class
{ void add(int arA[ ],int arB[ ])
    {
        int i;
        int len=arA.length;
        for(i=0;i<len;i++)
            arB[i]=arA[i]+arB[i];
    }
}
public class C6_6
{   public static void main(String[ ] args)
    {
        int i;
        int arX[ ]={1,3,7,6};
        int arY[ ]={78,0,42,5};
        int len=arX.length;
```

```
Add1Class p1=new    Add1Class( );
System.out.println(" arX 的原始数据");    //打印 X 数组
for(i=0;i<len;i++)    System.out.print(" "+arX[i]);
System.out.println("\n arY 的原始数据");    //打印 Y 数组
for(i=0;i<len;i++)    System.out.print(" "+arY[i]);
p1.add(arX,arY);            // p1 引用对象的 add 方法计算两个数组之和
System.out.println("\n    再次输出 arX");    //再次打印 X 数组
for(i=0;i<len;i++)    System.out.print(" "+arX[i]);
System.out.println("\n 再次输出 arY");    //再次打印 Y 数组
for(i=0;i<len;i++) System.out.print(" "+arY[i]);
System.out.println("\n");
    }
  }
```

该程序的运行结果如下：

```
arX 的原始数据
 1 3 7 6
arY 的原始数据
 78 0 42 5
再次输出 arX
 1 3 7 6
再次输出 arY
 79 3 49 11
```

从程序的执行结果可以看出，arY 数组引用的对象的属性值在引用成员方法 add 前后是不同的。这是因为成员方法 add 中的形参 arB 数组与实参 arY 数组共同引用同一块对象的存储单元，因此，在成员方法 add 中对形参 arB 数组的各数组元素的修改，也就是对实参 arY 数组的各数组元素的修改。这一过程如图 6.6 所示。

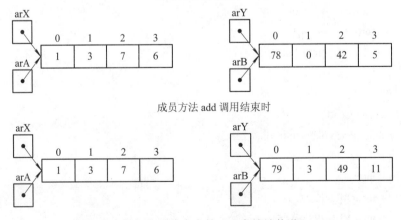

图 6.6　数组名用作实参的"双向地址传递"

在 Java 语言中，数组是一种对象，数组名是对象的引用变量，数组名作为成员方法的实参时，是把实参数组对象的起始地址连同它所占据的存储空间传递给形参数组名，使形参数组名与实参数组名共同指向同一对象，实参数组的长度也就是形参数组的长度，因此，不论该实参数组的长度如何，只要其数据类型相同，都可以引用同一个成员方法。

🖳【示例程序 C6_7.java】有 s1 和 s2 两个一维数组，s1 数组中存放 8 名学生的成绩，s2 数组中存放 5 名学生的成绩，分别求出这两组学生的平均成绩。

```java
public class C6_7
{
    static double average(double ascore[ ])
    {
        double aaver=0;
        for(int i=0;i<ascore.length;i++)     aaver=aaver+ascore[i];
        aaver=aaver/ascore.length;
        return aaver;
    }
    public static void main(String arg[ ])
    {   double aver1,aver2;
        double s1[ ]={90,56,86.5,87,99,67.5,65,80};
        double s2[ ]={70,90,87,99,67};
        System.out.println("s1.length="+s1.length);
        aver1=average(s1);//数组名 s1 作为 average 成员方法的实参
        System.out.println("aver1="+aver1);
        System.out.println("s2.length="+s2.length);
        aver2=average(s2); //数组名 s2 作为 average 成员方法的实参
        System.out.println("aver2="+aver2);
    }
}
```

该程序运行结果如下：

```
s1.length=8
aver1=78.875
s2.length=5
aver2=82.6
```

在这个程序中，尽管两个数组对象的长度不同(分别为 8 和 5)，但其数据类型相同，因此，可以作为同一个成员方法(计算平均成绩)的实参。

6.2.6 数组元素排序

排序是把一组数据按照值递增(由小到大，也称为升序)或递减(由大到小，也称为降序)的次序重新排列的过程，它是数据处理中极其常用的运算。利用数组的顺序存储特点，可方便地实现排序。排序算法有多种，这里只讨论较易理解的冒泡法和选择法两种排序方法，且要求排序结果为升序。

冒泡排序的关键点是从后向前对相邻的两个数组元素进行比较,若后面元素的值小于前面元素的值,则让这两个元素交换位置;否则,不进行交换。依次进行下去,第一趟排序可将数组中值最小的元素移至下标为 0 的位置。对于有 n 个元素的数组,循环执行 n − 1 趟扫描便可完成排序。当然,也可以从前向后对相邻的两个数组元素进行比较,但此时是将大数向后移。与小者前移的冒泡法相对应,可将这种大者后移的排序称为下沉法。图 6.7 演示了对有 6 个元素的数组实施冒泡法排序(小数前移)的前两趟比较与交换的过程。由图可以看出,第一趟排序后最小数 12 已移到了下标为 0 的正确位置;第二趟排序后次小数 17 移到了下标为 1 的正确位置。

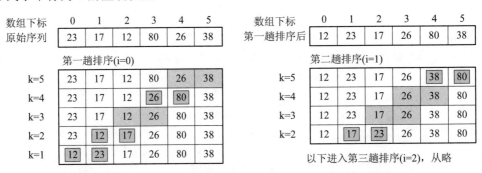

图 6.7 用冒泡法对 6 个数据进行排序的两趟扫描中比较与交换的过程

【示例程序 C6_8.java】 用冒泡法对从键盘输入的 8 个整数从小到大进行排序。

```java
package ch6;
import java.util.Scanner;
class SortClass              //类定义开始
{
  void sort(int arr[ ])      //开始定义冒泡排序方法 sort
  {
      int i,k,temp;
      int len=arr.length;
      for(i=0;i<len-1;i++)
       for(k=len-1;k>i;k--)
         if( arr[k]<arr[k-1])
          {
             temp=arr[k-1];
             arr[k-1]=arr[k];
             arr[k]=temp;
          }    //if 块结束,同时使内循环 for(k…)和外循环 for(i…)结束
  }    //sort 方法结束
}    //类 SortClass 定义结束
```

```
public class C6_8
{
    public static void main(String[ ] args)
    {
        //Scanner 类是一个简单的文本扫描器类，可以从键盘读入数据
        @SuppressWarnings("resource")
        Scanner sc = new Scanner(System.in);          //创建 Scanner 类对象 sc
        int i;     String c1;
        int arr[ ]=new int[8];
        int len=arr.length;
        System.out.println(" 请从键盘输入 8 个整数，一行只输入一个数" );
        for(i=0;i<len;i++)
        {
            c1=sc.next();//从键盘上读取一个字符串赋给 c1
            arr[i]=Integer.parseInt(c1);              //将字符串类型 c1 转换成整数类型
        }
        //打印原始数据
        System.out.print ("原始数据:");
        for(i=0;i<len;i++) System.out.print(" "+arr[i]);
        System.out.println("\n");
        SortClass p1=new SortClass( );
        p1.sort(arr);   //实参为数组名
        System.out.println("冒泡法排序的结果：");
        for(i=0;i<len;i++)   System.out.print(" "+arr[i]);
        System.out.println("\n");
    }// main
}
```

该程序的运行结果如下：

　　请从键盘输入 8 个整数，一行只输入一个数

　　2

　　34

　　⋮ (其余输入从略)

　　原始数据: 2 34 0 9 –1 –6 45 23

　　冒泡法排序的结果：

　　–6 –1 0 2 9 23 34 45

　　冒泡法排序相对比较容易理解，但排序过程中元素的交换次数较多，特殊情况下每次比较都要进行交换。例如，若要将以降序排列的数据 9，8，7，6，5，4 排列成 4，5，6，7，8，9，就需要每次进行交换。而选择法排序每执行一次外循环只会进行一次数组元素的交换，可使交换的次数大大减少。

选择排序的基本思想是首先从待排序的 n 个数中找出最小的一个与 arr1[0]对换；再将 arr1[1]到 arr1[n]中的最小数与 arr1[1]对换，以此类推。每比较一轮，找出待排序数中最小的一个数进行交换，共进行 n − 1 次交换便可完成排序。

💾【示例程序 C6_9.java】　　选择法排序。

```java
package ch6;
class SelectSort
{
    static void sort(int arr1[ ])    //成员方法的形参是数组
     {
        int i,j,k,t;
        int len=arr1.length;
        for(i=0;i<len-1;i++) //外循环开始
         {
            k=i;
            for(j=i+1;j<len;j++)
               if( arr1[j]<arr1[k]) k=j;    //内循环只用 k 记录最小值的下标
            if(k>i)
              {  t=arr1[i];          //在外循环实施交换，可减少交换次数
                 arr1[i]=arr1[k];       arr1[k]=t;
              } // if(k>i)结束
         } //外循环 for(i…)结束
    }  //成员方法 sort 定义毕
}
public class C6_9 extends SelectSort
{
    public static void main(String[ ] args)
    {
        int arr[ ]={78,70,2,5,-98,7,10,-1};
        int len=arr.length;
        SelectSort.sort(arr);     //数组名作为成员方法的实参
        System.out.print("选择法排序的结果：");
        System.out.println("length="+arr.length);
        for(int i=0;i<len;i++)
            System.out.print(" "+arr[i]);     //数组 arr 的值已在方法调用中被改变了
        System.out.println("\n");
    }
}
```

该程序的运行结果如下：

选择法排序的结果：−98　−1　2　5　7　10　70　78

图 6.8 演示了此示例程序的交换过程。

数组下标	0	1	2	3	4	5	6	7
原始数据	78	70	2	5	−98	7	10	−1

每趟扫描的交换过程如下：

i＝0，j从1增至7后，k＝4，交换	−98	70	2	5	78	7	10	−1
i＝1，j从2增至7后，k＝7，交换	−98	−1	2	5	78	7	10	70
i＝2，j从3增至7后，k＝2，不交换	−98	−1	2	5	78	7	10	70
i＝3，j从4增至7后，k＝3，不交换	−98	−1	2	5	78	7	10	70
i＝4，j从5增至7后，k＝5，交换	−98	−1	2	5	7	78	10	70
i＝5，j从6增至7后，k＝6，交换	−98	−1	2	5	7	10	78	70
i＝6，j取7，k＝7，交换	−98	−1	2	5	7	10	70	78

图 6.8　选择法排序的交换过程

6.2.7　对象数组

前面讨论的数组的数据类型都是简单的基本类型，即数组元素是简单数据类型。但实际问题中往往需要把不同类型的数据组合成一个有机的整体(对象)，以便于引用。例如，一名学生的姓名、性别、年龄和各科学习成绩等都与这名学生紧密相关，而一个班(乃至更多)的学生又都具有这些属性，如表 6.1 所示。这种数据结构在过去的结构化程序设计中被称为记录或结构体，而在面向对象的程序设计中把每一个学生看作一个对象。这样，一张学生成绩表就是由多个对象组成的。

表 6.1　学 生 成 绩 表

姓　名	性别	年龄	数学	英语	计算机
Li	F	19	89.0	86	69
He	M	18	90.0	83	76
Zhang	M	20	78.0	91	80
⋮	⋮	⋮	⋮	⋮	⋮

如果一个类有若干个对象，我们可以把这一系列具有相同类型的对象用一个数组来存放。这种数组称为对象数组。数组名的值是第一个元素的首地址。每一个元素的值是引用对象的首地址。下面举例说明。

　【示例程序 C6_10.java】　设有若干名学生，每个学生有姓名、性别和成绩三个属性，要求将每个学生作为一个对象，建立获取对象名字的成员方法 getName 和获取对象性别的成员方法 getSex，以及输出对象的全部数据成员的成员方法 studPrint。

```
package ch6;
class Student
{
```

```java
        private String name;
        private char sex;
        private double score;
        Student(String cname, char csex, double cscore)
        {   name=cname;
            sex=csex;
            score=cscore;
        }
        String getName( ){return name;}
        char getSex( ){return sex;}
        void studPrint( )
        {   System.out.println("Name: "+name+"\tSex: "+sex+"\tScore: "+score);    }
    }
    public class C6_10
    {    public static void main(String[ ] args)
        {
            String mname;
            char msex;
            int len;
            Student[ ]    st1=new Student[3];       //声明对象数组，用 new 为每一个对象分配存储空间
            st1[0]=new Student("li",'F',89);
            st1[1]=new Student("he",'M',90);
            st1[2]=new Student("zhang",'M',78);
            len=3;
            //对象数组元素的引用
            for(int i=0;i<len;i++)    st1[i].studPrint( );
            mname=st1[1].getName( );    msex=st1[1].getSex( );
            System.out.println("Name 1:"+mname+"\tSex:"+msex);
        }
    }
```

该程序的运行结果如下：

```
Name: li    Sex: F        Score: 89.0
Name: he    Sex: M        Score: 90.0
Name: zhang    Sex: M    Score: 78.0
Name 1:he    Sex:M
```

　　st1 对象数组是具有 3 个数组元素的数组，而每个元素的值都是一个引用变量，通过引用变量指向创建的对象，如图 6.9 所示。对象数组 st1 的内存分配如图 6.10 所示。数据成员 name 属于 String 对象的引用变量，详细介绍请看第 7 章。

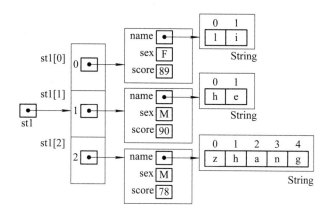

图 6.9　st1 对象数组的示意图

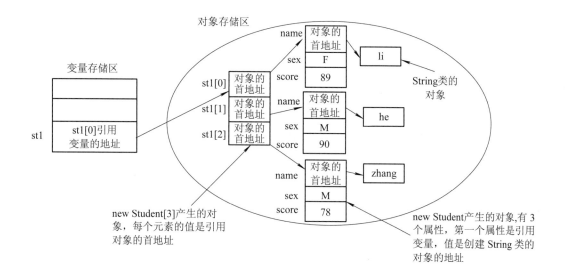

图 6.10　对象数组 st1 的内存分配

 ## 6.3　二 维 数 组

　　日常生活中处理的许多数据，从逻辑上看是由若干行、若干列组成的，如矩阵、行列式、二维表格等。图 6.11 给出了一个简单的矩阵。为适应存放这样一类数据，人们设计出了一种如图 6.12 所示的数据结构——二维数组。

　　这里要注意的是：Java 中只有一维数组，不存在称为"二维数组"的明确结构。然而对一个一维数组而言，其数组元素可以是数组，这就是概念上的二维数组在 Java 中的实现方法。也就是说，在 Java 语言中，实际上把二维数组看成是其每个数组元素是一个一维数组的一维数组。其实，这里面的最根本原因是计算机存储器的编址是一维的，即存储单元的编号从 0 开始一直连续编到最后一个最大的编号。因此，如果把图 6.11 所示的矩阵用图

6.12 所示的二维数组表示，则在计算机中的存放形式如图 6.13 所示。在图 6.13 中，每一行都被看成一个数组元素，三行被看成是三个数组元素，只不过这三个数组元素又是由三个元素组成的。

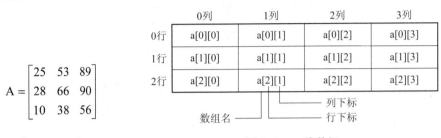

图 6.11 矩阵   图 6.12 二维数组

第0行			第1行			第2行		
第0列	第1列	第2列	第0列	第1列	第2列	第0列	第1列	第2列
25	53	89	28	66	90	10	38	56

第0行的数组元素   第1行的数组元素   第2行的数组元素

图 6.13 二维数组在 Java 中的实现

6.3.1 二维数组的声明

声明二维数组与声明一维数组类似，也是为数组(引用数组对象的变量)命名、确定数组的维数和指定数组元素的数据类型。只不过声明二维数组时需要给出两对方括号，其格式如下：

类型说明符　数组名[ ][ ]；

或

类型说明符[ ][ ]　数组名；

例如，声明数组名为 arr 的二维整型数组格式为

int　arr[ ][ ]；

或

int [ ][ ]　arr；

其中，类型说明符可以是 Java 的基本类型和引用类型；数组名是用户遵循标识符命名规则给出的一个标识符；两个方括号中，前面的方括号表示行，后面的方括号表示列。

注意：在声明二维数组时，系统只为二维数组对象的引用变量在内存的变量存储区中分配存储空间，且并未创建具体的数组对象，所以，这个变量的值为 null。

6.3.2 创建二维数组对象

与创建一维数组一样，创建二维数组对象主要包括三个方面的工作：一是为数组对象在对象存储区中分配存储空间；二是对数组对象进行初始化；三是将新创建的数组对象与已声明的引用数组对象的变量(即数组名)关联起来。二维数组对象的创建同样可以通过直接指定数组元素初始值的方式完成，也可以用 new 操作符完成。

1．用 new 操作符创建二维数组对象

用 new 操作符来创建数组对象，并根据 Java 提供的数据成员默认初始化原则，对数组元素赋初值。用 new 操作符创建数组对象有以下两种方式：

(1) 先声明数组，再创建数组对象。在数组已经声明以后，可用下述两种格式中的任意一种来初始化二维数组。

　　　　数组名=new 类型说明符[数组长度][ ];

或

　　　　数组名=new 类型说明符[数组长度][数组长度];

其中，对数组名、类型说明符和数组长度的要求与一维数组一致。

　　例如：

　　　　int　arra[ ][ ];　　　　　　　//声明二维数组

　　　　arra=new　int[3][4];　　　　//创建二维数组对象，初始化二维数组

上述两条语句声明并创建了一个 3 行 4 列的 arra 数组，也就是说 arra 数组有 3 个元素，而每一个元素又都是长度为 4 的一维数组，实际上共有 12 个元素。这里的语句：

　　　　arra=new int[3][4];

实际上相当于下述 4 条语句：

　　　　arra=new　int[3][ ];　//创建一个有 3 个元素的数组，且每个元素也是一个数组

　　　　arra[0]=new　int[4];　//创建 arra[0]元素的数组，它有 4 个元素

　　　　arra[1]=new　int[4];　//创建 arra[1]元素的数组，它有 4 个元素

　　　　arra[2]=new　int[4];　//创建 arra[2]元素的数组，它有 4 个元素

也等价于：

　　　　arra=new　int[3][ ];

　　　　for(int　i=0;i<3;i++)　{　arra[i]=new　int[4];　}

也就是说，在初始化二维数组时也可以只指定数组的行数而不给出数组的列数，每一行的长度由二维数组引用时决定。但是，不能只指定列数而不指定行数。

上述语句的作用如图 6.14 所示。

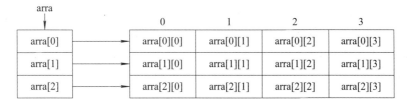

图 6.14　语句"arra=new　int[3][4];"的作用

(2) 在声明数组时创建数组对象。格式如下：

　　　　类型说明符[ ][ ]　数组名=new 类型说明符[数组长度][ ];

或

　　　　类型说明符　数组名[ ][ ]=new 类型说明符[数组长度][数组长度];

　　例如：

　　　　int[ ][ ]　arr=new　int[4][ ];

```
int  arr[ ][ ]=new  int[4][3];
```

但是，不指定行数而指定列数是错误的。例如，下面的初始化是错误的：

```
int[ ][ ]  arr=new  int[ ][4];
```

2．用直接指定初值的方式创建二维数组对象

用直接指定初值的方式创建二维数组对象，即在数组声明时同时创建数组对象。将数组元素的初值依次写入赋值号后的一对花括号内的花括号内。例如：

```
int[ ][ ]  arr1={{3,-9,6},{8,0,1},{11,9,8} };
```

声明并创建了二维数组对象，arr1 数组有 3 个元素，每个元素又都是有 3 个元素的一维数组。

用指定初值的方式创建数组对象时，各子数组元素的个数可以不同。例如：

```
int[ ][ ]  arr1={{3,-9},{8,0,1},{10,11,9,8} };
```

它等价于：

```
int[ ][ ] arr1=new  int[3][ ];
int arr1[0]={3,-9};
int arr1[1]={8,0,1};
int arr1[2]={10,11,9,8};
```

6.4　二维数组的引用

由于二维数组是数组元素为一维数组的一维数组，因此，二维数组的引用与一维数组类似，只是要注意每一个行元素本身是一个一维数组。下面通过几个示例程序来说明。

6.4.1　测定数组的长度及数组赋值

与一维数组一样，也可以用内置属性 length 测定二维数组的长度，即元素的个数。注意：使用"数组名.length"的形式测定的是数组的行数，使用"数组名[i].length"测定的是该行的列数。例如，若有如下的初始化语句：

```
int[ ][ ] arr1={{3, -9},{8,0,1},{10,11,9,8} };
```

则 arr1.length 的返回值是 3，表示 arr1 数组有 3 行或者说 3 个一维数组元素。arr1[2].length 的返回值是 4，表示 arr1[2]的长度为 4，即第 3 个一维数组元素有 4 个元素。

🔲【示例程序 C6_11.java】　在程序中测定数组的长度。

```java
public class C6_11
{    public static void main(String arg[ ])
    {
        int i,j;
        int len1[ ]=new int[2];
        int len2[ ]=new int[2];
        int[ ][ ] a1={{1,4,8,9},{3,2,2}};
        int a2[ ][ ]={{90,3},{9,12}};
```

```
System.out.println("a1.length="+a1.length);
for(i=0;i<2;i++)
  {
    len1[i]=a1[i].length;          //将 a1 数组的元素 i 的长度赋给 len1[i]
    System.out.println("a1[ ].length="+len1[i]);
  }
for(i=0;i<2;i++)
  {
    for(j=0;j<len1[i];j++)
      System.out.print("   "+a1[i][j]);
      System.out.println("\n");
  }
System.out.println("a2.length="+a2.length);
for(i=0;i<2;i++)
  {
    len2[i]=a2[i].length;          //将 a2 数组的元素 i 的长度赋给 len2[i]
    System.out.println("a2[ ].length="+len2[i]);
  }
 //打印 a2 数组对象的值
  for(i=0;i<2;i++)
  {
    for(j=0;j<len2[i];j++)   System.out.print("   "+a2[i][j]);
    System.out.println("\n");
  }
a2=a1;                             //将 a1 数组赋给 a2，说明 a2 指向 a1 指向的数组对象
System.out.println("a1.length="+a1.length);
for(i=0;i<2;i++)
  {
      len1[i]=a1[i].length;        //将 a1 数组的元素 i 的长度赋给 len1[i]
      System.out.println("a1[ ].length="+len1[i]);
  }
 //打印 a1 数组的对象的值
  for(i=0;i<2;i++)
  {
    for(j=0;j<len1[i];j++)   System.out.print("   "+a1[i][j]);
    System.out.println("\n");
  }
 System.out.println("a2.length="+a2.length);
 for(i=0;i<2;i++)
```

```
                    {
                        len2[i]=a2[i].length;   //将 a2 数组的元素 i 的长度赋给 len2[i]
                        System.out.println("a2[ ].length="+len2[i]);
                    }
                //打印 a2 数组的对象的值
                for(i=0;i<2;i++)
                    {
                        for(j=0;j<len2[i];j++)   System.out.print("  "+a2[i][j]);
                        System.out.println("\n");
                    }
                System.out.println("\n");
            }
        }
```

该程序的运行结果如下:

a1.length=2	a1.length=2
a1[ ].length=4	a1[ ].length=4
a1[ ].length=3	a1[ ].length=3
1 4 8 9	1 4 8 9
3 2 2	3 2 2
a2.length=2	a2.length=2
a2[ ].length=2	a2[ ].length=4
a2[ ].length=2	a2[ ].length=3
90 3	1 4 8 9
9 12	3 2 2

6.4.2　数组名作为成员方法的参数

与一维数组类似,二维数组的数组名也可以作为参数传递给成员方法。下面通过两个例题来说明。

💾【示例程序 C6_12.java】　在矩阵(用二维数组表示)中查找最大数。

```
 package   ch6;
 class Maxvalue
 {
   int maxvl(int arr1[ ][ ])
     {
        int i,k,max;
        int len=arr1.length,len1;
        max=arr1[0][0];
        for(i=0;i<=len-1;i++)
          { len1=arr1[i].length;
```

```
            for(k=0;k<len1;k++)
                if( arr1[i][k]>max) max=arr1[i][k];
          }
        return   max;
      }
  }
public class C6_12
  {
    public static void main(String[ ] args)
      {
        int maxx;
        int arr[ ][ ]={{1,3,7,6},{78,0,42,5},{-98,7,10,-1}};
        Maxvalue p1=new Maxvalue( );
        maxx=p1.maxvl(arr);
        System.out.println("max="+maxx);
      }
  }
```

该程序的运行结果如下:

```
max=78
```

📖【示例程序 C6_13.java】 两个矩阵相加。

```
package   ch6;
class AddClass
  {
    void add(int arA[ ][ ],int arB[ ][ ],int arC[ ][ ])
      {
        int i,k,len1;
        int len=arA.length;
        for(i=0;i<len;i++)
          {
            len1=arA[i].length;
            for(k=0;k<len1;k++)
                arC[i][k]=arA[i][k]+arB[i][k];
          }
      }
  }
public class C6_13
  {
    public static void main(String[ ] args)
      {
```

```
int i,k;
int arA[ ][ ]={{1,3,7,6},{78,0,42,5},{-98,7,10,-1}};
int arB[ ][ ]={{1,3,7,6},{78,0,42,5},{-98,7,10,-1}};
int arC[ ][ ]=new int[3][4];
int len=arA.length,len1;
AddClass p1=new AddClass( );
p1.add(arA,arB,arC);
System.out.println("\tA\t\tB\t\tC");
for(i=0;i<len;i++)
  {
      len1=arA[i].length;
      for(k=0;k<len1;k++)
        System.out.print(" "+arA[i][k]);      //打印第 i 行 A 矩阵
      System.out.print("\t");
      for(k=0;k<len1;k++)
        System.out.print(" "+arB[i][k]);      //打印第 i 行 B 矩阵
      System.out.print("\t");
      for(k=0;k<len1;k++)
        System.out.print(" "+arC[i][k]);      //打印第 i 行 C 矩阵
      System.out.println("\n");
  }
}
}
```

该程序的运行结果如下：

```
    A              B                C
1 3 7 6        1 3 7 6          2 6 14 12
78 0 42 5      78 0 42 5        156 0 84 10
-98 7 10 -1    -98 7 10 -1      -196 14 20 -2
```

第 6 章 ch6 工程中的示例程序在 Eclipse IDE 中的位置及其关系如图 6.15 所示。

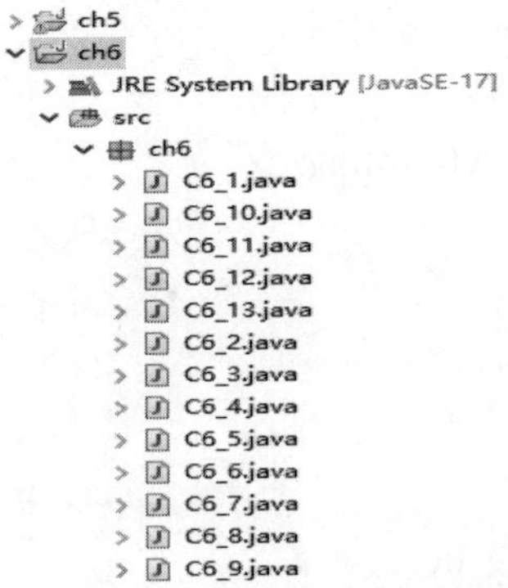

图 6.15　ch6 工程中的示例程序的位置及其关系

习　题　6

6.1　填空：

(1) Java 将列表形式的值存储在_____。

(2) 一个数组中的各元素具有相同的_____和_____。

(3) 用于引用一个数组中某一个特定元素的序号被称为数组的_____。

(4) 数组 a1 的四个元素的名字分别为_____、_____、_____和_____。

(5) 使用两个下标的数组是_____数组。

(6) 一个 m × n 的数组包含_____行，_____列，_____个元素。

6.2　考虑一个 2 × 3 的数组 a。

(1) 为 a 写一个声明。这样的声明使 a 有多少行，多少列，多少元素？

(2) 写出 a 的第 1 行的所有元素的名字，写出第 2 列的所有元素的名字。

(3) 写出一条语句，置 a 的行 1 列 2 的元素为零。

(4) 写出一系列语句，将 a 的每个元素初始化为零。不要使用循环结构。

(5) 写出一个嵌套 for 结构，将 a 的每个元素初始化为零。

(6) 写出一条语句，从终端输入 a 的值。

(7) 写出一条语句，显示 a 的第 1 行元素。

(8) 写出一条语句，统计 a 的第 2 列元素的和。

(9) 写出一系列语句，确定并打印数组 a 的最小值。

(10) 写出一系列语句，用清晰的表格形式打印出数组 a。将列下标作为列标题，将行下标放在每行的左边。

6.3　编写程序，打印输出有 10 个元素的浮点数组 a1 中的最大值和最小值。

6.4　将有 10 个元素的数组 a1 拷贝至含有 15 个元素的数组 b1 的一段位置中。

6.5　将已存入数组中的值 45，89，7，6，0 按 0，6，7，89，45 的次序打印出来。

6.6　编程求一个 3 × 3 矩阵的对角线元素之和。

6.7　设某个一维数组中有 25 个元素，编写一个顺序查找程序，从中查找值为 80 的元素在数组中的位置。

6.8　设数组 a1 有 5 个值，利用 for 循环使每个元素的值增加 2^i，i 为 for 循环计数器。

6.9　将一个 5 × 3 的二维数组转置输出。

6.10　将一个 4 × 5 的二维数组按行排序输出。

第7章　字符串类

　　字符串是多个字符的序列，是编程中常用的数据类型。在 Java 语言中，将字符串数据类型封装为字符串类。无论是字符串常量还是字符串变量，都是用类的对象来实现的，可以说字符串类是字符串的面向对象的表示。

　　Java 语言提供了两种具有不同操作方式的字符串类：String 类和 StringBuffer 类。它们都是 java.lang.Object 的子类。用 String 类创建的对象在操作中不能变动和修改字符串的内容，因此也被称为字符串常量。而用 StringBuffer 类创建的对象在操作中可以更改字符串的内容，因此也被称为字符串变量。也就是说，对 String 类的对象只能进行查找和比较等操作，而对于 StringBuffer 类的对象可以进行添加、插入、修改之类的操作。

7.1　String　类

　　本节主要讨论 String 类对象的创建、使用和操作。String 类(字符串类)的对象是一经创建便不能变动内容的字符串常量，创建 String 类的对象可以使用直接赋值和利用 String 类的构造方法。

7.1.1　直接赋值创建 String 对象

　　例如：

　　　　String c1="Java";

该语句创建 String 类的对象，并通过赋值号将 String 类的对象“Java”的首地址赋值给引用变量 c1，如图 7.1 所示。String 类的对象一经创建，便有一个专门的成员方法来记录它的长度。

图 7.1　c1 关联字符串对象的示意图

7.1.2　String 类的构造方法

　　String 类中提供了多种构造方法来创建 String 类的对象，常用的构造方法见表 7.1。

表 7.1 String 类的构造方法

构 造 方 法	说 明
String( )	创建一个空字符串对象
String(String original)	初始化一个新创建的 String 对象，使其表示与参数 original 相同的字符序列
String(char value[ ])	用 value 字符数组来创建字符串对象
String(char value[ ], int offset, int count)	从 value 字符数组中下标为 offset 的字符开始，创建有 count 个字符的串对象
String(byte[] bytes,　String charsetName)	通过使用指定的 charset 解码指定的 byte 数组，构造一个新的 String
String(byte[] bytes, int offset, int length)	通过使用平台的默认字符集解码指定的 byte 子数组，构造一个新的 String
String(StringBuffer Buffer)	分配一个新的字符串，它包含字符串缓冲区参数中当前包含的字符序列

🖫【示例程序 C7_1.java】　String 类的 7 种构造方法的使用。

```
import java.io. IOException;
public   class   C7_1
{
   public   static   void   main(String[ ]   args)   throws   IOException
   {
      char   charArray[ ]={'b','i','r','t','h',' ','d','a','y'};   //字符数组型的字符串
    //字节数组型的字符串，其中每个字节的值代表汉字的国际机内码
    //汉字的国际机内码(GB2312 码)，两个字节的编码构成一个汉字。
    //数组构成"面向对象"4 个汉字。-61 与-26 组合成汉字"面"，其余类推
      byte   byteArray[ ]={-61,-26,-49,-14,-74,-44,-49,-13};
      StringBuffer   buffer;   //声明字符串对象的引用变量
      String   s,s1,s2,s3,s4,s5,s6,s7,ss;   //声明字符串对象的引用变量
      s=new String("hello");   //创建一个字符串对象"hello"，s 指向该对象
      ss="ABC";   //创建一个字符串对象" ABC "，ss 指向该对象
    //用 StringBuffer 创建一个字符串对象
      buffer=new StringBuffer("Welcom to java programming! ");
      s1=new String( );   //创建一个空字符串对象
      s2=new String(s);   //创建一个新的 String 对象"hello"，s2 指向该对象
      s3=new String(charArray); //用字符数组创建字符串对象"birth day"，s3 指向该对象
    //用字符串数组中下标为 6 开始的 3 个字符创建字符串对象"day"
      s4=new String(charArray,6,3);
    //用字符串数组 byteArray 按 GB2312 字符编码方案创建串对象"面向对象"
      s5=new String(byteArray,"GB2312");
      //从前面创建的字节型数组 byteArray 下标为 2 的字节开始，取连续的 4 个字节，
```

```
        //即取{-49, -14, -74, -44}，创建字符串对象
        s6=new String(byteArray,2,4,"GB2312");
        //创建一个新的 String 对象" Welcom to java programming!"，s7 指向该对象
        s7=new String(buffer);
        System.out.println("s1="+s1);
        System.out.println("s2="+s2);
        System.out.println("s3="+s3);
        System.out.println("s4="+s4);
        System.out.println("s5="+s5);
        System.out.println("s6="+s6);
        System.out.println("s7="+s7);
        System.out.println("ss="+ss);
        System.out.println("buffer="+buffer);
    }
}
```

该程序的运行结果如下：

```
s1=
s2=hello
s3=birth day
s4=day
s5=面向对象
s6=向对
s7=Welcom to java programming!
ss=ABC
buffer=Welcom to java programming!
```

程序中：public static void main(String[ ] args) throws IOException 中的"throws IOException"表示当输入输出出问题时抛出"输入输出异常"的运行结果，详见第 9 章异常处理。

7.1.3　String 类的常用方法

创建一个 String 类的对象后，使用相应类的成员方法对创建的对象进行处理，即可完成编程所需要的功能。java.lang.String 的常用成员方法如表 7.2 所示。

表 7.2　Java.lang.String 的常用成员方法

成　员　方　法	功　能　说　明
int　length( )	返回当前串对象的长度
char　charAt(int index)	返回当前串对象下标 int index 处的字符
int　indexOf(int ch)	返回指定字符在此字符串中第一次出现处的索引
int　indexOf(String str, int fromIndex)	返回指定子字符串在此字符串中第一次出现处的索引，从指定的索引开始

成 员 方 法	功 能 说 明
String substring(int beginIndex)	返回当前串中从下标 beginIndex 开始到串尾的子串
String substring(int beginIndex,int endIndex)	返回当前串中从下标 beginIndex 开始到下标 endIndex-1 的子串
boolean equals(Object obj)	将此字符串与指定的对象进行比较
boolean equalsIgnoreCase(String s)	将此 String 与另一个 String 比较，不考虑大小写
int compareTo(String another_s)	按字典顺序比较两个字符串
String concat(String str)	将字符串 str 连接在当前串的尾部，并返回新的字符串
String replace(char oldCh,char newCh)	将字符串的字符 oldCh 替换为字符串 newCh
String toLowerCase( )	将字符串中的大写字符转换为小写字符
String toUpperCase( )	将字符串中的小写字符转换为大写字符
static String valueOf(type variable)	返回变量 variable 值的字符串形式，type 可以是基本类型
static String valueOf(char[ ] data, int offset, int count)	返回字符数组 data 从下标 offset 开始的 count 个字符的字符串
static String valueOf(Object obj)	返回对象 obj 的字符串
String toString ( )	返回当前字符串

7.1.4　访问字符串对象

用于访问字符串对象的信息常用到的成员方法如下：

(1) length( )：返回当前串对象的长度。

(2) charAt(int index)：返回当前串对象下标 index 处的字符。

(3) indexOf(int ch)：返回当前串中第一个与指定字符 ch 相同的下标，若找不到，则返回 -1。例如：

```
"abcd". IndexOf("c");          //值为 2
"abcd". IndexOf("Z");          //值为-1
```

(4) indexOf(String str, int fromIndex)：从当前下标 fromIndex 处开始搜索，返回第一个与指定字符串 str 相同的串的第一个字母在当前串中的下标，若找不到，则返回-1。例如：

```
"abcd". IndexOf("cd",0);       //值为 2
```

(5) substring(int beginIndex)：返回当前串中从下标 beginIndex 开始到串尾的子串。例如：

```
String s="abcde".subString(3);      //s 值为"de"
```

(6) String substring(int beginIndex,int endIndex)：返回当前串中从下标 beginIndex 开始到下标 endIndex-1 的子串。例如：

```
String s="abcdetyu".subString(2,5);     //s 值为"cde"
```

💾【示例程序 C7_2.java】　String 类的常用方法。

```java
public   class   C7_2
{
    public   static   void   main(String   args[ ])
```

```
    {
        String    s1="Java Application";
        char    cc[ ]={'J','a','v','a',' ','A','p','p','l','e','t'};
        int    len=cc.length;                     //返回 cc 字符数组对象的长度
        int    len1=s1.length( );                  //返回 s1 字符串对象的长度
        int    len2="ABCD".length( );              //返回字符串"ABCD"的长度
        char    c1="12ABG".charAt(3);              //返回字符串"12ABG"的下标为 3 的字符
        char    c2=s1.charAt(3);                   //返回 s1 字符串对象的下标为 3 的字符
        // char    c3=cc.charAt(1);错，不能这样用
        //返回当前串内第一个与指定字符 ch 相同的字符的下标
        int    n1="abj".indexOf(97);
        int    n2=s1.indexOf('J');
        int    n3="abj".indexOf("bj",0);
        int    n4=s1.indexOf("va",1);
        //返回当前串中的子串
        String    s2="abcdefg".substring(4);
        String    s3=s1.substring(4,9);
        System.out.println("s1="+s1+" len="+len1);
        System.out.println("cc="+cc+" len="+len);     //不能这样打印 cc 数组元素的内容
        System.out.println("ABCD=ABCD"+"    len="+len2);
        System.out.println("c1="+c1+"    c2="+c2);
        System.out.println("n1="+n1+"    n2="+n2);
        System.out.println("n3="+n3+"    n4="+n4);
        System.out.println("s2="+s2);
        System.out.println("s3="+s3);
    }
}
```

该程序的运行结果如下：

```
s1=Java Application len=16
cc=[C@1fb8ee3 len=11
ABCD=ABCD    len=4
c1=B    c2=a
n1=0    n2=0
n3=1    n4=2
s2=efg
s3= Appl
```

7.1.5　字符串比较

常用的字符串比较成员方法有：equals( )、equalsIgnoreCase( )及 compareTo( )。它们的

用法及功能如下：

(1) 当前串对象 .equals(模式串对象)：当且仅当当前串对象与模式串对象的长度相等且对应位置的字符(包括大小写)均相同时，返回 true，否则返回 false。例如，表达式：

       "Computer".equals("computer")

的结果为 false，因为第一个字符的大小写不同。

(2) 当前串对象 .equalsIgnoreCase(模式串对象)：与 equals( )方法的功能类似，不同之处是不区分字母的大小写。例如，表达式：

       "Computer".equalsIgnoreCase ("computer")

的结果为 true。

(3) 当前串对象 .compareTo(模式串对象)：当前串对象与模式串对象比较大小，返回当前串对象与模式串对象的长度之差或第一个不同字符的 unicode 码值之差。

🖫【示例程序 C7_3.java】　字符串比较运算的成员方法的使用。

```
public    class    C7_3
{
    public    static    void    main(String    args[ ])
    {    String    s1="Java";
         String    s2="java";
         String    s3="Welcome";
         String    s4="Welcome";
         String    s5="Welcoge";
         String    s6="student";
         boolean    b1=s1.equals(s2);     //s1 指向的对象为当前串，s2 指向的对象为模式串
         boolean    b2=s1.equals("abx");
         boolean    b3=s3.equals(s4);
         boolean    b4=s1.equalsIgnoreCase(s2);
         int    n1=s3.compareTo(s4);
         int    n2=s1.compareTo(s2);
         int    n3=s4.compareTo(s5);
         int    d1=s6.compareTo("st");
         int    d2=s6.compareTo("student");
         int    d3=s6.compareTo("studentSt1");
         int    d4=s6.compareTo("stutent");
         System.out.println("s1="+s1+"\ts2="+s2);
         System.out.println("s3="+s3+"\ts4="+s4);
         System.out.println("s5="+s5);
         System.out.println("equals: (s1==s2)="+b1+"\t(s1==abx)="+b2);
         System.out.println("equals: (s3==s4)="+b3);
         System.out.println("equalsIgnoreCase: (s1==s2)="+b4);
```

```
        System.out.println("(s3==s4)="+n1+"\t(s1<s2)="+n2);
        System.out.println("(s4>s5)="+n3);
        System.out.println("d1="+d1+"\td2="+d2);
        System.out.println("d3="+d3+"\td4="+d4);
    }
}
```

该程序的运行结果如下：

```
s1=Java    s2=java
s3=Welcome      s4=Welcome
s5=Welcoge
equals: (s1==s2)=false    (s1==abx)=false
equals: (s3==s4)=true
equalsIgnoreCase: (s1==s2)=true
(s3==s4)=0    (s1<s2)=-32
(s4>s5)=6
d1=5          d2=0
d3=-3         d4=-16
```

7.1.6　字符串操作

字符串操作是指用已有的字符串对象产生新的字符串对象。常用的成员方法有
concat( )、replace( )、toLowerCase( )及 toUpperCase( )。

💾【示例程序 C7_4.java】　字符串的连接、替换和字母大小写转换操作。

```
    public class C7_4
    {
        public static void main(String args[ ])
        {
            String s1="Java";
            String s2="java";
            String s3="Welcome";
            String s4="Welcome";
            String s5="Welcoge";
            String sc1=s3.concat(s1);        // sc1 指向对象为"Welcome Java "
            String sc2=s1.concat("abx");
            String sr1=s3.replace('e','r');    //s3 指向对象中的字符'e'换成'r'
            String w1=s5.toLowerCase( );     //s5 指向对象中的大写换小写
            String u2=s2.toUpperCase( );     //s2 指向对象中的小写换大写
            System.out.println("s1="+s1+"\ts2="+s2);
            System.out.println("s3="+s3+"\ts4="+s4);
```

```
            System.out.println("s5="+s5);
            System.out.println("s3+s1="+sc1);
            System.out.println("s1+abx="+sc2);
            System.out.println("s3.replace('e','r')="+sr1);
            System.out.println("s5.toLower="+w1);
            System.out.println("s2.toUpper="+u2);
        }
    }
```

该程序的运行结果如下：

```
s1=Java          s2=java
s3=Welcome       s4=Welcome
s5=Welcoge
s3+s1=WelcomeJava
s1+abx=Javaabx
s3.replace('e','r')=Wrlcomr
s5.toLower=welcoge
s2.toUpper=JAVA
```

7.1.7 其他类型的数据转换成字符串

String 类的 valueOf(参数)成员方法可以将参数类型的数据转换成字符串，这些参数的类型可以是 boolean、char、int、long、float、double 和对象。

将数字转换为字符串有以下两种方法：

(1) 使用 String 类的 valueOf(参数)成员方法将数字转换为字符串，例如：

```
    int i;        //当然，这里的 int 也可以换为 Byte、Integer、Double、Float、Long 等类型。
    String s1 = String.valueOf(i);    //使用 String 类的 valueOf( )方法
```

也可以直接把整形变量所表示的整数值赋给字符串类的对象，例如：

```
    String s2 = "" + i;
```

【示例程序 C7_5.java】 使用 String 类的 valueOf()成员方法将其他类型的数据转换成字符串。

```
    public  class  C7_5
    {
        public  static  void  main(String  args[ ])
        {  double  m1=3.456;
           int   m2=2;
           String  s0=""+m2;              //将 int 型值转换成字符串
           String  s1=String.valueOf(m1);  //将 double 型值转换成字符串
           char[ ]  cc={'a','b','c'};
           String  s2=String.valueOf(cc);  //将字符数组转换成字符串
```

```
            boolean    f=true;
            String    s3=String.valueOf(f);          //将布尔值转换成字符串
            char[ ]    cs={'J','a','v','a'};
            String    s4=String.valueOf(cs,2,2);
            System.out.println("m2="+m2+"\ts0="+s0);
            System.out.println("m1="+m1+"\ts1="+s1);
            System.out.println("s2="+s2);
            System.out.println("f="+f+"\ts3="+s3);
            System.out.println("s4="+s4);
        }
    }
```

该程序的运行结果如下：

```
    m2=2       s0=2
    m1=3.456  s1=3.456
    s2=abc
    f=true      s3=true
    s4=va
```

(2) 使用 String 类的 toString()方法将数字类型转换为字符串。例如：

```
    int i;
    double d;
    String s3 = Integer.toString(i);
    String s4 = Double.toString(d);
```

💾【示例程序 C7_6.java】 使用 String 类的 toString()方法将 int、double 型数据转换为字符串。

```
    public class C7_6 {
        public    static    void    main(String    args[ ])
        {
          int    n1=2;
          double    n2=3.4;
            String s1 = Integer.toString(n1);
            String s2 = Double.toString(n2);
            System.out.println("n1="+n1+"\ts0="+" ' "+s1+" ' ");
            System.out.println("n2="+n2+"\ts1="+" ' "+s2+" ' ");
        }
    }
```

该程序的运行结果如下：

```
    n1=2       s0=' 2 '
    n2=3.4     s1=' 3.4 '
```

7.1.8　main 方法中的参数

作为 Java 应用程序入口的 main 方法，我们通常是这样写的：

Public　static　void　main(String[ ] args){　…　}

这里我们只讨论其中的参数 args。由参数的类型 String[ ]说明，它是字符串数组。因此，这个数组的元素 args[0]，args[1]，…，args[n]的值都是字符串。它是为运行带参数的 Java 应用程序而设的。下面通过一个例子来说明这个参数的输入与输出。

🖫【示例程序 C7_7.java】运行 main()方法时参数值的输入与输出。

```
public　class　C7_7
{
    public　static　void　main(String[ ]　args)
    {
        for(int　i=0;i<args.length;i++)
            System.out.println(args[i]);
    }
}
```

在 Eclipse 集成开发环境下，运行 main()方法时，若要给字符串数组 args[]的元素赋值，操作步骤如下：

(1) 在该程序的编辑窗口区点击鼠标右键，依次选择"Run As"→"Run Configurations…"菜单项，如图 7.2 所示。

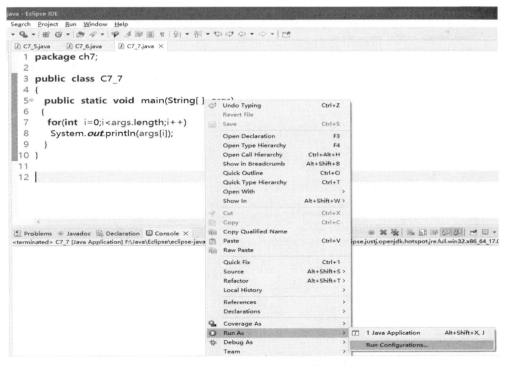

图 7.2　编辑窗口区选取菜单项

(2) 点击 "Run Configurations…"，出现界面如图 7.3 所示。切换到(x)=Arguments 窗口，给 args[]的元素赋值的界面，如图 7.4 所示。

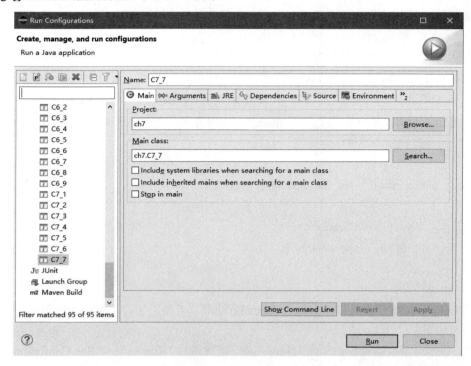

图 7.3　Run Configurations 界面

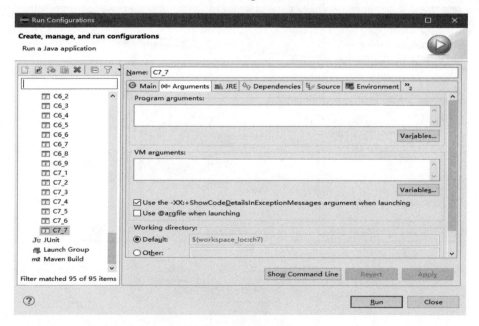

图 7.4　给 args[]的元素赋值的界面

(3) 在图 7.4 界面输入赋给 args[]元素的值，如图 7.5 所示。

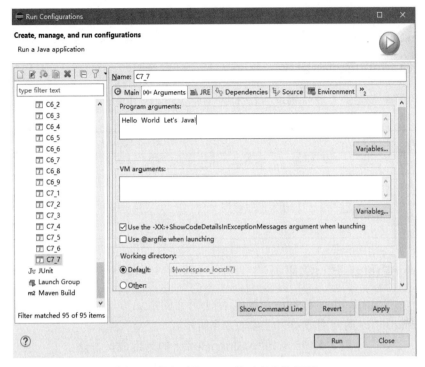

图 7.5　输入赋给 args[] 的元素值的界面

(4) 输入完成后，点击界面下方的"Run"按钮运行。其运行结果如图 7.6 下方输出窗口所示。

图 7.6　程序 C7_7 的运行结果

 ## 7.2　StringBuffer 类

StringBuffer 类(字符串缓冲器类)也是 java.lang.Object 的子类。与 String 类不同，StringBuffer 类是一个在操作中可以更改其内容的字符串类，即一旦创建了 StringBuffer 类的对象，那么在操作中便可以更改和变动字符串的内容。也就是说，对于 StringBuffer 类的对象，不仅能进行查找和比较等操作，还可以进行添加、插入、修改之类的操作。

7.2.1　创建 StringBuffer 对象

StringBuffer 类提供了多种构造方法来创建类 StringBuffer 的对象，常用见表 7.3。

表 7.3　StringBuffer 的构造方法

构 造 方 法	功 能 说 明
StringBuffer( )	创建一个空字符串缓冲区，默认初始长度为 16 个字符
StringBuffer(int length)	用 length 指定的初始长度创建一个空字符串缓冲区
StringBuffer(String str)	用指定的字符串 str 创建一个字符串缓冲区，其长度为 str 的长度再加 16 个字符

7.2.2　StringBuffer 类的常用方法

创建一个 StringBuffer 对象后，同样可使用它的成员方法对创建的对象进行处理。java.lang.StringBuffer 的常用成员方法如表 7.4 所示。

表 7.4　java.lang.StringBuffer 的常用成员方法

成 员 方 法	功 能 说 明
int　length( )	返回当前缓冲区中字符串的长度
char　charAt(int index)	返回当前缓冲区中字符串下标 index 处的字符
void　setcharAt(int index,char ch)	将当前缓冲区中字符串下标 index 处的字符改变成字符 ch 的值
int　capacity( )	返回当前缓冲区长度
StringBuffer　append(Object obj)	将 obj.toString( )返回的字符串添加到当前字符串的末尾
StringBuffer　append(type variable)	将变量值转换成字符串再添加到当前字符串的末尾，type 可以是字符数组、串和各种基本类型
StringBuffer　append (char[ ]str,int offset,int len)	将数组中从下标 offset 开始的 len 个字符依次添加到当前字符串的末尾
StringBuffer　insert(int offset,Object obj)	将 obj.toString( )返回的字符串插入当前字符下标 offset 处
StringBuffer　insert(int offset, type variable)	将变量值转换成字符串，插入到当前字符数组中下标为 offset 的位置处
String toString( )	将可变字符串转化为不可变字符串

7.2.3　StringBuffer 类的测试缓冲区长度的方法

StringBuffer 类提供了 length( )、charAt( )和 capacity( )等成员方法来测试缓冲的长度。

【示例程序 C7_8.java】　　测试缓冲区的长度。

```java
public   class   C7_8
{
public   static   void   main(String[ ]   args)
{
    StringBuffer    buf1=new StringBuffer( );        //创建一个 buf1 指向的初始长度为 16 的空字符
                                                          串缓冲区
    StringBuffer buf2=new StringBuffer(10);        //创建一个 buf2 指向的初始长度为 10 的空字符
                                                          串缓冲区
    StringBuffer buf3=new StringBuffer("hello");   //用指定的"hello"串创建一个字符串缓冲区
    //返回当前字符串长度
    int    len1=buf1.length( );
    int    len2=buf2.length( );
    int    len3=buf3.length( );
    //返回当前缓冲区长度
    int    le1=buf1.capacity( );
    int    le2=buf2.capacity( );
    int    le3=buf3.capacity( );
    //从 buf3 字符串中取下标为 3 的字符
    char    ch=buf3.charAt(3);
    //使用 StringBuffer 的 toString 方法将三个 StringBuffer 对象转换成 String 对象输出
    System.out.println("buf1="+buf1.toString( ));
    System.out.println("buf2="+buf2.toString( ));
    System.out.println("buf3="+buf3.toString( ));
    System.out.println("len1="+len1+"\tlen2="+len2+"\tlen3="+len3);
    System.out.println("le1="+le1+"\tle2="+le2+"\tle3="+le3);
    System.out.println("ch="+ch);
    }
}
```

该程序的运行结果如下：

```
buf1=
buf2=
buf3=hello
len1=0      len2=0      len3=5
le1=16      le2=10      le3=21
ch=l
```

7.2.4　StringBuffer 类的 append( )方法

StringBuffer 类提供了 append(Object obj)、append(type variable)和 append (char[ ]str, int offset, int len)成员方法。读者可根据参数选用其中的一种方法，将参数转换为字符串添加到当前字符串的后面。

【示例程序 C7_9.java】 将给定字符串添加到当前字符串的后面。

```java
public   class   C7_9
{
  public   static   void   main(String[ ]   args)
  {
    Object    x="hello";
    String    s="good bye";
    char    cc[ ]={'a','b','c','d','e','f'};
    boolean    b=false;
    char    c='Z';
    long    k=12345678;
    int    i=7;
    float    f=2.5f;
    double    d=33.777;
    StringBuffer    buf=new StringBuffer( );
    buf.append(x); buf.append(' '); buf.append(s);
    buf.append(' '); buf.append(cc); buf.append(' ');
    buf.append(cc,0,3); buf.append(' ');buf.append(b);
    buf.append(' '); buf.append(c); buf.append(' ');
    buf.append(i); buf.append(' '); buf.append(k);
    buf.append(' '); buf.append(f); buf.append(' ');
    buf.append(d);
    System.out.println("buf="+buf);
  }
}
```

该程序的运行结果如下：

```
buf=hello good bye abcdef abc false Z 7 12345678 2.5 33.777
```

7.2.5 StringBuffer 类的 insert( )方法

StringBuffer 类提供了 insert(int offset, Object obj)和 insert(int offset, type variable) 成员方法用于插入字符串到当前字符串中，其中的参数 offset 指出需要插入的位置。

【示例程序 C7_10.java】 将各种数据转换成字符串插入到当前字符串的第 0 个位置。

```java
public   class   C7_10
{
  public   static   void   main(String[ ]   args)
  {
```

```
        Object    y="hello";
        String    s="good bye";
        char    cc[ ]={'a','b','c','d','e','f'};
        boolean    b=false;
        char    c='Z';
        long    k=12345678;
        int    i=7;
        float    f=2.5f;
        double    d=33.777;
        StringBuffer    buf=new StringBuffer( );
        buf.insert(0,y); buf.insert(0,' '); buf.insert(0,s);
        buf.insert(0, ' '); buf.insert(0,cc); buf.insert(0,' ');
        buf.insert(0,b); buf.insert(0,' '); buf.insert(0,c);
        buf.insert(0, ' '); buf.insert(0,i); buf.insert(0,' ');
        buf.insert(0,k); buf.insert(0,' '); buf.insert(0,f);
        buf.insert(0,' '); buf.insert(0,d);
        System.out.println("buf="+buf);
      }
    }
```

该程序的运行结果如下：

```
    buf=33.777 2.5 12345678 7 Z false abcdef good bye hello
```

7.2.6　StringBuffer 类的 setcharAt( )方法

setcharAt(int index,char ch)方法是将当前字符串下标 index 处的字符改变成字符 ch 的值。

　📁【示例程序 C7_11.java】　setcharAt( )方法的使用。

```
    public    class    C7_11
    {
      public    static    void    main(String[ ]    args)
      {
        StringBuffer    buf=new StringBuffer("hello there");
        System.out.println("buf="+buf.toString( ));
        System.out.println("char at 0: "+buf.charAt(0));
        buf.setCharAt(0,'H');    //将 buf 指向的串对象的下标为 0 的字符改写为'H'
        buf.setCharAt(6,'T');    //将 buf 指向的串对象的下标为 6 的字符改写为'T'
        System.out.println("buf="+buf.toString( ));
      }
    }
```

该程序的运行结果如下:

> buf=hello there
>
> char at 0: h
>
> buf=Hello There

第 7 章 ch7 工程中示例程序在 Eclipse IDE 的位置及其关系如图 7.7 所示。

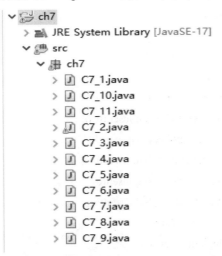

图 7.7　ch7 工程中示例程序的位置及其关系

习　题　7

7.1　指出下列陈述是对还是错。如果答案是错,解释为什么。

(1) 当 String 的对象用== 比较时,如果 String 包括相同的值则结果为 true。

(2) 一个 String 的对象在被创建后可被修改。

7.2　对于下列描述,各写出一条语句完成所要求的任务。

(1) 比较 s1 中的串和 s2 中的串的内容的相等性。

(2) 用 += 向串 s1 附加串 s2。

(3) 判断 s1 中串的长度。

7.3　设定一个有大小写字母的字符串,先将字符串中的大写字符输出,再将字符串中的小写字符输出。

7.4　设定一个有大小写字母的字符串和一个查找字符,使用类 String 的方法 indexOf 来判断在该字符串中要查找的字符出现的次数。

7.5　设定 5 个字符串并只打印那些以字母 “b” 开头的串。

7.6　设定 5 个字符串并只打印那些以字母 “ED” 结尾的串。

7.7　如果 ch="Java Applet",下列结果是什么?

(1) ch.length( )。

(2) ch.concat("Basic")。

(3) ch.substring(2,8)。

(4) ch.replace('a', 'A')。

(5) ch.indexOf("Applet")。

(6) ch.lastIndexOf("Applet")。

7.8　分别说明 compareTo( )与 getChars( )的用法。

7.9　说明 capacity( )与 length( )用法上的差异。

7.10　如果 ch 为 StringBuffer 对象，ch="Java Applet"，下列结果是什么？

(1) ch.insert(3, 'p')。

(2) ch.append("Basic")。

(3) ch.setLength(5)。

(4) ch.reverse( )。

7.11　Integer.parseInt( )用于将字符串转换成整数，若要将整数转换成字符串，应如何表示？

7.12　输入一个字符串，统计其中有多少个单词？单词之间用空格分隔开。

7.13　有三个字符串，要求找出其中最大者。

7.14　'a'与"a"之间的差别是什么？

7.15　讨论

　　　　str = str + word ; //字符串连接

与

　　　　tempStringBuffer.append(word)

的差别。其中，str 是 String 类的对象，而 tempStringBuffer 是 StringBuffer 类的对象。

第8章　集合框架

我们常常需要解决数据的线性结构(一维数组、栈、队列等)和非线性结构(多维数组、树、图等)的编程问题。数组作为 Java 提供的一种容器,可以存储一组具有基本类型的数据或对象。数组适用于线性结构中元素的顺序存储,不适用于线性结构的链式存储。当创建一个数组之后,它的元素个数及元素的数据类型就不能改变,如果我们在编写程序时不清楚数据元素的个数及其数据类型,就不能使用数组来存储,而需要特殊的存储容器。java.util 包中提供的集合框架(collection framework) 可以解决此类问题。有了这个框架,Java 程序员在开发软件时就不必考虑相关数据结构和算法的实现细节,只需创建相应的集合对象,然后直接引用该对象提供的方法完成相应的操作,从而轻松地实现所需的数据结构和高性能、高质量的算法。这样,不仅可以大大提高编程效率,提高程序的质量和运行速度,而且还可以实现软件的重用。本章主要介绍 java.util 包中的集合框架及其在数据结构中的一些应用。

8.1　线性结构简介

为了方便讨论集合类和 java.util 包中的集合框架,本节先简要谈谈数据结构的基本概念以及与集合类密切相关的线性结构。

数据结构分为逻辑结构与存储结构。数据的逻辑结构通常是指数据元素之间本就存在的前后逻辑关系;数据的存储结构则是指数据元素连同其逻辑关系在存储器上的存放形式。常见的数据结构如图 8.1 所示。

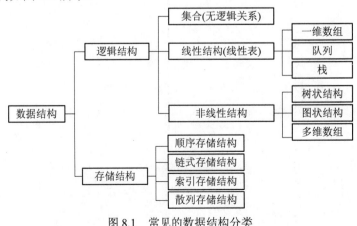

图 8.1　常见的数据结构分类

常见的逻辑结构主要有如图 8.2 所示的几类。

(1) 集合结构：数据结构中的元素之间除了"同属一个集合"的相互关系外，别无其他关系。

(2) 线性结构：数据结构中的元素存在一对一的相互关系。

(3) 树形结构：数据结构中的元素存在一对多的相互关系。

(4) 图状结构：数据结构中的元素存在多对多的相互关系。

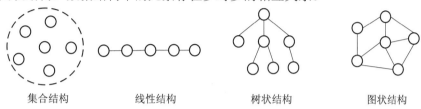

集合结构　　　　　线性结构　　　　　树状结构　　　　　图状结构

图 8.2　几类常见的逻辑结构

常见的存储结构主要有如下几类：

(1) 顺序存储结构：逻辑上相邻的数据元素(结点)存储在物理位置相邻的存储单元里，数据元素间的逻辑关系由存储单元的邻接关系来体现。

(2) 链接存储结构：逻辑上相邻的结点在物理位置上可以不相邻，结点间的逻辑关系是由附加的指针字段表示的。

(3) 索引存储结构：除了存储结点的信息外，还建立了附加的索引表来标识结点的存储地址。

(4) 散列存储结构：根据结点的关键字直接计算出该结点的存储地址。

在实际应用中，每一种线性结构都可用顺序存储结构和链表存储结构两种不同的存储结构来存储，并在相应的存储结构上实现相应的算法。

8.1.1　线性表

1. 线性表定义

线性表是 n 个具有相同数据类型的数据元素的有限序列，表示如下：

$(a_1, a_2, a_3, \cdots, a_n)$

其中，n 为线性表的长度(n≥0)，n=0 的表称为空表。在这个序列中，除第一个元素 a1 外，每个元素都有且只有一个前驱元素；除最后一个元素 an 外，每个元素都有且只有一个后继元素。

显然，线性表(线性结构)是一种有序数据元素的集合，数据元素之间存在着"一对一"的线性关系。

常用的线性结构有栈、队列、一维数组等。

2. 线性结构的存储结构

线性表既可以采用顺序存储结构，也可以采用链接存储结构。用顺序存储结构存储的线性表称为顺序表；用链式存储结构存储的线性表称为链表。

3. 顺序表

顺序表是用一段地址连续的存储单元依次存储线性表的数据元素，元素的逻辑次序与物理(存储)次序一定相同，因此，数据元素间的前驱、后继关系就隐含于其存储位置的相邻上。在 Java 程序中通常用一维数组来实现顺序表。

4．链表

链表是用任意的存储单元存储线性结构的数据元素。链表的最主要特点是数据元素的物理(存储)次序与其逻辑次序不一定相同。因此，数据元素间的前驱、后继关系就需要通过表示链接关系的"指针"来显式地指出。

8.1.2 栈

1．栈(Stack)的定义

栈是一种操作受限的线性表，限定只能在表的一端进行插入和删除操作。允许插入和删除的一端称为栈顶，另一端称为栈底，如图 8.3 所示。栈的操作特性是后进先出(LIFO)。

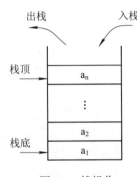

2．栈的存储结构

栈既可以用顺序存储结构，也可以用链式存储结构。采用顺序存储结构的栈称为顺序栈；采用链式存储结构的栈称为链栈。图 8.3 是一个顺序栈。

图 8.3   栈操作

8.1.3 队列

1．队列(Queue)的定义

队列也是一种操作受限的线性表，限定所有的插入操作只能在表的一端(称表尾或队尾，Rear)进行，而所有的删除操作都在表的另一端(称表头或队头，Front)进行，如图 8.4 所示。 队列的操作是按先进先出(FIFO)的原则进行的。

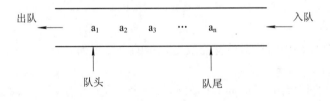

图 8.4   队列操作

2．队列的存储结构

队列既可以用顺序存储结构，也可以用链式存储结构。

8.2   集合与集合框架

8.2.1 集合

当需要存储的数据很多，且数据的个数确定，可以用数组来存储；但是，当数据的个数不确定时，就不能使用数组。 为此，Java 提供了另一个容器——集合(collection)。

数组和集合同是 Java 提供的容器，它们的不同之处是：

(1) 数组的长度是固定的；集合的长度则是可变的。

(2) 数组中可以存储各种基本数据类型和对象，而集合只能存储对象。

(3) 一个数组中存储的数据类型是完全相同的，而集合中可以存储任意类型的对象。

java.util 包提供我们需要的一套比较完整的被称为集合框架(Collection Framework)的容器类型来存储各种类型的对象，其中最基本的容器类型有：List(列表)、Set(集)、Queue(队列)、Map(映射)。下面是这些常用集合的简要介绍：

(1) Set：存储一组唯一、无序的对象。

(2) List：存储一组不唯一、有序的对象。

(3) Queue：是一个典型的实现 FIFO (先进先出)操作原则的容器。

(4) Map：存储一组键值对象，提供 key(键)到 value(值)的映射。

8.2.2 集合框架

Java 集合框架 API 是用来表示和操作集合的统一框架。为了使整个集合框架中的类便于使用，Java 提供了标准的接口，允许不同类型的集合以相同的方式和高度互操作方式工作，使得集合容易扩展或修改。集合框架的特点如下：

(1) 减少编程工作量，提高程序质量和运行速度。集合框架提供的数据结构和算法是高性能和高质量的，在程序设计中，我们所需要的数据结构和算法，Java 集合框架基本都能够提供，因此，我们不必编写复杂的数据结构及算法，只需直接调用即可。

(2) 标准集合框架接口实现了 API 之间的无缝操作，减少了学习和使用 API 对集合的存储和获取等的操作，每次创建一种依赖于集合内容的 API 时只需调用标准集合框架的接口，不必编写其他连接程序。每个接口的实现是可互换的，可以很容易地通过改变一个实现而进行调整。

(3) 促进软件的重用。对于遵照标准集合框架接口的数据结构增加了代码的可操作性和可复用性，对于操作一个实现了这些接口的对象的算法也是如此。

集合框架的大体结构图如 8.5 表示。集合框架主要包括两种容器：一种是存储数据元素对象的 Collection(集合)；另一种是存储键/值对映射的 Map(图)。这两种容器都包含三大块内容：集合接口、实现及算法。

例如，Set 接口有三个具体实现类，分别是 HashSet、LinkedHashSet 和 TreeSet。LinkedHashSet 子类继承 HashSet 父类；HashSet 和 TreeSet 子类继承 AbstractSet 抽象类；AbstractSet 抽象类继承 AbstractCollection 抽象类。 TreeSet 类实现 NavigableSet 接口；AbstractSet 抽象类实现 Set 接口；AbstractCollection 抽象类实现 Collection 接口。NavigableSet 子接口继承 SortedSet 父接口；SortedSet 子接口继承 Set 父接口；Set 子接口继承 Collection 父接口。

再如，Map 接口有三个具体实现类，分别是 HashMap、LinkedHashMap 和 TreeMap。NavigableMap 子接口继承 SortedMap 父接口；SortedMap 子接口继承 Map 父接口。TreeMap 类实现 NavigableMap 接口；AbstractMap 抽象类实现 Map 接口。LinkedHashMap 子类继承 HashMap 父类；HashMap、TreeMap 子类继承 AbstractMap 父类。

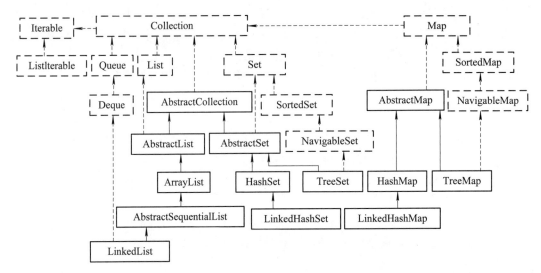

虚框—接口；实线框—类(抽象类与实现类)；
虚线—子接口继承父接口或抽象类实现父接口；实线—子类继承父类。

图 8.5　集合框架主要结构图

1. 接口

接口表示集合的抽象数据类型。接口允许操作集合时不必关注具体实现，从而达到"多态"的目的。java.util 包中主要接口的继承关系如图 8.6 所示。Java 集合框架层次结构由 Collection 接口和 Map 接口两个不同的接口树组成。其中，Collection 是 List、Set 和 Queue 接口的父接口；Set 是 SortedSet 接口的父接口；Queue 是 Deque 接口的父接口。Map 是 SortedMap 接口的父接口；SortedMap 是 NavigableMap 接口的父接口。Collection 接口和 Map 接口封装了不同类型的集合，提供了不同集合的独立操作。集合接口与操作集合的主要方式如表 8.1 所示。

```
o java.lang.Iterable<T>
    o java.util.Collection<E>
        o java.util.List<E>
        o java.util.Queue<E>
            o java.util.Deque<E>
        o java.util.Set<E>
            o java.util.SortedSet<E>
                o java.util.NavigableSet<E>
o java.util.Iterator<E>
    o java.util.ListIterator<E>
    o java.util.PrimitiveIterator<T,T_CONS>
        o java.util.PrimitiveIterator.OfDouble
        o java.util.PrimitiveIterator.OfInt
        o java.util.PrimitiveIterator.OfLong
o java.util.Map<K,V>
    o java.util.SortedMap<K,V>
        o java.util.NavigableMap<K,V>
o java.util.Map.Entry<K,V>
```

图 8.6　主要接口的继承关系

表 8.1　集合接口与操作集合的主要方式

接口	操作集合的主要方式
Collection	高度抽象出来的集合，它提供了所有集合使用的基本功能
List	继承 Collection 接口，实现一个有序集合的存储与操作，允许重复，允许位置访问
Set	继承 Collection 接口，实现集合元素不重复的操作
Queue	继承 Collection 接口，提供额外的插入、提取和检查的操作，实现 FIFO(先进先出)的操作原则
Deque	继承 Queue 接口，支持两端插入和删除元素操作，实现双端队列的 LIFO(后进先出)和 FIFO 的操作原则
SortedSet	继承 Set 接口，可实现元素的自动排序
Map	存储一组键值对象，实现 key(键)到 value(值)的映射操作
SortedMap	继承 Map 接口，实现映射按键自动排序
NavigableMap	继承 SortedMap 接口，实现按升序或降序键顺序访问和遍历等操作

2．实现

集合接口的具体实现，是重用性很高的数据结构。集合接口的主要实现如表 8.2 所示，集合接口的实现类的功能如表 8.3 所示。

表 8.2　集合接口的主要实现

接口	哈希表	可调整大小的数组	红黑树	链表	哈希表+链表
Set	HashSet		TreeSet		LinkedHashSet
List		ArrayList		LinkedList	
Queue		ArrayDeque		LinkedList	
Deque		ArrayDeque		LinkedList	
Map	HashMap		TreeMap		LinkedHashMap

表 8.3　集合接口的实现类的功能

实现类	集合接口的实现类的功能
HashSet	Set 接口的哈希表实现
TreeSet	NavigableSet 接口的红黑树实现
LinkedHashSet	Set 接口哈希表和链表的实现
ArrayList	List 接口的可调整大小的数组实现
ArrayDeque	Queue 、Deque 接口的高效、可调整大小的数组实现
LinkedList	List、Queue、Deque 接口的链表实现
PriorityQueue	无界优先级队列的堆实现
HashMap	Map 接口的哈希表实现，支持键和值的不同步接口的实现
TreeMap	NavigableMap 接口的红黑树实现
LinkedHashMap	Map 接口的哈希表和链表实现

接口与实现类的继承关系如下：

(1) List 接口与实现类的继承关系如下：

　　　　java.util.AbstractCollection <E>
　　　　　　java.util.AbstractList <E>
　　　　　　　　java.util.ArrayList<E>
　　　　　　　　java.util.Vector <E>
　　　　　　　　　　java.util.Stack<E>
　　　　　　java.util.AbstractList <E>
　　　　　　　　java.util.AbstractSequentialList <E>
　　　　　　　　　java.util.LinkedList<E>

(2) Set 接口与实现类的继承关系如下：

　　　java.lang.Object
　　　　java.util.AbstractCollection <E>
　　　　　java.util.AbstractSet <E>
　　　　　　java.util.TreeSet<E>
　　　　　　java.util.HashSet <E>
　　　　　　　java.util.LinkedHashSet<E>

(3) Queue 接口与实现类的继承关系如下：

　　　java.util.AbstractCollection<E>
　　　　java.util.AbstractList<E>
　　　　　java.util.AbstractSequentialList<E>
　　　　　　java.util.LinkedList<E>

(4) Map 接口与实现类的继承关系如下：

　　　java.util.AbstractMap<K,V>
　　　　java.util.TreeMap<K,V>
　　　　java.util.HashMap<K,V>
　　　　　java.util.LinkedHashMap<K,V>

(5) 抽象类提供了接口的部分实现，其功能如表 8.4 所示。

表 8.4　抽象类实现接口的功能

抽象类	功 能 描 述
AbstractCollection	实现了大部分的集合接口
AbstractList	继承于 AbstractCollection 并且实现了大部分 List 接口
AbstractSequentialList	继承于 AbstractList，提供了对数据元素的链式访问而不是随机访问
AbstractSet	继承于 AbstractCollection 并且实现了大部分 Set 接口
AbstractMap	实现了大部分的 Map 接口

3. 算法

java.util.Arrays、java.util.Collections 是集合框架的工具类，提供用于对 Set、List 和 Map 等集合进行操作的多态算法，如搜索(查找)、排序和修改等，而且这些算法是可复用的。

8.3 实现 Collection 接口

8.3.1 Collection 接口常用的成员方法

Collection 作为集合的一个根接口，不提供接口的任何直接实现，而是通过它的子接口(如 Set、List 等)来实现的。但是，它作为一个根接口，提供了集合框架中所有子类都将用到的一些通用方法。表 8.5 列出了 Collection 接口的常用成员方法。

表 8.5 Collection 接口常用的成员方法

操作	方 法	描 述
添加元素	boolean add(E e)	添加元素，成功时返回 true
	boolean addAll(Collection<? extends E> c)	将集合 c 中所有的元素添加到本集合中，成功时返回 true
删除元素	boolean remove(Object obj)	删除元素，成功时返回 true
	boolean removeAll(Collection<?>c)	删除本集合中与 c 集合中一致的元素，成功时返回 true
	void clear()	清空集合中的元素
求交集	boolean retainAll(Collection<?> c)	保留本集合中与 c 集合中两者相同的元素，成功时返回 true
获取元素个数	int size()	获取元素个数
判断	boolean isEmpty()	如果此集合不包含任何元素，则返回 true
	boolean contains(Object o)	如果此集合包含指定的元素，则返回 true
	boolean containsAll(Collection<?> c)	如果此集合包含指定集合 c 的元素，则返回 true
	boolean equals(Object o)	比较指定对象与此集合是否相等
返回此集合的哈希码值	Int hashCode()	返回此集合的哈希码值
将集合变成数组	Object[ ] toArray()	返回一个包含集合中所有元素的数组
	<T> T[ ] toArray(T[ ] a)	返回一个包含集合中所有元素的数组，运行时根据集合元素的类型指定数组的类型
迭代器	Iterator iterator()	获取迭代器

8.3.2　泛型

一般的类和方法只能使用具体的类型，要么是基本类型，要么是自定义的类。如果要编写可以应用于多种类型的代码。例如，若要写一个排序方法，能够对整型数组、字符串数组甚至其他任何类型的数组进行排序，就不得不谈谈参数化类型的概念——泛型。泛型在集合框架中有着广泛的应用。Java 中的泛型的本质是参数化类型，它通过编译时采用类型安全检测机制，使代码能够应用于多种类型。泛型化的方法在调用时可以接收不同类型的参数，根据传递给泛型方法的参数类型，编译器能灵活地处理每一个方法调用。

Java 程序中的泛型是用一对尖括号 "<>" 括起来的单个大写字母，这个字母被称作泛型标记符。主要的泛型标记符如下：

E：Element (在集合中使用，　代表元素)。

T：Type(表示具体的一个 Java 类型)。

K：Key(键)。

V：Value(值)。

N：Number(数值类型)。

?：泛型通配符，表示不确定的 Java 类型。

下面用示例程序来说明泛型标记符的使用。

🖫【示例程序 C8_1.java】　　自定义泛型方法打印整型类型、字符型数组元素。

```java
public class C8_1 {
  // 泛型方法  printArray
  public static < E > void printArray( E[] inputArray )
  {
    // 输出数组元素
    for ( int i=0;i<inputArray.length ;i++ )
        System.out.print(" "+inputArray[i]);
    System.out.println();
  }
  public static void main( String args[] ) {
    // 创建不同类型数组：  Integer 和  Character
    Integer[] intArray = {1,2,3,4,5};
    Character[] charArray = { 'A', 'B', 'C', 'D'};
    System.out.println( "整型数组元素为:" );
    printArray(intArray); // 传递一个整型数组给泛型方法 printArray
    System.out.println( "字符型数组元素为:" );
    printArray(charArray); // 传递一个字符型数组给泛型方法 printArray
  }
}
```

该程序的运行结果如下：

整型数组元素为：

1 2 3 4 5

字符型数组元素为：

A B C D

💾【示例程序 C8_2.java】 自定义一个泛型类与泛型方法。

```java
public class C8_2<T>
{
        private T t;
        void g1(T t1)    {     t=t1;  }
        T get()   {     return t; }
        public static void main(String[] args)
        {
                C8_2<Integer> intBox=new C8_2<Integer>();    //创建整数类型对象
                C8_2<String>    strBox=new C8_2<String>();    //创建字符串类型对象
                intBox.g1(10);                          //实参为整数类型对象
                strBox.g1("abc");                       //实参为字符串类型对象
                Integer someInt=intBox.get();           //得到整数类型对象
                String    str=strBox.get();              //得到字符串类型对象
                System.out.println(someInt);
                System.out.println(str);
        }
}
```

该程序的运行结果如下：

10   abc

其中，<T>表示泛型；T 表示泛型类型的变量，它的值可以是传递过来的任何类型，如 Integer、Character、自己定义的对象等，但它不能是任何基本数据类型，如 int、char。

程序 C8_2 类名之后的<T>告诉编译器 T 是一个参数化的类型，在类被使用时将会被实际类型替换。

在程序的 main()方法中，"C8_2<Integer> intBox=new C8_2<Integer>();"语句创建整数类型对象，此时的 T 为整数类型 Integer，即用 Integer 替换 T。而"C8_2<String>   strBox=new C8_2<String>();"语句创建字符串类型对象，此时的 T 为字符串类型 String，即用 String 替换 T。

💾【示例程序 C8_3.java】 使用泛型通配符得到集合的类型。

```java
import java.util.ArrayList;
public class C8_3 {
    public static void get(ArrayList<?> data) {
        System.out.println("data :" + data.get(0));
            //get()是 ArrayList 类的方法。data.get(0)表示返回此列表中指定 0 位置的元素
```

```
        }
        public static void main(String[] args) {
                ArrayList<String> name = new ArrayList<String>();
                ArrayList<Integer> age = new ArrayList<Integer>();
                ArrayList<Number> num = new ArrayList<Number>();
            name.add("zhang    san ");    //将指定元素附加到此列表的末尾。ArrayList 类的方法
            age.add(20);
            num.add(80.4);
            get(name);
            get(age);
            get(num);
        }
    }
```

该程序的运行结果如下：

    data :zhang   san

    data :20

    data :80.4

通配符"？"可以方便地引用包含了多种类型的泛型。例如，本例中包含了 String、Integer、Number 类型的泛型。get()是 ArrayList 类的方法，它的参数是 ArrayList 类的实例对象，使用通配符可以实现不同类型的 ArrayList 类的对象(如 name、age、num)作为 get()方法的实参，在 get()方法中输出相应对象的值。

8.3.3　Iterator 接口

Java Iterator(迭代器)是一种用于访问集合的方法，通过 Iterator 提供的方法单向遍历集合中的元素。Iterator 接口提供的常用方法如表 8.6 所示。

表 8.6　Iterator 接口常用的成员方法

类型	方　法	描　　　述
boolean	hasNext()	如果在向前遍历列表时此列表迭代器包含更多元素，则返回 true
Object	next():	返回列表中的下一个元素并前进到光标位置
void	remove()	从列表中移除 next()或 previous()返回的最后一个元素

遍历集合的方法有：聚合操作、for-each 操作及 Iterator 操作，本书简单地介绍一下 for-each 操作及 Iterator 操作两种方法。格式如下：

(1) for-each 语法。

```
    for (Object o : collection)
        System.out.println(o);
```

(2) 使用 Iterator 迭代器。

```
    public interface Iterator<E> {
        boolean hasNext();
```

```
        E next();

        void remove(); //optional

    }
```

下面用示例程序来说明迭代器的使用。

💾【示例程序 C8_4.java】 使用 Iterator 遍历集合元素。

```java
        import java.util.ArrayList;

        import java.util.Collection;

        import java.util.Iterator;

        public class C8_4

        {

            public static void main( String args[] )

            {

                //向上类型转换

                Collection<String>   c1=new ArrayList<String>();

                Collection<Integer> c2=new ArrayList<Integer>();

                c1.add("One");

                c1.add("Two");

                c2.add(1);

                c2.add(2);

                //第一种遍历 使用迭代器遍历 c1

                Iterator<String> it = c1.iterator();        //获取迭代器

                while(   it.hasNext() ) {                   //判断是否有迭代元素

                    System.out.println(it.next());          //输出集合中的第一个元素

                }

                //第二种遍历 使用 For-Each 遍历 c2

                for(Integer bj:c2)

                {   System.out.println(bj);        }        //输出集合中的第一个元素

                //第三种遍历 把集合变为数组遍历 c1

                String[] strc1=new String[c1.size()];       //创建字符串数组

                c1.toArray(strc1);                          //用 Collection 的方法将集合变成数组 strc1

                for(int i=0;i<strc1.length;i++)

                    {   System.out.println(strc1[i]); }

            }

        }
```

该程序的运行结果如下：

    One   Two   1   2   One   Two

程序说明：Java 规定不能直接使用 Collection 接口中的方法，也不能直接把集合转换成基本数据类型的数组(如 int、char)。因为集合的元素必须是对象，只能通过他的实现类实例化一个对象后才能使用。

示例程序 C8_4 中的语句："Collection<String> c1 = new ArrayList<String>();"表示向上类型转换。这里用 ArrayList 类实现了 Collection 接口，这样就可以访问 Collection 接口中的方法。它的语法规则是：

<父类型> <引用变量名> = new <子类型>();

Collection 接口扩展了 Iterator 接口，接口中的 iterator()方法返回一个 Iterator 对象，通过这个对象可以逐一访问 Collection 集合中的每一个元素。用法如下：

```
Iterator    it = collection.iterator();      //创建一个迭代器对象 it
while(it.hasNext())                          //判断迭代器中是否存在下一个元素
{    Object obj = it.next();    }            //取下一个元素
```

该程序中的第一种遍历方法使用了 iterator()方法；第二种遍历使用了 For-Each()方法。

8.4　实现 List 接口

如图 8.7 所示，List 接口是 Collection 接口的子接口(图 8.5 中说明了框体及箭头的虚线、实线表示的意义)。List 接口是允许有重复值的有序集合，为实现线性结构提供一个框架，如栈、队列、线性表等都可以使用 List 接口。

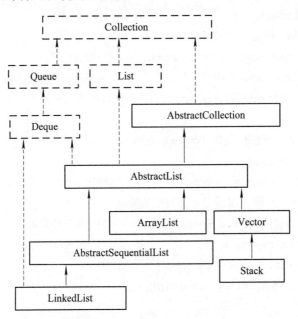

图 8.7　List 框架主要结构图

8.4.1　List 接口常用的成员方法

List 接口除了继承 Collection 接口的方法外，还提供了一些如表 8.7 所示的常用成员方法。

表 8.7 List 接口的常用成员方法

功能	方 法	描 述
位置 访问	E get(int index)	返回列表中指定位置的元素
	E set(int index, E element)	用指定元素替换列表中指定位置的元素
	boolean add(E element)	插入一个元素到列表的末尾
	void add(int index, E element)	插入一个元素到指定位置
	E remove(int index);	删除列表中指定位置的元素
	boolean addAll(int index, 　Collection<? extends E> c)	将集合 c 中的所有元素插入到指定位置
搜索	int indexOf(Object o)	获取列表中第一次出现的指定元素的下标；如果该元素不存在，则返回 –1
	int lastIndexOf(Object o)	获取列表中最后出现的指定元素的下标；如果该元素不存在，则返回 –1
迭代	ListIterator<E> listIterator()	从列表开始位置迭代
	ListIterator<E> listIterator(int index)	从列表的指定位置开始迭代

　　List 接口提供了线性结构的顺序存储和链式存储结构。实现 List 接口的常用实现类是 ArrayList 类和 LinkedList 类。ArrayList 类和 LinkedList 类的区别如下：

　　(1) 存储结构：ArrayList 类采用顺序存储结构来实现动态数组的数据结构；LinkedList 类采用链式存储结构来实现双向链表的数据结构。

　　(2) 随机访问(get 和 set 操作)：ArrayList 类比 LinkedList 类在随机访问的时候效率要高，因为 LinkedList 类是链式存储方式，需要通过指针从前往后依次查找。

　　(3) 增加和删除元素(add 和 remove 操作)：对于非首尾元素的增加和删除操作，LinkedList 类要比 ArrayList 类效率高，因为 ArrayList 类在增删操作时涉及数组内其他元素的位置改变，有可能涉及大量元素位置的移动。

　　下面举例说明。

　　【示例程序 C8_5.java】 实现 List 集合中元素的增加与删除。

```java
import java.util.LinkedList;
import java.util.List;
public class C8_5
{
    public static void main(String[] args)
    {
        //创建 LinkedList，并转型为 List
        List <String> cl = new LinkedList<String>();
        cl.add("A1"); //添加元素到集合
        cl.add("B2");
        cl.add("C3");
        System.out.println("输出集合的所有元素"+cl);
```

```
cl.add(1,"f1"); //下标 1 的位置插入一个元素
System.out.println("元素下标 1 的位置插入 f1 后，输出所有元素"+cl);
String   b="B2";
int n=cl.indexOf(b); //查找指定元素的下标
cl.remove(n); //删除指定下标的元素
System.out.println("n="+n+"     删除下标 n 元素后输出集合中所有元素");
for(int i=0;i<cl.size();i++)
   { System.out.print(cl.get(i)+" , "); }
System.out.println();
     }
 }
```

该程序的运行结果如下：

输出集合的所有元素[A1, B2, C3]

元素下标 1 的位置插入 f1 后，输出所有元素[A1, f1, B2, C3]

n=2   删除下标 n 元素后输出集合中所有元素

A1 , f1 , C3 ,

【示例程序 C8_6.java】 实现 List 集合中指定元素下标的值的交换。

```
import java.util.ArrayList;
public class C8_6<E>   extends   ArrayList<E>
{
   void swap(int i,int j)
   {
        E temp=this.get(i);
        this.set(i,this.get(j));
        this.set(j,temp);
   }
   public static void main(String[] args)
   {
     C8_6<String> list=new C8_6<String>();      //创建 ArrayList 对象
     list.add("a1"); //添加元素到集合
     list.add("b1");
     System.out.println(list.get(0)+" "+list.get(1));
     list.swap(0,1);
     System.out.println(list.get(0)+" "+list.get(1));
   }
 }
```

该程序的运行结果如下：

a1 b1

b1 a1

8.4.2 ListIterator 接口

ListIterator 接口继承 Iterator 接口,是一个功能更加强大的迭代器,但只能用于各种 List 集合的访问。ListIterator 接口提供的常用的成员方法如表 8.8 所示。

表 8.8 ListIterator 接口常用的成员方法

类型	方 法	描 述
void	add(E)	将指定的元素插入列表
boolean	hasNext()	判断是否有下一个元素可访问
boolean	hasPrevious()	判断是否有上一个元素可访问
E	next()	光标向下移动一个位置,获得下一个访问的元素
int	nextIndex()	获得下一个访问的元素在集合中的位置(第一个元素的位置是 0)
E	previous()	光标向上移动一个位置,获得上一个访问的元素
int	previousIndex()	获得上一个访问元素在集合中的位置(第一个元素的位置是 0)
void	Remove()	删除指定(当前指针所指)的元素
void	set(E e)	替换指定的元素

Iterator 与 ListIterator 接口的主要区别:

(1) List 中添加对象:ListIterator 接口有 add()方法,可以向集合中添加对象,而 Iterator 无此操作方法。

(2) 双向遍历集合的元素:ListIterator 和 Iterator 接口都有 hasNext()和 next()方法,可以实现从前向后遍历集合中的元素;ListIterator 接口还有 hasPrevious()和 previous()方法,所以还可以实现从后向前遍历集合中的元素,而 Iterator 无此操作方法。因此,Iterator 接口只能实现单向遍历集合中的元素,而 ListIterator 接口可以实现双向遍历集合中的元素。

(3) ListIterator 接口有 nextIndex()和 previousIndex()方法,可以定位遍历集合中的元素,而 Iterator 无此操作方法。

(4) ListIterator 接口有 set()方法,可以实现对象的修改,而 Iterator 没有此操作方法。

下面用举例说明迭代器的使用。

💾【示例程序 C8_7.java】 ListIterator 双向遍历集合、修改、添加操作实例。

```java
import java.util.ArrayList;
import java.util.Iterator;
import java.util.ListIterator;
public class C8_7 {
    public static void main(String args[]){
        ArrayList<String> al = new ArrayList<String>();
        al.add("C");
        al.add("A");
        al.add("E");
        al.add("B");
```

```
        al.add("D");
        al.add("F");
        System.out.println("Iterator 遍历集合元素");
        Iterator<String> itr = al.iterator();              //获取迭代器
        while(itr.hasNext() )                              //判断是否有下一个元素可访问
        {
                //当前光标位置的元素赋给 element，光标前进一个位置
                String element=itr.next();
                 System.out.print(element+" ");
        }
        System.out.println();
        ListIterator<String> litr = al.listIterator();     //获取迭代器
        while(litr.hasNext())    //判断是否有下一个元素可访问
        {
                //当前光标位置的元素赋给 element，光标前进一个位置
                String element=litr.next();
                litr.set(element+"2");                     //修改光标位置前面的元素
                litr.add("333");                           //插入元素到光标位置的前面
           }
        System.out.println("ListIterato 从前向后遍历集合元素");
        litr = al.listIterator();                          //获取迭代器
        while(litr.hasNext())                              //判断是否有下一个元素可访问
        {
                //输出当前光标位置的元素，光标前进一个位置
                System.out.print(litr.next() +" ");
           }
        System.out.println();
        System.out.println("ListIterato 从后向前遍历集合元素");
        while(litr.hasPrevious() )                         //判断是否有下一个元素可访问
        {
                //输出当前光标位置的元素，光标后退移动一个位置
                System.out.print(litr.previous() +" ");
           }
        System.out.println();
     }
  }
```

该程序的运行结果如下：

Iterator 遍历集合元素

C A E B D F

ListIterato 从前向后遍历集合元素

C2 333 A2 333 E2 333 B2 333 D2 333 F2 333

ListIterato 从后向前遍历集合元素

333 F2 333 D2 333 B2 333 E2 333 A2 333 C2

8.4.3 LinkedList 类

如图 8.7 所示，LinkedList 类继承 AbstractSequentialList 抽象类，AbstractSequentialList 抽象类继承 AbstractList 抽象类，AbstractList 抽象类实现 List 接口。Deque 接口继承 Queue 父接口，LinkedList 类实现 Deque 接口。LinkedList 采用双向循环链表存储结构，因此，可以使用双向循环链表来实现 List 和 Deque 接口。LinkedList 类具备 List 的有序、元素有重复存储特征，可以用作栈(stack)，队列(queue)或双向队列(deque)的操作，其提供常用的成员方法如下：

(1) 添加元素：

　　void addFirst(E e); 　　　　在此列表的开头插入指定元素。

　　void addLast(E e); 　　　　将指定元素添加到此列表的末尾。

(2) 删除元素：

　　E removeFirst(); 移除并返回此列表的第一个元素。

　　E removeLast(); 移除并返回此列表的最后一个元素。

(3) 获取元素：

　　E getFirst(); 返回此列表的第一个元素。

　　E getLast(); 返回此列表的最后一个元素。

(4) 栈(stack)操作：

　　void push(E e); 将元素存入此列表所表示的堆栈。

　　E pop(); 获取栈顶元素并删除该元素。

　　E peek(); 获取栈顶元素，但不删除该元素。

下面举例说明。

🔲【示例程序 C8_8.java】 栈的基本使用。

```java
package ch8;
import java.util.LinkedList;
public class C8_8
{
    public static void main(String[] args)
    {
        LinkedList<String> stack = new LinkedList<String>();
        stack.push("a1");                        //入栈操作
        stack.push("a2");
        stack.push("a3");
        System.out.println("栈 1: "+stack);
        System.out.println("出栈元素"+stack.pop());        //取栈顶元素操作，并删除
```

```java
        System.out.println("取栈顶元素"+stack.peek());      //取栈顶元素操作，不删除
        System.out.println("出栈元素"+stack.pop());        //出栈操作
        stack.addFirst("4");                          //列表头插入元素
        stack.addFirst("5");
        stack.addFirst("6");
        stack.addFirst("7");
        System.out.println("栈 2：剩余元素  "+stack);
        System.out.println("出栈元素"+stack.pop());
        System.out.println("出栈元素"+stack.pop());
        System.out.println("栈 3：剩余元素   "+stack);
    }
}
```

该程序的运行结果如下：

```
栈 1：  [a3, a2, a1]
出栈元素 a3
取栈顶元素 a2
出栈元素 a2
栈 2：剩余元素   [7, 6, 5, 4, a1]
出栈元素 7
出栈元素 6
栈 3：剩余元素    [5, 4, a1]
```

💾【示例程序 C8_9.java】 队列的基本操作。

```java
package ch8;
import java.util.LinkedList;
public class C8_9
{
    public static void main(String[] args)
    {
        LinkedList <Integer> queue = new    LinkedList<Integer>();
        queue.addLast(11);                                  //插入元素到队尾
        queue.addLast(22);
        queue.addLast(33);
        queue.addLast(44);
        queue.addLast(55);
        System.out.println("队列 1："+queue);
        System.out.println("出队元素   "+queue.removeFirst());    //出队操作
        System.out.println("得到头元素   "+queue.getFirst());      //取对头元素操作
        System.out.println("出队元素   "+queue.removeFirst());
        System.out.println("队列剩余元素："+queue);
```

```
        }
    }
```

该程序的运行结果如下：

队列 1：　[11, 22, 33, 44, 55]

出队元素 11

得到头元素 22

出队元素 22

队列剩余元素：　[33, 44, 55]

8.5　Collections 类的 List 算法

8.5.1　Collections 类

Collections 是一个算法类，提供许多对集合进行操作的多态静态方法，实现对集合的搜索、排序、替换、交换、拷贝等操作。

Collections 类的继承关系如下：

　　java.lang.Object

　　　　java.util.Collections

List 集合常用的成员方法如下：

(1) sort(List)：根据其元素的自然顺序，将指定列表按升序排序。列表中的所有元素都必须实现该 Comparable 接口。

(2) binarySearch(List, Object)：使用二分搜索算法在有序列表中搜索元素。

(3) reverse(List)：反转列表中元素的顺序。

(4) shuffle(List)：随机更改列表中元素的顺序。

(5) fill(List, Object)：用指定的值覆盖列表中的每个元素。

(6) copy(List dest, List src)：将源列表复制到目标列表中。

(7) replaceAll(List list, Object oldVal, Object newVal)：使用 newVal 值替换列表中出现的所有 oldVal 值。

(8) swap(List, int, int)：交换指定列表中指定位置的元素。

(9) addAll(Collection<? super T>, T...)：将指定数组中的所有元素添加到指定集合中。

下面通过几个示例程序来说明一些方法的使用。

8.5.2　addAll()实例

【示例程序 C8_10.java】　为指定集合增加元素并添加到另一个集合中。

```java
import java.util.ArrayList;

import java.util.Collections;

import java.util.Iterator;

import java.util.List;
```

```java
public class C8_10
{
    public static void main(String[] args)
    {
        List<String> all = new ArrayList<String>();
        Collections.addAll(all,"B","E","A"); //增加元素
        Collections.addAll(all,"D","C");
        Iterator<String> iter = all.iterator();
        while (iter.hasNext())
        {   System.out.print(iter.next() + "、"); }    //迭代输出
    }
}
```

该程序的运行结果如下：

B、E、A、D、C

8.5.3　sort()和reverse()方法实例

💾【示例程序 C8_11.java】　　以 List 为参数，利用 sort()方法和 reverse()方法对指定列表进行排序。

```java
import java.util.ArrayList;
import java.util.Collections;
import java.util.Iterator;
import java.util.List;
public class C8_11
{
    public static void main(String[] args)
    {
        List<String> all = new ArrayList<String>();
        Collections.addAll(all,"B","E","A","D","C");
        System.out.print("排序之前的集合： ");
        Iterator<String> iter = all.iterator();
        while (iter.hasNext())
        {   System.out.print(iter.next() + "、");   }
        Collections.sort(all); //集合排序
        System.out.print("\nsort()方法排序后的集合： ");
        iter = all.iterator();
        while (iter.hasNext())
        {   System.out.print(iter.next() + "、");    }
        Collections.reverse(all); //集合反序
        System.out.print("\nreverse()方法反序后的集合： ");
```

```
        iter = all.iterator();
        while (iter.hasNext())
        {       System.out.print(iter.next() + "、");      }
    }
}
```

该程序的运行结果如下：

排序之前的集合：B、E、A、D、C、

sort()方法排序后的集合：A、B、C、D、E、

reverse()方法反序后的集合：E、D、C、B、A、

8.5.4 实现混排的 Shuffle()方法实例

Collections 类中提供的 shuffle()方法对参数 List 中的元素进行随机排列，通常被称为随机交换或混排。该方法常用于诸如扑克牌或麻将的洗牌与发牌过程中。

【示例程序 C8_12.java】 使用默认随机源对指定列表进行排列。

```java
import java.util.ArrayList;
import java.util.Collections;
import java.util.List;
public class C8_12
{
    public static void main(String[] args)
    {
        int[] ar={11,12,13,14,15};
        List<Integer> list = new ArrayList<Integer>();
        for(int i=0;i<ar.length;i++) list.add((ar[i]));
        System.out.println("混排之前的集合："+list);
        Collections.shuffle(list);    //混排算法
        System.out.println("混排之后的集合："+list);
    }
}
```

该程序的运行结果如下：

混排之前的集合：[11, 12, 13, 14, 15]

混排之后的集合：[13, 15, 12, 14, 11]

8.5.5 替换集合中元素的 replaceAll()方法实例

【示例程序 C8_13.java】 将 List 中的元素"B1"替换为"DD"。

```java
import java.util.ArrayList;
import java.util.Collections;
import java.util.List;
public class C8_13 {
```

```
public static void main(String[] args) {
    List<String> all = new ArrayList<String>();
    Collections.addAll(all,"A1","B1","C1");
    System.out.println("替换之前的结果: "+all);
    if(Collections.replaceAll(all, "B1","DD")) //替换内容
    System.out.println("替换之后的结果: "+all);
    }
}
```

该程序的运行结果如下：

替换之前的结果：[A1, B1, C1]

替换之后的结果：[A1, DD, C1]

8.5.6 二分查找的 binarySearch()方法实例

binarySearch()方法要求集合必须已经按升序排序。如果集合中包含键值，则返回元素的下标；如果不包含键值，则返回一个负整数值，表示该键值可能会被插入到集合中的位置。

💾【示例程序 C8_14.java】 搜索 List 中的元素。

```
import java.util.ArrayList;
import java.util.Collections;
import java.util.List;
public class C8_14 {
    public static void main(String[] args) {
        List<String> all = new ArrayList<String>();
        Collections.addAll(all,"B","D","E","H");
        System.out.println("集合结果: "+all);
        int n=Collections.binarySearch(all,"E"); //二分搜索算法
        System.out.println("检索到"E",返回它的下标="+n);
        int n1=Collections.binarySearch(all,"K"); //二分搜索算法
        System.out.println("检索不到"K",返回它值="+n1); //all 的所有元素<K
        int n2=Collections.binarySearch(all,"A");
        System.out.println("检索不到"A",返回它值="+n2); //all 的所有元素>A
        int n3=Collections.binarySearch(all,"C");
        System.out.println("检索不到"C",返回它值="+n3); //B<C<D、E、 H
    }
}
```

该程序的运行结果如下：

集合结果：[B, D, E, H]

检索到"E"，返回它的下标=2

检索不到"K"，返回它值=-5

检索不到"A"，返回它值=-1

检索不到"C"，返回它值=-2

8.5.7 交换指定位置元素的 swap()方法实例

【示例程序 C8_15.java】　　交换 List 中位置"0"和位置"2"的元素。

```java
import java.util.ArrayList;
import java.util.Collections;
import java.util.List;
public class C8_15 {
    public static void main(String[] args) {
        List<String> all = new ArrayList<String>();
        Collections.addAll(all, "AA", "DD", "BB");
        System.out.println("交换之前的集合："+all);
        Collections.swap(all,0,2) ;   //交换指定位置算法
        System.out.println("交换之后的集合："+all);
    }
}
```

该程序的运行结果如下：

交换之前的集合：[AA, DD, BB]

交换之后的集合：[BB, DD, AA]

8.6　实现 Set 接口

8.6.1　Set 接口

如图 8.8 所示，Set 是无序、无重复元素的 Collection 集合，为实现非线性数据结构提供了一个框架。如果涉及数据的非线性结构，如数据结构中树、图的实现，可以考虑使用此框架。

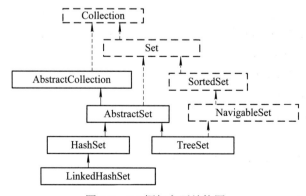

图 8.8　Set 框架主要结构图

Set 集合和 List 集合的区别如下：

(1) Set 集合存储的是无序的、无重复的数据。List 集合存储的是有序的、可以有重复的元素。

(2) Set 集合检索效率低下，但删除和插入效率高，因为插入和删除不会引起元素位置的改变。

(3) List 集合做插入元素操作时，可以自动增加集合的长度。查找元素效率高，但插入删除元素的效率低，因为会引起其他元素位置的改变。

Set 接口只包含从 Collection 接口继承的方法，并且增加了禁止重复元素的限制。实现 Set 接口的实现类是 HashSet、LinkedHashSet 和 TreeSet 类。

(1) HashSet 类：HashSet 集合采用 hashCode(散列函数)算法存放元素，元素的存放顺序与插入顺序无关，而与所采用的散列函数有关。HashSet 集合查找速度快。

(2) TreeSet 类：TreeSet 集合采用红黑树数据结构对元素进行排序，是保持元素字母排列顺序的集合。它的查找速度比 HashSet 集合慢。

(3) LinkedHashSet 类：LinkedHashSet 类是 HashSet 的子类，它的内部使用散列以加快查询速度，同时使用链表维护元素的排序。它是保证元素插入顺序的集合。LinkedHashSet 类在迭代访问集合中的全部元素时，性能比 HashSet 类好，但是插入时性能稍微逊色于 HashSet 类。

Set 接口常用的成员方法如下：

boolean add (E e)：如果集合中无指定元素，则添加指定元素。

Boolean addAll(Collection<? extends E> c)：如果指定集合中的所有元素尚不存在，则将它们添加到此集合中。

void clear ()：从集合中移除所有的元素。

boolean contains(Object o)：如果集合包含指定元素，则返回 true。

Boolean containsAll(Collection<?> c)：如果集合包含指定集合的所有元素,则返回 true。

boolean remove(Object o)：如果指定元素在集合中，则将其移除。

Boolean removeAll(Collection<?> c)：从集合中删除指定集合中包含的所有元素。

Boolean retainAll(Collection<?> c)：仅保留此集合中包含在指定集合中的元素。

int size()：返回集合中的元素个数。

Iterator <E>iterator() 返回此集合中元素的迭代器。

下面用示例程序来说明。

🖫【示例程序 C8_16.java】 添加、遍历 Set 集合中的元素。

```java
import java.util.HashSet;
import java.util.Iterator;
import java.util.Set;
public class C8_16
{
    private static void load(Set<String> set)
    {
        set.add("Cu");   set.add("Ir");   set.add("La");
```

```
        set.add("Om");    set.add("Pe");    set.add("Cu");
    }
    private static void dump(Set<String> set)
    {
        Iterator<String> it = set.iterator();
        while(it.hasNext())
        {   System.out.print(it.next()+" , ");   }
        System.out.println("set.size()="+set.size());
    }
    public static void main(String[] args)
    {
        Set<String> set1 = new HashSet<String>(); //HashSet 转型为 Set
        load(set1);
        dump(set1);
    }
}
```

该程序的运行结果如下：

```
Cu , La , Pe , Ir , Om , set.size()=5
```

注意：程序中的 Set 集合不保存重复元素，不保证元素的插入顺序。

【示例程序 C8_17.java】　实现 Set 集合并集、交集、差集的运算。

```
import java.util.HashSet;
import java.util.Set;
public class C8_17 {
    public static void main(String[] args)
    {   Set<String> set1 = new HashSet<String>();
        Set<String> set2 = new HashSet<String>();
        Set<String> set3 = new HashSet<String>();
        set1.add("A");      set1.add("B");      set1.add("C");      set1.add("E");
        set3.add("A");      set3.add("B");      set3.add("D");
        set2.addAll(set1);    //将 set1 的元素全部添加到 set2 中
        System.out.println("set1 = " + set1);
        System.out.println("set2 = " + set2);
        System.out.println("set3 = " + set3);
        set1.add("H");    set1.add("K");
        System.out.println("添加元素后的  set1 = " + set1);
        System.out.println("判断 set2 是否 set1 的子集:"+set1.containsAll(set2));
        set3.removeAll(set2); //从 set3 中删除与 set2 相同的元素
        System.out.println("ste3 与 set2 的差集:"+set3);
        set3.addAll(set2); //ste3 得到 set2 与 ste3 的并集
```

```
                System.out.println("ste3 与 set2 的并集:"+set3);
                set3.retainAll(set2); //ste3 得到 ste3 与 set2 的交集
                System.out.println("ste3 与 set2 的交集:"+set3);
        }
    }
```

该程序的运行结果如下：

set1 = [A, B, C, E]

set2 = [A, B, C, E]

set3 = [A, B, D]

添加元素后的 set1 = [A, B, C, E, H, K]

判断 set2 是否 set1 的子集:true

ste3 与 set2 的差集:[D]

ste3 与 set2 的并集:[A, B, C, D, E]

ste3 与 set2 的交集:[A, B, C, E]

【示例程序 C8_18.java】　　HashSet、LinkedHashSet 及 TreeSet 输出结果的比较。

```java
import java.util.ArrayList;
import java.util.Arrays;
import java.util.Collection;
import java.util.HashSet;
import java.util.LinkedHashSet;
import java.util.TreeSet;
public class C8_18 {
    public static void main(String[] args)
    {   LinkedHashSet<Integer> s1 = new LinkedHashSet<Integer>();
        HashSet<Integer> s2 = new    HashSet<Integer>();
        TreeSet<Integer> s3 = new    TreeSet<Integer>();
        Integer[] n1={211,29,25,27,2};
        Collection<Integer> list = new ArrayList<Integer>(Arrays.asList(n1) );
        s1.addAll(list);   //将 list 的元素全部添加到 s1 中
        s1.add(23);
        s2.addAll(list);   //将 list 的元素全部添加到 s2 中
        s2.add(23);
        s3.addAll(list);   //将 list 的元素全部添加到 s3 中
        s3.add(23);
        System.out.println(" s1 = " + s1);
        System.out.println(" s2 = " + s2);
        System.out.println(" s3 = " + s3);
    }
}
```

该程序的运行结果如下：

    s1 = [211, 29, 25, 27, 2, 23]

    s2 = [2, 211, 23, 25, 27, 29]

    s3 = [2, 23, 25, 27, 29, 211]

从输出结果可以看出，由于 s1 是用 LinkedHashSet 构造的，其输出保持了原来的次序；s2 是用 HashSet 构造的，输出结果与原来的次序有所不同；s3 是用 TreeSet 构造的，其输出结果是按元素按字母的升序排列的。

8.6.2 SortedSet 接口

如图 8.8 所示，TreeSet 类实现 NavigableSet 接口，NavigableSet 子接口继承 SortedSet 父接口，SortedSet 子接口继承 Set 父接口。因此，SortedSet 是一种按升序排列元素的集合。SortedSet 集合提供获得列表头尾元素和子集的方法，常用的成员方法如下：

(1) Comparator<? super E> comparator( )：返回排序有关联的比较器。

(2) E first( )：返回集合中的第一个元素。

(3) E last( )：返回集合中的最后一个元素。

(4) SortedSet<E> headset(E toElement)：返回从开始到指定元素的集合。

(5) SortedSet<E> tailSet(E fromElement)：返回从指定元素到最后。

(6) SortedSet<E> subset(E fromElement, E toElement)：返回范围从 fromElement(包括)到 toElement(不包括)的子集合。

下面用示例程序来说明。

   🖬【示例程序 C8_19.java】 用 SortedSet 接口的成员方法获得集合的头尾元素及子集合。

```
import java.util.SortedSet;
import java.util.TreeSet;
public class C8_19 {
    public static void main(String[] args)
    {   SortedSet<String> s1 = new   TreeSet<String>();
        s1.add("C");    s1.add("E");    s1.add("A");
        s1.add("A");    s1.add("D");    s1.add("B");
        System.out.println(" s1 = " + s1);
        System.out.println(" first() = " + s1.first());
        System.out.println(" last() = " + s1.last());
        System.out.println(" headSet('C') = " + s1.headSet("C"));
        System.out.println(" tailSet('C') = " +s1.tailSet("C"));
        System.out.println(" subSet('B','D') = " + s1.subSet("B","D"));
    }
}
```

该程序的运行结果如下：

s1 = [A, B, C, D, E]

first() = A

last() = E

headSet('C') = [A, B]

tailSet('C') = [C, D, E]

subSet('B','D') = [B, C]

 # 8.7　实现 Map 接口

8.7.1　Map 接口

　　如图 8.9 所示，Map 接口与 Collection 接口无继承关系。Map 作为一个映射集合，每个元素都包含 key-value 对(键值对)。Map 中的 value(值)对象可以重复，但 key(键)不能重复。

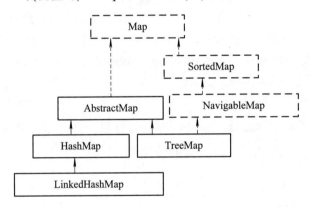

图 8.9　Map 框架的主要结构图

　　实现 Map 接口常用的实现类是 HashMap、LinkedHashMap 和 TreeMap 类。

　　(1) HashMap 类：HashMap 类与 HashSet 类基本相同，都采用 hashCode 算法(散列函数)对元素进行排序，HashMap 不保证元素的插入顺序，是为快速查找而设计的 Map，常用于在 Map 中插入、删除、定位元素。

　　(2) TreeMap 类：TreeMap 类与 TreeSet 类基本相同，都采用红黑树数据结构对元素进行排序。TreeMap 按 key 保持元素的字母排列顺序，它的查找速度比 HashMap 慢，常用于在 Map 中按照自定义顺序或自然顺序遍历。

　　(3) LinkedHashMap 类：LinkedHashMap 类与 LinkedHashSet 类基本相同，它是 HashMap 的子类，它的内部使用散列以加快查询速度，同时使用链表维护元素的排序。它是保证元素插入顺序的 Map。LinkedHashMap 类在迭代访问 Map 中的全部元素时，性能比 HashMap 类好，但是插入时性能稍微逊色于 HashMap 类，在 Map 中要求输入顺序和输出顺序相同时可用此类来实现。

8.7.2 Map 接口常用的成员方法

1．添加、删除操作

V put(K key, V value)：将指定的 value 值与此映射中的指定 key 键关联。

V remove(Object key)：如果存在一个键的映射关系，则将其从此映射中移除。

void putAll(Map<? extends K,? extends V> m)：从指定映射中将所有映射关系复制到此映射中。其中，K 表示键变量泛型类型，V 表示值变量泛型类型。

void clear()：从此映射中移除所有映射关系。

2．查询操作

V get(Object key)：返回指定 key 键所映射的值，如果此映射不包含该键的映射关系，则返回 null。

boolean containsKey(Object key)：判断映射中是否存在 key 键。

boolean containsValue(Object value)：判断映射中是否存在 value 值。

int size()：返回此映射中的键-值映射关系的个数。

boolean isEmpty()：判断此映射是否存在映射关系。

3．处理映射中键/值对组的视图操作

Set<K> keySet()：将 Map 中的键转换为 set 集合元素。

Collection<V> values()：将 Map 中的值转换为 Collection 集合元素。

Set<Map.Entry<K,V>> entrySet()：将 Map 中的键-值对转换为 Set 集合的键-值对。entrySet()的返回值是一个 Set 集合，此集合的类型为 Map.Entry。

下面用示例程序来说明。

📖 【示例程序 C8_20.java】 实现 Map 集合中添加、删除、查找元素的操作。

```java
import java.util.Iterator;
import java.util.Collection;
import java.util.HashMap;
import java.util.Map;
public class C8_20 {
    public static void main(String[] args) {
        Map<String, String> map = new HashMap<String, String>();
        map.put("书","Java");              //插入指定键和值
        map.put("学生","张丽");
        map.put("班级","201201");
        System.out.println(map);            //输出 Map
        if (map.containsKey("书"))          //查找键=书
        {
            System.out.print("Key=书  它的值：");
            String val = map.get("书");      //根据 key 得到 value
```

```
        System.out.println(val);
    }
else
    System.out.println("查找不到 Key=书 ");
System.out.print("删除 key=书的元素");
    map.remove("书");
    System.out.print("输出全部 key: ");
Iterator<String> it = map.keySet().iterator();
while(it.hasNext()) {
    String str=(String)it.next();
    System.out.print(str+" , ");
 }
System.out.println();
System.out.print("输出全部值: ");
Iterator<String>    it1 = map.values().iterator();
while(it1.hasNext()) {
    String str=(String)it1.next();
    System.out.print(str+" , ");
 }
System.out.println();
System.out.print("转换为 Collection 集合的 values: ");
//map.values()方法将值转换为 Collection 集合元素
Collection<String> values = map.values();
for(String s:values) System.out.print(s+", ");
System.out.println( );
    }
    }
```

该程序的运行结果如下:

    {学生=张丽, 班级=201201, 书=Java}

    Key=书　它的值: Java

    删除 key=书的元素输出全部 key: 学生 , 班级 ,

    输出全部值: 张丽 ,201201 ,

    转换为 Collection 集合的 values: 张丽,201201,

    程序说明: 在程序中声明 Map 对象的 key 和 value 的泛型类型为 String, Map 不能保证元素的插入顺序。

8.7.3　Map.Entry 接口

Map.Entry 是 Map 内部定义的一个接口,专门用来存储 key-value(键-值对)。常用的方法如下：

(1) K getKey()：返回与此项对应的键。

(2) V getValue()：返回与此项对应的值。

(3) V setValue(V value)：用指定的值替换与此项对应的值。

(4) boolean equals(Object ob)：比较指定对象 ob 与此项的相等性。

注意：不能直接使用 Iterator 迭代器输出 Map 中的全部内容，因为 Map 中的每个位置存放的是 key-value。使用 Map.Entry 遍历 Map 集合的步骤如下：

(1) 将 Map 集合通过 entrySet()方法转换为 Set 集合。

(2) 获取 Set 集合的 Iterator 对象。

(3) 通过 Iterator 对象遍历 Set 集合(每个元素都是 Map.Entry 的对象)。

(4) 通过 Map.Entry 进行 key-value 的分离。

下面用示例程序来说明。

【示例程序 C8_21.java】 把集合的键-值对装入 Iterator，然后遍历集合。

```java
import java.util.Iterator;
import java.util.Map;
import java.util.Set;
import java.util.LinkedHashMap;
public class C8_21{
    public static void main(String[] args){
        Map<String, String> map    = new LinkedHashMap<String, String>();
        map.put("D 书","Java");
        map.put("A 学生","张丽");
        map.put("C 班级","201201");
        //将 Map 集合转换为 Set 集合(allSet)
        Set<Map.Entry<String,String>> allSet=map.entrySet();
        //获取 Set 集合的 Iterator 对象(iter)
        Iterator<Map.Entry<String,String>> iter = allSet.iterator();
        //遍历 Set 集合
        while (iter.hasNext()){
          //通过 Map.Entry 进行 key-value 的分离
            Map.Entry<String,String> me = iter.next();
            System.out.println(me.getKey()+" - " + me.getValue());
        }
    }
}
```

该程序的运行结果如下：

D 书 -Java

A 学生 -张丽

C 班级 –201201

8.7.4　SortedMap 接口

图 8.9 中已经指出，SortedMap 接口是 Map 接口的子接口，实现该接口的类是 TreeMap 类。SortedMap 接口常用的成员方法见表 8.9。

表 8.9　SortedMap 接口常用的成员方法

类　　型	方　　法	返　回　值
Comparator<? super K>	comparator()	返回比较器对象
K	firstKey()	返回第一个元素的 key
SortedMap<K,V>	headMap(K toKey)	返回小于等于指定 key 的部分集合
K	lastKey()	返回最后一个元素的 key
SortedMap<K,V>	subMap(K fromKey,K toKey)	返回指定 key 范围的集合
SortedMap<K,V>	tailMap(K fromKey)	返回大于指定 key 的部分集合

下面通过示例程序来说明。

🖬【示例程序 C8_22.java】　用 TreeMap 类实现 SortedMap 接口。

```java
import java.util.SortedMap;
import java.util.TreeMap;
public class C8_22 {
    public static void main(String[] args)
    {
        SortedMap<String,String> smap = new TreeMap<String,String>();
        smap.put("D","04");
        smap.put("A","01");
        smap.put("C","03");
        smap.put("B","02");
        System.out.println(" TreeMap = " + smap);
        System.out.println(" headMap ('C') = " + smap.headMap("C"));
        System.out.println(" subMap ('B','D') = " + smap.subMap("B","D"));
        System.out.println(" first() = " + smap.firstKey());
        System.out.println(" last() = " + smap.lastKey());
    }
}
```

该程序的运行结果如下：

```
TreeMap = {A=01, B=02, C=03, D=04}
headMap ('C') = {A=01, B=02}
subMap ('B','D') = {B=02, C=03}
first() = A
last() = D
```

第 8 章 ch8 工程中的示例程序在 Eclipse IDE 中的位置及其关系如图 8.10 所示。

```
∨ 🗁 ch8
   > ■ JRE System Library [JavaSE-17]
   ∨ ⊞ src
      ∨ ⊞ ch8
         > Ｊ C8_1.java
         > Ｊ C8_10.java
         > Ｊ C8_11.java
         > Ｊ C8_12.java
         > Ｊ C8_13.java
         > Ｊ C8_14.java
         > Ｊ C8_15.java
         > Ｊ C8_16.java
         > Ｊ C8_17.java
         > Ｊ C8_18.java
         > Ｊ C8_19.java
         > Ｊ C8_2.java
         > Ｊ C8_20.java
         > Ｊ C8_21.java
         > Ｊ C8_22.java
         > Ｊ C8_3.java
         > Ｊ C8_4.java
         > Ｊ C8_5.java
         > Ｊ C8_6.java
         > Ｊ C8_7.java
         > Ｊ C8_8.java
         > Ｊ C8_9.java
```

图 8.10　ch8 工程中示例程序在 Eclipse IDE 中的位置及其关系

习 题 8

8.1　解释下列名词：线性表、栈、队列、顺序表、链表。

8.2　简述 Iterator 与 ListIterator 的区别。

8.3　简述 ArrayList 类和 LinkedList 类的不同。

8.4　什么情况下使用 HashSet、LinkedHashSet 和 TreeSet 集合？

8.5　设集合 S1 = {1,3,5,7} ，S2 = {2,4,7,5,9}。利用集合框架编程实现：求 S1 与 S2 集合的交集与并集。

8.6　设集合 S = {2,8,1,2,89,2}，编程实现查找属性值为 2 的元素的个数。

8.7　设集合 S = {2,8,1,2,89,2}，建立一个新的集合 S1，S1 中的元素是从 S 中获得。

8.8　利用集合框架编程，实现将两个无序单链表合并成一个有序单链表，合并后使原有单链表为空。

8.9　设集合 S = {23,-9,89,1,45,11}，请先对该集合进行排序，再利用二分查找方法查找集合中的元素 11。

8.10　利用 Map 接口，建立一个学生成绩表，给出 3 个字段和 4 个记录，建立查询方法，并输出表的所有内容。

第9章 异常处理

异常是指发生在正常情况以外的事件，例如，用户输入错误，除数为零，需要的文件不存在，文件打不开，数组下标越界，内存不足等。程序在运行过程中发生这样或那样的异常是不可避免的。然而，一个好的应用程序，除了应具备用户要求的功能外，还应具备能预见程序执行过程中可能产生的各种异常的能力，并把处理异常的功能包括在用户程序中。也就是说，我们设计程序时，要充分考虑到各种意外情况，不仅要保证应用程序的正确性，而且还应该具有较强的容错能力。这种对异常情况给予恰当处理的技术就是异常处理。

用任何一种程序设计语言设计的程序在运行时都可能出现各种意想不到的事件或异常，计算机系统对于异常的处理通常有以下两种办法：

(1) 计算机系统本身直接检测程序中的异常，遇到异常时终止程序执行。

(2) 由程序员在程序设计中加入处理异常的功能。它又可进一步区分为没有异常处理机制的程序设计语言中的异常处理和有异常处理机制的程序设计语言中的异常处理两种。

在没有异常处理机制的程序设计语言中进行异常处理，通常是在程序设计中使用像if-else 或 switch-case 语句来预设我们所能设想到的异常情况，以捕捉程序中可能发生的异常。在使用这种异常处理方式的程序中，对异常的监视、报告和处理的代码与程序中完成正常功能的代码交织在一起，即在完成正常功能的程序的许多地方插入了与处理异常有关的程序块。这种处理方式虽然在异常的发生点就可以看到程序如何处理异常，但它干扰了人们对程序正常功能的理解，使程序的可读性和可维护性下降，并且会由于人的思维限制，而常常遗漏一些意想不到的异常。

Java 语言的特色之一是异常处理机制(exception handling)。Java 语言采用面向对象的异常处理机制。通过异常处理机制，可以预防异常的程序代码或系统异常所造成的不可预期的结果发生，并且当这些不可预期的异常发生时，异常处理机制会尝试恢复异常发生前的状态或对这些异常结果做一些善后处理。通过异常处理机制，减少编程人员的工作量，增加了程序的灵活性，增强了程序的可读性和可靠性。

 ## 9.1　Java 的异常处理机制

Java 的异常处理机制可以及时有效地处理程序运行中的异常。按照这种机制，人们在程序中监视可能发生异常的程序块，一个程序中的所有异常被收集起来放到程序的某一段中处理。这就使人们不必在被监视的程序块中多处插入处理异常的代码，避免完成正常功能的程序代码与进行异常处理的程序代码分开。

9.1.1 异常处理机制的结构

Java 中引入了异常和异常类，并且定义了很多异常类。每个异常类代表一类运行问题，类中包含了该运行异常的信息和处理异常的方法等内容。每当 Java 程序运行过程中发生一个可识别的运行异常时，系统都会产生一个相应异常类的对象，并由系统中相应的机制来处理，以确保不会产生死机、死循环或其他对操作系统有损害的结果，从而保证了整个程序运行的安全性。

在 Java 程序中，当程序运行过程中发生异常时，可采用如图 9.1 所示的两种方式处理异常：一种是由 Java 异常处理机制的预设处理方法来处理，即一旦程序发生异常，程序就会被终止并显示一些异常信息给用户；另一种是使用 Java 语言提供的 try-catch-finally 语句自行处理异常。第二种方式的优点很多，其中最主要的优点是将处理异常的代码与程序代码的主线分离开来，增强了程序的可读性；其次是可减少中途终止程序运行的可能性。

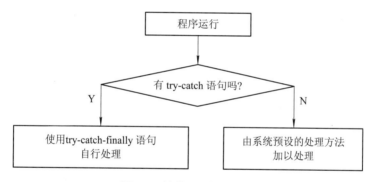

图 9.1 异常处理机制结构

🖫【示例程序 C9_1.java】 系统自动抛出异常。

```java
public    class    C9_1
{
    public    static    void    main(String[]    args)
    {
        int    a,b,c;
        a=67;      b=0;
        c=a/b;    //分母为零
        System.out.println(a+"/"+b+"="+c);
    }
}
```

该程序的运行结果如下：

Exception in thread "main" java.lang.ArithmeticException: / by zero
at ch9.C9_1.main(C9_1.java:9)

9.1.2 异常类的继承关系

在 Java 语言中所有的异常类都继承自 java.lang.Throwable 类。Throwable 类有两个直接子类：java.lang.Error、java.lang.Exception，如图 9.2 所示。

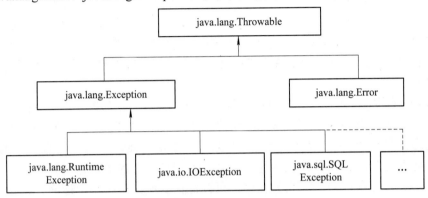

图 9.2   异常类的继承关系

Throwable 类的两个子类下有很多异常子类，每个异常类都代表了一类异常，类中包含了该异常的信息和处理异常的方法等内容。

1. Error 类

java.lang 包中的 Error 类包含 Java 系统或执行环境中发生的错误，这些错误用户程序无法处理。Error 类的继承关系如图 9.3 所示。

- java.lang.Error
  - java.lang.AssertionError
  - java.lang.LinkageError
    - java.lang.BootstrapMethodError
    - java.lang.ClassCircularityError
    - java.lang.ClassFormatError
      - java.lang.UnsupportedClassVersion
    - java.lang.ExceptionInInitializerError
    - java.lang.IncompatibleClassChangeError
      - java.lang.AbstractMethodError
      - java.lang.IllegalAccessError
      - java.lang.InstantiationError
      - java.lang.NoSuchFieldError
      - java.lang.NoSuchMethodError
    - java.lang.NoClassDefFoundError
    - java.lang.UnsatisfiedLinkError
    - java.lang.VerifyError
  - java.lang.ThreadDeath
  - java.lang.VirtualMachineError
    - java.lang.InternalError
    - java.lang.OutOfMemoryError
    - java.lang.StackOverflowError
    - java.lang.UnknownError

- java.lang. 断言错误
- java.lang. 联动错误
  - java.lang. 引导方法错误
  - java.lang. 类CircularityError
  - java.lang. 类格式错误
    - java.lang. UnsupportedClassVersionError
  - java.lang. 异常初始化错误
  - java.lang. 不兼容的ClassChangeError
    - java.lang. 抽象方法错误
    - java.lang. 非法访问错误
    - java.lang. 实例化错误
    - java.lang. NoSuchFieldError
    - java.lang. NoSuchMethodError
  - java.lang. NoClassDefFoundError
  - java.lang. 不满意的链接错误
  - java.lang. 验证错误
- java.lang. 线程死亡
- java.lang. 虚拟机错误
  - java.lang. 内部错误
  - java.lang. 内存不足错误
  - java.lang. 堆栈溢出错误
  - java.lang. 未知错误

图 9.3   Error 类的继承关系

2. Exception 类

java.lang 包中的 Exception 类及子类规定的异常是程序本身可以处理的异常。Exception 类有非常多子类。本书主要引用的子类有 IOException 类(输入输出异常类)、RuntimeException 类(运行时异常类)及 SQLException 类(数据库异常类)。

(1) java.lang 包中的 RuntimeException 类的继承关系如图 9.4 所示，其主要子类的描述如表 9.1 所示。

- ◦ java.lang.RuntimeException
  - ◦ java.lang.ArithmeticException
  - ◦ java.lang.ArrayStoreException
  - ◦ java.lang.ClassCastException
  - ◦ java.lang.EnumConstantNotPresentException
  - ◦ java.lang.IllegalArgumentException
    - ◦ java.lang.IllegalThreadStateException
    - ◦ java.lang.NumberFormatException
  - ◦ java.lang.IllegalCallerException
  - ◦ java.lang.IllegalMonitorStateException
  - ◦ java.lang.IllegalStateException
  - ◦ java.lang.IndexOutOfBoundsException
    - ◦ java.lang.ArrayIndexOutOfBoundsException
    - ◦ java.lang.StringIndexOutOfBoundsException
  - ◦ java.lang.LayerInstantiationException
  - ◦ java.lang.NegativeArraySizeException
  - ◦ java.lang.NullPointerException
  - ◦ java.lang.SecurityException
  - ◦ java.lang.TypeNotPresentException
  - ◦ java.lang.UnsupportedOperationException

- ◦ java.lang. 运行时异常
  - ◦ java.lang. 算术异常
  - ◦ java.lang. 数组存储异常
  - ◦ java.lang. ClassCastException
  - ◦ java.lang. EnumConstantNotPresentException
  - ◦ java.lang. IllegalArgumentException
    - ◦ java.lang. 非法线程状态异常
    - ◦ java.lang. NumberFormatException
  - ◦ java.lang. 非法调用者异常
  - ◦ java.lang. IllegalMonitorStateException
  - ◦ java.lang. 非法状态异常
  - ◦ java.lang. IndexOutOfBoundsException
    - ◦ java.lang. ArrayIndexOutOfBoundsException
    - ◦ java.lang. StringIndexOutOfBoundsException
  - ◦ java.lang. 层实例化异常
  - ◦ java.lang. NegativeArraySizeException
  - ◦ java.lang. 空指针异常
  - ◦ java.lang. 安全异常
  - ◦ java.lang. TypeNotPresentException
  - ◦ java.lang. 不支持的操作异常

图 9.4 RuntimeException 类的继承关系

表 9.1 Exception 类的主要子类的描述

异 常	描 述
ArithmeticException	算术条件异常，如整数除以零等
ArrayIndexOutOfBoundsException	数组索引越界异常
ArrayStoreException	数组存储异常
ClassCastException	强制类型转换异常
IllegalArgumentException	向方法传递了一个不合法或不正确的参数异常
IllegalMonitorStateException	非法监控状态异常
IllegalStateException	非法状态异常
IllegalThreadStateException	非法线程状态异常
IndexOutOfBoundsException	索引越界异常
NegativeArraySizeException	数组大小为负值异常
NullPointerException	空指针异常
NumberFormatException	数字格式异常
SecurityException	安全异常
StringIndexOutOfBoundsException	字符串索引越界异常
UnsupportedOperationException	不支持的方法异常

(2) java.io.IOException 类的继承关系如图 9.5 所示。

○ java.io.**IOException**	○ java.io。**IO异常**
○ java.io.**CharConversionException**	○ java.io。**字符转换异常**
○ java.io.**EOFException**	○ java.io。**EOF异常**
○ java.io.**FileNotFoundException**	○ java.io。**FileNotFoundException**
○ java.io.**InterruptedIOException**	○ java.io。**中断IO异常**
○ java.io.**ObjectStreamException**	○ java.io。**对象流异常**
○ java.io.**InvalidClassException**	○ java.io。**无效类异常**
○ java.io.**InvalidObjectException**	○ java.io。**无效对象异常**
○ java.io.**NotActiveException**	○ java.io。**非活动异常**
○ java.io.**NotSerializableException**	○ java.io。**NotSerializableException**
○ java.io.**OptionalDataException**	○ java.io。**可选数据异常**
○ java.io.**StreamCorruptedException**	○ java.io。**流损坏异常**
○ java.io.**WriteAbortedException**	○ java.io。**WriteAbortedException**
○ java.io.**SyncFailedException**	○ java.io。**同步失败异常**
○ java.io.**UnsupportedEncodingException**	○ java.io。**不支持的编码异常**
○ java.io.**UTFDataFormatException**	○ java.io。**UTFDataFormatException**
○ java.lang.**RuntimeException**	○ java.lang。**运行时异常**
○ java.io.**UncheckedIOException**	○ java.io。**UncheckedIOException**

图 9.5   IOException 类的继承关系

(3) java.sql.SQLException 类的继承关系如图 9.6 所示。

○ java.lang.**Throwable** (implements java.io.*Serializable*)
  ○ java.lang.**Exception**
    ○ java.sql.**SQLException** (implements java.lang.Iterable\<T\>)
      ○ java.sql.**BatchUpdateException**
      ○ java.sql.**SQLClientInfoException**
      ○ java.sql.**SQLNonTransientException**
        ○ java.sql.**SQLDataException**
        ○ java.sql.**SQLFeatureNotSupportedException**
        ○ java.sql.**SQLIntegrityConstraintViolationException**
        ○ java.sql.**SQLInvalidAuthorizationSpecException**
        ○ java.sql.**SQLNonTransientConnectionException**
        ○ java.sql.**SQLSyntaxErrorException**
      ○ java.sql.**SQLRecoverableException**
      ○ java.sql.**SQLTransientException**
        ○ java.sql.**SQLTimeoutException**
        ○ java.sql.**SQLTransactionRollbackException**
        ○ java.sql.**SQLTransientConnectionException**
      ○ java.sql.**SQLWarning**
        ○ java.sql.**DataTruncation**

图 9.6   SQLException 类的继承关系

9.2　Java 的异常处理语句

Java 语言的异常处理使用捕获异常(try、catch、finally)和抛出异常(throw、throws)来实现。

9.2.1　捕获异常的 try-catch-finally 语句

在大多数情况下，系统预设的异常处理方法只会输出一些简单的信息到显示器上，然后结束程序的执行。这样的处理方式在许多情况下并不符合我们的要求，例如，当程序运行时出现除数为零，我们希望修改除数的值，然后再接着运行。为此，Java 语言为我们提供了 try-catch-finally 语句，使用该语句我们可以明确地捕捉到某种类型的异常，并按我们的要求加以适当处理。try-catch-finally 的结构如图 9.7 所示。

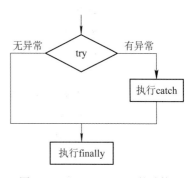

图 9.7　try-catch-finally 的结构

捕获异常的 try-catch-finally 组合语句格式如下：

```
try
{
    statements    //可能发生异常的程序代码
}
catch (ExceptionType1    ExceptionObject)
{
    Exception Handling    //处理异常的程序代码 1
}
catch(ExceptionType2        ExceptionObject)
{
    Exception Handling    //处理异常的程序代码 2
}
    ⋮
finally
{
    Finally    Handling
    //无论是否发生异常都要执行的程序代码
}
```

其中：

(1) try：将可能出现异常的程序代码放在 try 块中，对 try 块中的程序代码进行检查，可能会抛出一个或多个异常。因此，try 后面可跟一个或多个 catch。

(2) catch：其功能是捕获异常。参数 ExceptionObject 是 ExceptionType 类的对象，这是由前面的 try 语句生成的。ExceptionType 是 Throwable 类中的子类，它指出 catch 语句中所处理的异常类型。在用 catch 捕获异常的过程中，要将 Throwable 类中的异常类型和 try 语句抛出的异常类型进行比较，若相同，则在 catch 中进行处理。

(3) finally：是这个组合语句的统一出口，一般用来进行一些"善后"操作，如释放资源、关闭文件等。它是可选的部分。

💾【示例程序 C9_2.java】　使用 try-catch-finally 语句自行处理异常。

```
public    class    C9_2
{
    public    static    void    main(String    args[ ])
    {
```

```
        int a,b,c;
        a=67;    b=0;
        try
         {
             int x[ ]=new int[-5];          //异常
             c=a/b;                          //异常
             System.out.println(a+"/"+b+"="+c);
         }
        catch(NegativeArraySizeException e)          //捕捉数组大小为负值异常
         {
             System.out.println("exception: " + e.getMessage( ));
             e.printStackTrace( );
         }
        catch(ArithmeticException e)                 //捕捉算数异常
         {    System.out.println("b=0: " + e.getMessage( ));         }
        finally
         {    System.out.println("end");         }
     }
  }
```

该程序的运行结果如下：

```
exception: -5
java.lang.NegativeArraySizeException: -5
at ch9.C9_2.main(C9_2.java:11)
end
```

9.2.2 嵌套 try-catch-finally 语句

Java 语言的 try-catch-finally 语句可以嵌套，即在 try 块中可以包含另外的 try-catch-finally 语句。

🖫【示例程序 C9_3.java】 使用嵌套的 try-catch-finally 语句自行处理异常。

```
public   class   C9_3
{
    static   int   a,b,c;
    public   static   void   main(String   args[])
    {
        try
        {   a=10;    b=0;
            try
            {   c=a/b;
                System.out.println("a/b = " + c);
```

```
                }
            catch(IndexOutOfBoundsException E)
            {    System.out.println("捕捉超出索引异常…");    }
            finally
            {
                System.out.println("嵌套内层的 finally 区块");
            }
        }
    catch(ArithmeticException E)
    {    System.out.println("捕捉数学运算异常：b="+b);    }
    finally
    {
        System.out.println("嵌套外层的 finally 区块");
        if(b == 0) System.out.println("程序执行发生异常!");
        else    System.out.println("程序正常执行完毕!");
    }
        }
    }
```

该程序的运行结果如下：

```
    嵌套内层的 finally 区块
    捕捉数学运算异常：b=0
    嵌套外层的 finally 区块
    程序执行发生异常!
```

9.2.3　抛出异常的 throw 语句与 throws 语句

Java 程序运行时出现异常是系统抛出的，但编程员也可以根据实际情况在程序中抛出一个异常。在 Java 语言中，可以使用 throw 语句和 throws 语句抛出异常。

1. throw 语句

throw 语句用来明确地抛出一个异常。throw 语句的作用是改变程序的执行流程，使程序跳到相应的异常处理语句中执行。throw 语句的格式如下：

```
    throw exceptionObject
```

🖫【示例程序 C9_4.java】　使用 throw 语句抛出异常。

```
    public   class   C9_4
      {
        public static void main(String [ ] args)
        {
            try
            {    throw new NullPointerException("自编异常");    }
```

```
            catch(NullPointerException e)
        {         System.out.println("exception:"+e);        }
        }
    }
```

该程序的运行结果如下：

exception:java.lang.NullPointerException: 自编异常

2. throws 语句

在有些情况下，不需要一个方法本身来处理异常，而是希望把异常向上移交给调用这个方法的方法来处理。此时，可以通过 throws 语句来处理。

throws 语句的格式如下：

returnType methodName(para1,para2,…) throws exceptionList

【示例程序 C9_5.java】　　使用 throws 语句抛出异常。

```
public class C9_5
  {
      public static void main(String[] args)
      {
          try
          {      throwOne();        }
          catch(IllegalAccessException e)
          {        System.out.println("发生异常：  "+e);      }
      }   //main

      static void throwOne( )    throws IllegalAccessException
      {
          throw new IllegalAccessException("自编异常");
      } //throwOne
  }
```

该程序的运行结果如下：

发生异常：java.lang.IllegalAccessException:
自编异常

程序中 throwOne( )方法抛出一个 IllegalAccessException 异常，但是，该方法不处理异常，而是把异常交给了调用这个方法的 main( )方法来处理，main( )方法中的 catch 语句捕捉异常并处理了异常。

第 9 章 ch9 工程中的示例程序在 Eclipse IDE 中的位置及其关系如图 9.8 所示。

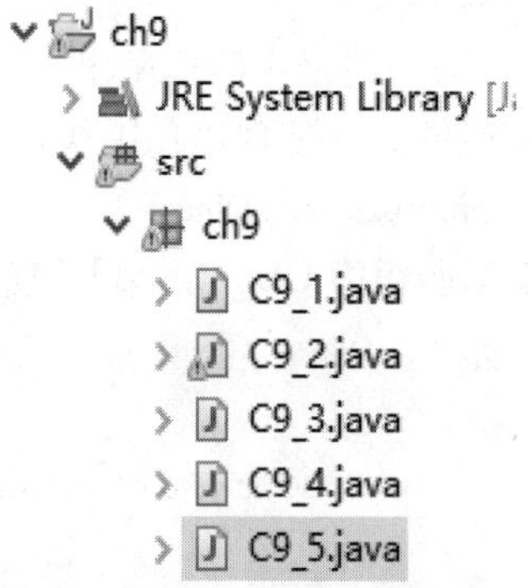

```
∨ 🗁 ch9
  > 📑 JRE System Library [J.
  ∨ 🌐 src
    ∨ 🌐 ch9
      > 🗾 C9_1.java
      > 🗾 C9_2.java
      > 🗾 C9_3.java
      > 🗾 C9_4.java
      > 🗾 C9_5.java
```

图 9.8　ch9 工程中示例程序的位置及其关系

习 题 9

9.1　什么是异常？列出五个常见的异常实例。

9.2　为什么异常处理技术优于传统的程序处理技术？

9.3　Java 程序运行过程中发生异常时，可以采用哪两种方式进行处理？

9.4　Throwable 类有两个直接子类，即 Error 类和 Exception 类。简述这两个类的功能，并说明用户可以捕捉的异常是哪个类的异常。

9.5　说明 try-catch-finally 结构的执行次序。

9.6　若 try 块未发出异常，try 块执行后，控制转向何处？

9.7　如果发生了一个异常，但没有找到适当的异常处理程序，则会发生什么情况？

9.8　若 try 语句中有多个 catch 子句，这些 catch 子句的排列次序与程序的执行效果有关吗？为什么？

9.9　使用 finally 程序块的关键理由是什么？

9.10　若同时有几个异常处理程序都匹配同一类型的引发对象，则会发生什么情况？

9.11　若在一个 catch 处理程序中不使用异常类的继承，那么如何处理具有相关类型的错误？

9.12　若一个程序引发了一个异常，并执行了相应的异常处理程序，在该异常处理程序中又引发了一个同样的异常，这会导致无限循环吗？为什么？

9.13　编写一个程序，包含一个 try 块和两个 catch 块，两个 catch 子句都有能力捕捉 try 块发出的异常。说明两个 catch 子句在排列次序不同时程序将产生怎样的输出。

9.14　说明 throw 语句与 throws 语句有什么不同。

9.15　编写程序，说明引发一个异常是否一定会导致程序终止。

9.16　编写程序，说明在一个 catch 处理程序中引发一个异常时会发生什么情况。

9.17　编写用 catch(Exception e)捕捉具有各种异常的 Java 程序。

第 10 章　输入与输出

使用任何语言编写的程序都会涉及输入/输出操作。常见的情况是输入来自键盘，而输出是到显示器。在 Java 中，把程序与不同输入/输出设备(键盘、鼠标、内存、显示器、打印机、网络等)之间的数据传输抽象为流(stream)。一个流可以理解为一个数据的序列。输入流(input stream)表示运行程序从一个源读取数据；输出流(output stream)表示运行程序向一个目标设备写入数据。程序可以通过流的方式与输入/输出设备进行数据传输。Java.io 包(输入/输出包)包含了大部分输入/输出操作需要的类，这些流类代表了输入源和输出目标。

10.1　输入/输出流(I/O 流)

I/O 流表示运行中程序的数据输入源/数据输出目标。一个流可以表示许多不同类型的源和目标，如文件、设备等，输入流和输出流的工作原理如图 10.1 所示。

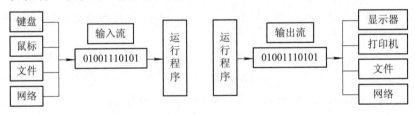

图 10.1　输入流与输出流的工作原理

Java 的输入/输出类库 java.io 包提供了若干输入流类和输出流类。利用输入流类可以建立输入流对象，利用输入流类提供的成员方法可以从输入设备上将数据读入到程序中；利用输出流类可以建立输出流对象，利用输出流类提供的成员方法可以将程序中产生的数据写到输出设备上。java.io 包的 I/O 流类大体上可分为如下几类：

(1) 字节流(byte streams)：处理原始二进制数据。

(2) 字符流(character streams)：处理字符数据，自动处理本地字符集的转换。

(3) 缓冲流(buffered streams)：通过减少对本机 API 的调用次数来优化输入和输出。

(4) 扫描和格式化(scanning and formatting)：允许程序读取和写入格式化文本。

(5) 来自命令行的 I/O(I/O from the command line)：描述了标准流和控制台对象。

(6) 数据流(data streams)：处理原始数据类型和 String 值的二进制输入/输出。

(7) 对象流(object streams)：处理对象的二进制的输入/输出。

下面将分几节介绍 I/O 流中常用的类。

10.2　Scanner 类

10.2.1　Scanner 类的继承关系与常用成员方法

Scanner 类常用于键盘的输入。Scanner 类的继承关系如下：

　　java.lang.Object

　　　　java.util.Scanner

Scanner 类的常用成员方法如表 10.1 所示。

表 10.1　Scanner 类的常用成员方法

类型	方　　法	描　　　述
void	close()	关闭此扫描仪
String	next()	读取并返回来自扫描仪的下一个完整标记(默认读到空格就结束)
String	next(String pattern)	如果下一个标记与参数指定的字符串模式匹配，则返回下一个标记
boolean	nextBoolean()	将输入的下一个标记扫描为布尔值并返回该值
byte	nextByte()	将输入的下一个标记扫描为 byte
double	nextDouble()	将输入的下一个标记扫描为 double
float	nextFloat()	将输入的下一个标记扫描为 float
int	nextInt()	将输入的下一个标记扫描为 int
short	nextShort()	将输入的下一个标记扫描为 short
long	nextLong()	将输入的下一个标记扫描为 long
String	nextLine()	扫描仪读取当前行数据，将光标定位在下一行
boolean	hasNextBoolean()	使用一个字符串"true/false"创建的大小写敏感模式，此扫描仪输入中的下一个标记可以解释为布尔值，返回 true
boolean	hasNextByte()	使用 nextByte() 方法，此扫描仪输入中的下一个标记可以解释为默认基数中的 byte 值，返回 true
boolean	hasNextDouble()	使用 nextDouble () 方法，此扫描仪输入中的下一个标记可以解释为默认基数中的 double 值，返回 true
boolean	hasNextFloat()	使用 nextFloat() 方法，此扫描仪输入中的下一个标记可以解释为默认基数中的 float 值，返回 true
boolean	hasNextInt()	使用 nextInt()方法，此扫描仪输入中的下一个标记可以解释为默认基数中的 int 值，返回 true
boolean	hasNextLine()	如果此扫描仪的输入中有另一行，则返回 true
boolean	hasNextLong()	使用 nextLong ()方法，此扫描仪输入中的下一个标记可以解释为默认基数中的 long 值，返回 true

类型	方　　法	描　　述
boolean	hasNextShort()	使用 nextShort()方法，此扫描仪输入中的下一个标记可以解释为默认基数中的 short 值，返回 true
Scanner	useLocale(Locale locale)	将此扫描仪的语言环境设置为参数指定的语言环境
Scanner	useDelimiter(String pattern)	将此扫描仪的分隔模式设置为参数指定的构造模式 String
Scanner	useDelimiter(Pattern pattern)	将此扫描仪的分隔模式设置为参数指定的模式

10.2.2　应用举例

💾【示例程序 C10_1.java】　键盘输入字符串"Java 123"，使用 next()方法的输出情况。

```java
package ch10;
import java.util.Scanner;   //导入包
public class C10_1 {
    public static void main(String[] args)
    {
        Scanner sc = new Scanner(System.in);   //从键盘接收数据
        String s=sc.next();   // next()只能获取空格之前的数据
        System.out.println(s);
        sc.close();   //关闭扫描仪
    }
}
```

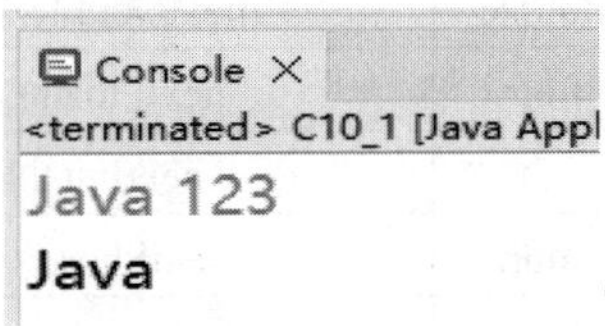

图 10.2　程序 C10_1 的运行结果

该程序运行结果见图 10.2。在该程序中，我们通过键盘输入了"Java 123"七个字符，回车后，sc.next()方法只读取了空格前的"Java"四个字符。

注意：System.in 表示标准输入流，即表示从键盘上读取数据到 sc 对象中。next()方法将空格作为分隔符，只能获取空格之前的字符，为了获得带有空格的全部字符串，需要使用 useDelimiter("\n")方法，将分隔符号指定为"回车"，空格就不会被认为是分隔符了。

💾【示例程序 C10_2.java】　键盘输入字符串"Java 123"，结合使用 useDelimiter("\n")方法和 next()方法的输出情况。

```java
import java.util.Scanner;
public class C10_2 {
    public static void main(String[] args)
    {
        Scanner sc = new Scanner(System.in);          //从键盘接收数据
        sc.useDelimiter("\n");                        //指定输入数据的分隔符为回车
        String s=sc.next();
```

```
        System.out.println(s);
        sc.close();      //关闭扫描仪
    }
}
```

该程序运行结果见图 10.3。

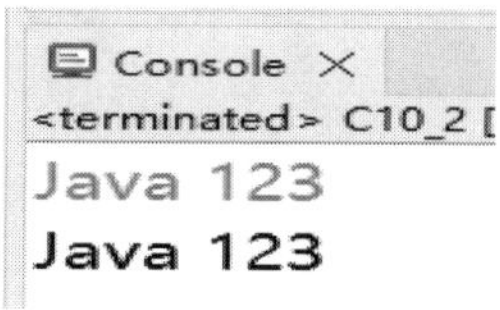

图 10.3　程序 C10_2 的运行结果

📓【示例程序 C10_3.java】　从键盘输入字符串"Java ABC"，利用 nextLine() 方法的输出情形。

```
    import java.util.Scanner;                    //导入包
    public class C10_3 {
        public static void main(String[] args)
        {
            Scanner sc = new Scanner(System.in);
            String s=sc.nextLine();              //获取一行字符串，回车作为分隔符
            System.out.println(s);
            sc.close();
        }
    }
```

该程序运行结果见图 10.4。

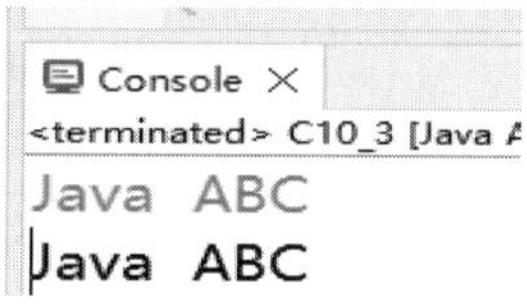

📓【示例程序 C10_4.java】　键盘输入整数和浮点数，并输出。

图 10.4　程序 C10_3 的运行结果

```
    import java.util.Scanner;
    public class C10_4 {
        public static void main(String[] args)
        {
            Scanner sc = new Scanner(System.in);   //从键盘接收数据
            int a=sc.nextInt();                    //输入整数
            float b=sc.nextFloat();                //输入单精度浮点数
            double c=sc.nextDouble();              //输入双精度浮点数
            System.out.println(a);
            System.out.println(b);        System.out.println(c);
            sc.close();
        }
    }
```

该程序运行结果见图 10.5。

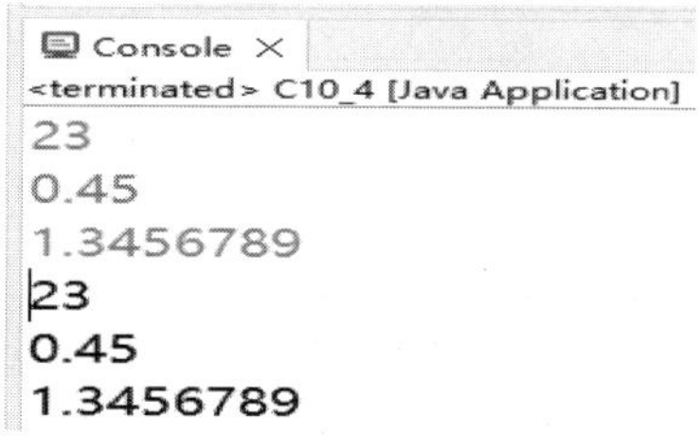

注意：Scanner 类的 next() 与 nextLine() 方法的区别。 next() 不能读取空格，碰到空格或回车符结束。nextLine() 方法能读取空格，碰到回车符结束。

图 10.5　程序 C10_4 的运行结果

10.3　字　节　流

一个字节表示 8 bit，程序中通常使用字节来读取二进制数据。字节输入流和字节输出流以字节为单位读写数据。字节输入流 InputStream 类和字节输出流 OutputStream 类是抽象类，是其他各种字节流的父类。下面分几节介绍。

10.3.1　InputStream 类

1. InputStream 类

InputStream 类是用于读取字节型数据的输入流，该类的继承及派生结构如下：

```
java.lang.Object
    java.io.InputStream
        java.io.ByteArrayInputStream      缓冲区字节输入流
        java.io.FileInputStream           字节文件输入流
        java.io.FilterInputStream         过滤器字节输入流
            java.io.BufferedInputStream
            java.io.DataInputStream
            java.io.LineNumberInputStream
            java.io.PushbackInputStream
        java.io.ObjectInputStream         对象字节输入流
        java.io.PipedInputStream          管道字节输入流
        java.io.SequenceInputStream       序列字节输入流
        java.io.StringBufferInputStream   字符缓冲区字节输入流
```

2. InputStream 类的成员方法

表 10.2 列出了 InputStream 类的常用成员方法。

表 10.2　InputStream 类的成员方法

成 员 方 法	说　　明
abstract　int　read()	读下一个字节到输入流
int　read(byte b[ ])	读输入流到 b 数组
int read(byte b[ ],int off,int len)	6 字节数组的 off 下标位置开始存储从输入流读取的最多 len 个字节的数据
void　reset()	将读取位置移至输入流标记处
long　skip(long n)	从输入流中跳过 n 个字节
int　available()	返回输入流中的可用字节个数
void　mark(int readlimit)	在输入流当前位置加上标记
boolean　markSupported()	测试输入流是否支持标记(mark)
void　close()	关闭输入流，并释放占用的所有资源

10.3.2　FileInputStream 类

文件字节输入流类 FileInputStream 是 InputStream 的子类，它可以从文件系统的某个文件中获得输入字节，把它输入到程序中。FileInputStream 类的构造方法及类的常用成员方法分别如表 10.3 和表 10.4 所示。

表 10.3　FileInputStream 类的构造方法

构 造 方 法	描　　述
FileInputStream(File file)	用指定的文件对象创建一个 FileInputStream 对象
FileInputStream(FileDescriptor fdObj)	使用指定的 fdObj 创建一个 FileInputStream 对象
FileInputStream(String name)	用指定的字符串创建一个 FileInputStream 对象

表 10.4　FileInputStream 类的常用成员方法

修饰符和类型	方　　法	描　　述
int	available()	返回输入流中的可用字节数
void	close()	关闭此文件输入流并释放与该流关联的所有系统资源
int	read()	读下一个字节到输入流，−1 表示没有读到数据
int	read(byte[] b)	读输入流到 b 数组
int	read(byte[] b,int off, int len)	b 字节数组的 off 下标位置开始存储从输入流读取的最多 len 个字节的数据开始下标位置，len 是指存储到数组的字节数
long	skip(long n)	从输入流中跳过 n 个字节

这些方法的使用步骤如下：

(1) 创建一个 FileInputStream 流对象，绑定一个数据源文件。

(2) 调用 read() 方法读取数据。

(3) 调用 close() 方法释放资源。

下面通过例子来说明这些方法的应用。

🖫【示例程序 C10_5.java】　利用 FileInputStream 类，编程实现从文件 t1.txt 中读取数据，输出到屏幕。

文件 t1.txt 的存放位置及内容如图 10.6 所示。

图 10.6　文件 t1.txt 及存放位置

```
import java.io.FileInputStream;
import java.io.IOException;
public class C10_5
 {
     public static void main(String[] args) throws IOException
      {
           FileInputStream in = null;
           try
            {
                in = new FileInputStream("F:/eclipse-workspace/ch10/src/t1.txt");
                int c;
                //输入流中读取一个字节赋给 c，读取结束时将-1 赋给 c
                while ((c= in.read())!= -1)
                    {  //先输出该字符的 ASCII 码值，再输出字符本身
                        System.out.println(c+"    "+(char)c);   }
                }
           finally
                {      in.close();       } //释放资源
           }
      }
```

该程序的运行结果见图 10.7。

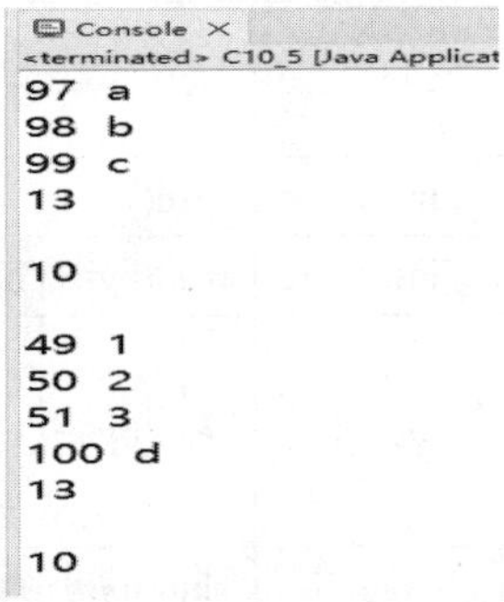

该程序通过 in 输入流调用 read()方法，读取 t1.txt 文件中的一个字节，把读取到的这个字节赋值给变量 c，如果 c 不是–1 表示读取到了内容，对读取到的内容进行输出，再接着循环，如果 c =–1 表示没有读取到数据，则循环结束。此外，为顺便了解每个字符的 ASCII 码值，我们在程序输出时，先输出该字符的 ASCII 码值，再输出字符本身。图 10.7 中的"97"是"a"的 ASCII 码值。请同学们想想，图 10.7 中的"13"和"10"分别是哪个字符的 ASCII 码值？

图 10.7　程序 C10_5 的运行结果

10.3.3　OutputStream 类

1. OutputStream 类

OutputStream 类是用于输出字节型数据的输出流类，该类的继承及派生结构如下：

```
java.lang.Object
java.io.OutputStream
     java.io.ByteArrayOutputStream        缓冲区字节输出流
     java.io.FileOutputStream             字节文件输出流
     java.io.FilterOutputStream           过滤器字节输出流
         java.io.PrintStream
```

java.io.DataOutputStream

java.io.BufferedOutputStream

java.io.ObjectOutputStream　　　对象字节输出流

java.io.PipedOutputStream　　　管道字节输出流

2. OutputStream 类的常用成员方法

表 10.5 列出了 OutputStream 类的常用成员方法。

表 10.5　OutputStream 类的常用成员方法

成 员 方 法	说　　明
abstract　void　write(int b)	写一个字节到输出流
void　write (byte b[ ])	将数组 b 中的数据顺序写到输出流
void　write (byte b[ ],int offset,int len)	将数组 b 中从 offset 位置开始的 len 个字节写到输出流
void　flush( )	刷新缓存，实际写出到文件、网络
void　close( )	关闭输出流，并释放占用的所有资源

10.3.4　FileOutputStream 类

FileOutputStream 是 OutputStream 的子类，是文件字节输出流。程序中的字节数据可以通过该流将字节数据写入某个文件中。FileOutputStream 类的构造方法及类的常用成员方法分别见表 10.6、表 10.7。

表 10.6　FileOutputStream 类的构造方法

构 造 方 法	说　　明
FileOutputStream(String name)	使用指定的字符串创建 FileOutputStream 对象
FileOutputStream(File file)	使用指定的文件对象创建 FileOutputStream 对象
FileOutputStream(FileDescriptor fdObj)	使用指定的文件描述符创建 FileOutputStream 对象

表 10.7　FileOutputStream 类的常用成员方法

成 员 方 法	说　　明
void　write(int b)	写一个字节到输出流
void　write (byte b[ ])	将 b 数组的数据顺序写到输出流
void　write (byte b[ ],int offset,int len)	将 b 数组中从 offset 位置开始的 len 个字节写到输出流
void　close( )	关闭输入/输出流，释放占用的所有资源
final　FileDescriptor getFD( )	获取与此流关联的文件描述符

这些方法的使用步骤如下：

(1) 创建一个 FileOutputStream 流对象，绑定一个目标文件。

(2) 调用 write(c) 方法写数据到目标文件。

(3) 调用 close() 方法释放资源。

下面通过几个例子来说明主要方法的应用。

【示例程序 C10_6.java】 通过键盘输入数据，利用 FileOutputStream 类将读到的数据写入文件 t2.txt 中。

```java
import java.io.FileOutputStream;
import java.io.IOException;
import java.util.Scanner;
public class C10_6
{
    public static void main(String[] args) throws IOException
    {   System.out.println("请输入数据：");
        Scanner sc= new Scanner(System.in);    // 创建键盘录入对象
        try {
                //创建输出流对象，关联t2.text 文件
                FileOutputStream fo= new FileOutputStream("t2.text");
                while (true)
                  {
                     String s1 = sc.nextLine(); //读键盘上的一行字符串
                        if (s1.equals("quit"))    //当读到quit时则退出循环
                        {
                            fo.close();    break;
                        }
                        else
                        {
                            fo.write(s1.getBytes());     //字符串转换成字节写入文件
                            fo.write("\r\n".getBytes()); //换行符转换为字节数组
                        }
                  }// endwhile
            } // endtry
        finally
            {    sc.close();    }
    }
}
```

该程序的运行结果见图 10.8。t2.txt 文件所在位置如图 10.9 所示。

图 10.8 程序 C10_6 的运行结果

名称	修改日期	类型	大小
.settings	2022/11/4 13:38	文件夹	
bin	2022/11/27 14:07	文件夹	
src	2022/11/27 14:07	文件夹	
temp	2022/11/27 11:48	文件夹	
.classpath	2022/11/4 13:38	CLASSPATH 文件	1 KB
.project	2022/11/4 13:38	PROJECT 文件	1 KB
t2.text	2022/11/16 18:54	TEXT 文件	1 KB

> 此电脑 > 文档 (F:) > eclipse-workspace > ch10 >

图 10.9　t2.txt 文件所在位置

10.4　字　符　流

在第 2 章中我们已经讲过："符号是构成语言和程序的基本单位。Java 语言不采用通常计算机语言系统所采用的 ASCII 代码集，而是采用更为国际化的 Unicode 字符集。" ASCII 字符集是以一个字节(8 bit)表示一个字符，所以在采用的 ASCII 代码集的语言系统中，char 类型的每个字符占 1 个字节，也可以说一个字符就是一个字节。而 Java 采用 unicode 编码，用两个字节(16 bit)表示一个字符，char 类型的每个字符占 2 个字节，也就是说在 Java 中每两个字节被认为是一个字符。所以采用 unicode 编码的语言系统中字节与字符是不一样的。为了实现与其他程序语言及不同平台之间交互，Java 提供了 16 位的数据流(字符流)处理方案。字符流分为输入字符流和输出字符流，分别对应 Reader 和 Writer 类。下面分几个小节进一步介绍字符流。

10.4.1　Reader 类和 Writer 类

Reader 类和 Writer 类是抽象类，是字符流的父类。Reader 类和 Writer 类的继承结构如下：

```
java.io.Reader (implements java.io.Closeable, java.lang.Readable)
    java.io.BufferedReader
        java.io.LineNumberReader
    java.io.CharArrayReader
    java.io.FilterReader
        java.io.PushbackReader
    java.io.InputStreamReader
        java.io.FileReader
    java.io.PipedReader
    java.io.StringReader


java.io.Writer (implements java.lang.Appendable, java.io.Closeable, java.io.Flushable)
    java.io.BufferedWriter
```

java.io.CharArrayWriter

java.io.FilterWriter

java.io.OutputStreamWriter

　　java.io.FileWriter

java.io.PipedWriter

java.io.PrintWriter

java.io.StringWriter

Reader 类和 Writer 类的常用成员方法分别见表 10.8 和表 10.9。

表 10.8　Reader 类的常用成员方法

成 员 方 法	说　明
abstract　void　close()	关闭输入流，并释放占用的所有资源
void　mark(int readlimit)	标记流中的当前位置
boolean　markSupported()	测试此流是否支持标记(mark)
int　read()	读取单个字符到输入流
Int　read(char[] cbuf)	读输入流数据到 cbuf 数组
abstract　int read(char[ ] cbuf,int offset,int len)	cbuf 字符数组 off 下标位置开始存储从输入流读取的最多 len 个字符数据
void　reset()	重置流
long　skip(long n)	跳过 n 个字符
boolean　ready()	测试输入流是否准备好等待读取

表 10.9　Writer 类的常用成员方法

成 员 方 法	说　明
abstract　void close()	关闭输出流，并释放占用的所有资源
void　write(int c)	写单个字符到输出流
void　write (char[ ] cbuf)	将 cbuf 数组的数据顺序写到输出流
abstract　void write (char[ ] cbuf,int offset,int len)	将 cbuf 数组中从指定位置 offset 开始的 len 个字符写到输出流
void　write(String str)	将 str 字符串顺序写到输出流
void　write (String str,int offset,int len)	将 str 字符串中从指定位置 offset 开始的 len 个字符写到输出流
abstract　void　flush()	刷新缓存，实际写到文件、网络

10.4.2　FileReader 类和 FileWriter 类

FileReader 类是 Reader 的子类，是文件字符输入流。通过该流可以将某个文件中的数据按字符方式读到运行的程序中。FileWriter 类是 Writer 的子类，是文件字符输出流。程序中的字符数据可以通过该流将字符数据写入某个文件中。FileReader 类和 FileWriter 类常用的构造方法分别如表 10.10 和表 10.11 所示，它们创建的对象可以使用 Reader 类和 Writer

类提供的成员方法，完成字符输入流和输出流的操作。

表 10.10　FileReader 类常用的构造方法

构 造 方 法	说　　明
FileReader (File　file)	用 File 对象来构造 FileReader
FileReader (FileDescriptor　fd)	用文件描述符构造 FileReader
FileReader (String　fileName)	用文件的路径名来构造 FileReader

表 10.11　FileWriter 类常用的构造方法

构 造 方 法	说　　明
FileWriter (File　file)	用 File 对象来构造 FileWriter，写数据时，从文件开头开始写起，会覆盖原文件中以前的数据
FileWriter (FileDescriptor　fd)	用文件描述符来构造 FileWriter
FileWriter(File file, boolean append)	用 File 对象构造，如果第二个参数为 true 的话，表示以追加的方式写数据，从文件尾部开始写起
FileWriter (String　fileName)	用文件的路径名来构造 FileWriter
FileWriter(String fileName, boolean append)	用文件路径名来构造 FileWriter，如果第二个参数为 true 的话，表示以追加的形式写入文件

下面通过几个例子来说明主要方法的应用。

【示例程序 C10_7.java】利用 FileWriter 类实现将程序中的字符串存储到文件 t3.txt。

```java
import java.io.FileWriter;
import java.io.IOException;
public class C10_7
{
    public static void main(String[] args) throws IOException
    {
        String filepath = "t3.txt";
        FileWriter fileWriter = null;
        try {
            fileWriter = new FileWriter(filepath);
            fileWriter.write("程序设计"); fileWriter.write("Java");
            fileWriter.write("计算机软件", 0, 2);
            char[] chars = {'C', 'P', 'U'};
            fileWriter.write(chars, 0, 2);    fileWriter.write(chars);
        }
        finally
        {    fileWriter.close();    }
    }
}
```

该程序的运行结果见图 10.10。t3.txt 文件的存储位置如图 10.11 所示。

图 10.10　程序 C10_7 的运行结果

名称	修改日期	类型	大小
.settings	2022/11/4 13:38	文件夹	
bin	2022/11/27 14:07	文件夹	
src	2022/11/27 14:07	文件夹	
temp	2022/11/27 11:48	文件夹	
.classpath	2022/11/4 13:38	CLASSPATH 文件	1 KB
.project	2022/11/4 13:38	PROJECT 文件	1 KB
t2.text	2022/11/16 18:54	TEXT 文件	1 KB
t3	2022/11/18 11:40	文本文档	1 KB

此电脑 › 文档 (F:) › eclipse-workspace › ch10 ›

图 10.11　t3.txt 文件的存储位置

【示例程序 C10_8.java】　利用 FileReader 实现读取文件 t3.txt 的字符数据，并显示在屏幕上。

```java
import java.io.FileReader;
import java.io.IOException;
public class C10_8 {
    public static void main(String[] args) throws IOException
    {   FileReader in = null;
        try {
            in = new FileReader("t3.txt");
            int c;
            System.out.println("读取到的内容是：");
            while ((c = in.read()) != -1)
            {   System.out.print((char)c);    }
        }
        finally
        {   in.close();   }
    }
}
```

该程序的运行结果见图 10.12，其中左图是 t3.txt 文件的数据，右图是运行结果。

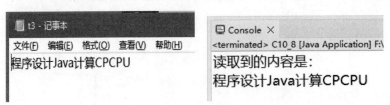

图 10.12　程序 C10_8 的运行结果

10.5　文件/目录的基本操作

在计算机系统中，需要长期保留的数据是以文件的形式存放在磁盘等外部存储设备中的。文件的最基本操作包括创建文件、查找文件、打开或关闭文件、删除文件、读/写文件、设置文件的读写位置等。目录作为管理文件的特殊机制，可以对文件实施有效的管理，提高文件的存取速度、方便用户对文件的操作。一个目录包含文件和目录。同类文件保存在同一目录下可以简化文件的管理，提高工作效率。本节介绍 Java 对文件与目录的基本操作。

10.5.1　File 类

java.io.File 类的父类是 java.lang.Object。File 类以抽象的方式代表文件名和目录路径名，是专门用来管理磁盘文件和目录的。每个 File 类的对象表示一个文件或目录，其对象属性中包含了文件或目录的相关信息，如文件或目录的名称、文件的长度、目录中所含文件的个数等。该类主要用于文件和目录的创建、查找、删除等操作。File 类的构造方法如表 10.12 所示，File 类的常用成员方法见表 10.13。

表 10.12　File 类的构造方法

构　造　器	描　　　述
File(File parent, String child)	从父抽象路径名和子路径名字符串创建一个 File 对象
File(String pathname)	通过将给定的路径名字符串转换为抽象路径名来创建一个 File 对象
File(String parent,String child)	从父路径名字符串和子路径名字符串创建一个 File 对象
File(URI uri)	通过将给定的 file：URI 转换为抽象路径名来创建一个 File 对象

表 10.13　File 类的常用成员方法

成　员　方　法	说　　　明
boolean　canRead()	测试应用程序是否可以读取此抽象路径名表示的文件
boolean　canWrite()	测试应用程序是否可以修改此抽象路径名表示的文件
boolean　delete()	删除此抽象路径名表示的文件或目录
boolean　exists()	测试此抽象路径名表示的文件或目录是否存在
String　getAbsolutePath()	获取并返回抽象路径名的绝对路径名字符串
String　getName()	获取并返回由此抽象路径名表示的文件或目录的名称
String　getParent()	获取并返回此抽象路径名的父路径名的路径名字符串，如果此路径名没有指定父目录，则返回 null
String　getPath()	将此抽象路径名转换为路径名字符串
boolean　isDirectory()	测试此抽象路径名表示的文件是否一个目录
boolean　isFile()	测试此抽象路径名表示的文件是否一个标准文件

续表

成 员 方 法	说　　明
long　length()	返回由此抽象路径名表示的文件的长度
String[ ]　list(Filename filter)	返回由包含在目录中的文件和目录的名称所组成的字符串数组，这一目录是通过满足指定过滤器的抽象路径名来表示的
String[ ] list()	返回由此抽象路径名所表示的目录中的文件和目录的名称所组成字符串数组
boolean　mkdir()	创建此抽象路径名指定的目录
boolean　mkdirs()	创建此抽象路径名指定的目录，包括创建必需但不存在的父目录
boolean　renameTo(File dest)	重新命名此抽象路径名表示的文件
File[] listFiles()	返回一个抽象路径名数组，这些路径名表示此抽象路径数组名所表示目录中的文件
String　toString()	返回此抽象路径名的路径名字符串

下面通过几个例子来说明其中部分方法的应用。

📖【示例程序 C10_9.java】　　获取文件 C10_8.java 的文件名、长度、大小等特性。

```java
import java.io.File;
import java.io.IOException;
import java.sql.Date;
import java.util.Scanner;
public class C10_9 {
    public static  void  main(String  args[ ]) throws IOException
    {
        String  spath;
        System.out.println("请输入数据：");
        Scanner sc= new Scanner(System.in);   // 创建键盘录入对象
        try{
            System.out.print("请输入相对或绝对路径:  ");
            spath = sc.nextLine(); //读取输入
            File f = new  File(spath);
            System.out.println("路径: "+f.getParent( ));
            System.out.println("档案: "+f.getName( ));
            System.out.println("绝对路径: "+f.getAbsolutePath( ));
            System.out.println("文件大小: "+f.length( ));
            System.out.println("是否为文件: "+(f.isFile( )?"是":"否"));
            System.out.println("是否为目录: "+(f.isDirectory( )?"是":"否"));
            System.out.println("是否为隐藏: "+(f.isHidden( )?"是":"否"));
            System.out.println("是否可读取: "+(f.canRead( )?"是":"否"));
            System.out.println("是否可写入: "+(f.canWrite( )?"是":"否"));
```

```
                System.out.println("最后修改时间: "+new Date(f.lastModified( )));
        }
    finally
        {     sc.close( );     }
    }
}
```

该程序运行时的输入(用绝对路径)及运行结果见图 10.13。

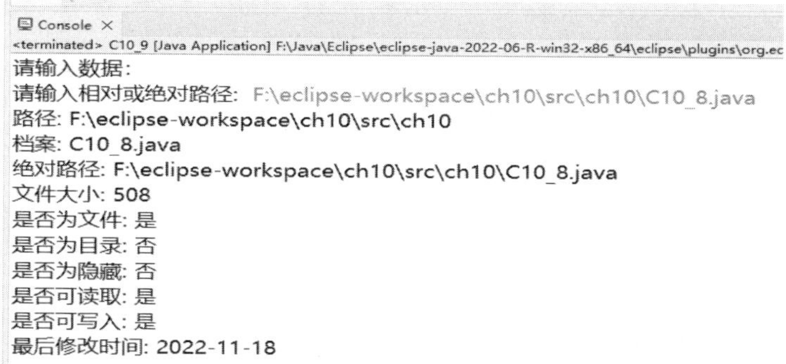

```
Console ×
<terminated> C10_9 [Java Application] F:\Java\Eclipse\eclipse-java-2022-06-R-win32-x86_64\eclipse\plugins\org.ec
请输入数据:
请输入相对或绝对路径: F:\eclipse-workspace\ch10\src\ch10\C10_8.java
路径: F:\eclipse-workspace\ch10\src\ch10
档案: C10_8.java
绝对路径: F:\eclipse-workspace\ch10\src\ch10\C10_8.java
文件大小: 508
是否为文件: 是
是否为目录: 否
是否为隐藏: 否
是否可读取: 是
是否可写入: 是
最后修改时间: 2022-11-18
```

图 10.13　程序 C10_9 的运行结果

【示例程序 C10_10.java】 显示"F:\eclipse-workspace\ch10"文件夹的内容。

```java
import java.io.File;
import java.util.Date;
public   class   C10_10
{    public static void main(String args[ ])
    {
        File ListFile[ ];
        long totalSize=0;
        int    FileCount=0,DirectoryCount=0;
        File f=new File("F:\eclipse-workspace\ch10");     //生成 File 对象
        System.out.println("目录: "+f.getParent( )+"\n");
        if(f.exists( ) != true)                            //若文件不存在则结束程序
        {   System.out.println(f.getPath( )+"不存在!");
            return;      }
        if(f.isDirectory( ))                               //若路径为目录
         { ListFile=f.listFiles( );                        //取得文件列表
            for(int i=0;i<ListFile.length;i++)
            {    System.out.print((ListFile[i].isDirectory( )?"D":"X") + "   ");
                System.out.print(new Date(ListFile[i].lastModified( )) + "   ");
                System.out.print(ListFile[i].length( ) + "   ");
                System.out.print(ListFile[i].getName( ) + "\n");
                if(ListFile[i].isFile( ))FileCount++;      //计算文件数
```

```
        else    DirectoryCount++;                    //计算目录数
        totalSize =totalSize+ListFile[i].length( );  //计算文件总字节数
    }//for
    System.out.println("\n\t\t 目录数: "+DirectoryCount);
    System.out.println("\t\t 文件数: "+FileCount);
    System.out.println("\t\t 总字节: "+totalSize);
}
else        //路径为文件时
{   System.out.print((f.isDirectory( )?"D":"X")+"    ");
    System.out.print(new Date(f.lastModified( ))+"    ");
    System.out.print(f.length( )+"    ");
    System.out.print(f.getName( )+"\n");
    FileCount++;
    totalSize=totalSize+f.length( );
    System.out.println("\n\t\t 目录数: "+DirectoryCount);
    System.out.println("\t\t 文件数: "+FileCount);
    System.out.println("\t\t 总字节: "+totalSize);
}
    }
}
```

该程序的运行结果见图 10.14，其中左图为运行结果，右图是文件夹目录。

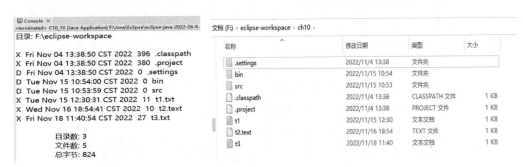

图 10.14　程序 C10_10 的运行结果

10.5.2　File 类配合字节流完成文件的读/写操作

利用字节文件输入流读取文件由以下四步完成：
(1) 创建或绑定一个数据源文件：File filePath=new File(本地路径)。
(2) 建立数据的输入通道：FileInputStream in=new FileInputStream(filePath)。
(3) 读取文件中的数据：in.read()。
(4) 释放资源：close()。
同样，利用字节文件输出流写入文件由以下四步完成：

(1) 绑定一个数据源文件：File filePath=new File(本地路径)。

(2) 建立数据的输出通道：FileOutputStream out=new FileOutputStream(filePath)。

(3) 写入数据到文件：out.write()。

(4) 释放资源：close()。

下面通过例子来说明。

【示例程序 C10_11.java】 直接利用 FileInputStream 类和 FileOutputStream 类完成从键盘读入数据写入文件中，再从写入的文件中读出数据打印到屏幕上的操作。

```java
import java.io.File;
import java.io.FileInputStream;
import java.io.FileNotFoundException;
import java.io.FileOutputStream;
import java.io.IOException;public
class   C10_11
{
 public   static   void   main(String [ ]   args)
  {
    char   c;
    int   c1;
    File   filePath=new   File("temp");        //在当前目录下创建目录，也可用绝对目录
    if(!filePath.exists( ))filePath.mkdir( );     //若目录不存在，则创建之
    File fl=new File(filePath,"d1.txt");        //在指定目录下创建文件类对象
    try {
       FileOutputStream   fout=new   FileOutputStream(fl);
       System.out.println("请输入字符,输入结束按# :");
       //从键盘缓冲区中读取一个字节,返回该字节的 ASCII 码，并写入 d1.txt 文件
        while((c=(char)System.in.read( ))!='#')
          {   fout.write(c);   }
       fout.close( );                        //关闭文件输出流对象
       System.out.println("\n 打印从磁盘读入的数据");
       FileInputStream fin=new FileInputStream(fl);
       while((c1=fin.read( ))!=-1)            //读取 d1.txt 文件的数据
          System.out.print((char)c1);        //输出 d1.txt 文件的数据到屏幕上
       fin.close( );                         //关闭文件输入流对象
      } //try 结束
    catch(FileNotFoundException e) {   System.err.println(e); }
    catch(IOException e){   System.err.println(e);   }
   } //main( )结束
  }  //class C10_11 结束
```

该程序的运行结果见图 10.15。可以看到：第一行的结果是"12345"，第二行的结果是

"abcd"。图 10.16 是程序运行后生成的文件夹"temp"所在的位置；图 10.17 是在"temp"文件夹下生成的 d1.txt 文件的位置及 d1.txt 文件中的数据。

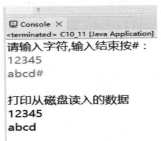

图 10.15　程序 C10_11 的运行结果

图 10.16　生成了一个新的文件夹"temp"

图 10.17　d1.txt 文件的位置及文件中的数据

10.5.3　File 类配合字符流完成文件的读/写操作

利用字符文件输入流读取文件由以下四步完成：

(1) 创建或绑定一个数据源文件：File filePath=new File(本地路径)。

(2) 建立数据的输入通道：FileReader in=new FileReader (filePath)。

(3) 读取数据：in.read()。

(4) 释放资源：close()。

同样，利用字符文件输出流写入文件由以下四步完成：

(1) 绑定一个数据源文件：File filePath=new File(本地路径)。

(2) 建立数据的输出通道：FileWriter out=new FileWriter (filePath)。

(3) 写入数据：out.write()。

(4) 释放资源：close()。

下面通过例子来说明。

📘【示例程序 C10_12.java】　将 data1.txt 文件复制到 data2.txt 文件中。

```java
import java.io.File;
import java.io.FileReader;
import java.io.FileWriter;
import java.io.IOException;
public class C10_12 {
    public static void main(String[] args) throws IOException {
        FileReader inStream = null;
        FileWriter outStream = null;
        try {
            String pth="F:/eclipse-workspace/ch10/src";
            //在指定的文件夹绑定读取的 data1.txt 数据文件
            File  fPath=new  File(pth,"data1.txt");
            File fl=new File(pth,"data2.txt");     //在指定的文件夹建立要写入的 data2.txt 文件
            inStream = new FileReader(fPath);      //创建读取字符流对象
            outStream = new FileWriter(fl);        //创建写入字符流对象
            int c;
            while ((c = inStream.read()) != -1)    //读写操作
                {   outStream.write(c);        }
        } //try
        finally
            {   inStream.close();                  //释放资源
                outStream.close();                 //释放资源
            }
    }
}
```

图 10.18 是在程序运行前，F:\eclipse-workspace\ch10 文件夹下的 data1.txt 文件的位置及其存储的数据；图 10.19 是程序运行后的结果。可以看到，在上述文件夹下新建立了 data2.txt 文件，并将 data1.txt 文件的内容复制到了 data2.txt 文件中。

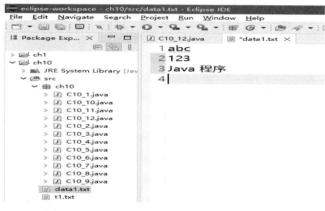

图 10.18　data1.txt 文件的位置及其存储的数据

图 10.19　data2.txt 文件的位置及其存储的数据

10.5.4　随机访问文件

前面介绍的文件存取方式属于顺序存取，即只能从文件的起始位置向后顺序读/写。java.io 包提供的 RandomAccessFile 类是随机文件访问类，该类的对象可以引用与文件位置指针有关的成员方法读/写任意位置的数据，实现对文件的随机读/写操作。文件的随机存取要比顺序存取更加灵活。随机访问一个文件，需要打开该文件，查找特定位置，并对该文件进行读写。下面针对随机访问文件做进一步介绍。

1. java.io.RandomAccessFile 类的构造方法

java.io.RandomAccessFile 类的构造方法有以下两种：

(1) RandomAccessFile(String name, String mode)：创建一个随机访问文件流，从参数 name 指定名称的文件中读取或可选地写入文件；参数 mode 指定打开文件的访问模式，它允许的模式及其含义见表 10.14。

(2) RandomAccessFile(File f, String mode)：创建一个随机访问文件流，从参数 f 指定的文件中读取或可选地写入该文件；参数 mode 的含义同上。

表 10.14　打开文件的访问模式

模式	含　　义
"r"	以只读方式打开指定文件。调用 write 结果对象的任何方法都将导致 IOException 抛出
"rw"	以读、写方式打开指定文件。如果该文件尚不存在，则尝试创建该文件
"rws"	以读、写方式打开指定文件，相对于"rw"模式，此模式还要求将文件的内容或元数据的每次更新都同步写入底层存储设备
"rwd"	以读、写方式打开指定文件，相对于"rw"模式，此模式还要求将文件内容的每个更新都同步写入底层存储设备

2. RandomAccessFile 类中的常用成员方法

RandomAccessFile 类中的常用成员方法见表 10.15。

表 10.15　RandomAccessFile 类中的常用成员方法

成　员　方　法	说　　明
long　getFilePointer()	取得文件的指针
long　length()	以字节为单位获取文件的大小
int　read()	自输入流中读取一个字节
int　read(byte b[ ])	将输入的数据存放在指定的 b 字节数组中
int　read(byte b[ ],int offset,int len)	自输入流的 offset 位置开始读取 len 个字节并存放在指定的 b 数组中
void　write(int b) throws IOException	写一个字节
void　write (byte b[ ])	写一个字节数组
void　write (byte b[ ],int offset,int len)	将 b 字节数组中从 offset 位置开始的长度为 len 个字节的数据写到输出流中
void　close()	关闭数据流
void　seek(long pos)	将文件位置指针置于 pos 处，pos 以字节为单位

3．对文件位置指针的操作

RandomAccessFile 类的对象支持对随机访问文件的读写。文件指针可以通过 getFilePointer 方法读取，并通过 seek 方法设置。输入操作从文件指针处开始读取字节，并使文件指针向前移动到超过所读取的字节。如果随机访问文件是在读写模式下创建的，那么输出操作也可用。输出操作从文件指针开始写入字节，并使文件指针向前移动到超过写入的字节。

RandomAccessFile 类对象的文件位置指针的操作遵循以下规则：

(1) 新建 RandomAccessFile 对象文件位置指针位于文件的开头处。

(2) 每次读/写操作之后，文件位置指针都后移相应个读/写的字节数。

(3) 利用 seek( )方法可以移动文件位置指针到一个新的位置。

(4) 利用 getPointer( )方法可获得本文件当前的文件位置指针。

(5) 利用 length( )方法可得到文件的字节长度。利用 getPointer( )方法和 length( )方法可以判断是否已读取到文件尾部。

下面通过例子来说明。

💾【示例程序 C10_13.java】　从键盘输入五个整数并写入 F:/eclipse-workspace/ch10\ t4.txt 中，再从这个文件中随机读出其中的某个数(由键盘输入确定)，将它显示在屏幕上，同时允许用户对这个数进行修改。

```
import java.io.File;
import java.io.IOException;
import java.io.RandomAccessFile;
import java.util.Scanner;
public class C10_13 {
  public  static void  main(String[]  args) throws IOException
    {  int  num,a;  long fp;
```

```java
        Scanner sc = new Scanner(System.in);                //键盘输入
        String pth="F:/eclipse-workspace/ch10";
        RandomAccessFile rf =null;
        try {
            File file = new File(pth,"t4.txt");              //建立随机存取文件
            if(!file.exists()){        file.createNewFile();        }
            rf = new RandomAccessFile(file, "rw");           //以读写方式打开文件
            System.out.println("文件指针位置"+rf.getFilePointer());
            System.out.println("请输入五个整数，每个数占一行");
            int b[ ]=new int[5];                             //存放键盘读到的 5 个数据的数组
            for(int i=0;i<5;i++)
                {
                    System.out.print("第" + (i+1)+"个数     ");
                    b[i]=Integer.parseInt(sc.nextLine());    //将键盘输入的字符转换成整数
                    rf.writeInt(b[i]);                       //写入文件
                }//for
            while(true)
                {
                    rf.seek(0);                              //移动文件指针到文件头
                    System.out.print("请输入要显示第几个数(1-5)：");
                    num=Integer.parseInt(sc.nextLine()); //读入序号
                    num=num-1;
                    fp=(num)*4;                              //每个整数 4 个字节，计算移动位数
                    rf.seek(fp);                             //移动文件指针到要显示数的首位
                    a=rf.readInt( );
                    System.out.println("第"+(num+1)+"个数是: "+a);
                    System.out.print("改写此数");
                    b[num]=Integer.parseInt(sc.nextLine());
                    fp=num*4; rf.seek(fp);
                    rf.writeInt(b[num]);                     //写入文件
                    System.out.print("继续吗?(y/n) ");
                    if((sc.nextLine()).equals("n"))    break;
                } // while
        }//try
        finally
            {   rf.close();     sc.close();     }            //释放资源
        System.out.println("end");
    }//main
}
```

该程序的运行结果见图 10.20。程序运行后产生的 t4.txt 文件的存储位置见图 10.21。

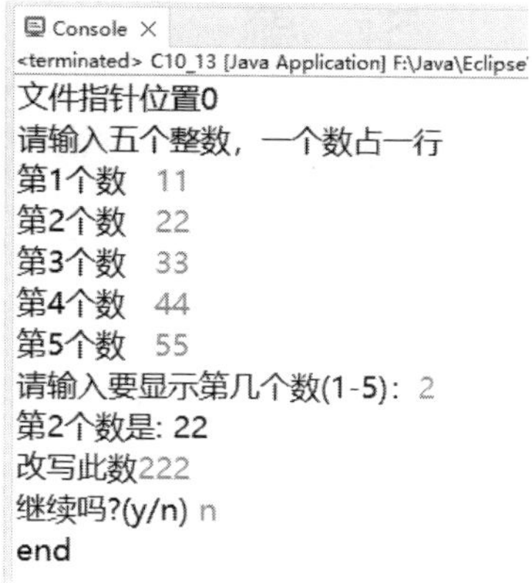
Console
<terminated> C10_13 [Java Application] F:\Java\Eclipse
文件指针位置0
请输入五个整数，一个数占一行
第1个数 11
第2个数 22
第3个数 33
第4个数 44
第5个数 55
请输入要显示第几个数(1-5)：2
第2个数是: 22
改写此数222
继续吗?(y/n) n
end

图 10.20　程序 C10_13 运行结果

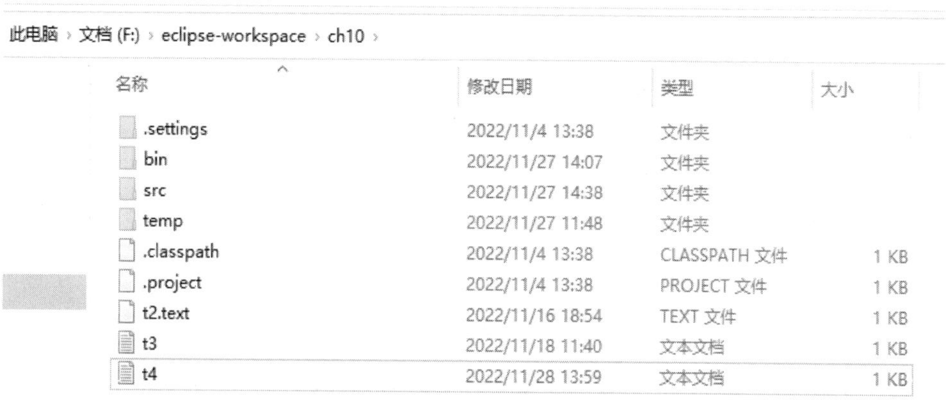
此电脑 › 文档 (F:) › eclipse-workspace › ch10 ›
名称　修改日期　类型　大小
.settings　2022/11/4 13:38　文件夹
bin　2022/11/27 14:07　文件夹
src　2022/11/27 14:38　文件夹
temp　2022/11/27 11:48　文件夹
.classpath　2022/11/4 13:38　CLASSPATH 文件　1 KB
.project　2022/11/4 13:38　PROJECT 文件　1 KB
t2.text　2022/11/16 18:54　TEXT 文件　1 KB
t3　2022/11/18 11:40　文本文档　1 KB
t4　2022/11/28 13:59　文本文档　1 KB

图 10.21　t4.txt 文件的存储位置

第 10 章 ch10 工程中示例程序在 Eclipse IDE 中的位置及其关系见图 10.22。

Package Exp...
ch1
ch10
JRE System Library [Jav
src
ch10
C10_1.java
C10_10.java
C10_11.java
C10_12.java
C10_13.java
C10_2.java
C10_3.java
C10_4.java
C10_5.java
C10_6.java
C10_7.java
C10_8.java
C10_9.java
data1.txt
t1.txt

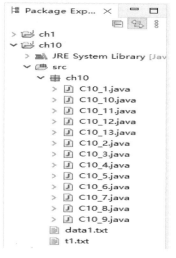

图 10.22　ch10 工程中示例程序的位置及其关系

习 题 10

10.1　简述输入流、输出流、字节流、字符流、目录及文件的基本操作。

10.2　编写程序，用字节流方式从键盘输入英语短文，将此短文中两个或多个连续的空格删除，使句子与句子之间只保持一个空格或无空格，将修改后的短文用字节流的方式输出到屏幕上。

10.3　修改 10.2 题，用字符流方式实现该短文的输入和输出。

10.4　计算 Fibonacii 数列的前 20 项，并用字节流方式输出到一个文件，要求每 5 项排成 1 行。

10.5　将 10.4 题写入的文件读出，并用字符流方式输出到屏幕上。

10.6　编写一个程序，实现当用户输入的文件名不存在时，可以重新输入，直到输入一个正确的文件名后，打开这个文件并将文件的内容输出到屏幕上。

10.7　建立一个文本文件，输入英语短文。编写一个程序，统计该文件中英文字母的个数，并将结果写入一个文本文件。

10.8　编写一个程序，将 Fibonacii 数列的前 20 项写入一个随机访问文件，然后从该文件中读出第 1、3、5 等奇数位置上的项并将它们依次写入另一文件。

10.9　建立一个学生成绩文本文件，其中包括学号、姓名、年龄、英语和计算机成绩字段及 5 个学生的记录(自己设计)。编写程序读入学生成绩文件，并将第三个学生的成绩修改，再将修改后的文件内容输出到另一个文本文件中。

10.10　使用 File 对象编写显示用户指定目录及其子目录中文件的程序。

10.11　建立一个文本文件，输入学生三门课的成绩。编写一个程序，读入这个文件中的数据，输出每门课的成绩的最小值、最大值和平均值。

10.12　如果忘记关闭打开的文件，将发生什么情况?

10.13　判断下面的陈述是否正确。若不正确，请说明为什么。

(1) 编程人员必须从外部创建 System.in、System.out 和 System.err。

(2) InputStream 类是输入流类，是所有字符输入流类的父类。

(3) 在一个顺序存取文件中，如果文件位置指针要指向一个文件开始位置以外的地方，就必须关闭该文件，然后再重新打开它并从文件开始位置读。

(4) FileOutputStream 类是文件输出流类，用于输出字符数据。

(5) 在随机访问文件中，不用搜索全部记录就可以找到一个指定的记录。

(6) 随机访问文件中所有记录的长度都必须一致。

(7) seek 方法必须搜索相对于文件开始位置的位置。

第 11 章　GUI 设计概述及布局管理

用户界面(user interface)是计算机的使用者(用户)与计算机系统交互的接口,用户界面的功能是否完善、使用是否方便,直接影响着用户对应用软件的使用。因此,设计和构造用户界面,是软件开发中的一项重要工作,是应用软件开发人员的必修课之一。

11.1　GUI 的基础包

图形用户界面(graphics user interface,GUI)就是采用图形方式,借助菜单、按钮等标准界面元素和键盘鼠标操作,实现人机交互,帮助用户方便地向计算机系统发出命令、启动操作,并将系统运行的结果同样以图形的方式显示给用户,使一个应用程序具有画面生动、操作简便的效果,省去了字符命令界面中用户必须记忆各种命令的麻烦,深受广大用户的喜爱和欢迎,已经成为目前几乎所有应用软件的既成标准。

11.1.1　Java 图形界面的元素

Java 中构成图形用户界面的各种元素,称为组件(component)。组件分为容器(container)类和非容器类组件两大类。下面给予简略说明。

1. 非容器类组件

非容器类组件不能独立存在,必须放在容器组件内使用。常用的非容器类组件主要包括:选择类的单选按钮、复选按钮、下拉列表等;文字处理类的文本框和文本区域等;命令类的按钮、菜单等。

2. 容器组件

容器组件是可以包含组件和其他容器的组件。容器中有一个布局管理器,用于管理组件在容器中的可视化位置。我们可以通过容器组件简化图形界面的设计,以整体结构来布置界面。一个应用程序的图形用户界面一般都对应于一个复杂的容器组件,例如,一个窗体容器组件内部可以包含许多界面成分和元素,其中某些界面元素本身也可能又是一个容器组件,这个容器组件再进一步包含它的界面成分和元素,依此类推就构成一个复杂的整体图形界面。

11.1.2　构建 GUI 的 Java 包

AWT(java.awt)包和 Swing(javax.swing)包是 Java 为 GUI 设计提供的一组用于构建图形

用户界面 (GUI) 以及向 Java 应用程序添加丰富的图形功能和交互性的工具类库。

抽象窗口工具集(Abstract Window Toolkit，AWT)是 JDK 1.0 版本提供的抽象视窗工具包，包含用于创建用户界面和绘制图形和图像的所有类。它将处理用户界面的任务交给操作系统，由底层平台负责创建图形界面元素，AWT 组件构建的 GUI 程序受操作系统的影响，有时会使得图形界面的跨平台操作出现问题。为了解决 AWT 包存在的问题，Java 在 JDK1.2 版本引入了 javax.swing 包对 AWT 包进行改进和扩展。Swing 包保留了 AWT 的颜色、字体、事件处理等功能，构建了在 AWT 包上的一组新的 GUI 组件集合。Swing 包提供了一系列丰富的 GUI 组件，如表控件、列表控件、树控件、按钮和标签等，用来构造应用程序的图形界面，大大增加了程序的可交互性。

AWT 组件类与 Swing 组件类的继承关系如图 11.1 所示。java.awt.Component 抽象类是许多容器类的父类，Component 抽象类中封装了容器通用的方法和属性，如图形的容器对象、大小、显示位置、前景色和背景色、边界、可见性等。java.awt.Container 容器类是 Component 抽象类的子类，是所有其他容器的父类，它具有组件的所有性质，它的主要功能是容纳其他的组件和容器。

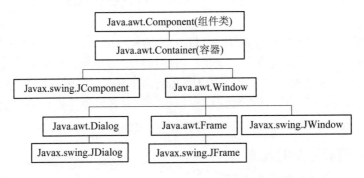

图 11.1　AWT 与 Swing 组件类的继承关系

本书主要讨论在程序中利用 Swing 组件构造应用程序的图形界面。

设计并实现图形用户界面，通常需要如下几个步骤：

(1) 创建组件(component)：创建组成界面的各种元素，如创建容器组件和非容器组件的对象，指定其大小等属性。

(2) 指定布局(layout)：使用某种布局策略，将该组件对象加入某个容器中的指定位置。

(3) 响应事件(event)：定义图形用户界面的事件和各界面元素对不同事件的响应，从而实现图形用户界面与用户的交互功能。

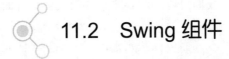

11.2　Swing 组件

javax.swing 包中定义的组件可以分为重量级组件和轻量级组件。

11.2.1　Swing 的重量级组件

在任何用 Swing 构建的 GUI 中都必须至少有一个重量级组件(heavyweight component)。

重量级组件称为顶级(top level) 容器组件。顶级容器组件属于窗口(window)类组件，它可以独立显示一个窗口，如 JFrame、JWindow、JDialog。

1. JFrame 容器

JFrame 容器是 java.awt 包中的 Frame 类的子类，可以创建一个如图 11.2 所示的带有标题、按键和边框的顶层窗体。图 11.2 中的标题是"这是 JFrame 窗体"。

2. JWindow 容器

JWindow 容器是 java.awt 包中的 Window 类的子类，可以创建一个如图 11.3 所示的无标题栏，无窗口按钮的顶层窗体。

3. JDialog 容器

JDialog 容器是 java.awt 包中的 Dialog 类的子类，可以创建一个对话框窗体。如图 11.4 所示，我们在 JFrame 容器中创建了一个"显示自定义对话框"的按钮，当单击"显示自定义对话框"按钮时，弹出 Dialog 类的对话框窗体对象，显示对话框窗体的信息。

图 11.2　JFrame 容器　　　　　　　　图 11.3　JWindow 容器

图 11.4　名为"提示"的 Dialog 对话框窗体

11.2.2　Swing 的轻量级组件

轻量级组件(lightweight component)是继承 JComponent 抽象类的组件，是实现人机交互的基本组件，它们必须被放到重量级组件中才能显示。轻量级组件有很多，继承关系如图 11.5 所示。

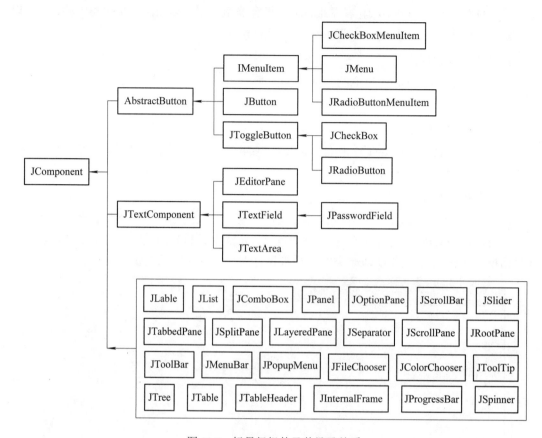

图 11.5　轻量级组件及其继承关系

这些组件可以分为下述几类：

1. 中间容器

中间容器常常作为 JFrame 的中间容器嵌入在 JFrame 容器中，如 JPanel(面板容器)、JScrollPane(滚动条容器)、JSplitPane(分隔容器)、JTabbedPane(选项卡容器)、JToolBar(工具栏容器)等。图 11.6 中：图(a)中的深色部分是 JPanel 容器，他嵌入在 JFrame 容器中，常用于在此容器中添加其他组件；图(b)中的滚动条容器可以通过滑动水平或垂直滚动条来显示框中所有文字的内容；图(c)中，可以通过单击三角形按键来改变左右两边的大小；图(d)中有两个选项卡：选项卡 A 和选项卡 B，单击其中的某个选项卡就相应地显示这个选项卡的内容。

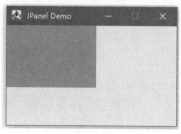

(a) 绿色为 JPanel 容器

(b) JScrollPane 滚动条容器

(c) JSplitPane 分隔容器

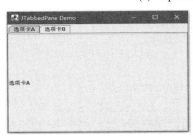

(d) JTabbedPane 选项卡容器

图 11.6　四种中间容器

2. 专用容器

专用容器在 UI 中起特殊作用的中间层。例如:

JRootPane(根面板容器): 每一个顶级容器内都含有根面板容器。

JLayeredPane(分层面板容器): 提供在若干层上添加组件的能力。

JInternalFrame(内部窗体容器): 支持在 JFrame 窗口内部显示一个完整的子窗口,并提供了许多拖动、关闭、调整大小、标题显示等功能。图 11.7 是一个嵌入在 JFrame 容器中的 JInternalFrame 容器的例子。

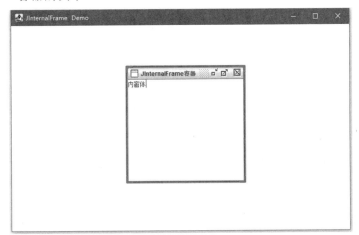

图 11.7　JInternalFrame 专用容器

3. 基本组件

基本组件称为非容器组件,如 JLabel (标签)、JButton(按钮)、JCheckBox(复选框)、

JRadioButton(多选一按钮，但需要进行相应设置)、JComboBox(下拉式列表)、JList(列表)、JTextField(文本框)、JTextArea(文本域)、JMenu(菜单)等，图 11.8 给出了部分基本组件样式。

图 11.8　非容器组件

这些基本组件又可分为以下三类：

(1) 不可编辑信息的显示组件：JLabel、JProgressBar(进度条)等。

(2) 可编辑信息的显示组件：JTable(表格)、JTextArea、JTextField 等。

(3) 对话框组件：JColorChooser(颜色选择器)、JFileChooser(文件选择器)等。

由于这部分的内容较多，常用组件将在后续章节详细论述。

11.3　JFrame 容器组件

JFrame 是一个可以独立存在的顶级容器组件，该容器组件具有层次结构。

11.3.1　JFrame 容器组件的结构

如图 11.9 所示，JFrame 组件的结构由 Frame(窗体)、RootPane(根面板)、LayeredPane(分层面板)、ContainPane(内容面板)、MenuBar (可选菜单栏)、GlassPane(玻璃面板)等组成。Frame 的第一层(最底层)是 RootPane，第二层是 LayeredPane，第三层是 ContentPane，第四层(最顶层)是 GlassPane。

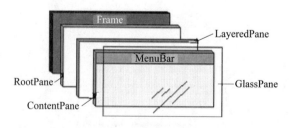

图 11.9　JFrame 容器组件的结构

根面板用 JRootPane 类实现，分层面板用 JLayeredPane 类实现，它们都是 JComponent 组件类的子类。如图 11.10 所示，ContentPane 与 JMenuBar 组件添加在 JLayeredPane 容器组件上，JLayeredPane 和 GlassPane 组件添加在 JRootPane 容器组件上，JRootPane 容器组件直接添加在 JFrame 窗体容器组件上。各层面板容器组件都完全覆盖除标题栏和边框之外的 JFrame 窗体容器组件的整个表面。

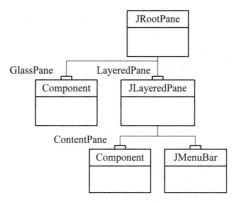

图 11.10　JRootPane 的组成

1. 根面板组件(JRootPane)

JRootPane 是在 JFrame 窗体创建时就默认添加进来的，是所有其他面板组件的父类，它负责管理 JLayeredPane 与 GlassPane。默认情况下，JRootPane 是可见且不透明的。

2. 玻璃面板组件(GlassPane)

GlassPane 位于其他面板的顶层，就像在所有面板上覆盖了一层完全透明的玻璃，该面板总是存在的。默认情况下，GlassPane 是透明且不可见的，可用于接收鼠标事件和在其他组件上绘图。

3. 分层面板组件(JLayeredPane)

JLayeredPane 位于 JRootPane 上面，再次覆盖 JFrame 的整个表面。JLayeredPane 包含 JMenuBar 和 ContentPane，是它们的直接父类，也是添加到 ContentPane 中 的 所 有 组 件 的 祖 父 类。若 添 加 ContentPane 和 JMenuBar 到 JLayeredPane，则 JMenuBar 会被添加到 JLayeredPane 的顶部，剩下的部分被 ContentPane 填充。如图 11.11 所示，JLayeredPane 分为很多层，每一层都相当于一个容器组件，通过 JLayeredPane 对组件的重叠管理，我们可以设计出相互重叠的内部窗体组件。默认情况下，JLayeredPane 也是透明且可见的。

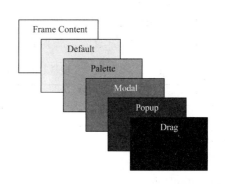

图 11.11　JLayeredPane 的分层

JLayeredPane 分层说明如下：

DEFAULT_LAYER：默认层(标准层)。它是最下面的一层，大部分组件都在这里。

PALETTE_LAYER：调色板层。位于默认层之上。对于浮动工具栏和调色板非常有用，因此它们可以被放置在其他组件的上方。

MODAL_LAYER：模式层。用于模态对话框的层。它们将出现在容器中任何工具栏、调色板或标准组件的顶部。

POPUP_LAYER：弹出层。显示上面的对话框。这样与组合框、工具提示和其他帮助文本相关联的弹出窗口将出现在生成它们的组件、面板或对话框的上方。

DRAG_LAYER：拖动层。当拖动一个组件时，将其重新分配到拖动层可以确保他位于容器中其他所有组件之上。当完成拖动时，它可以被重新分配到它的正常层。

4．内容面板组件(ContentPane)

ContentPane 是 Layered Pane 内的一层，默认情况下，ContentPane 是可见且不透明的，当我们创建 JFrame 窗体时，实际上看到的是 ContentPane 中的内容。内容面板组件在窗体组件中起着工作区的作用，通常我们会将其他组件放在 ContentPane 上。

5．菜单栏组件(JMenuBar)

JMenuBar 提供菜单栏，它是可选项。

11.3.2　JFrame 类

JFrame 类的继承关系如下：

```
java.lang.Object
    java.awt.Component
        java.awt.Container
            java.awt.Window
                java.awt.Frame
                    javax.swing.JFrame
```

JFrame 类常用的构造方法如下：

JFrame()：构造一个初始不可见的新窗体；

JFrame(String)：用指定的标题创建一个新的初始不可见的窗体。

JFrame 类常用的成员方法见表 11.1。

表 11.1　JFrame 类常用的成员方法

成 员 方 法	描 述	所属类
setSize(int width,int height)	设置窗体的宽与高，单位为像素	Window
setBackground(Color c)	用参数 c 设置窗体的背景颜色	Component
setLocation(int x,int y)	设置组件的显示位置	Window
setLocation(point p)	用 point 来设置组件的显示位置	Window
setLocationRelativeTo(null)	窗口居屏幕中央	Window
setVisible(boolean b)	根据参数 b 的值显示或隐藏此组件	Window
add(Component comp)	向容器中增加组件	Container
setLayout (LayoutManager mgr)	设置此容器的布局管理器	Container
pack()	调整窗口大小，使其适应组件的大小和布局	Window
setTitle()	设置窗体标题	Frame
setBounds(int x, int y, int width, int height)	移动并调整该组件的大小	Window
getContentpane()	返回此窗体的 ContentPane 对象	JFrame
setDefaultCloseOperation(JFrame.EXIT_ON_CLOSE)	设置同步开关，关闭窗体的同时，终止程序的运行	JFrame

11.3.3　JFrame 容器的使用

创建一个简单 JFrame 窗体需要完成：创建 JFrame 窗体对象，修改窗体外观，设置窗体是否可见，在窗体内添加组件等步骤。

(1) 用 JFrame 类常用的构造方法创建一个 JFrame 窗体对象。

　　JFrame();　　　　　　　　　　　　//创建一个无标题的窗体

　　JFrame(String title);　　　　　　　//创建一个有标签的窗体

(2) 修改窗体外观。包括：设置窗体标签、窗体位置、窗体的大小及窗体的背景颜色等。

　　setTitle(String title);　　　　　　　　　//设置窗体标签

　　setLocation(int x,int y);　　　　　　　　//设置窗体位置

　　setSize(int width,int height);　　　　　　//设置窗体的大小

　　setBounds(int x,int y,int width,int height);　　//重新调整窗体的位置和大小

　　getContentpane();　　　　　　　　　　//返回此窗体的 ContentPane 对象

　　setBackground(Color bgColor);　　　　　//设置此窗体的背景颜色

(3) 设置窗体是否可见。窗体在默认情况下是不可见的。

　　setVisible(boolean b);　　　　　　　　//设 b 为 true，则窗体可见

(4) 添加组件到窗体上。窗体是图形用户界面中的顶级容器组件，它可以容纳其他多个容器组件，也可以容纳多个非容器组件。不能把组件直接添加到 JFrame 窗体上，要先获得窗体的内容面板(ContentPane)，然后把组件添加到内容面板上。Java 中组件放置在 ContentPane 的什么位置，不是通过坐标控制，而是由"布局管理器"来决定。因此，下一节我们将介绍布局管理器的相关知识及怎样添加简单组件在 ContentPane 上。

下面通过示例程序来说明。

【示例程序 C11_1.java】　按下述要求创建一个 JFrame 窗体：窗体标签是"这是一个 JFrame"，窗体的背景是黄色，窗体距屏幕左边 100 个像素，距屏幕上方 50 个像素，窗体的宽度为 400 像素，高度为 200 像素，程序运行后窗体是可见的。

```
package ch11;
import java.awt.Color;
import java.awt.Container;
import javax.swing.JFrame;
public class C11_1 {
    public static void main(String[] args)
    {
        //创建一个 JFrame 窗体，窗体标签是"这是一个 JFrame"
        JFrame jf = new JFrame("这是一个 JFrame");
        Container cp=jf.getContentPane();        //得到 ContentPane(内容面板)
        cp.setBackground(Color.yellow);          //设置窗体背景颜色改为蓝色
        //设置窗体距屏幕左边 100 像素，距屏幕上方 50 像素
        jf.setLocation(100,50);
```

```
    jf.setSize(400,200);                    //设置窗体的宽高度为 400*200 像素
    //setLocation 与 setSize 方法可以用一条 setBounds 方法来实现
    //jf.setBounds(100, 50, 400,200);  //设置窗体与屏幕的距离及窗体的宽高度
    jf.setVisible(true);   //设置窗体可见
    }
  }
```

该程序运行的结果如图 11.12 所示。

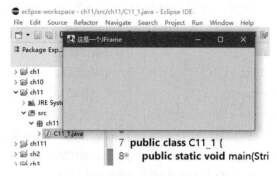

图 11.12　程序 C11_1 的运行结果

图 11.13 是我们看到的一个最简单 JFrame 窗体，蓝色部分包含有标题、图标、最小化、最大化、关闭等操作按钮；黄色部分是窗体的内容面板(ContentPane)。程序中利用 jf.setLocation(100,50)语句，使窗体距屏幕左边 100 像素，距屏幕上方 50 像素，默认情况下窗体在屏幕的左上角(0,0)的位置。程序中利用 jf.setSize(400,200) 语句设置了窗体的内容面板的宽度 400 像素，高度 200 像素，默认情况下，如果不设置窗体的内容面板(黄色部分)的大小，则我们只能看到 JFrame 窗体的蓝色部分。当然，也可以利用 jf.setBounds(100, 50, 400, 1200)语句设置窗体与屏幕的距离及窗体的宽度和高度。设置窗体的颜色就是设置窗体的内容面板的颜色，通常情况下，首先要在程序中利用 Container c=jf.getContentPane()语句得到窗体的 ContentPane(内容面板)，然后，利用 c.setBackground(Color.yellow)语句设置 ContentPane 的颜色，即窗体背景的颜色。默认情况下窗体是不可见的，程序中利用 jf.setVisible(true)语句使窗体显示在屏幕上。

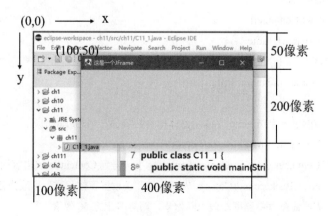

图 11.13　程序 C11_1 的窗体说明

11.4　布局管理器

Java 在布局管理上采用了容器和布局管理相分离的方案。也就是说，容器只管将组件放入其中，而不管这些组件放置在容器中的位置和大小，容器中所有组件的布局管理任务(位置和大小)交给专门的布局管理器接口类(layout manager)的实现类来完成。每个容器都有一个缺省的布局管理器，当容器需要对某个组件进行定位或判断其尺寸大小时，就会调用其相应的布局管理器。当然也可以不用缺省的布局管理器，而是通过所有容器的父类Container 容器组件的 setLayout()方法来为其指定新的布局管理器。一旦确定了布局管理方式，就可以使用 add()方法添加其他组件到容器组件中。

Java 语言中提供了 FlowLayout(流式布局)、BorderLayout(边界布局)、GridLayout(网格布局)、CardLayout(卡片布局)和 GridBagLayout(网格袋布局)、BoxLayout(箱式布局)、GroupLayout(分组布局)、SpringLayout(弹性布局)等多种布局管理器，下面介绍几种常用的布局策略。

11.4.1　BorderLayout

java.awt.BorderLayout 类是 java.lang.Object 类的直接子类。BorderLayout 是 JFrame 的内容面板 ContentPane 默认的布局模式。BorderLayout 布局策略是把容器内的空间划分为东、西、南、北、中五个区域。每个区域最多只能包含一个组件，并通过相应的常量 NORTH、SOUTH、EAST、WEST、CENTER 进行标识。

BorderLayout 类有以下两个构造方法，分别如下：

(1) BorderLayout()方法。用于创建一个各组件间的水平、垂直间隔均为 0 的BorderLayout 类的对象。

(2) BorderLayout(int hgap, int vgap)方法。用于创建一个各组件间的水平间隔为 hgap、垂直间隔为 vgap 的 BorderLayout 类的对象。

BorderLayout 五个区域的位置常量如下：

```
BorderLayout.NORTH          //容器的北边
BorderLayout.SOUTH          //容器的南边
BorderLayout.WEST           //容器的西边
BorderLayout.EAST           //容器的东边
BorderLayout.CENTER         //容器的中心
```

BorderLayout 仅指定了五个区域的位置，如果容器中需要加入的组件超过五个，就必须使用容器的嵌套或改用其他的布局策略。

布局方式是根据组件大小和容器大小的约束对组件进行布局。NORTH 和 SOUTH 组件可以在水平方向上拉伸，而 EAST 和 WEST 组件可以在垂直方向上拉伸，CENTER 组件在水平和垂直方向上都可拉伸，从而填充所有剩余空间。如果某个区域没有分配组件，则其他组件可以占据它的空间。

【示例程序 C11_2.java】 创建一个窗体，使用 BorderLayout 布局模式，在窗体中添加 5 个按钮组件，按钮的标签是 North、South、East 、West、Center。

```java
import java.awt.BorderLayout;
import java.awt.Container;
import javax.swing.JButton;
import javax.swing.JFrame;
public class C11_2 {
    public static void main(String[] args)
    {
        //创建一个JFrame窗体，窗体标签是"这是一个JFrame BorderLayout "
        JFrame jf = new JFrame("JFrame BorderLayout");
        //关闭窗体的同时，终止程序的运行
        jf.setDefaultCloseOperation(JFrame.EXIT_ON_CLOSE);
        jf.setBounds(100, 50, 400,200);           //窗体与屏幕的距离及窗体的宽高度
        Container cp=jf.getContentPane();          //得到ContentPane(内容面板)
        JButton b1 = new JButton("Center");        //创建具有标签的按钮对象
        cp.add(b1, BorderLayout.CENTER);           //根据布局位置添加按钮对象
        JButton b2 = new JButton("North");
        cp.add(b2, BorderLayout.NORTH);
        JButton b3 = new JButton("South");
        cp.add(b3, BorderLayout.SOUTH);
        JButton b4 = new JButton("West");
        cp.add(b4, BorderLayout.WEST);
        JButton b5 = new JButton("East");
        cp.add(b5, BorderLayout.EAST);
        jf.setVisible(true);     //设置窗体可见
    }
}
```

该程序的运行结果如图 11.14 所示。

程序说明：

Container cp=getContentPane(); 语句表示得到此窗体的 ContentPane 对象。该对象的默认布局为 BorderLayout。

cp.add(b2, BorderLayout. NORTH); 语句表示容器按照 BorderLayout 的布局策略，将 b2 按钮添加到内容面板 cp 容器的 NORTH 区域。add()方法是 Container 类提供的方法，表示将组件添加到容器中。

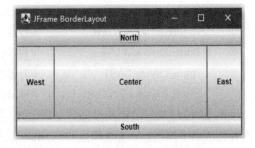

图 11.14 程序 C11_2 运行结果

注意：若没有设置组件的相关位置，BorderLayout 将以 Center 作为默认值。当两个组件被安排在相同位置时，将会出现后面的组件覆盖前面组件的情形。

11.4.2　FlowLayout

java.awt.FlowLayout 类是 java.lang.Object 类的直接子类。FlowLayout 的默认布局策略是按照加入容器中组件的先后顺序从左向右排列，当一行排满之后就转到下一行继续从左至右排列，每一行中的组件都居中排列。当容器被重新设置大小后，则布局也将随之发生改变。各个组件大小不变，而其相对位置会发生变化。

FlowLayout 类有以下三个构造方法：

(1) FlowLayout( )。构造一个新的 FlowLayout，默认组件是居中对齐的，组件之间水平和垂直间隙是 5 个像素。

(2) FlowLayout(int align)。构造一个新的 FlowLayout，按照 align 值确定对齐方式，默认是组件之间水平和垂直间隙为 5 个像素，参数 align 值可以设定为 0、1、2、3、4，其意义如下：

0 或 FlowLayout.LEFT，　　　组件左对齐

1 或 FlowLayout.CENTER，　组件居中对齐

2 或 FlowLayout.RIGHT，　　　组件右对齐

3 或 FlowLayout.LEADING，每一行组件都应该对齐到容器方向的前沿，例如，在从左到右的方向中向左对齐。

4 或 FlowLayout.TRAILING，每行组件应该对齐到容器方向的后缘，例如，在从左到右的方向中向右对齐。

如果是 0、1、2、3、4 之外的其他整数，则为左对齐。

(3) FlowLayout(int align，int hgap，int vgap) 方法。用于创建一个既指定对齐方式，又指定组件间间隔的 FlowLayout 类的对象。参数 align 作用及取值同上；参数 hgap 指定组件间的水平间隔；参数 vgap 指定组件间的垂直间隔。间隔单位为像素点值。

FlowLayout 类的常用成员方法如下：

void setAlignment(int align)：设置此布局的对齐方式。

void setHgap(int hgap)：设置组件之间以及组件与 Container 的边之间的水平间隙。

void setVgap(int vgap)：设置组件之间以及组件与 Container 的边之间的垂直间隙。

对于一个原本不使用 FlowLayout 布局编辑器的容器，若需要使用该布局策略，可以用 setLayout(new FlowLayout( ))方法设置。该方法是所有容器的父类 Container 的方法，用于为容器设定新的布局。

🖫【示例程序 C11_3.java】　在 JFrame 窗体的内容面板上添加三个按钮，使用 FlowLayout 布局管理，指定对齐方式及间隔方式。

```
import java.awt.Container;
import java.awt.FlowLayout;
import javax.swing.JButton;
import javax.swing.JFrame;
public class C11_3 {
    public static void main(String[] args)
```

```
    {
        //创建一个JFrame窗体，窗体标签是"这是一个JFrame FlowLayout"
        JFrame jf = new JFrame("JFrame FlowLayout");
        //关闭窗体的同时，终止程序的运行
        jf.setDefaultCloseOperation(JFrame.EXIT_ON_CLOSE);
        jf.setBounds(100, 100, 450, 300);        //设置窗体与屏幕的距离及窗体的宽高度
        Container cp=jf.getContentPane();        //得到ContentPane(内容面板)
        cp.setLayout(new FlowLayout(1));         //设置容器的布局为FlowLayout
        JButton b1 = new JButton("button1");     //创建具有标签的按钮对象
        JButton b2 = new JButton("button2");
        JButton b3 = new JButton("button3");
        cp.add(b1);    cp.add(b2);    cp.add(b3);
        jf.setVisible(true);  //设置窗体可见
    }
}
```

该程序的运行结果如图 11.15 所示，其中，图(a)为 align =0 的情况；图(b)为 align =1 的情况。

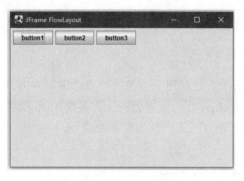

(a) FlowLayout(0)的情况   (b) FlowLayout(1)的情况

图 11.15　修改 FlowLayout()方法的参数，两次运行程序 C11_3 的结果

11.4.3　CardLayout

java.awt.CardLayout 类是 java.lang.Object 类的直接子类。CardLayout 的布局方式是将每个组件看成一张卡片，如同扑克牌一样将组件堆叠起来，而在屏幕上每次只能显示最上面的一个组件，这个被显示的组件将占据所有的容器空间。当容器第一次显示时，第一个添加到 CardLayout 的组件为可见组件。在程序中可以通过表 11.2 所示的方法选择显示其中的某个卡片。

CardLayout 类有以下两个构造方法，分别是：

(1) CardLayout()方法。使用默认(间隔为 0)方式创建一个 CardLayout()类对象。

(2) CardLayout(int hgap,int vgap)方法。使用 hgap 指定的水平间隔和 vgap 指定的垂直间隔创建一个 CardLayout()类对象。

CardLayout 类的常用成员方法列于表 11.2 中。

表 11.2　CardLayout 类的常用成员方法

成 员 方 法	说 明
first(Container container)	显示 container 中的第一个卡片
last(Container container)	显示 container 中的最后一个卡片
next(Container container)	显示下一个卡片
previous(Container container)	显示上一个卡片

💾【示例程序 C11_4.java】　在 JFrame 窗体的内容面板上添加三个按钮，使用 CardLayout 布局管理方式，显示第二张卡片。

```java
import java.awt.CardLayout;
import java.awt.Container;
import javax.swing.JButton;
import javax.swing.JFrame;
public class C11_4 {
    public static void main(String[] args)
    {
        //创建一个 JFrame 窗体，窗体标签是"这是一个 JFrame CardLayout"
        JFrame jf = new JFrame("JFrame CardLayout");
        //关闭窗体的同时，终止程序的运行
        jf.setDefaultCloseOperation(JFrame.EXIT_ON_CLOSE);
        jf.setBounds(100, 100, 450, 300);           //设置窗体与屏幕的距离及窗体的宽高度
        JButton b1 = new JButton("A 卡片");           //创建具有标签的按钮对象
        JButton b2 = new JButton("B 卡片");
        JButton b3 = new JButton("C 卡片");
        Container cp=jf.getContentPane();            //得到 cp 内容面板
        //创建 CardLayout 对象，水平间隔 20，垂直间隔 30
        CardLayout card=new CardLayout(20, 20);
        cp.setLayout(card);                          //设置 cp 的布局为 card
        /* 添加按钮组件到 cp 容器，"a"是为组件分配的字符串名字，
           布局编辑器根据名字调用显示组件 */
        cp.add("a",b1);    cp.add("b",b2);    cp.add("c",b3);
        card.next(cp);                               //显示第二张卡片
        jf.setVisible(true);                         //设置窗体可见
    }
}
```

该程序的运行结果如图 11.16 所示。

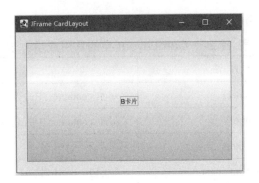

图 11.16　程序 C11_4 的运行结果

　　注意：在程序中语句 add("a",b1); 中的字符串"a"是为组件分配的字符串名字，其目的是让布局管理器根据名字调用要显示的组件。

11.4.4　GridLayout

　　java.awt.GridLayout 类是 java.lang.Object 类的直接子类。如果界面上需要放置的组件比较多，且这些组件 (如计算器、遥控器的面板)的大小又基本一致时，使用 GridLayout 布局策略是最佳的选择。GridLayout 的布局策略是把容器分成大小相等的矩形，一个矩形中放置一个组件，而每个组件按添加的顺序从左向右、从上向下地占据这些网格。当改变容器大小后，其中的组件相对位置不变，但大小改变。

　　GridLayout 类的三个构造方法如下：

　　(1) GridLayout( )。创建一个 1 行 1 列的 GridLayout 布局。

　　(2) GridLayout(int rows,int cols)。创建一个具有 rows 行、cols 列的 GridLayout 布局。

　　(3) GridLayout(int rows,int cols,int hgap,int vgap)。按指定的行数 rows、列数 cols、水平间隔 hgap 和垂直间隔 vgap 创建一个 GridLayout 布局。

　　GridLayout 类常用的成员方法见表 11.3。

表 11.3　GridLayout 类常用的成员方法

方　　法	说　　明
getColumns()	获取此布局中的列数
getHgap()	获取组件之间的水平间距
getRows()	获取此布局中的行数
getVgap()	获取组件之间的垂直间距
removeLayoutComponent(Component comp)	从布局移除指定组件
setColumns(int cols)	将此布局中的列数设置为指定值
setHgap(int hgap)	将组件之间的水平间距设置为指定值
setRows(int rows)	将此布局中的行数设置为指定值
setVgap(int vgap)	将组件之间的垂直间距设置为指定值
toString()	返回此网格布局的值的字符串表示形式

【**示例程序 C11_5.java**】 在 JFrame 窗体的内容面板上添加四个带标签的按钮，使用 GridLayout 的布局。

```java
import java.awt.Container;
import java.awt.GridLayout;
import javax.swing.JButton;
import javax.swing.JFrame;
public class C11_5 {
    public static void main(String[] args)
    {   //创建一个 JFrame 窗体，窗体标签是"这是一个 JFrame　GridLayout"
        JFrame jf = new JFrame("JFrame　GridLayout");
        //关闭窗体的同时，终止程序的运行
        jf.setDefaultCloseOperation(JFrame.EXIT_ON_CLOSE);
        jf.setBounds(100, 100, 450, 300);            //设置窗体与屏幕的距离及窗体的宽高度
        JButton bt1 = new JButton("按钮 A");          //创建按钮对象
        JButton bt2 = new JButton("按钮 B");
        Container cp=jf.getContentPane();            //得到 cp 内容面板
        //创建 GridLayout，布局方式为 2 行 2 列，水平间隔 20 垂直间隔 30
        GridLayout   grid=new GridLayout(2,2,20,30);
        cp.setLayout(grid);   // cp 容器为 GridLayout 布局
        cp.add(bt1);
        cp.add(bt2);
        cp.add(new JButton("按钮 C"));
        cp.add(new JButton("按钮 D"));
        jf.setVisible(true);   //设置窗体可见
    }
}
```

该程序的运行结果如图 11.17 所示。

图 11.17　程序 C11_5 的运行结果

11.4.5　BoxLayout

javax.swing.BoxLayout 类是 java.lang.Object 类的直接子类，BoxLayout 是通用布局管理器，可以将组件从左到右水平排列放置，也可以将它们从上到下垂直排列放置。

BoxLayout 类的构造方法如下：

BoxLayout(Container target, int axis)：创建一个将沿给定轴放置组件的布局管理器。其中，target 是容器对象；axis 指明 target 中组件的排列方式，axis 参数的取值可以是以下四个中的任意一个：

BoxLayout.X_AXIS：指定组件从左到右水平排列放置。

BoxLayout.Y_AXIS：指定组件从上到下垂直排列放置。

BoxLayout.LINE_AXIS：根据目标容器的 ComponentOrientation 属性确定的文本行方向放置组件。

BoxLayout.PAGE_AXIS：根据目标容器的 ComponentOrientation 属性确定的文本行在页面中的流向来放置组件。

BoxLayout 类常用的成员方法如下：

getAxis()：返回用于布局组件的轴。

getLayoutAlignmentX(Container target)：返回容器沿 X 轴的对齐方式。

getLayoutAlignmentY(Container target)：返回容器沿 Y 轴的对齐方式。

getTarget()：返回使用此布局管理器的容器。

📖【示例程序 C11_6.java】　　在 JFrame 窗体的内容面板上添加两个带标签的按钮，使用 BoxLayout.Y_AXIS 的垂直布局。

```java
import java.awt.Container;
import javax.swing.BoxLayout;
import javax.swing.JButton;
import javax.swing.JFrame;
public class C11_6 {
    public static void main(String[] args) {
        JFrame jf = new JFrame("JFrame BoxLayout.Y_AXIS ");
        //关闭窗体的同时，终止程序的运行
        jf.setDefaultCloseOperation(JFrame.EXIT_ON_CLOSE);
        jf.setBounds(100, 100, 350, 150);        //设置窗体与屏幕的距离及窗体的宽高度
        Container cp=jf.getContentPane();        //得到 cp 内容面板
        //设置 BoxLayout.Y_AXIS 的垂直布局
        BoxLayout boxLayout = new BoxLayout(cp,BoxLayout.Y_AXIS);
        cp.setLayout(boxLayout);                 //cp 为 BoxLayout 布局
        cp.add(new JButton("按钮 1"));            //cp 中添加按钮
        cp.add(new JButton("按钮 2"));
```

```
        jf.setVisible(true);                         //设置窗体可见
    }
}
```

该程序的运行结果如图 11.18 所示。

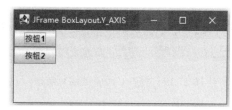

图 11.18　程序 C11_6 的运行结果

【示例程序 C11_7.java】　　在 JFrame 窗体的内容面板上添加两个带标签的按钮，使用 BoxLayout.LINE_AXIS 的布局。

```java
import java.awt.ComponentOrientation;

import java.awt.Container;

import javax.swing.BoxLayout;

import javax.swing.JButton;

import javax.swing.JFrame;

public class C11_7 {
    public static void main(String[] args)
    {    JFrame jf = new JFrame("JFrame BoxLayout.LINE_AXIS");
        //关闭窗体的同时，终止程序的运行
        jf.setDefaultCloseOperation(JFrame.EXIT_ON_CLOSE);
        Container cp=jf.getContentPane();    //得到 cp 内容面板
        JButton btn1 = new JButton("Button1");
        JButton btn2 = new JButton("Button2");
        JButton btn3 = new JButton("Button3");
        JButton btn4 = new JButton("Button4 ");
        JButton btn5 = new JButton("Button5 ");
        //设置组件布局为从左到右，从上到下
        cp.setComponentOrientation(ComponentOrientation.RIGHT_TO_LEFT);
        //设置 cp 为 BoxLayout.LINE_AXIS 布局
        cp.setLayout(new BoxLayout(cp,BoxLayout.LINE_AXIS));
        cp.add(btn1);            cp.add(btn2);
        cp.add(btn3);            cp.add(btn4);        cp.add(btn5);
        jf.pack();    //调整窗口大小，使其适应组件的大小和布局
        jf.setVisible(true);
    }
}
```

该程序的运行结果如图 11.19 所示。其中：setComponentOrientation(Component Orientation.RIGHT_TO_LEFT); 语句是 java.awt. Component 类的方法，表示设置组件是按照从右到左、从上到下布局，还可以设置 ComponentOrientation. LEFT _TO_ RIGHT(从左到右，从上到下)的布局。

图 11.19　程序 C11_7 的运行结果

11.4.6　Box 容器组件的 BoxLayout 布局

Box 是一个轻量级容器组件，他的默认布局是 BoxLayout，而且只能是这个布局。每一个 Box 容器组件只能按照水平或垂直方式排列。Box 类提供四种不可见组件可以填充其他组件之间的空隙。

Box 类继承关系如下：

　　java.lang.Object
　　　　java.awt.Component
　　　　　　java.awt.Container
　　　　　　　　javax.swing.JComponent
　　　　　　　　　　javax.swing.Box

Box 类的构造方法如下：

Box(int axis)创建一个沿指定轴放置组件的 Box 布局管理器。其中，axis 可以是 BoxLayout.X_AXIS、BoxLayout.Y_AXIS、oxLayout.LINE_AXIS 或 BoxLayout.PAGE_AXIS。

Box 类的常用的成员方法如表 11.4 所示。

表 11.4　Box 类的常用的成员方法

类　型	方　法	说　明
static Component	createGlue()	创建一个不可见的"Glue"组件，其可见组件有一个最大宽度(对于横向 Box)或高度(对于纵向 Box)的 Box，该组件可能很有用
static Box	createHorizontalBox()	创建一个从左到右显示其组件的 Box
static Component	createHorizontalGlue()	创建一个水平方向胶状的不可见 Glue 组件，用于撑满水平方向剩余的空间
static Component	createHorizontalStrut(int width)	创建一个不可见的、固定宽度的 Strut 组件
static Component	createRigidArea(Dimension d)	创建固定宽高的不可见组件 RigidArea 组件
static Box	createVerticalBox()	创建一个从上到下显示其组件的 Box
static Component	createVerticalGlue()	创建一个垂直方向胶状的不可见 Glue 组件，用于撑满垂直方向剩余的空间
static Component	createVerticalStrut(int height)	创建一个不可见的、固定高度的 Strut 组件

Box 类可以创建不可见组件 Glue、Strut 和 RigidArea，不可见组件的作用如下：

(1) Glue。

Glue 组件在水平或垂直方向上将两边的组件推到容器的两端。例如，当 firstComponent 组件和 secondComponent 组件为水平方向排列时，用 Glue 水平方向设置组件：

> container.add(firstComponent);
>
> container.add(Box.createHorizontalGlue());
>
> container.add(secondComponent);

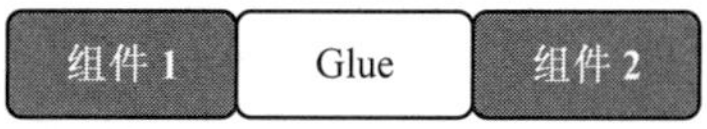

其效果样式如图 11.20 所示。

图 11.20　使用 Glue 组件的样式

(2) Strut。

Strut 组件将两端的组件按水平或垂直方向指定的大小分开。例如，当 firstComponent 组件和 secondComponent 组件为水平方向排列时，用 Strut 水平方向指定组件间隔为 x 像素：

> container.add(firstComponent);
>
> container.add(Box.createHorizontalStrut (x));
>
> container.add(secondComponent);

其结果样式如图 11.21 所示。

图 11.21　使用 Strut 组件的样式

(3) RigidArea。

设置二维限制，将组件按水平垂直方向指定的大小分开。例如，当 firstComponent 组件和 secondComponent 组件为水平方向排列时，RigidArea 指定组件间隔宽度为 x 高度为 y 像素：

> container.add(firstComponent);
>
> container.add(Box.createRigidArea(new Dimension(x,y)));
>
> container.add(secondComponent);

其结果样式如图 11.22 所示。

它们的具体用法请参阅下述示例程序 C11_8.java 和 C11_9.java。

图 11.22　RigidArea 组件样式

💾【示例程序 C11_8.java】　设窗体的宽度为 400 像素，高度为 400 像素，创建一个水平方向添加按钮的 vBox 容器，在按钮组件之间添加水平方向的 glue 组件或水平方向的 Strut 组件或 RigidArea 组件。

```
import java.awt.Dimension;
import javax.swing.Box;
import javax.swing.JButton;
import javax.swing.JFrame;
public class C11_8 {
    public static void main(String[] args) {
        JFrame jf = new JFrame("JFrame BOX");
        jf.setDefaultCloseOperation(JFrame.EXIT_ON_CLOSE);
        jf.setSize(400, 400);                    //设置窗体的宽度高度
        JButton btn1 = new JButton("JButton1");  //创建按钮
```

```
        JButton btn2 = new JButton("JButton2");
        //创建水平 Box 容器，添加两个按钮与一个 Glue
        Box hBox = Box.createHorizontalBox();
        hBox.add(btn1);
        //添加一个水平方向 Glue 组件
        hBox.add(Box.createHorizontalGlue());
        //添加一个水平方向 Strut 组件
        //hBox.add(Box.createHorizontalStrut(20));
        //添加一个 RigidArea 组件
        //hBox.add(Box.createRigidArea(new Dimension(150,150)));
        hBox.add(btn2);
        jf.setContentPane(hBox);
        jf.setLocationRelativeTo(null);     //窗口居中
        jf.setVisible(true);                //窗体可见
    }
}
```

该程序的运行结果如图 11.23 所示。其中，图(a)显示水平方向 Glue 组件将两边按钮挤到窗体的两端；图(b)显示水平方向 Strut 组件指定了两边按钮之间间隔 20 像素；图(c)显示 RigidArea 组件指定了两边按钮之间间隔宽度 150 像素，高度为 150 像素。

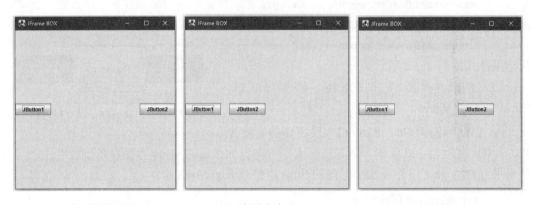

(a) 水平方向 Glue　　　　　　(b) 水平方向 Strut　　　　　　(c) RigidArea

图 11.23　三次修改程序 C11_8 中的对应语句后的三种运行结果

　🖫【示例程序 C11_9.java】　设窗体的宽度为 400 像素，高度为 300 像素，创建一个垂直方向添加按钮的 vBox 容器，将 vBox 容器添加到窗体内容面板 BorderLayout.Center 的位置，创建一个水平方向添加按钮的 hBox 容器，将 hBox 容器添加到窗体内容面板的 BorderLayout.South 位置。vBox 容器内添加 Strut(10)、Top、Strut(20)、Middle1、Bottom 五个组件。其中，Top、Middle1、Bottom 为按钮组件，Strut 为不可见组件，Top 按钮宽度为 100 像素，高度为 100 像素。hBox 容器内添加 Left、Glue、Right 三个组件，其中 Left、Right 是按钮组件，Right 为不可见组件。

```java
import java.awt.BorderLayout;
import java.awt.Container;
import java.awt.Dimension;
import javax.swing.Box;
import javax.swing.JButton;
import javax.swing.JFrame;
public class C11_9 {
    public static void main(String[] args) {
        JFrame jf = new JFrame("JFrame BoxLayout+Box");
        jf.setDefaultCloseOperation(JFrame.EXIT_ON_CLOSE);
        jf.setSize(400, 300);                          //设置窗体的宽度高度
        Container cp=jf.getContentPane( );
        JButton b1=new JButton(" Top      ");
        JButton b2=new JButton("Middle1");
        JButton b3=new JButton("Bottom ");
        JButton b4=new JButton("Left ");
        JButton b5=new JButton("Right");
        //创建一个垂直方向添加按钮的 vBox
        Box vBox = Box.createVerticalBox();
        b1.setMaximumSize(new Dimension(100,100));     //设置按钮的大小
        vBox.add(Box.createVerticalStrut(10));         //添加组件 Strut，间隔为 10 像素
        vBox.add(b1);
        vBox.add(Box.createVerticalStrut(20));
        vBox.add(b2);            vBox.add(b3);
        cp.add(vBox,BorderLayout.CENTER);              //添加 vBox 到 cp 的 CENTER
            //创建一个水平方向添加按钮的 hBox
        Box hBox = Box.createHorizontalBox( );
        hBox.add(b4);
        hBox.add(Box.createHorizontalGlue( ));         //加入 Glue 组件，按钮组件挤到两边
        hBox.add(b5);
        cp.add(hBox,BorderLayout.SOUTH);
        jf.setLocationRelativeTo(null);        //窗口居中
            //窗体可见
        jf.setVisible(true);
    }
}
```

该程序的运行结果如图 11.24 所示。

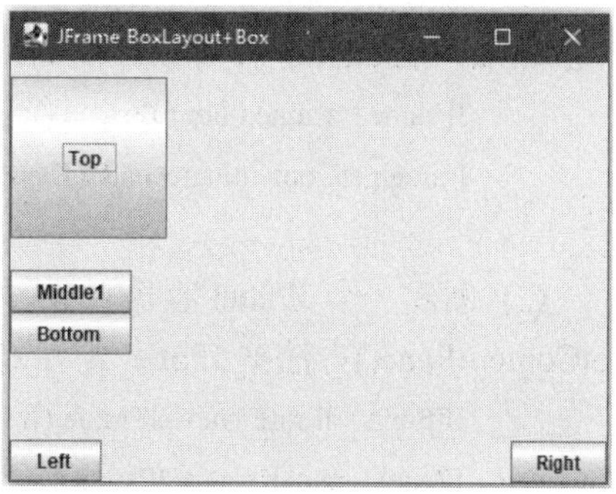

图 11.24   程序 C11_9 的运行结果

11.5 JPanel 组件

JPanel 是在开发中使用频率非常高的轻量级面板容器组件，JPanel 容器无边框、不能被移动、放大、缩小或关闭，只能添加到其他容器上使用，它的默认布局管理器是 FlowLayout，也可以使用带参数的构造函数 JPanel(layoutmanager layout)或 setLayout() 成员方法设置 JPanel 布局管理器。本节主要介绍如何在 Jpanel 容器上添加其他组件，以及如何将 Jpanel 组件添加到 JFrame 容器上。

11.5.1 JPanel 类

JPanel 类的继承关系如下：

java.lang.Object

　　java.awt.Component

　　　　java.awt.Container

　　　　　　javax.swing.JComponent

　　　　　　　　javax.swing.Jpanel

JPanel 类的构造方法见表 11.5。

表 11.5　JPanel 类的构造方法

构 造 方 法	功 能 说 明
JPanel( )	创建具有双缓冲和流布局的 JPanel
JPanel(boolean isDoubleBuffered)	创建具有 FlowLayout 和指定缓冲策略的 JPanel
JPanel(LayoutManager layout)	创建具有指定布局管理器的缓冲 JPanel
JPanel(LayoutManager layout, boolean isDoubleBuffered)	创建具有指定布局管理器和缓冲策略的 JPanel

11.5.2 JPanel 添加到 JFrame 的方法

JPanel 容器组件添加到 JFrame 顶级容器中的方法如下：

(1) 利用 getContentPane()方法获得 JFrame 容器的内容面板对象，再引用容器的 add() 方法来加入 JPanel 组件对象。例如：

```
JFrame    frame =new JFrame ();  //创建 JFrame 容器的 frame 对象
frame.getContentPane().add(JPanel 组件对象); //添加 JPanel 组件对象到窗体 frame 对象的内容面
                                            板上
```

(2) 创建一个 JPanel 容器对象，添加其他组件到容器上，然后，再引用 JFrame 容器的 setContentPane()方法把 JPanel 组件对象添加到 JFrame 容器的内容面板上。例如：

```
JFrame    frame =new JFrame ();        //创建 JFrame 容器的 frame 对象
JPanel    panel1=new JPanel();         //创建 JPanel 容器的 panel1 对象
panel1.add(其他组件对象);               //添加其他组件到 Jpanel 组件对象上
```

……
```
        frame.setContentPane(panel1);          //添加 panel1 到 frame 的内容面板上
```

11.5.3　应用举例

📩 【示例程序 C11_10.java】　创建如下窗体内容:

(1) 创建一个宽度为 300 像素, 高度为 200 像素的 JFrame 窗体 jf 对象。

(2) 创建一个垂直 Box 容器的 vBox 对象。

(3) 创建三个 JPanel 容器 pa1、pa2、pa3 对象。

(4) 将 vBox 对象添加到 jf 对象的内容面板上。

(5) 将 pa1、pa2、pa3 对象按顺序添加到 vBox 对象上。

(6) 在 pa1 对象上添加标签 JLabel("用户名")与文本框组件 JTextField(10)。

(7) 在 pa2 对象上添加标签 JLabel("密码")与密码文本框组件 JPasswordField(10))。

(8) 在 pa3 对象上添加两个按钮组件 JButton("登录"))与 JButton("注册"))。

```java
import java.awt.Color;

import java.awt.FlowLayout;

import javax.swing.Box;

import javax.swing.JButton;

import javax.swing.JFrame;

import javax.swing.JLabel;

import javax.swing.JPanel;

import javax.swing.JPasswordField;

import javax.swing.JTextField;

import javax.swing.WindowConstants;

public class C11_10 {

    public static void main(String[] args) {

        JFrame jf = new JFrame("用户登录  JPanel");

        jf.setDefaultCloseOperation(WindowConstants.EXIT_ON_CLOSE);

        jf.setSize(300, 200);                    //设置窗体的宽度高度

        // 第 1 个 JPanel, 使用默认 FlowLayout 布局

        JPanel pa1 = new JPanel();               //创建 JPanel 容器

        pa1.setBackground(Color.CYAN);           //设置 JPanel 的背景颜色

        pa1.add(new JLabel("用户名"));            //创建标签

        pa1.add(new JTextField(10));             //创建文本框

        // 第 2 个 JPanel, 使用默认 FlowLayout 布局

        JPanel pa2 = new JPanel();

        pa2.setBackground(Color.YELLOW);

        pa2.add(new JLabel("密    码"));

        pa2.add(new JPasswordField(10));         //创建密码文本框

        // 第 3 个 JPanel, 使用默认 FlowLayout 布局
```

```
        JPanel pa3 = new JPanel();
        pa3.add(new JButton("登录"));        //创建按钮
        pa3.add(new JButton("注册"));
    // 创建一个垂直 Box 容器，添加 pa1、pa2、pa3
        Box vBox = Box.createVerticalBox();
        vBox.add(pa1);                       //添加 pa1 到 Box 容器
        vBox.add(pa2);
        vBox.add(pa3);
        jf.setContentPane(vBox);             //添加 Box 容器到窗体内容面板
        jf.setLocationRelativeTo(null);      //窗体位置在屏幕中间
        jf.setVisible(true);                 //窗体可见
    }
  }
```

程序中 JLabel("用户名")表示标签的标题为"用户名"。JTextField(10)表示文本框组件输入框的长度为 10 列，可以输入 10 个可见字符。JPasswordField(10) 表示密码文本框组件输入框的长度为 10 列，可以输入 10 个字符，这些字符用*显示。该程序的运行结果如图 11.25 所示。

图 11.25　程序 C11_10 的运行结果

第 11 章 ch11 工程中示例程序在 Eclipse IDE 中的位置及其关系见图 11.26。

图 11.26　ch11 工程中示例程序在 Eclipse IDE 中的位置及其关系

习　题　11

11.1　什么是 GUI?

11.2　开发图形用户界面，Java 语言提供了什么工具包?

11.3　什么是容器类组件与非容器类组件?

11.4　简述 Swing 的重量级组件和轻量级组件。

11.5　简述 JFrame 窗体的分层面板组件。

11.6　使用 JFrame 窗体的默认布局设计一个界面。

11.7　在 JFrame 窗体中使用 GridLayout 布局方式设计一个加法器界面。

11.8　设计一个界面：在 JFrame 窗体上添加 Box 容器；在 Box 容器上添加 JPanel 面板；在 JPanel 面板上使用默认布局方式添加其他组件。

第 12 章　GUI 设计中的事件响应

设计和实现图形用户界面的工作主要有两个：一是创建组成界面的各种成分和元素，指定它们的属性和位置关系，根据具体需要排列它们，从而构成完整的图形用户界面的物理外观，这方面的内容我们已经在第 11 章做了大体介绍；二是定义图形用户界面的事件和各界面元素对不同事件的响应，从而实现图形用户界面与用户的交互功能。本章我们将主要介绍 GUI 设计中不同事件的响应，同时也介绍一些非容器组件的外观设计。

12.1　事件响应原理

图形用户界面之所以能为广大用户所喜爱并最终成为事实上的标准，很重要的一点就在于图形用户界面的事件驱动机制，它可以根据产生的事件来决定执行相应的程序段。事件(event)代表了某对象可执行的操作及其状态的变化。用户可以通过移动鼠标对特定图形界面元素进行单击、双击、拖动等操作来实现交互操作。例如，在图形用户界面上创建一个按钮，当点击它时变换背景颜色等。

12.1.1　委托事件模型

Java 采用委托事件模型来处理事件，委托事件模型由事件源(event source)、事件对象(event object)及事件监听器(event listener) 组成。图 12.1 展示这三者之间的关系：当用户操作事件源产生事件对象时，早已注册给事件源的事件监听器接收事件对象，紧接着，事件监听器的事件处理器处理事件。委托事件模型的特点是将事件委托给事件监听器处理，而不是事件源本身，从而将使用者界面与程序逻辑分开。

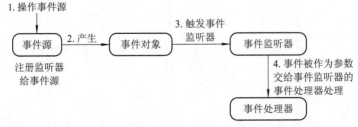

图 12.1　委托事件模型

图 12.2 是一个简单的例子：在这个例子中，我们在 JFrame 窗体上添加了一个标签为"点击"的按钮，当点击该按钮时，按钮标签变为"OK"。采用委托事件模型，这里按钮

组件就是事件源，点击按钮产生事件对象，触发事件监听器接收被封装的事件对象，事件对象作为参数交给事件监听器的事件处理器处理，最终，将按钮标签"点击"变为"OK"。

图 12.2　委托事件模型中操作按钮的例子

Java 的事件处理有下面四个重要概念：

(1) 事件对象：用户操作事件源而产生的事件。

(2) 事件源：产生事件的组件，如按钮、文本框等。

(3) 事件监听器：是事件对象的接收者。若要接收产生的事件对象，必须为事件源对象注册事件监听器。

(4) 事件处理方法(event handle)：当事件监听器得到操作事件源产生的事件对象时，则调用相应的事件处理器的方法去处理。

委托事件模型的实现步骤如下：

(1) 创建事件源组件。

(2) 为产生事件对象的事件源组件注册事件监听器。

(3) 添加事件监听器的事件处理器的处理方法。

下面通过一个简单的程序来说明。

🖫【示例程序 C12_1.java】　在 JFrame 窗体上添加一个按钮，按钮标签为"点击"，当点击按钮时，屏幕输出"OK"。

```java
import java.awt.event.ActionEvent;
import java.awt.event.ActionListener;
import javax.swing.JButton;
import javax.swing.JFrame;
class C12_1
  {
      public static void main(String args[]){
          JFrame   jf = new   JFrame("按钮事件响应");
          jf.setDefaultCloseOperation(JFrame.EXIT_ON_CLOSE);
           jf.setBounds(600,300,300,200);   //设定窗体在屏幕的位置及窗体的尺寸
          //创建 bt 按钮事件源
           JButton bt = new JButton("点击");
          //创建事件处理器的对象 btn
          ClAction btn = new ClAction();
          //给 bt 事件源注册监听器，将 bt 事件源与事件处理器 btn 对象关联
          bt.addActionListener(btn);          //产生事件对象时，执行事件处理器的事件处理方法
```

```
            jf.getContentPane().add(bt);        //添加 bt 对象到窗体内容面板上
            jf.setVisible(true);                //显示窗体
        }
    }
//事件处理器的事件处理方法
class ClAction implements ActionListener{
    public void actionPerformed(ActionEvent e) {
        System.out.println("OK");
    }
}
```

该程序的运行结果如图 12.3 所示，左图是按钮的原始标签，右图是点击按钮标签产生的结果。

图 12.3　程序 C12_1 的运行结果

程序中：

(1) 创建事件源 bt 组件的语句如下：

    bt=new JButton("点击");

(2) 创建事件处理器的对象 btn 的语句如下：

    ClAction btn = new ClAction()。

(3) 为事件源 bt 组件注册事件监听器，等待接收产生的事件对象的语句如下：

    bt.addActionListener(btn)。

(4) 事件监听器的事件处理器方法的语句如下：

    public void actionPerformed (ActionEvent e){

    …

    }

当操作事件源产生事件对象时，监听器接收事件对象 e，将事件对象作为事件处理器方法的参数调用该方法完成事件处理，例如程序中的 actionPerformed(ActionEvent e)。

12.1.2　java.awt.Event 事件类的继承关系

java.awt.Event 包中提供一组事件类来处理不同事件源对象产生的事件，这组事件类的继承关系如下：

    java.awt.Object

        java.util.Event

        Java.util.Event.Object

        .　java.awt.AWTEvent

java.awt.event.ActionEvent.

java.awt.event.AdjustmentEvent

java.awt.event.InvocationEvent

java.awt.event.ItemEvent

java.awt.event.TextEvent

java.awt.event.ComponentEvent

java.awt.event.ContainerEvent

java.awt.event.FocusEvent

java.awt.event.PaintEvent

java.awt.event.WindowEvent

java.awt.event.InputEvent

java.awt.event.KeyEvent

java.awt.event.MouseEvent

Java 中的事件类可分为高级事件类和低级事件类。低级事件是基于组件和容器的事件。常见的低级事件类是 ComponentEvent(组件事件)和 ContainerEvent(容器事件)。高级事件是基于语义的事件,它可以不和特定的动作相关联,而是依赖于触发此事件的类。常见的高级事件是 ActionEvent(动作事件)、AdjustmentEvent(调整事件)、ItemEvent(选择事件)和 TextEvent(文本事件)。

12.1.3　事件与事件源的关系

事件对象由事件源产生,操作不同的事件源产生不同的事件。Swing 中常用的事件类和事件源的关系如表 12.1 所示。

表 12.1　常用的事件类和事件源的关系

事件类	事件源类
ActionEvent(动作事件)	JButton、JList、JTextField、JMenuItem 及其派生类,包括 JCheckBoxMenuItem、JMenu 和 JRadioButtonMenuItem
ItemEvent(选择事件)	JCheckBox、JComboBox、JList、JCheckBoxMenuItem 以及任何实现了 ItemSelectable 接口的类
TextEvent(文本事件)	任何从 JTextComponent 导出的类,包括 JTextArea 和 JTextField
AdjustmentEvent(调整事件)	JScrollbar 以及任何实现 Adjustable 接口的类
ComponentEvent(组件事件)	Component 及其派生类,包括 JButton、JCheckBox、JComboBox、Container、JPanel、JApplet、JScrollbarPane、Window、JDialog、JFileDialog、JFrame、JLabel、JList、JScrollbar、JTextArea 和 JTextField
ContainerEvent(容器事件)	Container 及其派生类,包括 JScrollbarPane、Window、JDialog、JFileDialog 和 JFrame
FocusEvent(焦点事件)	Component 及其派生类
WindowEvent(窗口事件)	Window 及其派生类,包括 JDialog、JFileDialog 和 JFrame
MouseEvent(鼠标事件)	Component 及其派生类
KeyEvent(键盘事件)	Component 及其派生类

12.1.4 Swing 组件的事件及监听器

Swing 组件是构建在 AWT 库之上的具有改进功能的 Swing 组件库。由于 Swing 组件库的功能改进覆盖于 AWT 核心事件处理特性之上，由基本的动作监听到焦点管理，从而使得 Swing 组件的事件处理更为简单。

所有的 Swing 组件都是 java.awt.Component 的子类，它们具有如下继承关系：

java.lang.Object
　　java.awt.Component
　　　　java.awt.Container
　　　　　　javax.swing.JComponent
　　　　　　　　javax.swing 的各种 Swing 组件

因此，可以利用 java.awt.Component 与 java.awt.Container 提供的事件类及事件监听器来处理诸如鼠标和键盘操作等低级事件。

不同事件需要不同的事件监听器(接口类)，事件对象与事件监听器之间的关系如表 12.2 所示。监听器要用对应的处理器的处理方法来处理事件。而每个监听器的处理器都有相应的成员方法，我们处理事件的程序代码要写在对应的成员方法体中。表 12.3 列出了各事件监听器与各成员方法之间的对应关系。

表 12.2 事件与事件监听器之间的关系

事　件	事件监听器	说　明
ActionEvent	ActionListener	激活组件
AdjustmentEvent	AdjustmentListener	调整滚动条等组件
ItemEvent	ItemListener	选择某些项目
TextEvent	TextEventListener	文本字段或文本区发生改变
ComponentEvent	ComponentListener	指示组件被移动、大小被更改或可见性被更改的低级别事件(它也是其他组件级事件的根类)
ContainerEvent	ContainerListener	指示容器内容因为添加或移除组件而更改的低级别事件
FocusEvent	FocusListener	焦点的获得和丢失
KeyEvent	KeyListener	键盘的操作
MouseEvent	MouseListener	鼠标的点击和移动等
WindowEvent	WindowListener	窗口问题，如关闭窗口、图标化等

表 12.3　各事件监听器与各成员方法之间的关系

事件监听器	成 员 方 法
ActionListener	actionPerformed(ActionEvent e)　发生操作时调用
AdjustmentListener	adjustmentValueChanged(AdjustmentEvent e)　在可调整的值发生更改时调用该方法
ItemListener	itemStateChanged(ItemEvent e)　在用户已选定或取消选定某项时调用
TextEventListener	textValueChanged(TextEvent)　文本的值已改变时调用
ComponentListener	componentHidden(ComponentEvent e)　组件变得不可见时调用 componentMoved(ComponentEvent e)　组件位置更改时调用 componentResized(ComponentEvent e)　组件大小更改时调用 componentShown(ComponentEvent e)　组件变得可见时调用
ContainerListener	componentAdded(ContainerEvent e)　已将组件添加到容器中时调用 componentRemoved(ContainerEvent e)　已从容器中移除组件时调用
FocusListener	focusGained(FocusEvent e)　组件获得键盘焦点时调用 focusLost(FocusEvent e)　组件失去键盘焦点时调用
KeyListener	keyPressed(KeyEvent e)　按下某个键时调用此方法 keyReleased(KeyEvent e)　释放某个键时调用此方法 keyTyped(KeyEvent e)　键入某个键时调用此方法
MouseListener (鼠标点击)	mouseClicked(MouseEvent e)　鼠标按键在组件上单击(按下并释放)时调用 mouseEntered(MouseEvent e)　鼠标进入到组件上时调用 mouseExited(MouseEvent e)　鼠标离开组件时调用 mousePressed(MouseEvent e)　鼠标按键在组件上按下时调用 mouseReleased(MouseEvent e)　鼠标按键在组件上释放时调用
MouseMotionListener (鼠标移动)	mouseDragged(MouseEvent e)　鼠标按键在组件上按下并拖动时调用 mouseMoved(MouseEvent e)　鼠标光标移动到组件上但无按键按下时调用
WindowListener	windowActivated(WindowEvent e)　将 Window 设置为活动 Window 时调用 windowClosed(WindowEvent e)　因对窗口调用 dispose 而将其关闭时调用 windowClosing(WindowEvent e)　用户试图从窗口的系统菜单中关闭窗口时调用 windowDeactivated(WindowEvent e)　当 Window 不再是活动 Window 时调用 windowDeiconified(WindowEvent e)　窗口从最小化状态变为正常状态时调用 windowIconified(WindowEvent e)　窗口从正常状态变为最小化状态时调用 windowOpened(WindowEvent e)　窗口首次变为可见时调用

12.2 JLable 组 件

JLable 组件被称为标签，它是一个静态组件，也是标准组件中最简单的一个组件。每个标签用一个标签类的对象表示，可以显示一行静态文本。标签只起信息说明的作用，不接受用户的输入，无事件响应。

创建标签 JLable 类对象的构造方法如表 12.4 所示。

表 12.4　JLable 类对象的构造方法

构 造 方 法	功能及参数说明
JLable( )	创建一个空标签
JLable(Icon icon)	创建图标为 icon 的标签
JLable(Icon icon,int halig)	创建图标为 icon 的标签，并指定水平排列方式(LEFT、CENTER、RIGHT、LEADING 和 TRAILING)
JLable(String text)	创建一个含有文字的标签
JLable(String text,int halig)	创建一个含有文字的标签，并指定水平排列方式
JLable(String text,Icon icon,int halig)	创建一个含有文字及图标的标签，并指定水平排列方式

当创建了一个标签对象后，就可以引用 JLable 类的成员方法重新设置标签，或获取标签信息。JLable 类的常用成员方法如表 12.5 所示。

表 12.5　JLable 类的常用成员方法

成 员 方 法	功 能 说 明
Icon getIcon( )	获取此标签的图标
void setIcon(Icon icon)	设置标签的图标
String getText( )	获取此标签的文本
void setText(String lable)	设置标签的文本
void setHorizontalAlignment(int alig)	设置标签内组件的水平对齐方式
void setVerticalAlignment(int alig)	设置标签内组件的垂直对齐方式
void setHorizontalTextPosition(int tp)	设置标签内文字与图标的水平相对位置
void setVerticalTextPosition (int tp)	设置标签内文字与图标的垂直相对位置

12.3 JButton 组件与 JToggleButton 组件

JButton 组件与 JToggleButton 组件通常被称为按钮，它是一个具有按下、抬起两种状态的组件。用户可以指定按下按钮(单击事件)时所执行的操作(事件响应)。按钮上通常有一行文字(标签)或一个图标以表明它的功能。此外，Swing 组件中的按钮还可以实现下述效果：

(1) 改变按钮的图标，即一个按钮可以有多个图标，可根据 Swing 按钮所处的状态而自动变换不同的图标。

(2) 为按钮加入提示，即当鼠标在按钮上稍做停留时，在按钮边可出现提示，当鼠标移出按钮时，提示自动消失。

(3) 在按钮上设置快捷键。

(4) 设置默认按钮，即通过回车键运行此按钮的功能。

12.3.1　常用组件的继承关系

由于本章所述组件所使用的成员方法主要是继承自其直接父类或更高层父类的成员方法，为了正确地使用这些组件，有必要了解每个组件的继承关系。本章所述组件的继承关系如下：

> java.lang.Object
> 　　java.awt.Component
> 　　　　java.awt.Container
> 　　　　　　javax.swing.JComponent
> 　　　　　　　　javax.swing.JLabel
> 　　　　　　　　javax.swing.JTextField
> 　　　　　　　　javax.swing.JTextArea
> 　　　　　　　　javax.swing.JList
> 　　　　　　　　javax.swing.JComboBox
> 　　　　　　　　javax.swing.AbstractButton
> 　　　　　　　　　　javax.swing.JButton
> 　　　　　　　　　　javax.swing.JToggleButton
> 　　　　　　　　　　　　javax.swing.JCheckBox
> 　　　　　　　　　　　　javax.swing. JradioButton

其中，AbstractButton 类是一个抽象类，这个类提供了许多组件需要使用的成员方法和事件驱动方法。

12.3.2　AbstractButton 类的常用成员方法

按照面向对象中抽象与继承的原则，Java 在 AbstractButton 类中提供了许多成员方法，为其子类继承和使用提供了方便。表 12.6 列出了该类的常用成员方法。

表 12.6　AbstractButton 类常用成员方法

成 员 方 法	功 能 说 明
Icon getIcon()	获取默认图标
void setIcon(Icon icon)	设置此按钮的默认图标
String getLabel()	获取标签文本
void setLabel(String lable)	设置标签的文本
void setHorizontalAlignment(int alig)	设置文本与图标的水平对齐方式(CENTER、LEFT、RIGHT、LEADING、TRAILING)

成 员 方 法	功 能 说 明
void setVerticalAlignment(int alig)	设置文本与图标的垂直对齐方式(CENTER、TOP、BOTTOM)
void setHorizontalTextPosition(int tp)	设置文本与图标的水平相对位置 CENTER、LEFT、RIGHT、LEADING、TRAILING)
void setVerticalTextPosition (int tp)	设置文本与图标的垂直相对位置(CENTER、TOP、BOTTOM)
String getText()	获取此按钮的文本
void addChangeListener(ChangeListener I)	给按钮添加指定的 ChangeListener
void addActionListener(ActionListener I)	给按钮添加指定的 ActionListener
void addItemListener(ItemListener I)	给按钮添加指定的 ItemListener
void removeActionListener(ActionListener I)	从按钮中删除指定的 ActionListener
void remove ChangeListener(ChangeListener I)	从按钮中删除指定的 ChangeListener
void remove ItemListener(ItemListener I)	从按钮中删除指定的 ItemListener
void setPressedIcon(Icon pricon)	设置按钮按下时的图标
void setRolloverIcon(Icon roicon)	设置鼠标经过时按钮的图标
void setRolloverEnabled(boolean b)	设置翻转效果是否有效
void setRolloverSelectedIcon(Icon seicon)	设置按钮的翻转并选择图标
void setEnabled(boolean b)	设定按钮是否禁用
void setSelected(boolean b)	设置按钮的状态
void setText(String text)	设置按钮的文本
boolean isSelected()	获取按钮的状态
Icon getSelectedIcon()	获取按钮的图标

12.3.3　JButton 类的构造方法

按钮可分为有、无标签的和有、无图标的等几种情况，因此，系统提供了表 12.7 所示的 JButton 类的构造方法来创建这几种按钮对象。

表 12.7　JButton 类构造方法

构 造 方 法	功 能 说 明
JButton()	创建一个无标签的按钮
JButton(String text)	创建一个有标签的按钮
JButton(Icon icon)	创建一个有图标的按钮
JButton(String text, Icon icon)	创建一个有标签和图标的按钮

12.3.4　JToggleButton 类的构造方法

JToggleButton 按钮与 JButton 按钮的区别仅在于：当按下 JButton 按钮并释放鼠标后，

按钮会自动弹起；按下 JToggleButton 按钮并释放鼠标后，按钮不会自动弹起，除非再按一次。表 12.8 列出了 JToggleButton 类的构造方法。

表 12.8　JToggleButton 类构造方法

构　造　方　法	功　能　说　明
JToggleButton()	创建一个无标签的按钮
JToggleButton(String text)	创建一个标签为 text 的按钮
JToggleButton(String text,boolean selected)	创建一个有标签的按钮，且初始状态为 false
JToggleButton(Icon icon)	创建一个图标为 icon 的按钮
JToggleButton(Icon icon,boolean selected)	创建一个有图标的按钮，且初始状态为 false
JToggleButton(String text, Icon icon)	创建一个既有标签又有图标的按钮
JToggleButton(String text, Icon icon,boolean selected)	创建一个有标签和图标的按钮，且初始状态为 false

12.3.5　ActionEvent 事件及其响应

按照 Java 的委托事件模型，当我们在所设计的用户界面上按下一个按钮时会激发一个事件，这个事件称为动作事件(action event)。动作事件由 AWT 的 ActionEvent 类的方法来处理。

从表 12.1、表 12.2 和表 12.3 可以得到 ActionEvent 事件类与事件源和事件监听器之间的关系。如果希望在所设计的用户界面上利用按钮激发一个动作事件，利用 Java 的委托事件模型处理这个事件，则需要了解 ActionEvent 事件及其响应原理。

1．动作事件

ActionEvent 类含有 ACTION_PERFORMED 事件，即动作事件，它是引发某个动作的执行事件。能触发这个事件的动作包括单击按钮、双击一个列表中的选项、选择菜单项、在文本框中输入回车等。

2．ActionEvent 类可使用的主要方法

要处理事件必须要得到事件源，有以下两种方法可以得到事件源。

(1) getActionCommand()方法：是 ActionEvent 类的方法，用来获取事件源对象的标签或事先为这个事件源对象设置的命令名。

(2) getSource()方法：是 EventObject 类的方法，该类是 ActionEvent 类的父类，用来获取最初发生事件的事件源对象。

3．动作事件响应

我们用单击按钮触发事件并处理该事件的过程来说明动作事件的响应原理。如果要使按钮触发 ActionEvent 事件，则处理程序的结构如下：

(1) 创建监听器的处理器的对象，创建按钮事件源对象，并为按钮对象注册监听器；

```
ActionListener click=new ClickAction( );      //创建监听器的处理器的对象
JButton btn=new JButton( );                   //创建按钮对象
btn.addActionListener(click);                 //为按钮对象注册监听器对象
```

(2) 将响应动作事件所需要的业务逻辑封装在实现监听器接口的类中。

```
Class   ClickAction   implements   ActionListener{
    public void actionPerformed(ActionEvent e)
    {
        //响应动作事件所需要的业务逻辑
    }
}
```

在 actionPerformed( )方法体中写入处理此事件的程序代码,可以引用 ActionEvent 事件的 getSource( )方法来获取引发事件的事件源对象,也可以引用 getActionCommand( )方法来获取事件源对象的标签或事先为这个事件源对象设置的命令名。

当操作按钮事件源对象时,为按钮对象注册的监听器就可以接收来自按钮事件源产生的事件对象,并将封装的事件对象作为参数,这里 e 为事件对象,引用 ActionListener 的 actionPerformed(actionevent e)方法完成此动作事件的响应。

下面通过一个具体的程序来说明按钮的事件响应。

【示例程序 C12_2.java】　如图 12.4 所示。在 JFrame 窗体中添加一个 JButton 组件,JButton 组件的标签含有标签文本与图标。作为事件源按钮的组件有三种图标的转换方式:鼠标不在按钮区域是一种图标;鼠标进入按钮区域是另一种图标;单击按钮瞬间是第三种图标。单击按钮时产生事件对象,通过监听器的处理器的成员方法改变 JButton 组件的标签文本。

```
package ch12;
import java.awt.*;
import java.awt.event.*;
import javax.swing.*;
public class C12_2{
    public static void main(String[] args){
        JFrame frame= new Btn1Frame();
        frame.setSize(300,200);
            frame.setTitle("Button 事件响应");
            frame.setDefaultCloseOperation(JFrame.EXIT_ON_CLOSE);
            frame.setLocationRelativeTo(null);      //窗体居中
            frame.setVisible(true);
    }//main
}//class C12_2

class Btn1Frame extends JFrame {
    private static final long serialVersionUID = 1L;
    JButton bt; JLabel lb;
    public Btn1Frame(){
```

```
        Icon ro=new ImageIcon(getClass().getResource("/image/G1.gif")); //创建图标对象
        Icon ge=new ImageIcon(getClass().getResource("/image/G2.gif"));
        Icon pr=new ImageIcon(getClass().getResource("/image/G3.gif"));
        //创建 bt 按钮事件源
        bt=new JButton( );
        bt.setRolloverEnabled(true);        //将按钮图标变化功能打开
        bt.setText("OK");                   //添加按钮文本
        bt.setHorizontalTextPosition(JLabel.CENTER);    //将按钮标签文字放在图标中间
        bt.setVerticalTextPosition(JLabel.BOTTOM);      //设置按钮标签文字在图标下方
        add(bt);                            //添加 bt 按钮在 panel 组件上
        bt.setIcon(ge);                     //设置鼠标离开按钮的图标
        bt.setRolloverIcon(ro);             //设置鼠标在按钮上的图标
        bt.setPressedIcon(pr);              //设置鼠标按下按钮的图标
        //创建事件处理器的对象 act
        ClickAction act = new ClickAction();
        //给 bt 事件源注册监听器，将 bt 事件源与事件处理器 act 对象关联
        bt.addActionListener(act);  //当产生事件对象时，执行事件处理器的事件处理方法
    }//BtnFrame()
}//class BtnFrame


//事件处理器的事件处理方法
    class ClickAction    implements    ActionListener{
        public void actionPerformed(ActionEvent e) {
            JButton bt1=(JButton) e.getSource();    //获得产生事件对象的事件源对象
            String s = bt1.getText();               //获得事件源对象的标签文本
            if( "OK".equals(s))      bt1.setText("确定");
            else                     bt1.setText("OK");
        }                                           //actionPerformed
    }                                               //ClickAction
```

该程序的运行结果如图 12.4 所示。

　　(a) 鼠标不进入按钮区域　　　　　　(b) 鼠标进入按钮区域

(c) 鼠标单击按钮时的图　　　　　　　(d) 鼠标单击按钮后的图

图 12.4　程序 C12_2 的运行结果

程序说明：

(1) 程序结构定义了 C12_2 、BtnFrame、ClickAction 三类。BtnFrame 类是 JFrame 的子类，ClickAction 类是 ActionListener 的子类。

(2) C12_2 类：C12_2 类的 main() 方法中创建 JFrame 的子类 BtnFrame，定义 BtnFrame 窗体的外观，如位置、大小、窗体标签等。

(3) 在 BtnFrame 类的构造方法中创建了 JButton 的 bt 按钮事件源对象，为 bt 创建了 3 个图标对象，设置了 bt 的标签的文字及图标，将 bt 添加到窗体容器上，当鼠标进入或不进入 bt 区域时就会出现 bt 标签的图标变换。在该类中创建了事件处理器的对象 act，给 bt 事件源对象注册了监听器，并将 bt 事件源对象与事件处理器 act 对象关联，当 bt 事件源对象产生一个动作事件时，监听器接收封装的事件对象，调用事件处理器的事件处理方法处理事件，即 ClickAction 类的 actionPerformed(actionevent e) 方法。

(4) ClickAction 类是 ActionListener 的子类，ActionListener 接口仅仅包含了一个抽象方法 actionPerformed(actionevent e)，参数中 ActionEvent 的对象 e 代表一个动作事件，action Performed(action event e) 的方法体中是自己编写的处理事件的内容。(JButton) e.getSource() 方法是获得产生事件对象的事件源对象，bt1.getText() 方法是获得事件源对象的标签文本，最后条件语句中的 setText() 方法是变换事件源对象的标签文本。

12.4　JCheckBox 和 JRadioButton 组件

JCheckBox 组件被称为复选框(也称检测框)，它提供 "选中/ON" 和 "未选中/OFF" 两种状态。用户点击某复选框就会改变该复选框原有的状态。

JRadioButton 组件被称为选项按钮，在 Java 中 JRadioButton 组件与 JCheckBox 组件功能完全一样，只是图形不同，复选框为方形图标，选项按钮为圆形图标。由于目前所使用软件的 RadioButton 多为单选按钮，即在同类的一组组件中，用户只能选择其中之一为 ON，其余为 OFF。Java 为了与其他系统一致，专门提供了 javax.swing.ButtonGroup 类，这个类的功能就是实现诸如 JRadioButton、JRadioButtonMenuItem 与 JToggleButton 等组件的多选一功能。ButtonGroup 类可被 AbstractButton 类的子类所使用。

12.4.1　JCheckBox 类的构造方法

创建复选框对象使用 JCheckBox 类的构造方法，如表 12.9 所示。

表 12.9　JCheckBox 类构造方法

构　造　方　法	功　能　说　明
JCheckBox()	创建一个无标签的复选框对象
JCheckBox(String text)	创建一个有标签的复选框对象
JCheckBox(String text,boolean selected)	创建一个有标签的复选框对象，且初始状态为 false
JCheckBox(Icon icon)	创建一个有图标的复选框对象
JCheckBox(Icon icon,boolean selected)	创建一个有图标的复选框对象，且初始状态为 false
JCheckBox(String text, Icon icon)	创建一个有标签和图标的复选框对象
JCheckBox(String text, Icon icon,boolean selected)	创建一个有标签和图标的复选框对象，且初始状态为 false

12.4.2　JradioButton 类的构造方法

JRadioButton 类的构造方法见表 12.10。

表 12.10　JRadioButton 类构造方法

构　造　方　法	功　能　说　明
JRadioButton()	创建一个无标签的 JRadioButton 对象
JRadioButton(String text)	创建一个有标签的 JRadioButton 对象
JRadioButton(String text,boolean selected)	创建一个有标签的 JRadioButton 对象，且初始状态为 false
JRadioButton(Icon icon)	创建一个有图标的 JRadioButton 对象
JRadioButton(Icon icon,boolean selected)	创建一个有图标的 JRadioButton 对象，且初始状态为 false
JRadioButton(String text, Icon icon)	创建一个有标签和图标的 JRadioButton 对象
JRadioButton(String text, Icon icon,boolean selected)	创建一个有标签和图标的 JRadioButton 对象，且初始状态为 false

12.4.3　ItemEvent 事件及其响应

从表 12.1、表 12.2 和表 12.3 可以得到 ItemEvent 事件类与事件源和事件监听器之间的关系。如果希望在所设计的用户界面上利用复选框激发一个选择事件，利用 Java 的委托事件模型处理这个事件，则需要了解 ItemEvent 事件及其响应原理。

1．ItemEvent 事件

ItemEvent 事件是选定或取消事件源选项的事件(简称为选择事件)，是在用户已选中选定项或取消选定项时由 ItemSelectable 对象(如复选框)生成的。引发这类事件的动作包括：

(1) 改变复选框 JCheckbox 对象的选中或不选中状态。

(2) 改变单选按钮 JRadioButton 对象的选中或不选中状态。

(3) 改变下拉列表框 JComboBox 对象中选项的选中或不选中状态。

(4) 改变菜单项 JMenuItem 对象中选项的选中或不选中状态。

(5) 改变 JCheckboxMenuItem 对象中选项的选中或不选中状态。

2．ItemEvent 类的主要方法

得到 ItemEvent 类主要有以下三个方法。

(1) ItemSelectable getItemSelectable()。getItemSelectable()方法返回引发选中状态变化的事件源,如 JCheckbox 对象。能引发选中状态变化的事件都必须是实现了 ItemSelectable 接口类的对象,该方法的返回值就是这些类的对象的引用。此外,ItemEvent 类的事件也可以使用其父类 EventObject 类提供的 getSource()方法返回引发选中状态变化的事件源。

(2) Object getItem()。getItem()方法返回引发选中状态变化事件的具体选择项,如 JComboBox 中的具体 item。通过调用这个方法可以知道用户选中了哪个选项。

(3) int getStateChange()。getStateChange()方法返回此组件到底有没有被选中。它的返回值是一个整型值,通常用 ItemEvent 类的静态常量 SELECTED(代表选项被选中)和 DESELECTED(代表选项被放弃或不选)来表达。

3．事件响应

我们用复选框选择触发事件并处理该事件的过程来说明选择事件的响应原理。如果要使复选框能够触发 ItemEvent 事件,则处理程序的结构如下:

(1) 创建监听器的处理器的对象,创建按钮事件源对象,并为按钮对象注册监听器:

```
ItemListener    select=new SelectAction( );      //创建监听器的处理器的对象

JCheckBox    cb=new   JCheckBox ( );             //创建复选框对象

cb. addItemListener (select);                    //为复选框对象注册监听器
```

这样,当事件发生时,注册的监听器对象就可以接收来自事件源的事件了:

(2) 将响应选择事件所需要的业务逻辑封装在实现监听器接口的类中。

```
Class   SelectAction   implements   ItemListener
{
    public void itemStateChanged(ItemEvent e)
    {
        //处理选择事件所需要的业务逻辑
    }
}
```

在 itemStateChanged(ItemEvent e)方法体中写入处理此事件的程序代码,可以在方法体中引用 ItemEvent 事件的 e.getItemSelectable()方法获得引发选择事件的事件源对象,引用 e.getStateChange()方法获取选择事件之后的状态。

当选择复选框事件源组件时触发 ItemEvent 事件对象。为复选框对象注册的监听器就可以接收来自复选框事件源产生的事件对象,并将封装的事件对象作为参数,这里 e 为事件对象,引用 ItemListener 的 itemStateChanged(itemevent e)方法来完成选择事件的响应。

12.4.4　应用举例

💾【**示例程序 C12_3.java**】　如图 12.5 所示。在 JFrame 窗体上添加一个 JPanel 容器，JPanel 容器上添加一个 JLabel 组件、三个 JCheckBox 组件、三个 JRadioButton 组件、三个 JRadioButton 组件作为单选按钮。根据复选框及单选择按钮的选择，改变标签组件的标签文本的大小及颜色。

```java
import java.awt.Color;
import java.awt.Font;
import java.awt.event.*;
import javax.swing.*;
public class C12_3 {
    public static void main(String[] args){
        JFrame frame= new CBxFrame(); //创建窗体对象
        frame.setSize(300,200); //设置窗体尺寸
        frame.setTitle("JCheckBox 事件响应");
        frame.setDefaultCloseOperation(JFrame.EXIT_ON_CLOSE);
        frame.setLocationRelativeTo(null);  //窗体居中
        frame.setVisible(true); //设置窗体可见
    }//main
}
class CBxFrame extends JFrame {
    private static final long serialVersionUID = 1L;
    JPanel panel;                      //声明面板对象
    int i1=0,i2=0,i3=0;                //设置颜色的 RGB 值
    int fonti=10;   Font font;         //设置字号，字体
    JLabel lb=new JLabel("请选择"); //创建标签对象
    JCheckBox cb1,cb2,cb3;             //声明复选框对象
    JRadioButton r1,r2,r3;             //声明按钮对象
    ButtonGroup bg=new ButtonGroup( );  //创建按钮组对象，实现 JRadioButton 多选一功能
    public CBxFrame() {
        panel = new JPanel();          //创建 JPanel 容器对象
        panel.add(lb);                 //添加 lb 组件到 panel 面板上
        //创建方形复选框事件源
        cb1=new JCheckBox("红色",false);
        cb2=new JCheckBox("绿色",false);
        cb3=new JCheckBox("蓝色",false);
        //添加方形复选框在 panel 上
        panel.add(cb1);     panel.add(cb2);        panel.add(cb3);
```

```
//创建圆形按钮复选框事件源
r1=new JRadioButton("10");   r2=new JRadioButton("16");
r3=new JRadioButton("24");
//加载按钮到 panel 上
panel.add(r1);    panel.add(r2);    panel.add(r3);
//添加三个按钮对象到 bg 按钮组上，实现单选
bg.add(r1);      bg.add(r2);      bg.add(r3);
//创建事件处理器的 act_sch 对象
Act_SCh act_sch = new Act_SCh();
//给事件源注册监听器，将事件源与事件处理器 act_sch 对象关联
//产生事件对象时，执行事件处理器的事件处理方法
cb1.addItemListener(act_sch);
cb2.addItemListener(act_sch);
cb3.addItemListener(act_sch);
r1.addActionListener(act_sch);
r2.addActionListener(act_sch);
r3.addActionListener(act_sch);
add(panel); //添加 panel 容器到窗体
} // CBxFrame()
//事件处理器的事件处理方法
class Act_SCh    implements ItemListener,ActionListener{
      //选择事件处理方法——改变 lb 组件对象的标签文本的字号颜色
      public void itemStateChanged(ItemEvent e)
         {    JCheckBox cbx=(JCheckBox)e.getItem( );   //获得事件源对象
            //根据事件源组件是否被选设置颜色的 RGB 值
            if (cbx.getText()=="红色")                    //获得组件的标签文本
              {  if(cbx.isSelected()) i1=255;             //判断是否被选
                 else i1=0;}
            if (cbx.getText()=="绿色")
              {   if(cbx.isSelected())i2=255;
                 else i2=0;   }
            if (cbx.getText()=="蓝色")
              {   if(cbx.isSelected())i3=255;
                 else i3=0;   }
            font=new Font("宋体",Font.BOLD,fonti);    //创建字体样式字号对象
            lb.setFont(font); //设置标签组件的标签文本的字体
            lb.setForeground(new Color(i1,i2,i3));        //设置标签组件的标签文本颜色
         }//itemStateChanged
         //动作事件处理方法——改变 lb 组件对象的标签文本的字号
```

```
        public void actionPerformed(ActionEvent e)
    {     String rbt=e.getActionCommand( );        //获得事件源的标签文本
          //设置字体的字号
          if (rbt=="10") fonti=10;
          else if (rbt=="16") fonti=16;
          else    fonti=24;
          font=new Font("宋体",Font.BOLD,fonti); //创建字体样式字号对象
          lb.setFont(font); //设置 lb 组件对象的标签文本的字体
          lb.setForeground(new Color(i1,i2,i3));        //设置 lb 组件对象的标签文本的颜色
    }//actionPerformed
  }// Act_SCh
} // CBxFrame
```

该程序的运行结果如图 12.5 所示。

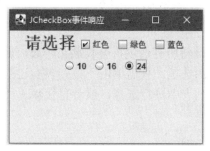
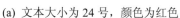

(a) 文本大小为 24 号，颜色为红色　　　　　(b) 文本大小为 24 号，颜色为红蓝组合色

图 12.5　C12_3 运行结果

程序说明：

(1) 程序定义了 C12_3 、CbxFrame 两个类，在 class CBxFrame 中定义了 class Act_SChclass 类。CBxFrame 类是 JFrame 的子类，Act_SChclass 类是 ItemListener 与 ActionListener 的子类。

(2) C12_3 类的 main()方法中创建 JFrame 的子类 CBxFrame 窗体，设置了 CBxFrame 窗体的外观，如位置、大小、窗体标签等。

(3) 在 CBxFrame 类的构造方法中创建了 JPanel 的 panel 容器对象，并将 panel 容器添加在 CBxFrame 窗体上。在构造方法中创建了 JLabel 的 lb 组件对象；创建了 JCheckBox 的 cb1，cb2，cb3 三个组件对象；创建了 JRadioButton 的 r1，r2，r3 三个组件对象，并将 lb，cb1，cb2，cb3，r1，r2，r3 组件添加在 panel 容器上；创建了 ButtonGroup 的 bg 按钮组对象，将 r1，r2，r3 组件添加到 bg 按钮组对象上，实现了 JRadioButton 多选一功能；将 cb1，cb2，cb3，r1，r2，r3 组件注册监听器，并将事件源对象与事件处理器对象关联，当事件源对象产生一个动作事件时，监听器接收封装的事件对象，调用事件处理器的事件处理方法处理事件，即 Act_SChclass 类的 actionPerformed(ActionEvent e)方法，当事件源对象产生一个选择事件时，监听器接收封装的事件对象，调用事件处理器的事件处理方法处理事件，即 Act_SChclass 类的 itemStateChanged(ItemEvent e)方法。

(4) Act_SChclass 类是 ActionListener 与 ItemListener 的子类。

ActionListener 接口仅仅包含了一个抽象方法 actionPerformed(ActionEvent e)，参数中 ActionEvent 的对象 e 代表一个动作事件，方法体中是自己编写的处理事件的内容。e.getActionCommand( )是获得单选圆形复选框事件源的标签文本，根据这个标签文本改变 lb 组件对象的标签文本的字号。

ItemListener 接口仅仅包含了一个抽象方法 itemStateChanged(itemevent e)，参数中 ItemEvent 的对象 e 代表一个选择事件，方法体中是自己编写的处理事件的内容。(JCheckBox)e.getItem( ) 是获得多选方形复选框事件的源对象，根据事件源组件是否被选设置颜色的 RGB 值，getText( )方法是得到事件源对象的标签文本，isSelected()方法是判断事件源对象是否被选，若被选，则设颜色值为 255，否则为 0。最后利用得到的 RGB 值的组合结果，改变 lb 组件对象的标签文本的颜色。

12.5　JComboBox 组件

JComboBox 组件被称为下拉列表框，其特点是将所有选项折叠收藏在一起，只显示最前面的或被用户选中的一个。如果希望看到其他的选项，只需单击下拉列表右边的下三角按钮就可以弹出所有选项的列表。用户可在这个列表中进行选择，或者直接输入所要的选项。下拉列表与选项按钮类似，一次只能选择一项。

12.5.1　JComboBox 类的构造方法及成员方法

创建 JComboBox 类的构造方法和常用成员方法列于表 12.11 中。

表 12.11　JComboBox 类的构造方法和常用成员方法

	方　　法	说　　明
构造方法	JComboBox( )	创建一个带有默认数据模型的 JComboBox
	JComboBox(E[] items)	创建包含指定数组元素的 JComboBox
	JComboBox(Vector<E> items)	创建包含指定 Vector 中的元素的 JComboBox
	JComboBox(ComboBoxModela<E> Model)	创建一个 JComboBox，从现有的 ComboBoxModel 中获取项目
成员方法	void addActionListener(ActionListener e)	添加指定的 ActionListener
	void addItemListener(ItemListener aListener)	添加指定的 ItemListener
	void addItem(Object anObject)	给选项表添加选项
	String getActionCommand( )	获取动作命令
	Object getItemAt(int index)	获取指定下标的列表项
	int getItemCount( )	获取列表中的选项数
	int getSelectedIndex( )	获取当前选择的下标
	int getSelectedItem( )	获取当前选择的项

12.5.2　事件响应

JComboBox 组件能够响应的事件分为选择事件与动作事件。若用户选取下拉列表中的选择项时，则激发选择事件，使用 ItemListener 事件监听器进行处理；若用户在 JComboBox 上直接输入选择项并回车时，则激发动作事件，使用 ActionListener 事件监听器进行处理。

下面通过一个具体的程序来说明选择项的事件响应。

【示例程序 C12_4.java】　如图 12.6 所示。在 JFrame 窗体上添加一个 JPanel 容器，JPanel 容器上添加 3 个 JLabel 组件，第一个 JLabel 组件的标签文本设为"姓名："，第二个设为"英语："，第三个设为学生的成绩，如"80"。JPanel 容器上添加 1 个 JComboBox 组件，组件中添加 4 个学生的名字选项，当点击下拉列表选择项得到学生的名字时，则第三个 JLabel 组件的标签文本显示出他的成绩。

```
import java.awt.event.*;
import javax.swing.*;
public class C12_4 {
    public static void main(String[] args){
        JFrame frame= new CboBxFrame();
        frame.setSize(300,200);
        frame.setTitle("JComboBox  选择事件响应");
        frame.setDefaultCloseOperation(JFrame.EXIT_ON_CLOSE);
        frame.setLocationRelativeTo(null); //窗体居中
        frame.setVisible(true);
    }//main
}
class CboBxFrame extends JFrame    implements ItemListener {
    private static final long serialVersionUID = 1L;
    JPanel    panel ;
    JComboBox<String> cbx;
    JLabel lb1=new JLabel("姓名:"), lb2=new JLabel("英语:"),lb3=new JLabel("80");
    String name[ ]={"李林","赵欣","张扬","童梅"}, score[ ]={"80","94","75","87"};
    public CboBxFrame() {
        panel = new JPanel();   //创建 JPanel 容器对象
        //创建 JComboBox 事件源 cbx 对象
        cbx=new JComboBox<String>();
        for (int j=0;j<name.length;j++)   //添加选项到下拉式列表框对象中
            cbx.addItem(name[j]);
        panel.add(lb1);   //添加 lb1 对象到 panel 容器上
        panel.add(cbx);   //添加下拉式列表框对象到 panel 容器上
        //将 cbx 事件源对象注册给监听器，将事件源与事件处理器 this 对象关联
        //产生事件对象时，执行事件处理器的事件处理方法
```

```
            cbx.addItemListener(this);
            panel.add(lb2);   panel.add(lb3);        add(panel);
        }
    //事件处理器的事件处理方法
     public void itemStateChanged(ItemEvent e)
        {
            int c=0;
            String str=(String)e.getItem( );            //获取 cbx 对象的选项
            for(int i=0;i<name.length;i++)
                if(str.equals(name[i]))                  //判断 str 是否 name[i]
                    c=cbx.getSelectedIndex( );           //将该选项的下标给 c
            lb3.setText(score[c]);    //设置学生成绩 score[c]为 lb3 的标签文本
        }
    } // CboBxFrame
```

该程序的运行结果见图 12.6。

(a) 程序运行后没做任何选择的结果

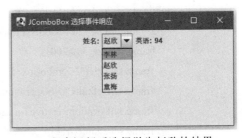

(b) 程序运行后选择学生赵欣的结果

图 12.6 程序 C12_4 的运行结果

程序说明：

(1) 程序定义了 C12_4、CboBxFrame 两个类。CboBxFrame 类是 JFrame 的子类，用于实现 ItemListener 接口。

(2) C12_4 类的 main()方法中创建 JFrame 的子类 CboBxFrame 窗体,设置了 CboBxFrame 窗体的外观,如位置、大小、窗体标签等。

(3) 在 CboBxFrame 类的构造方法中定义 name 数组存放学生的名字，定义 score 数组存放学生的英语成绩，学生 name[i] 的成绩是 score[i]；创建了 JPanel 的 panel 容器对象，将 panel 容器添加到 CboBxFrame 窗体中；创建了三个 JLabel 组件的对象，如，JLabel lb1= new JLabel("姓名:"), lb2=new JLabel("英语:"),lb3=new JLabel("80"); lb3 对象的标签文本显示的是成绩；创建了下拉式列表框 JComboBox 的 cbx 事件源对象，并将 name 数组作为选项添加到 cbx 对象中；将 lb1，cbx，lb2，lb3 按顺序添加到 panel 容器上；为 cbx 事件源对象注册了监听器，将事件源与事件处理器关联。当用户单击下拉列表的某个选项时，系统自动产生一个包含这个事件对象有关信息的 ItemEvent 类的 e 事件对象，并自动调用抽象的选择事件 itemStateChanged(ItemEvent e)方法处理事件。方法体中是自己编写的处理事件的内容，通过调用 ItemEvent 事件的方法 e.getItem( )获得引发当前选择事件的下拉列表事件源(被选中的项)，然后调用 getSelectedIndex( )获取该选项的 name 数组的下标值，因为学生

name[i] 的成绩是 score[i]，将 score[i]的值(英语成绩)作为 lb3 组件的新的标签文本，从而
实现选择一个学生的名字，就会显示他的英语成绩。

12.6　JList　组　件

JList 称为列表组件，它将所有选项放入列表框中。如果将 JList 放入滚动面板
(JScrollPane)中，则会出现滚动菜单效果。利用 JList 提供的成员方法，用户可以指定显示
在列表框中选项的个数，而多余的选项则可通过列表的上下滚动来显现。

JList 组件与 JComboBox 组件的最大区别是：JComboBox 组件一次只能选择一项，而
JList 组件一次可以选择一项或多项。选择多项时可以是连续区间选择(按住 Shift 键进行选
择)，也可以是不连续的选择(按住 Ctrl 键进行选择)。

12.6.1　JList 类的构造方法及成员方法

表 12.12 列出了 JList 类对象的构造方法和常用的成员方法。

表 12.12　JList 类的构造方法和成员方法

	方　　法	说　　明
构造方法	JList()	构造一个空的 JList
	JList(E[ ] listData)	构造显示指定数组中元素的 JList
	JList(Vectorl<? Extenda E>　istData)	构造显示指定 Vector 中的元素的 JList
	JList(ListModel<E> dataModel)	构造一个 JList，显示来自指定的非空模型的元素
成员方法	void addListSelectionListener(ListSelectionListener e)	添加指定的 ListSelectionListener
	int getSelectedIndex( )	获取所选项的第一个下标
	int getSelectedIndices( )	获取所有选项的下标
	void setSelection Background(Color c)	设置单元格的背景颜色
	void setSelection Foreground(Color c)	设置单元格的前景颜色
	int getVisibleRowCount( )	得到可见的列表选项值
	void setVisibleRowCount(int num)	设置可见的列表选项

12.6.2　ListSelectionEvent 事件

JList 组件的事件处理一般可分为两种：

(1) 当用户单击列表框中的某一个选项并选中它时，将产生 ListSelectionEvent 类的选
择事件。

(2) 当用户双击列表框中的某个选项时，则产生 MouseEvent 类的动作事件。

JList 类通过 LocatToindex( )方法来得知是单击还是双击。这里我们只讨论 JList 组件的
选择事件。

实现 JList 组件的选择事件步骤如下：

(1) 创建 JList 组件的事件源对象，添加对象的选项。例如：“JList lis=new JList(s);”语句是创建 lis 事件源对象，参数 s 为添加的选项。

(2) 为事件源对象注册监听器，将事件源与事件处理器 this 对象关联。例如："lis.addListSelectionListener(this);"语句中的参数“this”为 ListSelectionListener 接口的对象。

(3) 编写事件处理器的事件处理方法体的内容。例如：

```
public void valueChanged(ListSelectionEvent e)
{
    //处理选择事件所需要的业务逻辑
}
```

当用户单击列表框中的某一个选项并选中它时，将产生 ListSelectionEvent 类的选择事件对象，系统自动产生一个包含这个事件对象有关信息的 ListSelectionEvent 类的 e 事件对象，并自动调用抽象的选择事件 valueChanged(ListSelectionEvent e)方法处理事件。

下面通过示例程序来加以说明。

【示例程序 C12_5.java】　　如图 12.7 所示。在 JFrame 窗体北部添加 1 个 JLabel 组件，中部添加一个 JScrollPane 容器组件。JScrollPane 容器组件上添加一个 JList 组件。JList 组件上添加选项内容，设置 JList 组件的边框，即可见选项的行数、选项的字体样式及字号。当选择 JList 列表框中的一个或多个选项时，则将被选的项作为 JLabel 组件的标签文本。

```
import java.awt.*;
import javax.swing.*;
import javax.swing.event.ListSelectionEvent;
import javax.swing.event.ListSelectionListener;
public class C12_5 extends JFrame implements ListSelectionListener{
    private static final long serialVersionUID = 1L;
    JLabel lb;    JList<String> list;
    String[] str ={"小学","初中","高中","大学","研究生"};
    public static void main(String[] args) {
        JFrame frame=new C12_5();
        frame.setTitle("List 选择事件");
        frame.setSize(300,200);
        frame.setDefaultCloseOperation(JFrame.EXIT_ON_CLOSE);
        frame.setLocationRelativeTo(null);    //窗体居中
        frame.setVisible(true);   //设置窗体可见
    }
    public C12_5( )   {
        lb = new JLabel("选择的是：");
        //创建 List 的 list 事件源对象，并添加选项
        list = new JList<String> (str);
        list.setFont(new Font("楷体",Font.BOLD,16)); //设置 list 组件的字体样式及字号
```

```
        lb.setFont(new Font("楷体",Font.BOLD,20));   //设置 lb 组件的字体样式及字号
        //设置列表框的边框文本
        list.setBorder(BorderFactory.createTitledBorder("请选择"));
        list.setVisibleRowCount(3); //设置列表框的可见选项行数，选项超过则出现滚动条
        //给 list 事件源注册监听器，将事件源与事件处理器对象关联
        //产生事件对象时，执行事件处理器的事件处理方法
        list.addListSelectionListener(this);
        JScrollPane scrollPane = new JScrollPane(list); //创建滚动条对象
        add(lb,BorderLayout.NORTH);   //将 lb 组件添加到窗体容器的北部
        //将 scrollPane 组件添加到窗体容器的中部
        add(scrollPane,BorderLayout.CENTER);
    }//C12_5()
//事件处理器的事件处理方法
public void valueChanged(ListSelectionEvent e) {
        //取得所有选项的下标值给 index 数组
        int[] Index = list.getSelectedIndices();
        String stri="你选择的是：";
        for(int i=0;i<Index.length;i++)
          {
             stri = stri+"    "+str[Index[i]]; //将所有下标值对应的元素值取出
          }
        lb.setText(stri);   //显示 lb 组件的标签文本
    }//valueChanged
}//C12_5
```

程序 C12_5 的运行结果见图 12.7。

(a) 窗体尺寸为宽 300 像素、高 150 像素的结果

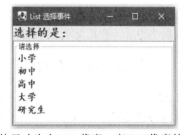

(b) 窗体尺寸为宽 300 像素、高 200 像素的结果

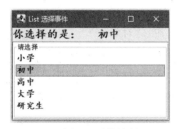

(c) 选择一项的结果　　　　　　　(d) 选择两项的结果

图 12.7　程序 C12_5 的运行结果

程序说明：

(1) 程序定义了 C12_5 类。C12_5 类是 JFrame 的子类，并实现 ListSelectionListener 接口。

(2) C12_5 类的 main()方法中创建 JFrame 的子类 C12_5 窗体，设置了 C12_5 窗体的外观，如位置、大小、窗体标签等。

(3) 在 C12_5() 构造方法中创建了 JLabel 的 lb 对象，设置了它的标签的字体样式及字号；创建了 JList 组件的 list 事件源对象，添加了选项，设置了 list 的边框、可见选项的行数、可见选项的字体样式及字号；创建了 JScrollPane 容器组件的 scrollPane 对象，将 list 对象添加到 scrollPane 组件上；将 lb 组件添加到窗体的北部，scrollPane 组件添加到窗体的中部；为 list 事件源对象注册了监听器，即 lis.addListSelectionListener(this)。当用户单击列表框中的某一个选项并选中它时，将产生 ListSelectionEvent 类的选择事件对象，系统自动产生一个包含这个事件对象有关信息的 ListSelectionEvent 类的 e 事件对象，并自动调用抽象的选择事件 valueChanged(listselectionevent e)方法处理事件。

(4) valueChanged(ListSelectionEvent e)方法体中是自己编写的事件响应程序。

语句 int[] Index = list.getSelectedIndices();　表示将取得所有选项的下标值按顺序赋给 index 数组。Index.length　表示得到 Index 数组的长度。

语句 stri = stri+"　　"+str[Index[i]]; 表示 Index[i]作为 str 数组的下标，将所有 str[Index[i]] 的元素值取出合并成一个字符串，重写 lb 组件的标签文本。

12.7　JTextField 与 JTextArea 组件

JTextField 和 JTextArea 组件是输入/输出文本信息的主要工具，也称文本编辑区，并有一定的编辑功能，如退格、块复制、块粘贴等。它们不仅有自己的成员方法，同时还继承了父类 JTextComponent 类提供的成员方法。限于篇幅，这里仅列出这两个类的构造方法和常用成员方法，至于其父类 JTextComponent 类的成员方法请读者参阅 Java 手册或系统帮助。

12.7.1　JTextField 组件的构造方法及成员方法

JTextField 被称为文本框。它定义了一个单行条形文本区，可以输出任何基于文本的信息，也可以接受用户的输入。表 12.13 列出了 JTextField 类的构造方法和常用成员方法。

表 12.13　JTextField 类构造方法和常用成员方法

方　　法		功　能　说　明
构造方法	JTextField( )	创建一个 JTextField 对象
	JTextField(int n)	创建一个列宽为 n 的空 JTextField 对象
	JTextField(String s)	创建一个 JTextField 对象，并显示字符串 s
	JTextField(String s,int n)	创建一个 JTextField 对象,并以指定的字宽 n 显示字符串 s
	JTextField(Document doc,String s,int n)	使用指定的文件存储模式创建一个 JTextField 对象,并以指定的字宽 n 显示字符串 s

续表

方　　法	功 能 说 明
int getColumns( )	获取此对象的列数
void setColumns(int Columns)	设置此对象的列数
void addActionListener(ActionListener e)	添加指定的动作事件监听程序
void setFont(Font f)	设置字体
void setHorizontalAlignment(int alig)	设置文本的水平对齐方式(LEFT、CENTER、RIGHT)
void setActionCommand(String com)	设置动作事件使用的命令字符串

(左侧纵排：成员方法)

12.7.2　JTextArea 组件的构造方法及成员方法

JTextArea 被称为文本域。它与文本框的主要区别是：文本框只能输入/输出一行文本，而文本域可以输入/输出出多行文本。表 12.14 列出了 JTextArea 类的构造方法和常用成员方法。

表 12.14　JTextArea 类构造方法和常用成员方法

方　　法	功 能 说 明
JTextArea ( )	创建一个 JTextArea 对象
JTextArea (int n,int m)	创建一个具有 n 行 m 列的空 JTextArea 对象
JTextArea(String s)	创建一个 JTextArea 对象，并显示字符串 s
JTextArea(String s,int n,int m)	创建一个 JTextArea 对象并以指定的行数 n 和列数 m 显示字符串联 s
JTextArea(String s,int n,int m,int k)	创建一个 JTextArea 对象，并以指定的行数 n、列数 m 和滚动条的方向显示字符串 s
JTextArea(Document doc)	使用指定的文件存储模式创建一个 JTextArea 对象
JTextArea(Document doc,String s,int n)	使用指定的文件存储模式创建一个 JTextArea 对象，并以指定的字宽 n 显示字符串 s
void setFont(Font f)	设置字体
void insert(String str,int pos)	在指定的位置插入指定的文本
void append(String str)	将指定的文本添加到末尾
void replaceRange(String str,int start,int end)	将指定范围的文本用指定的新文本替换
public int getRows( )	返回此对象的行数
public void setRows(int rows)	设置此对象的行数
public int getColumns( )	获取此对象的列数
public void setColumns(int Columns)	设置此对象的列数

(左侧纵排：构造方法、成员方法)

12.7.3　事件处理

当用户在文本框中按回车键时，JTextField 类只引发 ActionEvent 事件。JTextArea 的事件响应由 JTextComponent 类决定。这里只讨论 JTextField 类引发的 ActionEvent 事件。下面通过示例程序来加以说明。

12.7.4 应用举例

【示例程序 C12_6.java】 如图 12.8 所示。JFrame 窗体上添加一个 JPanel 容器，JPanel 容器上添加 lb1、lb2 两个 JLabel 组件，一个文本框和文本域组件。在文本框中写入文字后，按回车添加到文本域中。

```java
import java.awt.event.*;
import javax.swing.*;
public class C12_6{
    public static void main(String[] args){
        JFrame frame= new TextFrame();
        frame.setSize(300,200);
        frame.setTitle("JTextField  事件响应");
        frame.setDefaultCloseOperation(JFrame.EXIT_ON_CLOSE);
        frame.setLocationRelativeTo(null); //窗体居中
        frame.setVisible(true);
    }//main
}//class C12_6
class   TextFrame extends JFrame implements   ActionListener {
    private static final long serialVersionUID = 1L;
    JTextField tf1; JTextArea tf2;
    public   TextFrame(){
        ImageIcon icon1=new ImageIcon(getClass().getResource("/image/g1.gif"));
        ImageIcon icon2=new ImageIcon(getClass().getResource("/image/g2.gif"));
        JPanel panel =new JPanel();   //创建 JPanel 容器组件的 panel 对象
        JLabel   lb1=new JLabel("输入文字后按回车:",icon1,JLabel.CENTER);
        JLabel   lb2=new JLabel("输出结果:",icon2,JLabel.CENTER);
        //创建 tf1 文本框事件源对象
        tf1=new JTextField(10);
        tf2=new JTextArea(5,10);                //创建文本区域 tf2 对象
        panel.add(lb1);     panel.add(tf1);      //将组件添加到 panel 容器
        panel.add(lb2);     panel.add(tf2);
        add(panel);                             //将 panel 容器添加到 TextFrame 窗体中
        //给 tf1 事件源注册监听器，将事件源与事件处理器对象关联
        //产生事件对象时，执行事件处理器的事件处理方法
        tf1.addActionListener(this);
    }//TextFrame()
    //事件处理器的事件处理方法
    public void actionPerformed(ActionEvent e) {
        String str;
```

str=tf1.getText( );   //获得文本框的文本给 str(此方法是 JTextComponent 类的方法)

   // tf2.setText(str);   //重写 tf2 的文本区域

   tf2.append(str+"\n"); //将 str 添加到文本区域中(append 方法是 JTextArea 类的方法)

   }//actionPerformed

} //TextFrame

该程序的运行结果如图 12.8 所示。

(a) 程序运行后没输入信息的情况

(b) 程序运行后多次输入并回车的情况

图 12.8 程序 C12_6 的运行结果

程序说明:

(1) 程序定义了 C12_6、TextFrame 两类。TextFrame 类是 JFrame 的子类,并实现 ActionListener 接口。

(2) C12_6 类的 main()方法中创建 JFrame 的子类 TextFrame 窗体,设置了 TextFrame 窗体的外观,如位置、大小窗体标签等。

(3) 在 TextFrame()构造方法中创建了 JPanel 的 panel 容器对象,将 panel 容器添加到 TextFrame 窗体中;创建了 lb1、lb2 2 个 JLabel 组件,创建了 tf1 文本框组件和 tf2 文本域组件;按顺序添加 lb1、tf1、lb2、tf2 到 panel 容器对象中;给 tf1 事件源注册监听器,将事件源与事件处理器对象关联。当事件源对象产生一个动作事件时,监听器接收封装的事件对象,调用事件处理器的事件处理方法处理事件,即 TextFrame 类的 actionPerformed(ActionEvent e) 方法。参数中 ActionEvent 的对象 e 代表一个动作事件,方法体中是自己编写的处理事件的内容。语句 str=tf1.getText(); 表示将获得文本框的文本赋给字符串对象 str(此方法是 JTextComponent 类 的 方 法) , 语 句 tf2.append(str+"\n"); 表示将 str 及换行的内容添加到文本区域中(append 方法是 JTextArea 类的方法)。

第 12 章 ch12 工程中的示例程序在 Eclipse IDE 中位置及其关系见图 12.9。

图 12.9 ch12 工程中的示例程序的位置及其关系

习　题　12

12.1　在 Java 语言中，什么是事件？简述事件处理机制。

12.2　解释事件源、事件和监听器。

12.3　动作事件的事件源有哪些？如何响应动作事件？

12.4　编写一个程序，用 GridLayout 的布局方式设计一个如图 12.10 所示的界面，该界面上共八个按钮。当点击"+"(加号按钮)时，则第一排第二个按钮文本变为加号；当点击"OK"时，将算出 $1+4$ 的结果并添加到第一排的最后一个按钮的文本中。当点击"*"(乘号按钮)时，则第一排第二个按钮文本变为乘号，此时点击"OK"时，将算出的 1×4 的结果并添加到第一排的最后一个按钮文本中。

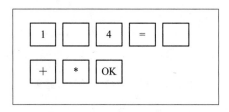

图 12.10　习题 12.4 用图

12.5　选择事件的事件源有哪些？如何响应选择事件？

12.6　说明 JCheckBox 与 JRadioButton 的区别。

12.7　建立一个班级下拉式列表，列表项中有 101 班、102 班、103 班、104 班和 105 班。当点击某个选项时将这个选项的内容复制到按钮文本中。要求字体大小为 24 号，颜色为红色。

12.8　JList 组件可以引发什么事件？如何响应此事件？

12.9　改写示例程序 C12_5.java，去掉滚动面板并分析一下有什么区别。再使 JList 组件对象的选项具有图标与文字。

12.10　设某图形界面有一个标签、一个文本框和一个按钮，编写程序实现：点击按钮后，将文本框的内容取出，作为标签文本复制给标签。

12.11　如图 12.11 所示，标签的字号比文本框的字号大，当单击按钮时若输入文本框中的数字正确，则标签文本显示正确，否则显示不正确。

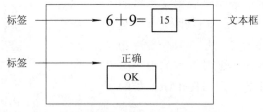

图 12.11 习题 12.11 用图

12.12　说明文本框与文本域的区别。

第 13 章　Java 2D 渲染

第 11 章讲述了 GUI 设计概述及布局管理,第 12 章讲述了 GUI 设计中的事件响应机制,本章将在前两章的基础上介绍如何在 JFrame 窗体内添加 JPanel 容器,并在 JPanel 容器上实现基本的二维图形、文本、图像的 Java 2D 渲染。

 ## 13.1　Java 2D API 的基本概念

Java 2D API (Java 2D application programming interface)具有通过扩展抽象窗口工具包(AWT) 为 Java 程序提供二维图形、文本和图像的能力。这个渲染包在一个功能齐全的框架中支持艺术线条、文本和图像,用于开发具有绘图和图像等的更丰富的用户界面。

13.1.1　Java 2D API 提供的主要功能

Java 2D API 提供的主要功能如下:

(1) 用于生成显示设备和打印机的统一渲染模型。

(2) 提供了渲染任何几何形状(曲线、矩形、椭圆等)的机制。

(3) 提供了图形、文本和图像渲染时的碰撞检测机制。

(4) 提供了渲染重叠对象的机制。

(5) 增强颜色支持。

(6) 支持复杂文档的打印。

(7) 通过渲染提高和控制图形、文本和图像的质量。

13.1.2　Java 2D API 提供的主要包、类及坐标系

1. Java 2D API 提供的主要包

java.awt:包含用于创建用户界面与绘制图形和图像的所有类。

java.awt.geom:提供 Java 2D 类,并提供标准图形的完整集合,如点、线、矩形、弧形、椭圆和曲线等。任何形状都可以通过组合这些基本几何图形绘出。

java.awt.font:提供与字体相关的包。

java.awt.color:提供用于颜色空间的包。

java.awt.image：提供用于创建和修改图像的包。

java.awt.image.renderable：提供用于图像渲染的包。

java.awt.print：包含支持打印所有基于 Java 2D 的文本、图形和图像的包。

2. Java 2D API 坐标系

Java 2D API 维护两个坐标系：

(1) 设备坐标系：如屏幕、窗口或打印机等输出设备的坐标系。

(2) 用户坐标系：独立于设备的逻辑坐标系，是应用程序使用的坐标系，所有传递到 Java 2D 渲染流程中的几何图形都使用用户坐标系。

用户坐标系是设备坐标系的统一抽象。设备坐标系与用户坐标系原点和方向可能相同，也可能不同。但是，当呈现图形对象时，用户坐标系会自动转换为设备坐标系。

默认情况下用户坐标系的原点是在绘图表面的左上角，如图 13.1 所示。左上角坐标为(0，0)，x 坐标从左向右递增，y 坐标从上向下递增，图中点 p 表示在用户坐标系中的位置。下面我们给出的所有文本与图形都是相对于用户坐标系的，文本与图形在屏幕上输出时，坐标单位以像素来度量。

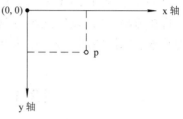

图 13.1　Java 2D API 用户坐标系

3. java.awt.Graphics 与 java.awt.Graphics2D 类

(1) java.awt.Graphics：Graphics 类是所有图形处理的基础，是所有图形上下文的抽象父类，允许应用程序在组件以及屏幕图像上进行绘制。这个类提供了建立字体、设定显示颜色、显示图像和文本、绘制和填充各种几何图形、剪贴图像等操作。

(2) java.awt.Graphics2D：Graphics2D 类是 Graphics 类的子类，是 Graphics 的加强版，拥有更强大的二维图形处理能力，通过添加或改变图形的状态属性，可以指定画笔宽度和画笔的连接方式；设定平移、旋转、缩放或修剪变换图形；设定填充图形的颜色和图案等，实现对几何形状、坐标转换、颜色管理以及文字布局等更精确的控制。

13.1.3　Java 2D 渲染

Java 2D API 为不同设备提供了统一的渲染模型，不管目标设备是打印机还是屏幕，渲染过程在 API 中的层次都是一样的。Java 2D API 中包含 java.awt.Graphics2D 类，它扩展了 Graphics 类，为图形、文本、图像提供了更多的渲染方法。

1. Graphics2D 渲染方法

(1) draw 方法：使用 stroke 和 paint 属性渲染几何图形的边框。

(2) fill 方法：使用 paint 属性，用特定颜色或图案填充图形。

(3) drawString 方法：使用 font 属性渲染文本，通过 font 属性将字符串转换为图形，然后通过 paint 属性填充颜色。

(4) drawImage 方法：用于渲染图像。

2. Graphics2D 渲染上下文包含的主要属性

(1) Paint 属性：设置图形或文字的颜色。

(2) Stroke 属性：控制生成线条的宽度、笔形样式、线段连接方式或短划线图案等。

(3) Fill 属性：实现用纯色、渐变或其他模式来填充图形。

(4) Font 属性：将文本字符串转换成图形。

(5) Transform 属性：实现图形平移、缩放及移位等操作。

(6) Composite 属性：实现图形合成区域的效果。

(7) Clipping 属性：实现剪裁效果。

13.1.4　JPanel 容器上的 Java 2D 渲染

1. Java 2D 渲染所涉及的主要包及类的继承关系

Java 2D 渲染过程与设备无关，可通过 Graphics2D 对象来实施。实现 Java 2D 渲染所涉及的主要包及类的继承关系如图 13.2 所示。javax.swing 包是在 AWT 的基础上构建的一套新的图形界面系统。它对 AWT 进行了改良和扩展，解决了 AWT 存在的问题，提供了 AWT 所能够提供的所有功能。Swing 包构建在 Java 2D 上，所以容易实现 Java 2D 渲染。由于 Swing 包中的容器 JPanel 支持双缓冲功能，在处理动画上较少发生画面闪烁的情况，因此，本章使用 Swing 组件中的 JFrame 容器为画框、JPanel 容器为画板、Graphics2D 类为画笔来实现基本的二维图形、文本、图像的 Java 2D 渲染。

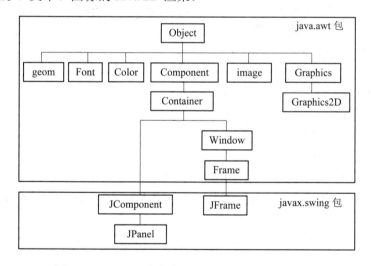

图 13.2　Java 2D 渲染涉及的主要包与类的继承关系

2. Java 2D 渲染的程序结构

(1) 创建画框及画板对象。这里以创建画框对象 frame 和画板对象 jp1 为例叙述如下：首先，在程序中定义主类，创建 JFrame 类的画框对象 frame，设置 frame 画框的标题、画框大小、画框位置、画框是否可见以及当退出画框时的退出程序等。其次，创建 JPanel 类的子类画板对象 jp1，并添加 jp1 到画框中。程序结构如下：

```
public class 主类名{
    public static void main(String[] args){
        JFrame    frame = new JFrame ();        //创建画框对象(窗体)
        frame.setTitle(Name);                   //设置画框标题
```

```
        frame.setsize(WIDTH,HEIGHT);              //设置画框大小
        //当退出画框时退出程序
        frame.setDefaultCloseOperation(JFrame.EXIT_ON_CLOSE);
        frame.setLocationRelativeTo(null);        //设置画框位置到屏幕的中心
        MyJPanel    jp1 = new    MyJPanel ();      //创建 JPanel 类的子类画板对象 jp1
        frame.add(jp1);                            //添加 jp1 画板到 frame 画框中
        frame.setVisible(true);                    //设置 frame 画框可见
    }
}
```

(2) 在 JPanel 画板上进行 Java 2D 渲染。java.awt.Component 类中提供了两个与 Java 2D 渲染有关的重要方法：

① paint(Graphics g)：绘制组件的外观。

② repaint()：刷新组件的外观。

注意：当组件第一次在屏幕上显示时，程序会自动调用 paint()方法，当窗体最小化然后又被显示或者窗体被拉伸或者 repaint()方法被调用时，程序会自动调用 paint()方法。

例如，可以使用如下的程序结构在 JPanel 画板上进行 Java 2D 渲染：首先在程序中定义一个 JPanel 的子类 MyJPanel 类，然后依据自己想要实现的目标重写 paint ()方法，在 paint()方法中用 Graphics2D 类作为画笔实现基本的二维图形、文本、图像的 Java 2D 渲染。

```
    class   MyJPanel    extends    JPanel{
        /**
        *1. MyJPanel  是一个画板
        *2. Graphics g  把  g 理解成画笔
        *3. Graphic2D g2  把  g2 理解成画笔*/
    public void paint (Graphics g){
        super.paint (g);                     //调用了父类的方法完成初始化
        Graphics2D g2 = (Graphics2D) g;      //将 Graphics 对象转换成 Graphics2D 对象
        …
        //使用 Graphics2D 类提供的图形、文本、图像方法实现 2D 渲染
        …
    }
}
```

13.2　绘　制　文　字

在 Java 2D API 中，各种文字都是以图形的方式输出的。以图形的方式绘制文字需要使用 Graphics 类和 Graphics2D 类提供的绘制文字的成员方法。绘制文字时，可以通过创建一个字体类(Font 类)的对象来指定文字的字体类型、字体样式及字体大小。Java 2D API 通过调用计算机系统提供的字体来实现绘制文字的功能。

13.2.1　绘制文字的成员方法

由于字符串可以用字符串对象、字符数组、字节数组这三种不同的形式来表示，故 Java 在 Graphics 类中提供的绘制字符的字符数组、字节数组的成员方法如表 13.1 所示。

表 13.1　绘制字符和字符串的成员方法

成　员　方　法	参　数　说　明	功　　能
drawChars(char[ ] ch, int offset, int number,int x,int y)	ch 是字符数组名；offset 是要绘制的第一个字符在数组中的下标；number 是要绘制的字符个数；x, y 是起始坐标	从 ch 数组下标为 offset 的位置开始截取 number 个字符，从坐标 x, y 处开始用当前的字体和颜色绘制 number 个字符
drawBytes(byte[ ] by, int offset, int number,int x,int y)	by 是字节数组名；offset 是要绘制的第一个字符在数组中的下标；number 是要绘制的元素个数；x, y 是起始坐标	从 by 数组下标为 offset 的位置开始取 number 个字节，从坐标 x, y 处开始用当前的字体和颜色绘制 number 个字符

在 Graphics2D 类中提供的绘制字符串的常用成员方法如表 13.2 所示。

表 13.2　绘制字符的常用成员方法

成　员　方　法	参　数　说　明	功　　能
drawString(String s,int x,int y)	s 是字符串对象；x,y 为整型的起始坐标	以坐标 x, y 为起始位置，用当前的字体绘制 string 代表的字符串
drawString(String s,float x,float y)	s 是字符串对象；x,y 为浮点型的起始坐标	以坐标 x, y 为起始位置，用当前的字体绘制 string 代表的字符串

　　【示例程序 C13_1.java】　使用 Graphics2D 类的成员方法绘制"WELCOME TO XI'AN"。

```
package ch13;
import java.awt.Graphics;
import java.awt.Graphics2D;
import javax.swing.JFrame;
import javax.swing.JPanel;
public class C13_1 {
    public static void main(String[] args) {
        JFrame    fRame = new JFrame ();        //创建画框对象(窗体)
        frame.setTitle("绘制文字 1");           //设置画框的标题
        frame.setSize(250,150);                 //设置画框的大小
        //当退出画框时退出程序
```

```
            frame.setDefaultCloseOperation(JFrame.EXIT_ON_CLOSE);
            frame.setLocationRelativeTo(null);            //设置画框位置到屏幕的中心
            MyJPanel1   jp1 = new   MyJPanel1();          //创建 JPanel 类的子类画板对象 jp1
            frame.add(jp1); //添加 jp1 画板到 frame 画框中
            frame.setVisible(true); //设置 frame 画框可见
        }
    }
class   MyJPanel1 extends   JPanel
{
        private static final long serialVersionUID = 1L;
        private String s = "WELCOME!";
        private char c[ ] = {'T','O','a','e','t'};
        private byte b[ ] = {'d','4','X','I','\047','A','N'};
        public void paint(Graphics g){
            super.paint(g); //调用父类的方法完成初始化
            Graphics2D g2 = (Graphics2D)g; //强制转换为 Graphics2D 对象
            g2.drawString(s, 50, 25);            //在用户坐标 x=50, y=25 输出字符串
            g2.drawChars(c, 0, 2, 50, 50);       //在用户坐标 x=50, y=50 输出字符 TO
            g2.drawBytes(b, 2, 5, 50, 75);       //在用户坐标 x=50, y=75 输出字符 XI'AN
        }
    }
```

该程序的运行结果见图 13.3。

图 13.3   程序 C13_1 的运行结果

13.2.2   Font 类

java.awt.Font 类表示字体，用于以可见的方式呈现文本。

1. Font 类的构造方法

Font(Font font)：根据指定 font 创建一个新 Font。

Font(String name, int style, int size) 根据字体类型 name、样式 style 和大小 size 创建一个新 Font。其中：name 是字体类型，如宋体、黑体、楷体、Arial、Courier、TimesRoman、Helvetica 等；style 是字体样式，比如 Font.PLAIN 表示普通字体，Font.BOLD 表示加粗，

Font.ITALIC 表示斜体，Font.BOLD+ Font.ITALIC 表示粗斜体等；size 是字体大小。

2. Font 类的成员方法

创建一个 Font 类对象后，就可以使用 Font 类提供的成员方法来获取字体方面的信息。Font 类提供的常用成员方法如表 13.3 所示。

表 13.3　java.awt.Font 类常用的成员方法

成 员 方 法	功 能 说 明
static Font decode(String str)	使用 str 传递进来的名称获得指定的字体
String getFamily()	获得指定平台的字体名
String getName()	获得字体的名称
int getStyle()	获得字体的样式
int getSize()	获得字体的大小
String toString()	将此对象转换为一个字符串表示

3. 设置字体

可以用 java.awt.Graphics 类的成员方法来设置希望使用的字体，其格式如下：

    setFont(Font myFont);

4. 自定义字体绘制文字的步骤

自定义字体绘制文字的步骤如下：

(1) 创建 Font 类对象，指定字体类型、字体样式及字体大小。

(2) 使用 setFont( )设置创建好的 Font 类对象。

(3) 调用 drawString( )方法绘制文字。

【示例程序 C13_2.java】使用不同的字体绘制文字。

```java
import java.awt.Font;
import java.awt.Graphics;
import java.awt.Graphics2D;
import javax.swing.JFrame;
import javax.swing.JPanel;
public class C13_2 {
    public static void main(String[] args) {
        JFrame    frame = new JFrame ();              //创建画框对象(窗体)
        frame.setTitle("绘制文字 2");                  //设置画框标题
        frame.setSize(400,250);                       //设置画框大小
        //当退出画框时退出程序
        frame.setDefaultCloseOperation(JFrame.EXIT_ON_CLOSE);
        frame.setLocationRelativeTo(null);            //设置画框位置到屏幕的中心
        MyJPanel2    jp2 = new    MyJPanel2();         //创建 JPanel 类的子类画板对象 jp2
        frame.add( jp2);                              //添加 jp2 画板到 frame 画框中
```

```
    frame.setVisible(true); //设置 frame 画框可见
  }
}
class   MyJPanel2 extends   JPanel
{
    private static final long serialVersionUID = 1L;
    Font f1 = new Font("宋体, 加粗 16 号", Font.BOLD,16);        //字体宋体，加粗，16 号
    Font f2 = new Font("TimesRoman，倾斜，24 号", Font.ITALIC,24);
    Font f3 = new Font("微软雅黑，常规，14 号", Font.PLAIN,14); //字体微软雅黑，常规，14 号
   String hStr = "TimesRoman，倾斜，24 号";
    public void paint(Graphics g){
        super.paint(g); //调用了父类的方法完成初始化
        Graphics2D g2 = (Graphics2D)g;              //强制转换为 Graphics2D 对象
        g2.setFont(f1);  //设置字体
        g2.drawString("宋体，加粗 16 号",20,50);      //在用户坐标 x=20, y=50 输出字符串
        g2.setFont(f2);
        g2.drawString(hStr,20,100);
        g2.setFont(f3);
        g2.drawString("微软雅黑，常规，14 号",20,150);
    }
  }
```

该程序的运行结果如图 13.4 所示。

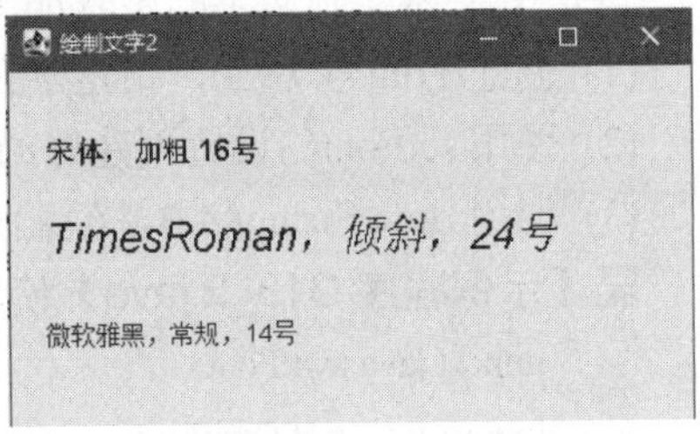

💾【示例程序 C13_3.java】 获取字符串的字体信息。

```
import java.awt.Font;
import java.awt.Graphics;
import java.awt.Graphics2D;
import javax.swing.JFrame;
import javax.swing.JPanel;
public class C13_3 {
    public static void main(String[] args) {
        JFrame    frame = new JFrame ();          //创建画框对象(窗体)
        frame.setTitle("绘制文字 3");              //设置画框的标题
        frame.setSize(400,150);                   //设置画框的大小
        //当退出画框时退出程序
        frame.setDefaultCloseOperation(JFrame.EXIT_ON_CLOSE);
        frame.setLocationRelativeTo(null);        //设置画框位置到屏幕的中心
        MyJPanel3    jp3 = new    MyJPanel3();     //创建 JPanel 类的子类画板对象 jp3
        frame.add(jp3);                           //添加 jp3 画板到 frame 画框中
```

图 13.4　程序 C13_2 的运行结果

```
            frame.setVisible(true);                    //设置 frame 画框可见
        }
    }
class    MyJPanel3 extends    JPanel
{    private static final long serialVersionUID = 1L;
    Font f=new Font("宋体", Font.ITALIC+Font.BOLD,24);    //字体样式为倾斜加粗
    public void paint(Graphics g){
            super.paint(g);                          //调用了父类的方法完成初始化
            Graphics2D g2 = (Graphics2D)g;           //强制转换为 Graphics2D 对象
            int style,size;        String s="",name;
            g2.setFont(f);                           //设置字体
            name=f.getName( );                       //得到字体的类型
            s+=name;
        style=f.getStyle( );                         //得到字体的样式
        if (style ==Font.PLAIN)        s+=" Plain";
        else if (style ==Font.BOLD)     s+=" Bold";
        else if (style ==Font.ITALIC)   s+=" Italic";
        else        s+=" Bold italic ";
        size=f.getSize( );                           //得到字体的大小
        s+=size+"point ";
        g2.drawString(s,10,50);
        }
    }
```

该程序的运行结果如图 13.5 所示。

图 13.5　程序 C13_3 的运行结果

13.3　Color 类

Color 类定义了若干个有关颜色的常量和成员方法供编程者使用，以五彩缤纷的色彩增强文字或图形的显示效果。

13.3.1　Color 类的构造方法

java.awt.Color 类是用来封装颜色的，可以使用构造方法创建 Color 的 RGB 颜色模式，

这些构造方法如表 13.4 所示。

表 13.4 java.awt.Color 类的构造方法

构 造 方 法	功 能 说 明
Color(int r, int g, int b)	使用 0~255 指定红色 r、绿色 g 和蓝色 b 值(下同),创建一个不透明的 Color 对象
Color(int r, int g, int b, int a)	使用 0~255 指定红色、绿色和蓝色及 a(alpha)值,创建 Color 对象
Color(float r, float g, float b)	使用 0.0~1.0 指定红色、绿色和蓝色值,创建一个不透明的 Color 对象
Color(float r, float g, float b, float a)	使用 0.0~1.0 指定红色、绿色和蓝色及 a(alpha)值,创建一个的 Color 对象
Color(int rgb)	使用指定的组合 RGB 值创建 Color 对象

RGB 色彩模式是目前运用最广的颜色标准之一,通过对红(R)、绿(G)、蓝(B)三个颜色通道的变化以及它们之间相互的叠加就可以得到千变万化的颜色。由于三种颜色通道的取值范围为 0~255,所以 256 级的 RGB 色彩总共能组合出约 1678 万种色彩(256 × 256 × 256 = 16 777 216)。Color 类的构造方法中第四个参数 alpha 表示颜色的透明程度,当 alpha 值为 255 时,表示完全不透明,alpha 值为 0 时,表示完全透明。

13.3.2 Color 类的数据成员常量

使用 Color 对象较为简单的方法是直接使用 Color 类提供的预定义的颜色,如红色 Color.red、橙色 Color.orange 等。Java 提供的一些常用 Color 类的颜色数据成员常量和 RGB 值见表 13.5。

表 13.5 Color 类的颜色数据成员常量和 RGB 值

颜色数据成员常量	颜色	RGB 值
static Color red	红	255,0,0
static Color green	绿	0,255,0
static Color blue	蓝	0,0,255
static Color black	黑	0,0,0
static Color white	白	255,255,255
static Color yellow	黄	255,255,0
static Color orange	橙	255,200,0
static Color cyan	青蓝	0,255,255
static Color magenta	洋红	255,0,255
static Color pink	淡红色	255,175,175
static Color gray	灰	128,128,128
static Color lightGray	浅灰	192,192,192
static Color darkGray	深灰	64,64,64

13.3.3　Color 类的成员方法

创建 Color 类对象后，就可以使用 Color 类的成员方法了。Color 类提供的常用成员方法见表 13.6。

表 13.6　java.awt.Color 类的成员方法

成　员　方　法	功　能　说　明
int getRed()	获得红色通道值
int getGreen()	获得绿色通道值
int getBlue()	获得蓝色通道值
int getRGB()	获取颜色的 RGB、alpha 通道的值
getAlpha():	获取 alpha 通道值
Color brighter()	获取此颜色的一种更亮版本
Color darker()	获取此颜色的一种更暗版本

此外，还可以用 java.awt. Graphics2D 类的方法设定颜色或获取颜色。这些方法及其功能如下：

setBackground(Color c)：设置 Graphics2D 上下文的背景色。

setPaint(Paint paint)：设置 Graphics2D 上下文 Paint 属性。

getPaint()：返回 Graphics2D 上下文的当前 Paint。

getBackground()：返回用于清除区域的背景色。

下面我们通过一些具体的例子来进一步说明它们的应用。

13.3.4　应用举例

📃【示例程序 C13_4.java】　设置画板和画笔颜色，绘制字符串 "Welcome to Xi'an"。

```java
import java.awt.Color;
import java.awt.Font;
import java.awt.Graphics;
import java.awt.Graphics2D;
import javax.swing.JFrame;
import javax.swing.JPanel;
public class C13_4 {
    public static void main(String[] args) {
        JFrame    frame = new JFrame ();              //创建画框对象(窗体)
        frame.setTitle("字符串的画板及画笔颜色");        //设置画框的标题
        frame.setSize(400,150);                       //设置画框的大小
        //当退出画框时退出程序
        frame.setDefaultCloseOperation(JFrame.EXIT_ON_CLOSE);
```

```
        frame.setLocationRelativeTo(null);              //设置画框位置到屏幕的中心
        MyJPanel4  jp4 = new  MyJPanel4();              //创建 JPanel 类的子类画板对象 jp4
        frame.add(jp4);                                 //添加 jp4 画板到 frame 画框中
            frame.setVisible(true);                     //设置 frame 画框可见
    }
}
class  MyJPanel4 extends  JPanel
{
    private static final long serialVersionUID = 1L;
    Font f=new Font("宋体", Font.ITALIC+Font.BOLD,24);     //字体样式倾斜加粗
        public void paint(Graphics g){
            super.paint(g);                             //调用了父类的方法完成初始化
            Graphics2D g2 = (Graphics2D)g;              //强制转换为 Graphics2D 对象
            g2.setFont(f);                              //设置字体
            int red,green,blue;
            red =255;   blue =255;           green =0;
            g2.setPaint(new Color(red,green,blue));     //设置 Graphics2D 对象 g2 的颜色(画笔颜色)
            this.setBackground(Color. yellow);          //设置画板对象的颜色
            g2.drawString("Welcome to Xi\047an", 25,75);
        }
    }
```

该程序的运行结果如图 13.6 所示。

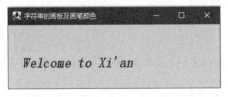

图 13.6　程序 C13_4 的运行结果

13.4　绘制基本几何图形

Java 2D API 定义了常见的基本几何图形类，如点、线、曲线和矩形等。这些几何图形类是 java.awt.geom 包中的类。本节使用 java.awt.geom 包中的类创建几何图形类对象，通过 Graphics2D 类的对象呈现这些几何图形。

13.4.1　绘制几何图形的方法与步骤

绘制几何图形的方法有两种：一种是使用 draw 方法渲染几何图形的边框；另一种是使用 fill 方法用特定颜色或图案填充几何图形。

渲染几何图形边框的绘制步骤如下：

(1) 创建一个 Graphics2D 类的对象。

(2) 创建一个几何图形类 geom 的对象，如 shape。

(3) 按要求设置 Graphics2D 的属性。

(4) 调用 Graphics2D 类对象的 draw(shape)方法呈现几何图形。

用特定颜色或图案填充几何图形也可分为四步，其中前三步与渲染几何图形边框的绘制步骤相同，只是在第四步中调用的是 Graphics2D 类的对象 fill(shape)方法。

13.4.2　绘制线段与矩形

线段与矩形是最常用的几何图形之一，Java 2D API 中提供了绘制直线、二次曲线、三次曲线、平面矩形、圆角矩形图形的构造方法见表 13.7。在这些方法中，绘制圆角矩形除了要指定矩形区域外，还需要指明圆角的弧宽(arcw)和弧高(arch)。

表 13.7　绘制线段与矩形用到的构造方法

构 造 方 法	功能	图 示 说 明
Point2D.Float(float x, float y) Point2D.Double(double x, double y)	创建点对象	x,y 为点坐标
Line2D.Float(float x1, float y1, float x2, float y2) Line2D.Double(double x1, double y1, double x2, double y2) Line2D.Float(Point2D p1, Point2D p2) Line2D.Double(Point2D p1, Point2D p2)	创建直线对象	起点(x1,y1) p1，终点(x2,y2) p2
QuadCurve2D.Float(float x1, float y1, float ctrlx, float ctrly, float x2, float y2) QuadCurve2D.Double(double x1, double y1, double ctrlx, double ctrly, double x2, double y2)	创建二次曲线对象	(x1,y1) (x2,y2) (ctrlx, ctrly)
CubicCurve2D.Float(float x1, float y1, float ctrlx1, float ctrly1, float ctrlx2, float ctrly2, float x2, float y2) CubicCurve2D.Double(double x1, double y1, double ctrlx1, double ctrly1, double ctrlx2, double ctrly2, double x2, double y2)	创建三次曲线对象	(ctrlx2, ctrly2) (x1,y1) (x2,y2) (ctrlx1, ctrly1)
Rectangle2D.Float(float x, float y, float width, float height) Rectangle2D.Double(double x, double y, double width, double height)	创建矩形对象	(x,y) width height
RoundRectangle2D.Float(float x, float y, float width, float height, float arcw, float arch) RoundRectangle2D.Double(double x, double y, double width, double height, double arcw, double arch)	创建圆角矩形对象	width arcw (x,y) height arch
BasicStroke(float width)	画笔样式对象	绘制图形形状轮廓的画笔样式，参数 width 表示线的宽度

下面我们通过一些示例程序来说明绘制这些图形的方法。

☑【示例程序 C13_5.java】设置 JPanel 画板的颜色(背景色)及笔的颜色(前景色)，绘制直线、二次曲线及三次曲线。

```java
import java.awt.Color;
import java.awt.Graphics;
import java.awt.Graphics2D;
import java.awt.geom.CubicCurve2D;
import java.awt.geom.Line2D;
import java.awt.geom.QuadCurve2D;
import javax.swing.JFrame;
import javax.swing.JPanel;
public class C13_5 {
    public static void main(String[] args) {
        JFrame    frame = new JFrame ();          //创建画框对象(窗体)
        frame.setTitle("绘制直线与曲线");          //设置画框标题
        frame.setSize(400,150);                   //设置画框的大小
        //当退出画框时退出程序
        frame.setDefaultCloseOperation(JFrame.EXIT_ON_CLOSE);
        frame.setLocationRelativeTo(null);        //设置画框位置到屏幕的中心
        MyJPanel5   jp5 = new   MyJPanel5();       //创建 JPanel 类的子类画板对象 jp5
        frame.add( jp5);                          //添加 jp5 画板到 frame 画框中
            frame.setVisible(true);               //设置 frame 画框可见
    }
}
class   MyJPanel5 extends   JPanel
{       private static final long serialVersionUID = 1L;
    Line2D.Double Line1=new Line2D.Double(20.0,20.0,80.0,40.0);
    QuadCurve2D.Double Line2=new QuadCurve2D.Double(130.0,30.0,150.0,50.0,170.0,20.0);
    CubicCurve2D.Double Line3=new CubicCurve2D.Double(220.0,40.0,240.0,60.0,260.0,20.0,
                                        300.0,35.0);
    public void paint(Graphics g){
        super.paint(g);                           //调用了父类的方法完成初始化
        Graphics2D g2 = (Graphics2D)g;            //强制转换为 Graphics2D 对象
        this.setBackground(Color.cyan);           //设置画板对象的颜色
        g2.setPaint(Color.red);                   //设置画笔颜色
        g2.draw(Line1);
        g2.draw(Line2);
        g2.draw(Line3);
    }
}
```

该程序的运行结果如图 13.7 所示。

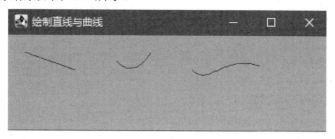

图 13.7 程序 C13_5 的运行结果

🖫【示例程序 C13_6.java】 绘制圆角矩形和非圆角矩形，再用特定颜色去绘制和填充圆角矩形和非圆角矩形。

```java
import java.awt.BasicStroke;
import java.awt.Color;
import java.awt.Graphics;
import java.awt.Graphics2D;
import java.awt.geom.Rectangle2D;
import java.awt.geom.RoundRectangle2D;
import javax.swing.JFrame;
import javax.swing.JPanel;
public class C13_6 {
    public static void main(String[] args) {
        JFrame    frame = new JFrame ();          //创建画框对象(窗体)
        frame.setTitle("绘制矩形");                //设置画框的标题
        frame.setSize(300,200);                   //设置画框的大小
        //当退出画框时退出程序
        frame.setDefaultCloseOperation(JFrame.EXIT_ON_CLOSE);
        frame.setLocationRelativeTo(null);        //设置画框位置到屏幕的中心
        MyJPanel6    jp6 = new    MyJPanel6(); //创建 JPanel 类的子类画板对象 jp6
        frame.add(jp6);                           //添加 jp6 画板到 frame 画框中
            frame.setVisible(true);               //设置 frame 画框可见
        }
}
class    MyJPanel6 extends    JPanel
{
    private static final long serialVersionUID = 1L;
        public void paint(Graphics g){
        super.paint(g);                           //调用了父类的方法完成初始化
        Graphics2D g2 = (Graphics2D)g;            //强制转换为 Graphics2D 对象
        g2.setPaint(Color.red);                   //设置画笔为红色
```

```
        // draw Rectangle2D.Double
        Rectangle2D.Double rec=new Rectangle2D.Double(20,20,60,30);  //创建矩形对象
        g2.draw(rec);                          //显示矩形
        g2.drawString("Rectangle2D",20,70);    //绘制矩形字符串信息
        // draw   RoundRectangle2D.Double
        g2.setStroke(new BasicStroke(4));      //设置线宽
        g2.draw(new RoundRectangle2D.Double(100,20,60,30,10,10)); //创建圆角矩形对象并显示
        g2.drawString("RoundRectangle2D",100,70);        //绘制圆角矩形字符串信息
        g2.setPaint(Color.blue);               //设置画笔为蓝色
        // fill Rectangle2D.Double
        Rectangle2D.Double rec1=new Rectangle2D.Double(20,80,60,30); //创建矩形对象
        g2.fill(rec1);                         //显示蓝色填充的矩形
        g2.drawString("Rectangle2D",20,130);   //绘制填充的矩形字符串信息
        // fill RoundRectangle2D.Double
        g2.drawString("RoundRectangle2D",100,130);       //绘制填充的圆角矩形字符串信息
        //创建一个从绿到黄的渐变填充对象。
        // 用户坐标的左上角坐标点为(100,80)，右下角坐标点为(160,110)
        GradientPaint green_yellow = new GradientPaint(100,80,Color.green,160,110,Color.yellow);
        g2.setPaint(green_yellow);                       //设置从绿到黄渐变色
        //创建圆角矩形对象
        RoundRectangle2D.Double rorec=new RoundRectangle2D.Double(100,80,60,30,10,10);
        g2.fill(rorec);                                  //显示从绿到黄渐变填充的圆角矩形
    }
}
```

该程序的运行结果如图 13.8 所示。

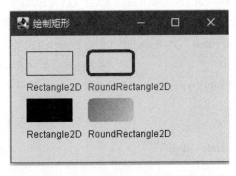

图 13.8　程序 C13_6 的运行结果

13.4.3　绘制椭圆、圆及弧

Java 2D API 中提供了绘制椭圆及弧图形类的构造方法，这些构造方法中参数的说明及图示见表 13.8。

表 13.8 创建椭圆及弧类对象的构造方法

构 造 方 法	功能	图 示 说 明
Ellipse2D.Float(float x, float y, float w, float h) Ellipse2D.Double(double x, double y, double w, double h)	创建椭圆对象	
Arc2D.Float(float x, float y, float w, float h, float start,float extent, int type) Arc2D.Double(double x, double y, double w, double h, double start,double extent, int type)	创建圆弧对象	

表 13.8 中参数的说明如下:

1. 椭圆和圆

Ellipse2D.Float(float x, float y, float w, float h)

这个构造方法中有四个参数,分别是椭圆外切矩形的左上角顶点坐标 x、y;椭圆的宽度 w 和高度 h(当然也是外切矩形的宽度和高度)。构造方法类型可以是 float 型或 double 型。

显然,当椭圆的宽度 w 和高度 h 相等时,就是一个圆。因此,使用绘制椭圆的构造方法也可绘制圆。

2. 弧

画弧可看成是画部分椭圆。绘制一个弧的构造方法如下:

Arc2D.Float(float x, float y, float w, float h, float start,float extent, int type)

这个构造方法中有七个参数,其中前四个参数 x、y、w、h 的含义与椭圆中参数的意义相同,另外三个参数中,start 为起始角度,extent 为弧角度,type 为弧的连接类型。弧角度 extent 用度数来衡量,表明一段弧在两个角度之间绘制,即表示从起始角度转多少角度画弧。extent 为正,表示逆时针画弧;extent 为负,表示顺时针画弧。构造方法类型可以是 float 型或 double 型。

弧的连接类型有 OPEN、CHORD、PIE 三种。OPEN 表示弧两端点无连接(弧),CHORD 表示弧的两端点用直线连接(弦),PIE 表示弧两端连接成扇形。

下面我们通过一些示例来说明怎样绘制这些图形。

【示例程序 C13_7.java】 绘制如图 13.9 所示的椭圆、圆及扇形。

```java
import java.awt.BasicStroke;
import java.awt.Color;
import java.awt.Graphics;
import java.awt.Graphics2D;
import java.awt.geom.Arc2D;
import java.awt.geom.Ellipse2D;
```

```java
import javax.swing.JFrame;
import javax.swing.JPanel;
public class C13_7 {
    public static void main(String[] args) {
        JFrame    frame = new JFrame ();            //创建画框对象(窗体)
        frame.setTitle("绘制椭圆、圆、弧");          //设置画框的标题
        frame.setSize(400,300);                     //设置画框的大小
        //当退出画框时退出程序
        frame.setDefaultCloseOperation(JFrame.EXIT_ON_CLOSE);
        frame.setLocationRelativeTo(null);          //设置画框位置到屏幕的中心
        MyJPanel7    jp7 = new    MyJPanel7();       //创建 JPanel 类的子类画板对象 jp7
        frame.add(jp7);                             //添加 jp7 画板到 frame 画框中
            frame.setVisible(true);                 //设置 frame 画框可见
    }
}
class    MyJPanel7 extends    JPanel
{
        private static final long serialVersionUID = 1L;
        public void paint(Graphics g){
            super.paint(g);                         //调用了父类的方法完成初始化
            Graphics2D g2 = (Graphics2D)g;          //强制转换为 Graphics2D 对象
            g2.setPaint(Color.red);                 //设置画笔颜色
            g2.setStroke(new BasicStroke(2));       //设置线宽
            //绘制弧
            g2.draw(new Arc2D.Double(15,15,80,80,60,125,Arc2D.OPEN));
            g2.draw(new Arc2D.Double(100,15,80,80,60,125,Arc2D.CHORD));
            g2.draw(new Arc2D.Double(200,15,80,80,60,125,Arc2D.PIE));
            g2.fill(new Arc2D.Double(280,15,80,80,60,125,Arc2D.OPEN));
            g2.drawString("Arc2D",160,90);
            //绘制圆及椭圆
            g2.drawString("Ellipse2D",100,220);
            g2.setPaint(Color.lightGray);
            Ellipse2D.Double e1=new Ellipse2D.Double(15,120,100,50);
            Ellipse2D.Double e2=new Ellipse2D.Double(150,120,80,80);
            g2.fill(e2);
            g2.setPaint(Color.black);
            g2.setStroke(new BasicStroke(6));
            g2.drawString("Ellipse2D",100,220);
            g2.draw(e1);
```

```
        g2.draw(e2);
    }
}
```
该程序的运行结果见图 13.9。

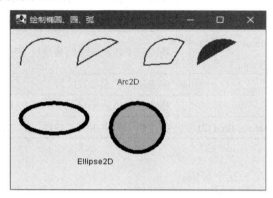

图 13.9　程序 C13_7 的运行结果

13.4.4　绘制任意图形

如果要绘制更复杂的几何图形，如多边形、折线或星形，则需要使用 java.awt.geom 包中的 GeneralPath 类。GeneralPath 类表示由直线、二次曲线和三次曲线(Bezier)所构成的几何路径，它可以包含多个子路径。表 13.9 列出了 GeneralPath 类的构造方法，表 13.10 列出了 GeneralPath 类的常用成员方法。

表 13.9　创建 GeneralPath 类对象的构造方法

构 造 方 法	功 能 说 明
GeneralPath()	构造一个新 GeneralPath 对象。如果对此路径执行的操作需要定义路径内部，则使用默认的 NON_ZERO 缠绕规则
GeneralPath(int rule)	构造一个新 GeneralPath 对象，使其具有 rule 指定的缠绕规则以控制需要定义路径内部的操作
GeneralPath(int rule, int initialCapacity)	构造一个新 GeneralPath 对象，使其具有 rule 指定的缠绕规则和 initialCapacity 指定的初始容量，以存储路径坐标
GeneralPath(Shape s)	根据任意 Shape 对象构造一个新 GeneralPath 对象。此路径的所有初始几何形状和缠绕规则均取自 s 指定的 Shape 对象

表 13.9 中参数的说明：

rule 是缠绕规则，用来指定确定路径内部的方式，有两种类型：① WIND_EVEN_ODD 用于确定路径内部的奇偶 (even-odd) 缠绕规则；② WIND_NON_ZERO (默认)用于确定路径内部的非零 (non-zero) 缠绕规则。

initialCapacity 是对路径中路径段数的估计。

s 为指定的 Shape 对象。此路径的所有初始几何形状和缠绕规则均取自 s 指定的 Shape 对象。

表 13.10　GeneralPath 类常用的成员方法

成 员 方 法	功 能 说 明
append(Shape s, boolean connect)	将指定 Shape 对象的几何形状追加到路径中，可能使用一条线段将新几何形状连接到现有的路径段中
closePath()	关闭当前路径
curveTo(float x1, float y1, float x2, float y2, float x3, float y3)	将由三个新点定义的曲线段添加到路径中
lineTo(float x, float y)	向当前路径添加直线段
moveTo(float x, float y)	将路径的当前坐标点移动到指定坐标(x, y)点
quadTo(float x1, float y1, float x2, floaty2)	将由两个新点定义的曲线段添加到路径中

1. 绘制折线和曲线

绘制一条折线需要以下五个步骤。

(1) 创建折线点的坐标数组：

  int x [] = {x1,x2,x3,x4,…};

  int y [] = {y1,y2,y3,y4,…};

(2) 创建 GeneralPath 类对象：

GeneralPath polyline = new GeneralPath(GeneralPath.WIND_EVEN_ODD, x.length);

(3) 使用 GeneralPath 类对象 polyline 的 moveTo( )方法将画笔移动到指定坐标点：

  polyline.moveTo (x [0], y [0]);

(4) 使用 GeneralPath 类对象 lineTo( )方法添加直线段到路径：

  for (int index = 1; index < x.length; index++) {

   polyline.lineTo(x [index], y [index]);

  };

(5) 绘制折线：

  g2.draw(polyline);

绘制曲线的步骤与绘制折线的步骤相同，只需将绘制折线的 lineTo()方法换成绘制曲线的 quadTo()方法或 curveTo()方法就可以了。

 【示例程序 C13_8.java】 如图 13.10 所示，绘制折线。

```java
import java.awt.BasicStroke;

import java.awt.Color;

import java.awt.Graphics;

import java.awt.Graphics2D;

import java.awt.geom.GeneralPath;

import javax.swing.JFrame;

import javax.swing.JPanel;

public class C13_8 {

    public static void main(String[] args) {

        JFrame    frame = new JFrame ();        //创建画框对象
```

```
        frame.setTitle("绘制折线");                    //设置画框的标题
        frame.setSize(400,300);                       //设置画框的大小
        //当退出画框时退出程序
        frame.setDefaultCloseOperation(JFrame.EXIT_ON_CLOSE);
        frame.setLocationRelativeTo(null);            //设置画框位置到屏幕的中心
        MyJPanel8   jp8 = new   MyJPanel8();          //创建 JPanel 类的子类画板对象 jp8
        frame.add(jp8);                               //添加 jp8 画板到 frame 画框中
            frame.setVisible(true);                   //设置 frame 画框可见
    }
}
class   MyJPanel8 extends   JPanel
{
    private static final long serialVersionUID = 1L;
        public void paint(Graphics g){
        super.paint(g); //调用了父类的方法完成初始化
        Graphics2D g2 = (Graphics2D)g;   //强制转换为 Graphics2D 对象
        g2.setPaint(Color.red);         //设置画笔颜色
        g2.setStroke(new BasicStroke(4)); //设置线宽
        //创建折线点的坐标数组
        int x [] = {120,180,100,130};   //折线点的 x 坐标
        int y [] = {120,180,200,150};   //折线点的 y 坐标
        //创建 GeneralPath 类对象
        GeneralPath polyline = new GeneralPath(GeneralPath.WIND_EVEN_ODD, x.length);
        //moveTo( )方法将画笔移动到指定坐标点
        polyline.moveTo (x [0], y [0]);
        //lineTo( )方法添加直线段到路径中
        for (int index = 1; index < x.length; index++) {
            polyline.lineTo(x [index], y [index]);
            };
        //绘制折线
        g2.draw(polyline);
    }
}
```

该程序的运行结果如图 13.10 所示。

2．绘制多边形

图 13.10　程序 C13_8 的运行结果

多边形是由三条或三条以上的线段按照首尾顺序链接所组成的封闭图形。绘制步骤如下：

(1) 创建折线点的坐标数组：

int x [] = {x1,x2,x3,x4,…};

int y [] = {y1,y2,y3,y4,…};

(2) 创建 GeneralPath 类对象：

GeneralPath polyline = new GeneralPath(GeneralPath.WIND_EVEN_ODD, x.length);

(3) 使用 GeneralPath 类对象 polyline 的 moveTo( )方法将画笔移动到指定坐标点：

polyline.moveTo (x [0], y [0]);

(4) 使用 GeneralPath 类对象 lineTo( )方法添加直线段在路径中的结点：

for (int index = 1; index < x.length; index++) {

polyline.lineTo(x [index], y [index]);

};

(5) 关闭当前路径：

closePath();

让绘制多边形线条的最后一个点与开始点相连。

(6) 绘制折线：

g2.draw(polyline);

如果要将特定的路径添加到 GeneralPath 对象的末尾，可以使用 append()方法之一。

【示例程序 C13_9.java】 如图 13.11 所示，绘制多边形。

```java
import java.awt.BasicStroke;

import java.awt.Color;

import java.awt.Graphics;

import java.awt.Graphics2D;

import java.awt.geom.GeneralPath;

import javax.swing.JFrame;

import javax.swing.JPanel;

public class C13_9 {

    public static void main(String[] args) {

        JFrame    frame = new JFrame ();        //创建画框对象

        frame.setTitle("绘制多边形");              //设置画框的标题

        frame.setSize(250,200);                 //设置画框的大小

        //当退出画框时退出程序

        frame.setDefaultCloseOperation(JFrame.EXIT_ON_CLOSE);

        frame.setLocationRelativeTo(null);      //设置画框位置到屏幕的中心

        MyJPanel9   jp9 = new   MyJPanel9(); //创建 JPanel 类的子类画板对象 jp9

        frame.add(jp9);                         //添加 jp9 画板到 frame 画框中

            frame.setVisible(true);             //设置 frame 画框可见

    }

}

class   MyJPanel9 extends    JPanel

{
```

```
private static final long serialVersionUID = 1L;
    public void paint(Graphics g){
    super.paint(g);                         //调用父类的方法完成初始化
    Graphics2D g2 = (Graphics2D)g;          //强制转换为 Graphics2D 对象
    g2.setPaint(Color.red);                 //设置画笔颜色
    g2.setStroke(new BasicStroke(4));       //设置线宽
    //创建多边形点的坐标数组
    int x1[ ]={20,40,50,30,20,15};          //建立第一个多边形的 x 坐标数据
    int y1[ ]={20,20,30,50,50,30};          //建立第一个多边形的 y 坐标数据
    int x2[ ]={150,110,100};                //建立第二个多边形的 x 坐标数据
    int y2[ ]={120,110,80};                 //建立第二个多边形的 y 坐标数据
    //创建 GeneralPath 类对象
    GeneralPath polyline = new GeneralPath(0, x1.length+x2.length);
    //moveTo( )方法将画笔移动到指定坐标点
    polyline.moveTo (x1[0], y1[0]);
    //lineTo( )方法添加直线段到路径中
    for (int index = 1; index < x1.length; index++) {
        polyline.lineTo(x1 [index], y1 [index]);
    };
    polyline.closePath( );                  //设置最后一个点与开始点相连
    polyline.moveTo(x2[0], y2[0]);
    for (int index = 1; index <x2.length ; index++)
    {   polyline.lineTo(x2[index], y2[index]); }
    polyline.closePath( );                  //设置最后一个点与开始点相连
    //绘制多边形
    g2.draw(polyline);
    }
}
```

该程序的运行结果如图 13.11 所示。

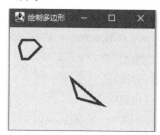

图 13.11　程序 C13_9 的运行结果

【示例程序 C13_10.java】绘制填充的五角星。

```
import java.awt.Color;
```

```java
import java.awt.Graphics;
import java.awt.Graphics2D;
import java.awt.geom.GeneralPath;
import javax.swing.JFrame;
import javax.swing.JPanel;
public class C13_10 {
    public static void main(String[] args) {
        JFrame    frame = new JFrame ();            //创建画框对象
        frame.setTitle("绘制多边形");                //设置画框的标题
        frame.setSize(300,200);                     //设置画框的大小
        //当退出画框时退出程序
        frame.setDefaultCloseOperation(JFrame.EXIT_ON_CLOSE);
        frame.setLocationRelativeTo(null);          //设置画框位置到屏幕的中心
        MyJPanel10   jp10 = new    MyJPanel10();    //创建 JPanel 类的子类画板对象 jp10
        frame.add(jp10);                            //添加 jp10 画板到 frame 画框中
            frame.setVisible(true);                 //设置 frame 画框可见
    }
}
class    MyJPanel10 extends    JPanel
{
    private static final long serialVersionUID = 1L;
    public void paint(Graphics g){
        super.paint(g);                             //调用父类的方法完成初始化
        Graphics2D g2 = (Graphics2D)g;              //强制转换为 Graphics2D 对象
        g2.setPaint(Color.red);                     //设置画笔颜色
        //创建五星点的坐标数组
        int x3[]={150,178,110,190,122};             //建立五星的 x 坐标数据
        // int x3[]={190,218,150,230,162};          //建立五星的 x 坐标数据
        int y3[]={20,100,46,46,100};                //建立五星的 y 坐标数据
        //创建 GeneralPath 类对象
        GeneralPath polyline = new GeneralPath(0, x3.length);
        //moveTo( )方法将画笔移动到指定坐标点
        polyline.moveTo (x3[0], y3[0]);
        //lineTo( )方法添加直线段到路径中
        for (int index = 1; index < x3.length; index++) {
            polyline.lineTo(x3 [index], y3 [index]);
        };
        polyline.closePath();                       //设置最后一个点与开始点相连
        //绘制填充的图形
```

```
        g2.fill(polyline);
    }
}
```

该程序的运行结果如图 13.12 所示。

图 13.12　程序 C13_10 的运行结果

第 13 章 ch13 工程中示例程序在 Eclipse IDE 中的位置及其关系如图 13.13 所示。

图 13.13　ch13 工程中示例程序的位置及其关系

习　题　13

13.1　输出自己的名字、班级及学号，要求名字设置为 24 号黑体，班级及学号设置为 16 号加粗斜宋体，用不同的颜色输出。

13.2　用绘制线段的方法输出一个红色的"王"字。

13.3　绘制一个圆角矩形，在矩形里面添加 13.1 题的内容，并为字体加颜色。

13.4　编写一个程序，绘制 8 个同心圆，各圆之间应相差 10 个像素点。

13.5　编写一个程序，绘制一座房子、一棵树和一条弯曲的路。要求：弯曲的路由 sin 函数得出坐标点，房子与树要配上颜色。

13.6　试绘制一面五星红旗。

13.7　填空：

(1) 可以使用_____方法在两点之间绘制一条直线。

(2) RGB 是＿＿＿＿、＿＿＿＿＿＿和＿＿＿＿＿＿＿的缩写。

(3) 字体的大小用＿＿＿＿＿＿＿作为单位度量。

(4) 可以用 draw 方法渲染几何图形的＿＿＿＿＿＿＿＿＿＿。

(5) 说明字体风格的三个常量是＿＿＿＿＿＿、＿＿＿＿＿＿和＿＿＿＿＿＿。

(6) 画圆需要＿＿＿＿＿、＿＿＿＿＿＿和＿＿＿＿三个参数。

(7) 绘制一系列字符用＿＿＿＿＿＿＿方法。

13.8　判断下列语句的对错，并说明为什么。

(1) 创建一个椭圆对象的构造方法有四个参数，用前两个参数指明椭圆的中心坐标。

(2) 在用户坐标系中，x 的值从左向右增长。

(3) fill( )方法是用当前的颜色绘制一个填充图形。

(4) Graphics2D 类是一个 abstract 类。

(5) Font 类是直接从 Graphics 类继承来的。

(6) 创建一个弧对象的构造方法有七个参数，将第六个参数使用度来说明角度。

第14章 多　线　程

　　线程本是操作系统的一个重要概念。多线程是指程序中同时存在着好几个执行体，它们按几条不同的执行路线共同工作，独立完成各自的功能而互不干扰。以往我们所开发的程序，大多是单线程的，即一个程序只有一条从头至尾的执行路线。而在只有一个CPU 的个人计算机上，我们听着美妙音乐的同时，还可用键盘输入文本、用打印机打印文件、从网络上接收电子邮件等，这便是计算机操作系统为我们提供的多线程并发机制。

　　大多数程序设计语言并不提供这种并发机制，它们一般只提供几种简单的控制结构。利用这些控制结构一次只能执行一个动作，只有前一个动作完成后，才能开始执行下一个动作。这类程序设计语言中的并发机制通常是用操作系统的"原语操作"来实现的，而这些"原语操作"只有经验丰富的编程人员才能使用。Java 语言是与平台无关的语言，为了实现这一重要特性，Java 将操作系统的并发原语操作等纳入了程序设计语言中。编程人员利用 Java 提供的多线程机制，可在应用程序中加入多个线程，每个线程都可完成某一部分独立的功能，并且可以与其他线程并发执行，从而在应用程序中实现多线程并发操作。

14.1　Java 中的多线程实现技术

　　多线程机制是 Java 语言的又一重要特征，使用多线程技术可以使系统同时运行多个执行体，这样就可以加快程序的响应时间，提高计算机资源的使用效率。正确使用多线程技术可提高整个应用系统的性能。

14.1.1　线程的生命周期

　　每个 Java 程序都有一个缺省的主线程 main( )方法。要想实现多线程，必须在主线程中创建新的线程对象。可以通过继承 Thread 类或实现 Runnable 接口的途径来创建线程。新建的线程在它的一个完整的生命周期中通常要经历新生、就绪、运行、阻塞和死亡等五种状态，这五种状态之间的转换关系和转换条件如图 14.1 所示。

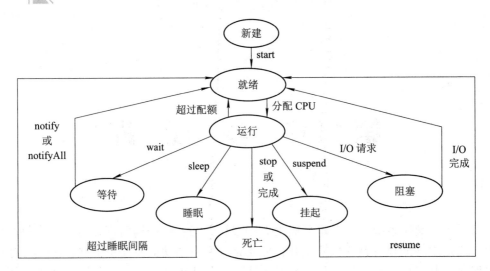

图 14.1　线程的生命周期

1．新生状态

当用 new 关键字和某线程类的构造方法创建一个线程对象后，这个线程对象处于新生状态，此时它已经有了相应的内存空间，并已被初始化。处于该状态的线程可通过调用 start() 方法进入就绪状态。

2．就绪状态

处于就绪状态的线程已经具备了运行的条件，但尚未分配到 CPU 资源，因而它将进入线程队列排队，等待系统为它分配 CPU。一旦获得了 CPU 资源，该线程就进入运行状态，并自动地调用自己的 run 方法。此时，它脱离创建它的主线程，独立开始了自己的生命周期。

3．运行状态

进入运行状态的线程执行自己的 run 方法中的代码。若遇到下列情况之一，则终止 run 方法的执行：

(1) 终止操作。调用当前线程的 stop 方法或 destroy 方法进入死亡状态。

(2) 等待操作。调用当前线程的 join(millis)方法或 wait(millis)方法进入阻塞状态。当线程进入阻塞状态时，在 millis(毫秒)内可由其他线程调用 notify 或 notifyAll 方法将其唤醒，进入就绪状态。在 millis 内若不唤醒，则需等待到当前线程结束。

(3) 睡眠操作。调用 sleep(millis)方法来实现。当前线程停止执行后，会处于阻塞状态，睡眠 millis(毫秒)之后重新进入就绪状态。

(4) 挂起操作。通过调用 suspend 方法来实现。将当前线程挂起，进入了阻塞状态，之后只有当其他线程调用当前线程的 resume 方法后，才能使其进入就绪状态。

(5) 退让操作。通过调用 yield 方法来实现。当前线程放弃执行，进入了就绪状态。

(6) 若当前正在运行的线程要求 I/O 时，则进入阻塞状态。

(7) 若分配给当前线程的时间片用完，则当前线程进入了就绪状态。若当前线程的 run 方法执行完，则线程进入了死亡状态。

4．阻塞状态

一个正在执行的线程在某些特殊情况下，如执行了 suspend、join 或 sleep 方法，或正在等待 I/O 设备的使用权，那么它将让出 CPU 并暂时中止自己的执行，进入阻塞状态。阻塞时它不能进入就绪队列，只有当引起阻塞的原因被消除时，线程才可以转入就绪状态，重新进到线程队列中排队等待 CPU 资源，以便从原终止处开始继续运行。

5．死亡状态

处于死亡状态的线程将永远不再执行。线程死亡有两个原因：① 正常运行的线程完成了它的全部工作；② 线程被提前强制性地终止了，如通过执行 stop 或 destroy 方法终止线程。

14.1.2　Thread 类

Thread 类(线程类)是 java.lang 包中的一个专门用来创建线程和对线程进行操作的类。Java 在 Thread 类中定义了许多方法，这些方法可以帮助我们运用和处理线程。这些方法可分为以下四组。

(1) 构造方法。该方法用于创建用户的线程对象。表 14.1 列出了 Thread 类的构造方法。

表 14.1　java.lang.Thread 类的构造方法

构 造 方 法	说　　明
Thread( )	构造一个新线程
Thread(Runnable target)	使用 Runnable 接口对象 target 作为参数，构造一个新线程
Thread(ThreadGroup group,Runnable target)	使用线程组对象 group 及 Runnable 接口对象 target 作为参数，构造一个新线程
Thread(String name)	使用线程名 name 作为参数，构造一个新线程
Thread(ThreadGroup group,String name)	使用线程组对象 group 及线程名 name 作为参数，构造一个新线程
Thread(Runnable target,String name)	使用 Runnable 接口对象 target 及线程名 name 作为参数，构造一个新线程
Thread(ThreadGroup group,Runnable target,String name)	使用线程组对象 group、Runnable 接口对象 target 及线程名 name 作为参数，构造一个新线程

(2) run()方法。该方法用于定义用户线程所要执行的操作。

(3) 改变线程状态的方法，如 start()、sleep()、stop()、suspend()、resume()、yield()和 wait()方法等。这些是最常用的一组方法。

(4) 其他方法，如 setPriority()、setName()等。

表 14.2 列出了 Thread 类的常用方法。

表 14.2　java.lang.Thread 类的常用方法

常 用 方 法	说　　明
void run()	线程的线程体，在启动该线程后调用此方法。可以通过使用 Thread 类的子类来重载此方法
void start()	启动线程的执行，此方法引起 run( )方法的调用，调用后立即返回。如果已经启动此线程，就抛出 IllegalThreadedState Exception 异常
static Thread currentThread()	返回当前处于运行状态的 Thread 对象
static void yield()	使当前执行的 Thread 对象退出运行状态，进入等待队列
static void sleep(long millis)	使当前执行的线程为睡眠 millis(毫秒)。如果另一个线程已经中断了此线程，则抛出 InterruptedException 异常
static void sleep(long millis,int nanos)	使当前执行的线程为睡眠毫秒数加纳秒数。如果另一个线程已经中断了这个线程，则抛出 InterruptedException 异常
void stop()	停止线程的执行
void stop(Throwable o)	通过抛出对象停止线程的执行。在正常情况下，用户在调用 stop 方法时不应该用任何参数。但是，在某些特殊环境下，通过 stop 方法来结束线程时，可抛出另一个对象
void interrupt()	中断一个线程
static boolean interrupted()	询问线程是否已经被中断
boolean isInterrupted()	询问另一个线程是否已经被中断
void destroy()	销毁一个线程
boolean isAlive()	测试线程是否处于活动状态
void suspend()	挂起这个线程的执行
void resume()	恢复这个线程的执行，此方法仅在使用 suspend( )后才有效
void setPriority(int newPriority)	更改线程的优先级
int getPriority()	返回线程的优先级
void setName(String name)	设置该线程名为 name
String getName()	返回此线程名
Thread Group getThreadGroup()	返回该线程所属的线程组
static int activeCount()	返回此线程组中当前活动的线程数量
static int enumerate(Thread tarray[])	将当前线程的线程组及其子组中的每一个活动线程复制到指定的数组中
void join(long millis)	等待该线程终止的时间最长为毫秒
void join(long millis, int nanos)	等待该线程终止的时间最长为毫秒 + 纳秒
void join()	等待该线程终止
void check Access()	判定当前运行的线程是否有权修改该线程
String toString()	返回该线程的字符串表示形式，包括线程名称、优先级和线程组

14.1.3　通过继承 Thread 类创建线程

通过继承 Thread 类创建并执行线程的程序步骤如下：

(1) 定义一个继承 Thread 类的子类。

(2) 重写 Thread 类中的 run()方法，将自己要执行的任务写在 run()方法中。

main()方法中必须实现：

① 创建 Thread 类的子类线程。

② 调用 Thread 类中的 start()方法启动新线程，并执行 run()方法。

如果 Thread 类的子类线程创建后不再使用，则可以使用 thread 的匿名子类。

🔖【示例程序 C14_1.java】　创建 Thread 类的子类 thd1 与 thd2 线程获取线程编号及线程名。

```
package ch14;
    //定义一个继承 Thread 类的子类
public class C14_1    extends    Thread{
    //重写 Thread 类中的 run()方法
    public    void run(){
        //输出当前执行的线程对象的编号及线程名
        System.out.println(this.getId()+" "+ this.getName());
     }
    //main()方法中的内容
        public static void main(String[] args) {
            Thread curThread=Thread. currentThread(); //获取当前执行的线程对象
            System.out.println("主线程    ID："+curThread.getId()); //获取线程的编号
            System.out.println("主线程  name ： "+curThread.getName()); //获取线程的名字
    //创建 Thread 类的子类对象
            C14_1 thd1 =    new C14_1();   //创建 thd1 线程
    //调用 Thread 类的 start()方法启动新线程，并自动执行 run()方法
        thd1.start(); //启动 thd1 线程，自动执行 run()方法
        (new C14_1()).start();   //创建匿名线程并启动线程，自动执行 run()方法
            }
        }
```

该程序的运行结果如下：

    主线程   ID：1

    主线程 name ： main

    14 Thread-0

    15 Thread-1

从程序的运行结果得出，该主线程的编号是 1 ，名字是 main，与 main()方法的名字相同。我们创建的 thd1 线程的名字是 Thread-0，thd2 线程的名字是 Thread-1，这是 Java 系统

给定的默认名字。可以通过 Thread(String name)构造方法或 Thread 类的成员方法 setName(String name)重新给线程命名。

此外，当没有创建其他线程时，系统只有一个主线程，可以在 main()方法中通过 Thread. currentThread()方法获取。

14.1.4 通过实现 Runnable 接口创建线程

Runnable 接口中只有一个 run()方法，因此，实现 Runnable 接口需要实现 run()方法。通过实现 Runnable 接口创建并执行线程的程序步骤如下：

(1) 定义 Runnable 接口的实现类，重写 Runnable 接口的 run()方法，将自己要执行的任务写在 run()方法中。

(2) 定义一个主类，main()方法中必须写上如下主要内容：

① 创建 Runnable 接口的实现类对象。

② 将 Runnable 接口的实现类对象作为实参创建 Thread 类线程对象。

③ 调用 start()方法启动创建的线程对象并自动执行重写的 run()方法。

【示例程序 C14_2.java】通过实现 Runnable 接口创建线程获取线程的名字。

```
//定义 Runnable 接口的实现类
class  TR2  implements  Runnable{
  //重写 Runnable 接口的 run()方法
   public   void run()
    {
            Thread curThread=Thread. currentThread(); //获取当前执行的线程对象
            System.out.println("线程 name ： "+curThread.getName()); //获取线程的名字
    }
}
//定义一个主类即 main()方法中的主要内容
public   class C14_2 {
   public   static   void main(String[] args)
   {
       //创建 Runnable 接口的实现类对象
       TR2  r1  =  new  TR2();        //创建 Runnable 接口的 TR2 子类对象
       //将 Runnable 接口的实现类对象作为实参创建 Thread 类线程
       Thread thd=new Thread(r1);        //将 r1 作为实参创建 Thread 类的 thd 线程
       //调用 start()方法启动创建的线程对象并自动执行重写的 run()方法
       thd.start();
   }
}
```

该程序运行结果如下：

线程 name：Thread-0

14.1.5 用多线程实现简单动画

在 paint()方法中画一个圆，当每次使用 repaint()方法重新调用 paint()方法绘制圆时，同时改变这个圆的位置，就实现了简单动画。在 JPanel 画板上实现简单动画的步骤如下：

定义一个继承 JPanel 类及实现 Runnable 接口的子类。

(1) 设置圆左上角的坐标位置(x,y)。

(2) 重写 pain() 方法绘制简单图形，即绘制圆。

(3) 重写 run() 方法，改变简单图形的坐标位置、使用 repaint()方法重新调用 paint()方法绘制图形，并通过 sleep()方法控制运动的速度。

(4) 在 main() 方法中必须写入下述主要内容：

① 创建一个继承 JPanel 类及实现 Runnable 接口的子类对象。

② 将①创建的对象作为实参创建 Thread 类的线程。

③ 将①对象作为画板添加到 JFrame 画框对象中。

④ 调用 start()方法启动创建的线程对象并自动执行重写的 run()方法。

📖【示例程序 C14_3.java】 如图 14.2 所示。通过创建线程，实现圆在屏幕上横向运动。

```java
import java.awt.BasicStroke;

import java.awt.Color;

import java.awt.Graphics;

import java.awt.Graphics2D;

import java.awt.geom.Ellipse2D;

import javax.swing.JFrame;

import javax.swing.JPanel;

//定义一个继承 JPanel 类及实现 Runnable 接口的子类
public class C14_3 extends  JPanel  implements  Runnable{
    private static final long serialVersionUID = 1L;
        int x=0,y=60;                         //设置圆左上角的坐标位置
        //重写 pain()方法绘制简单图形
        public   void    paint(Graphics g)
          {  super.paint(g);                  //调用了父类的方法完成初始化
             Graphics2D g2=(Graphics2D)g;      //强制转换为 Graphics2D 对象
             g2.setPaint(Color.red);           //设置画笔颜色
             g2.setStroke(new BasicStroke(4)); //设置线宽
             Ellipse2D.Double e1=new Ellipse2D.Double(x,y,50,50);      //创建圆对象
             g2.draw(e1);                      //绘制圆
          }
    //重写 run()方法
    public void run() {
        while(true) {
            if(x>200) x=0;
```

```
        else x=x+10;
        this.repaint();                    //重新调用 paint()方法绘制图形
        try {        Thread.sleep(500);    //通过休眠控制运动速度
        } catch(InterruptedException e) { e.printStackTrace(); }
    }//while
    }//run
    //main() 方法中的主要内容
    public static void main(String[] args) {
    JFrame    frame = new JFrame ();       //创建画框对象(窗体)
    frame.setTitle("动画 1");               //设置画框的标题
    frame.setSize(400,200);                //设置画框的大小
    //当退出画框时退出程序
    frame.setDefaultCloseOperation(JFrame.EXIT_ON_CLOSE);
    frame.setLocationRelativeTo(null);     //把画框位置设置到屏幕的中心
    //创建一个继承 JPanel 类及实现 Runnable 接口的子类对象
    C14_3 jpr=new C14_3();
    //将 jpr 对象作为实参创建 Thread 类的 thd 线程
    Thread thd =new Thread(jpr);
    frame.add(jpr);                        //将 jpr 对象作为画板添加到 frame 画框中
    frame.setVisible(true);                //设置 frame 画框可见;
        thd.start();                       //调用 start()方法启动 thd 线程并自动执行重写的 run()方法
    }
}
```

图 14.2 是该程序运行中的两帧截图，表示在不同位置绘制的圆。

图 14.2　程序 C14_3 运行中的两帧截图

如果在 paint()方法中绘制一个字符串，当每次使用 repaint()方法重新调用 paint()方法时，都能改变这个字符串的绘制位置，则在 JPanel 画板上可以用以下步骤实现：

(1) 定义一个 JPanel 类的子类。

在子类中：

① 定义一个该子类的构造方法，构造方法的形参是 Thread 类的子类对象。在方法体中创建 Thread 类的子类对象，调用 start()方法，并自动执行 run()方法。

② 重写 paint()方法，获取设置的字体，并绘制字符串。

③ 在 main()方法中的主要内容包括：

a. 创建一个 Thread 类的子类对象，创建 JPanel 类的子类对象，自动调用 Thread 类的子类对象作为实参的 JPanel 类的子类构造方法。

b. 调用 JPanel 类的子类对象作为实数的 Thread 类的子类对象的 csp()方法。

(2) 定义一个 Thread 类的子类。

在子类中：

① 创建字符串 Message 对象，创建 f 字体对象，并设置字符串的起始坐标位置(x,y)。

② 定义一个 csp()方法，JPanel 类的子类对象作为该方法的参数，在方法体中创建 JPanel 类的子类对象。

③ 重写 run()方法，改变字符串的绘制位置、使用 repaint()方法重新调用 paint()方法绘制图形，并通过 sleep()方法控制运动速度。

🔲【示例程序 C14_4.java】 如图 14.3 所示。通过创建线程来实现 "Java Now!" 在屏幕上不停走动。

```java
import java.awt.Font;

import java.awt.Graphics;

import java.awt.Graphics2D;

import javax.swing.JFrame;

import javax.swing.JPanel;

//定义一个 JPanel 类的 C14_4 子类
public class C14_4 extends JPanel {

    private static final long serialVersionUID = 1L;

        CStr str;                    //声明 str 为 CStr 类的引用变量名

    //定义一个构造方法，将 Thread 类的 CStr 子类的 cs 对象作为形参

        public C14_4(CStr cs) {

            super();            //调用父类构造方法

            this.str =cs;       //通过赋值语句使得 str 成为 CStr 类的对象

            str.start();        //启动 str，自动执行 run()方法

        }

    //重写 paint()方法，获取设置的字体并绘制字符串

    public void paint(Graphics g) {

            super.paint(g);

            Graphics2D g2=(Graphics2D)g;

            g2.setFont(str.f);   //获取设置的字体

            g2.drawString(str.Message,str.x,str.y); //绘制字符串

        }//paint

        //main() 方法中的主要内容

    public static void main(String[] args) {

        //创建一个类 Thread 类的 CStr 子类的 cs 对象，创建 JPanel 类的 C14_4 子类的 jp1 对象

        //自动调用 CStr 类的 cs 对象作为实参的 C14_4()构造方法；

            CStr cs = new CStr();            //创建 Thread 类的 CStr 子类 cs 对象
```

```
        C14_4 jp1 = new C14_4(cs);        //创建 JPanel 类的 C14_4 子类 jp1 对象
        cs.csp(jp1);        //调用 jp1 对象作为实数的 CStr 类 cs 对象的 csp()方法
        JFrame frame = new JFrame();        //创建画框对象(窗体)
        frame.add(jp1);        //jp1 对象作为画板添加到 frame 画框中
        frame.setTitle("动画 2");        //设置画框的标题
        frame.setSize(400,200);        //设置画框的大小
        frame.setLocationRelativeTo(null); //把画框位置设置到屏幕的中心
        //当退出画框时退出程序
        frame.setDefaultCloseOperation(JFrame.EXIT_ON_CLOSE);
        frame.setVisible(true);        //设置画框可见
    }
}//C14_4
//定义一个 Thread 类的 CStr 子类
class CStr extends Thread {
        int x = 400;   int y = 100;        //设置绘制字符串的初始坐标位置
    String Message="Java Now!";        //创建字符串对象
        Font f=new Font("TimesRoman",Font.BOLD,24);        //创建字体对象
    C14_4  jp;  //声明 jp 为 C14_4 类的引用变量名
    //将 C14_4 类的 jp1 对象作为参数传入，通过赋值语句使得 jp 成为 C14_4 类的对象
    public void csp (C14_4 jp1) { this.jp = jp1; }
    //重写 run()方法
    public void run() {
            while(true)
            {    x=x-5;
                if(x==0)x=400;
                jp.repaint( );                //repaint( )方法自动调用该类的 paint( )方法重绘制字符串
                try
                { sleep(500);   } //线程睡眠 500 ms
                catch(InterruptedException e){   e.printStackTrace();   };
            } // while
        }//run
    }//CStr
```

图 14.3 是该程序运行中的两帧截图，表示在不同位置绘制的字符串。

图 14.3　程序 C14_4 运行中的两帧截图

【示例程序 C14_5.java】 如图 14.4 所示，通过创建两个线程实现"Java Now!"与矩形框在屏幕上呈相反方向不停走动。

该程序由三个程序组成：① 实现屏幕上的字符"Java Now!"走动的线程程序 CString.java；② 实现屏幕上矩形框走动的线程程序 CSquare.java；③ 主程序 C14_5.java。

(1) 主程序 C14_5.java。

```java
package c5;
import java.awt.BorderLayout;
import java.awt.Color;
import java.awt.Dimension;
import javax.swing.JFrame;
public class C14_5 {
    public static void main(String[] args) {
        JFrame    frame = new JFrame();
        frame.setTitle("动画 3");                     //设置画框的标题
        frame.setSize(450,300);                      //设置画框的大小
        frame.setLocationRelativeTo(null);           //设置画框位置到屏幕的中心
        //当退出画框时退出程序
        frame.setDefaultCloseOperation(JFrame.EXIT_ON_CLOSE);
        CString pa=new CString();                    //创建 JPanel 类子类画板对象
        CSquare pa1=new CSquare();                   //创建 JPanel 类子类画板对象
        pa.setPreferredSize(new Dimension(300,150)); //设置画板的大小
        pa.setBackground(Color.cyan);                //设置 pa 画板的背景颜色
        pa1.setPreferredSize(new Dimension(300,150));
        pa1.setBackground(Color.cyan);               //设置 pa1 画板的背景颜色
        frame.add(pa,BorderLayout.NORTH);            //添加 pa 画板到画框北
        frame.add(pa1,BorderLayout.SOUTH);           //添加 pa1 画板到画框南
        frame.setVisible(true);                      //设置画框可见
    }
}
```

(2) CString.java 程序。

```java
package c5;
import java.awt.Font;
import java.awt.Graphics;
import java.awt.Graphics2D;
import javax.swing.JPanel;
@SuppressWarnings("serial")
public class CString extends    JPanel implements Runnable {
    int x=300,y=50;                  //设置字符串初始坐标位置
    String Message="Java Now!";    //创建字符串对象
```

```java
    Font f=new Font("TimesRoman",Font.BOLD,24);        //创建字体对象
    Thread th1=new Thread(this);                        //创建线程
    public   CString() {    start( );    }
    private   void   start() {    th1.start( ); }      //th1 线程，自动执行 run()方法
    public   void   run()
     {
        while(true)
         {   x=x-5;
            if(x==0)x=300;
            repaint();                                  //repaint()方法调用 paint()方法重画字符串
            try
             {    Thread.sleep(500);    }               //使 th1 线程睡眠 500 ms
            catch(InterruptedException e){    e.printStackTrace();        };
         } // while
     } //run
    public   void   paint(Graphics g)
     {
        super.paint(g);                                 //调用了父类的方法完成初始化
        Graphics2D g2=(Graphics2D)g;
        g2.setFont(f);                                  //获取设置字体
            g2.drawString(Message,x,y);                 //绘制字符串
     }//paint
 }//CString
```

(3) CSquare.java 程序。

```java
    package c5;
    import java.awt.Graphics;
    import java.awt.Graphics2D;
    import java.awt.geom.Rectangle2D;
    import javax.swing.JPanel;
    @SuppressWarnings("serial")
    public class CSquare extends   JPanel   implements   Runnable
     {
        int   x1,y1,w1,h1;
        Thread th2=new Thread(this);                    //创建线程
        public   CSquare()
         {   x1=5; y1=80; w1=40;   h1=40;               //设置矩形框初始坐标位置
            start();
         }
        private   void   start()   {   th2.start();   }  //th2 线程，自动执行 run()方法
```

```
public   void   run()
 {
    while(true)
       {  x1=x1+5;
          if(x1==300)x1=0;
          repaint();                         //repaint()方法调用 paint()方法重画矩形框
          try
             {  Thread.sleep(500);   }   //使 th2 线程睡眠 500 ms
             catch(InterruptedException e){    e.printStackTrace();       };
       } // while
 }//run
public   void   paint(Graphics g)
  {  super.paint(g);                          //调用了父类的方法完成初始化
          Graphics2D g2=(Graphics2D)g;
          Rectangle2D.Double rec1=new Rectangle2D.Double(x1,y1,w1,h1); //创建矩形框对象
          g2.draw(rec1);                      //画矩形框
     }//paint
 }//CSquare
```

图 14.4 是该程序运行中的两帧截图，表示在不同位置绘制的矩形框。

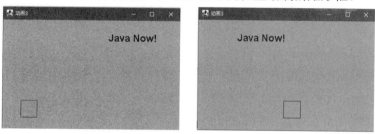

图 14.4　程序 C14_5 运行中的两帧截图

 ## 14.2　多线程管理

14.2.1　线程调度

　　在单 CPU 的计算机上运行多线程程序，或者当线程数多于处理机的数目时，势必存在多个线程争用 CPU 的情况，这时需要提供一种机制来合理地分配 CPU，使多个线程有条不紊、互不干扰地工作，这种机制称为调度。在 Java 运行系统中，由线程调度器对线程按优先级进行调度。线程调度器中写好了相应的调度算法，当有多个线程在同一时刻处于就绪状态时，线程调度器会选择优先级最高的线程运行。但是，如果发生下列情况之一，调度器就会终止此线程的运行：

(1) 本线程的线程体中调用了 yield( )方法，从而让出了对 CPU 的占有权。

(2) 本线程的线程体中调用了 sleep( )方法，使线程进入睡眠状态。

(3) 本线程由于 I/O 操作而进入阻塞状态。

(4) 另一个具有更高优先级的线程从睡眠状态被唤醒，或其 I/O 操作完成而返回就绪状态。

Java 的线程调度算法可分为两种：

(1) 优先抢占式调度。当线程的优先级不同时，为保证优先级最高的线程先运行而采用优先抢占式调度算法，即优先级高的线程优先抢占 CPU。例如，在程序的运行过程中若设置线程 A 具有最高优先级，则线程 A 将立即取代正在运行的其他线程，直到线程 A 处于阻塞状态或运行结束。

(2) 队列轮转调度。当若干个线程的优先级相同时，可采用队列轮转调度算法，即当一个线程运行结束时，该优先队列中排在最前面的线程运行。如果某个线程由于睡眠或 I/O 阻塞成为一个等待再次运行的线程，那么当它恢复到可运行状态后，会被插入到该队列的队尾，必须等到其他具有相同优先级的线程都被调度过一次后，才有机会再次运行。

14.2.2　线程优先级

在 Java 系统中，运行的每个线程都有优先级。设置优先级是为了在多线程环境中便于系统对线程进行调度，优先级高的线程将优先得以运行。Java 线程的优先级是一个在 1～10 之间的正整数，数值越大，优先级越高，未设定优先级的线程其优先级取缺省值为 5。Java 线程的优先级设置遵守下述原则：

(1) 线程创建时，子线程继承父线程的优先级。

(2) 线程创建后，可在程序中通过调用 setPriority( )方法改变线程的优先级。

(3) 线程的优先级是 1～10 之间的正整数，用标识符常量 MIN_PRIORITY 表示优先级为 1，MAX_PRIORITY 表示优先级为 10，默认情况下，用 NORM_PRIORITY 表示优先级为 5。其他级别的优先级既可以直接用 1～10 之间的正整数来设置，也可以在标识符常量的基础上加或减一个常数。例如，下面的语句将线程优先级设置为 8：

```
setPriority(Thread.NORM_PRIORITY+3);
```

【示例程序 C14_6.java】 创建三个线程 A、B、C，根据优先级确定线程执行的顺序。

```
class    C14_6
{
    public static void main(String args[ ])
    {  Thread   First=new   MyThread("A");              //创建 A 线程
       First.setPriority(Thread.MIN_PRIORITY);          // A 线程优先级为 1
       Thread   Second=new   MyThread("B");             //创建 B 线程
       Second.setPriority(Thread.NORM_PRIORITY+1);      // B 线程优先级为 6
       Thread   Third=new   MyThread("C");              //创建 C 线程
       Third.setPriority(Thread.MAX_PRIORITY);          // C 线程优先级为 10
       First.start( );
```

```
            Second.start( );
            Third.start( );
    }
}
class  MyThread  extends  Thread
{
    String   message;
    MyThread(String message)
        { this.message= message;}
    public  void  run( )
    {   for (int i=0;i<2;i++)
            System.out.println(message+"   "+getPriority( ));
    }
}
```

该程序的运行结果如下：

A　1

B　6

B　6

C　10

C　10

A　1

从程序的运行结果可以看出，虽然线程 C 在程序中最后调用 start( )方法进入就绪状态，但由于它的优先级是三个线程中最高的，因此先于 A 线程执行完毕。

14.2.3　线程同步

由于 Java 支持多线程，具有并发功能，从而大大提高了计算机的处理能力。当各线程之间不存在共享资源的情况时，几个线程的执行顺序可以是随机的。但是，当两个或两个以上的线程需要共享同一资源时，线程之间的执行次序就需要协调，当某个线程占用这一资源时，其他线程只能等待。例如，生产者与消费者问题就是一个多线程同步问题的经典案例。如图 14.5 所示，描述有一块缓冲区作为仓库，生产者生产产品放入缓冲区，消费者从缓冲区中取走产品消费。约束条件：生产者与消费者互斥访问缓冲区，即一次只能放一个或取一个产品，当缓冲区满时生产者暂停生产，等待消费者消费产品，当缓冲区空时消费者暂停消费，等待生产者生产产品。

图 14.5　生产者-消费者问题

如何求解生产者消费者问题？ Java 语言提供了多线程同步处理机制的多种解决方案。这里只论述 JDK5.0 之后提供的更加健壮的多线程同步处理机制，使用 **await( ) / signal( )**方法解决生产者消费者的同步问题。为了更好地理解怎样求解同步问题，我们尽可能简化生产者消费者问题的复杂度。

假设有一个生产者、一个消费者、一个缓冲区，缓冲区最多只能放 4 个产品，生产者一次只能送一个生产的产品到仓库，最多只能生产 8 个产品，消费者到仓库一次只能取一个产品，最多只能消费 8 个产品。

程序结构如下：定义 4 个类：公共主类、生产者线程子类、消费者线程子类及存放产品的缓冲区类。下面详细说明每个类主要完成的任务及它们之间的关系。

(1) 定义一个 C14_7 公共主类。在 main()方法中创建仓库类对象，创建一个将仓库类对象作为实参的生产者线程，创建一个将仓库类对象作为实参的消费者线程，并启动生产者与消费者线程。编写程序如下：

```java
public class C14_7 {
    public static void main(String[] args) {
        Storage s1 = new Storage();          //创建 Storage 仓库类对象
        Produce p1 = new Produce(s1);        //创建生产者线程
        Consumer c1 = new Consumer(s1);      //创建消费者线程
        p1.start();                          //启动生产者线程
        c1.start();                          //启动消费者线程
    }
}//C14_7
```

(2) 定义一个 Thread 类的生产者线程子类。该类的 Produce()构造方法的形参 s 是仓库类对象，构造方法中利用接收公共类传递的仓库类对象，创建该类中的仓库类对象。run()方法体的 for 语句循环 8 圈表示生产者一次只生产一个产品，最多共生产 8 个产品，每进入一次循环，调用仓库类对象. produce()语句，实现生产者去仓库送一个生产的产品。sleep()方法表示每次去仓库送产品后，线程睡眠 20 毫秒(注：可以调整毫秒值)进入阻塞状态，20毫秒后自动唤醒。编写程序如下：

```java
class Produce extends Thread {
    private Storage s;               //声明 Storage 类对象
    public Produce(Storage s) {
        this.s = s;                  //创建 Storage 类对象
    }
    public void run() {
        try {
            //生产者可以去仓库送 8 次生产的产品
            for(int i=1; i<=8; i++) {
                s. produce( );           //生产者去仓库送生产的产品
                Thread.sleep(20);        //睡眠阻塞
            }
        } catch (Exception e) {
            e.printStackTrace();
```

```
        }
    }//run
}//Produce
```

(3) 定义一个 Thread 类的消费者线程子类。该类的 Consumer ()构造方法的形参 s 是仓库类对象，构造方法中利用接收公共类传递的仓库类对象，创建该类中的仓库类对象。run() 方法体的 for 语句循环 8 圈表示消费者一次只取一个产品，最多共取 8 个产品，每进入一次循环，调用仓库类对象. consume() 语句，实现消费者去仓库取一个产品。sleep()方法表示每次去仓库取产品后，线程睡眠 40 毫秒(注：可以调整毫秒值)进入阻塞状态，40 毫秒后自动唤醒，编写程序如下：

```
class Consumer extends Thread {
    private Storage s;                    //声明 Storage 类对象
    public Consumer(Storage s) {
        this.s = s;                       //创建 Storage 类对象
    }
    public void run() {
        try {
            //消费者可以去仓库取 8 次产品消费
            for(int i=1;i<=8;i++) {
                s.consume();              //消费者去仓库取产品消费
                Thread.sleep(40);         //睡眠阻塞
            }
        } catch (Exception e) {
            e.printStackTrace();
        }
    }//run
}//Consumer
```

(4) 定义一个作为共享缓冲区的 Storage 仓库类。程序中定义了下述的 5 个属性：首先给出仓库最大存储量为 4(说明只能放 4 个产品)，并初始化仓库现存产品数为 0；其次，创建 lock 锁对象、表示仓库满的 full 对象及表示仓库空的 empty 对象。

```
private final int n = 4;          //仓库最大存储量
private int count = 0;            //仓库初始现存产品数
private final Lock lock = new ReentrantLock();      //创建 lock 锁对象
//创建与 lock 对象一起使用的 Condition 类的 full 对象，作为仓库满的阻塞条件
private final Condition full = lock.newCondition();
//创建与 lock 对象一起使用的 Condition 类的 empty 对象，作为仓库空的阻塞条件
private final Condition empty = lock.newCondition();
```

JDK5 中提供了互斥锁 ReentrantLock 类，可以通过创建 ReentrantLock 类的锁对象，并利用锁对象.newCondition()方法创建 Condition 类的对象，将条件对象与锁对象绑定，这样

就可以使用条件对象.await()或条件对象.signalAll()方法实现阻塞/唤醒，实现生产者与消费者互斥访问共享缓冲区。在该类中定义了 product()方法与 consume()方法，我们通过两个方法的流程图来说明怎样实现生产者与消费者互斥访问共享缓冲区。

(1) produce ()方法，这是生产者送一个产品到共享缓冲区(仓库)的方法。生产者访问共享缓冲区如图 14.6 所示。生产者获得共享缓冲区的锁后进入缓冲区，通过循环实现判断缓冲区是否满，如果缓冲区不满，则退出循环，生产者放入一个产品到共享缓冲区之后，唤醒消费者到缓冲区取产品，并放弃锁，离开缓冲区；如果缓冲区满，则生产者放弃锁，阻塞自己，等待消费者消费产品，直到生产者被唤醒，并重新获得锁，然后再执行循环判断语句，判断缓冲区是否满。

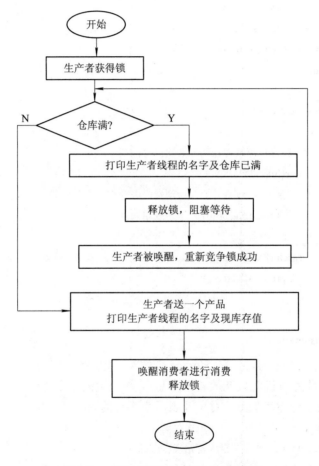

图 14.6　生产者访问共享缓冲区流程图

(2) consume()方法，这是消费者到共享缓冲区(仓库)取一个产品的方法。消费者访问共享缓冲区如图 14.7 所示。消费者获得共享缓冲区的锁后进入缓冲区，利用循环实现判断缓冲区是否空，如果缓冲区不空，则退出循环，消费者到共享缓冲区取一个产品之后，唤醒生产者到缓冲区送产品，并放弃锁，离开缓冲区；如果缓冲区空，则消费者放弃锁，阻塞自己，等待生产者生产产品，直到消费者被唤醒，并重新获得锁，然后再执行循环判断语句，判断缓冲区是否空。

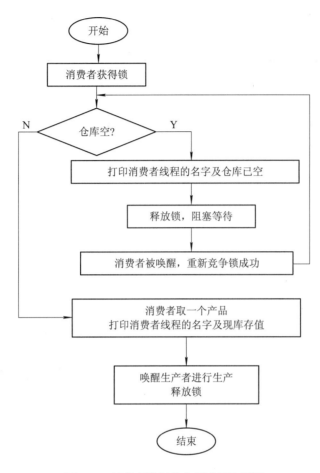

图 14.7　消费者访问共享缓冲区流程图

下面给出完整的程序代码。

📁【示例程序 C14_7.java】　求解生产者与消费者问题。

```java
package ch14;
import java.util.concurrent.locks.Condition;
import java.util.concurrent.locks.Lock;
import java.util.concurrent.locks.ReentrantLock;
//定义一个公共类
public class C14_7 {
    public static void main(String[] args) {
        Storage s1 = new Storage();          //创建 Storage 仓库类对象
        Produce p1 = new Produce(s1);        //创建生产者线程
        Consumer c1 = new Consumer(s1);      //创建消费者线程
        p1.start();        //启动生产者线程
        c1.start();        //启动消费者线程
    }
```

```
}//C14_7


//定义一个作为缓冲区的 Storage 仓库类
class Storage {
    private final int n = 4;          //仓库最大存储量
    private int count = 0;            //仓库初始现存产品数
    private final Lock lock = new ReentrantLock();       //创建锁对象
//创建与 lock 对象一起使用的 Condition 类的 full 对象，作为仓库满的阻塞条件
    private final Condition full = lock.newCondition();
//创建与 lock 对象一起使用的 Condition 类的 empty 对象，作为仓库空的阻塞条件
    private final Condition empty = lock.newCondition();
    //生产者送一个产品
    public void produce() {
        lock.lock();   //  获得锁
        while (count == n) {
            System.out.println("生产者" + Thread.currentThread().getName()+ "仓库已满");
            try {
                full.await();     //仓库满生产者阻塞等待，直到消费者被唤醒重新获得锁
            } catch (InterruptedException e) {
                e.printStackTrace();
            }
        }//while
        count++;                 //生产者送一个产品，仓库产品总数加 1
        System.out.println("生产者" + Thread.currentThread().getName()
                        + "生产一个产品，现库存" +count);
        empty.signalAll(); //唤醒消费者取产品
        lock.unlock();//释放锁
    }//produce
    //消费者取一个产品
    public void consume() {
        lock.lock();// 获得锁
        while (count == 0) {
            System.out.println("消费者" + Thread.currentThread().getName()+ "仓库为空");
            try {
                empty.await();   //仓库空消费者阻塞等待，直到消费者被唤醒重新获得锁
            } catch (InterruptedException e) {
                e.printStackTrace();
            }
        }//while
```

```
            count--;                //消费者取一个产品，仓库产品总数减1
            System.out.println("消费者" + Thread.currentThread().getName()
                    + "消费一个产品，现库存" + count);
        full.signalAll();          //唤醒生产者送生产
        lock.unlock();             //释放锁
    } //consume
}//Storage


//定义一个生产者线程类
class Produce extends Thread {
    private Storage s;          //声明 Storage 类对象
    public Produce(Storage s) {
        this.s = s;             //创建 Storage 类对象
    }
    public void run() {
        try {
            //生产者可以去仓库送 8 次生产的产品
            for(int i=1;i<=8;i++) {
                s.produce( );           //生产者去仓库送生产的产品
                Thread.sleep(20);       //睡眠阻塞
            }
        } catch (Exception e) {
            e.printStackTrace();
        }
    }//run
}//Produce


//定义一个消费者线程类
class Consumer extends Thread {
    private Storage s;                  //声明 Storage 类对象
    public Consumer(Storage s) {
        this.s = s;                     //创建 Storage 类对象
    }
    public void run() {
        try {
            //消费者可以去仓库取 8 次产品消费
            for(int i=1;i<=8;i++) {
                s.consume();            //消费者去仓库取产品消费
                Thread.sleep(40);       //睡眠阻塞
```

```
        }
    } catch (Exception e) {
        e.printStackTrace();
    }
}//run
}//Consumer
```

该程序的运行结果如下：

生产者 Thread-0 生产一个产品，现库存 1

消费者 Thread-1 消费一个产品，现库存 0

生产者 Thread-0 生产一个产品，现库存 1

消费者 Thread-1 消费一个产品，现库存 0

生产者 Thread-0 生产一个产品，现库存 1

生产者 Thread-0 生产一个产品，现库存 2

消费者 Thread-1 消费一个产品，现库存 1

生产者 Thread-0 生产一个产品，现库存 2

消费者 Thread-1 消费一个产品，现库存 1

生产者 Thread-0 生产一个产品，现库存 2

消费者 Thread-1 消费一个产品，现库存 1

生产者 Thread-0 生产一个产品，现库存 2

生产者 Thread-0 生产一个产品，现库存 3

消费者 Thread-1 消费一个产品，现库存 2

消费者 Thread-1 消费一个产品，现库存 1

消费者 Thread-1 消费一个产品，现库存 0

本章 ch14 工程中的所有示例程序在 Eclipse IDE 中位置如图 14.8 所示。

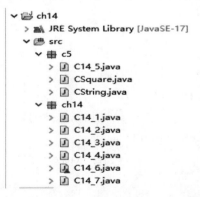

图 14.8   ch14 工程中示例程序的创建位置

习　题　14

14.1　举例说明什么是多线程。

14.2 简述线程的生命周期。

14.3 下面几种终止线程的方法有什么区别?

(1) 忙等待; (2) 睡眠; (3) 挂起。

14.4 在 Java 语言中创建线程对象有两种途径：一种是创建 Thread 类的子类，另一种是实现 Runnable 接口。试说明这两种创建方式有何区别。

14.5 说明 Java 语言中线程调度的功能。

14.6 优先抢占式调度和轮转调度的区别是什么? Java 怎样使用这两种调度策略?

14.7 Java 线程的优先级设置应遵循什么原则?

14.8 举例说明线程同步的概念。

14.9 填空：

(1) C 和 C++ 是_____线程的语言，而 Java 则是一个_____线程的语言。

(2) _____方法用于终止一个 Thread 的执行。一个线程不能运行(即被阻塞)的四个原因是_____、_____、_____和_____。

(3) 一个线程进入停止状态的两个原因是_____和_____。

(4) 一个线程的优先级可以用_____方法进行修改。

(5) 一个线程可以通过调用_____方法将处理器让给另一个优先级相同的线程。

(6) 一个线程在等待一段时间之后再恢复执行，应调用_____方法。

(7) 通过调用 resume 方法，可以使_____线程重新被激活。

(8) _____方法用于使等待队列中的第一个线程进入就绪状态。

14.10 判断下面句子的对错。如果有错，请说明原因。

(1) 如果一个线程停止了，则它是不可运行的。

(2) 在 Java 中，一个具有较高优先级的可运行线程将抢占处理器资源。

(3) 一个线程可以将处理器让给优先级较低的线程。

(4) 当一个线程睡眠时，sleep 方法不消耗处理器时间。

(5) Java 提供了多继承机制。

14.11 编写一个龟兔赛跑的多线程程序，在点击开始按钮后龟兔开始赛跑。

第15章 网络编程

  Java 语言能够风靡全球的重要原因之一就是它和网络的紧密结合。作为网络编程语言，Java 可以很方便地将 Applet 嵌入网络的主页中，也可以实现客户端和服务器端的通信，并且通信可以是多客户的。为了实现客户端和服务器端的通信，Java 语言使用了基于套接字的网络通信方式。这种套接字的网络通信方式分为流套接字和数据报套接字两种。流套接字网络通信方式使用的协议是传输控制协议(transmission control protocol，TCP)，它提供一种面向连接的高可靠性的传输。利用它进行通信，首先需要建立连接，如同我们打电话，接通电话后才能说话。数据报套接字网络通信方式使用的协议是 UDP(user datagram protocol)，它是一种无连接、高效率但不十分可靠的协议，利用它进行通信如同寄信，无需建立连接就可以进行。

  Java 语言通过软件包 java.net 实现三种网上通信模式：URL 通信模式(在使用 URL 通信模式时，它的底层仍使用流套接字方式)、Socket 通信模式(也称为流套接字通信模式)及 Datagram 通信模式(也称为数据报套接字通信模式)。下面我们逐一介绍。

15.1　URL 通信

  统一资源定位器(uniform resource locator，URL)表示 Internet/Intranet 上的资源位置。这些资源可以是一个文件、一个目录或一个对象。当我们使用浏览器浏览网络上的资源时，首先需要键入 URL 地址，才可以访问相应的主页。例如：

    http://www.xahu.edu.cn:80/index.html

    http://www.hotmail.com/index.html

    file:///c:/ABC/xx.java

每个完整的 URL 由四部分组成，这四部分的划分及其含义如表 15.1 所示。

表 15.1　URL 地址的组成

示　　例	含　　义
http	传输协议
www.xahu.edu.cn	主机名或主机地址
80	通信端口号
index.html	文件名称

　　一般的通信协议都已经规定了开始联络时的通信端口，例如，HTTP 协议的缺省端口号是 80，FTP 协议的缺省端口号是 21 等。URL 使用协议的缺省端口号时，可以不写出缺省端口号。所以，一般的 URL 地址只包含传输协议、主机名和文件名就足够了。

　　网络通信中，我们常常会碰到地址(address)和端口(port)的问题。两个程序之间只有在地址和端口方面都达成一致时，才能建立连接。这与我们寄信要有地址、打电话要有电话号码一样。两个远方程序建立连接时，首先需要知道对方的地址或主机名，其次是端口号。地址主要用来区分计算机网络中的各个计算机，而端口的定义可以理解为扩展的号码，具备一个地址的计算机可以通过不同的端口来与其他计算机进行通信。

　　在 TCP 协议中，端口被规定为一个在 0～65 535 之间的 16 位的整数。其中，0～1023 被预先定义的服务通信占用(如 FTP 协议的端口号是 21，HTTP 协议的端口号为 80 等)。除非我们需要访问这些特定服务，否则就应该使用 1024～65 535 这些端口中的某一个来进行通信，以免发生端口的冲突。

15.1.1　URL 类

　　要使用 URL 进行网络编程，就必须创建 URL 对象。创建 URL 对象要使用 java.net 软件包中提供的 java.net.URL 类的构造方法。

1. 创建 URL 对象

　　URL 类提供的用于创建 URL 对象的构造方法有如下四种。

　　(1) URL(String spec)方法。根据 String 表示形式创建 URL 对象。例如：

　　　　URL file=new URL("http://www.xahu.edu.cn/index.html");

　　这种以完整的 URL 创建的 URL 对象称为绝对 URL，该对象包含了访问该 URL 所需要的全部信息。

　　(2) URL(String protocol,String host,String file)方法。根据指定的 protocol、host、port 号和 file 创建 URL 对象。其中的 protocol 为协议名，host 为主机名，file 为文件名，端口号使用缺省值。例如：

　　　　"http","www.xahu.edu.cn","index.html"

　　(3) URL(String protocol,String host,String port,String file)方法。这个构造方法与构造方法(2)相比，增加了 1 个指定端口号的参数。

　　(4) URL(URL context,String spec)方法。通过在指定的上下文中用指定的处理程序对给定的 spec 进行解析来创建 URL。例如：

　　　　URL base=new URL("file: ///c:/ABC/xx.java");

　　　　URL gk=new URL(base,"gg.txt");

其中，URL 对象 gk 是相对 URL 对象。javac 在使用对象 gk 时会从对象 base 中查出文件 gg.txt，其所在的位置：本地主机是 c:/ABC/。对象 gk 指明的资源也就是 file: ///c:/ABC/gg.txt。

　　如果在程序中不访问 xx.java，那么在创建 base 的构造方法中则略去 xx.java。创建 gg 的方法不变，gg 指明的资源仍不变。

2. URL 类的常用成员方法

　　创建 URL 对象后，可以使用 java.net.URL 类的成员方法对创建的对象进行处理。java.net.URL 的常用成员方法如表 15.2 所示。

表 15.2　URL 类的常用成员方法

成 员 方 法	说　　明
int getPort()	获取 URL 的端口号
String getProtocol()	获取 URL 的协议名
String getHost()	获取 URL 的主机名
String getFile()	获取 URL 的文件名
boolean equals(Object obj)	与指定的 URL 对象 obj 进行比较
string toString()	将此 URL 对象转换成字符串形式

15.1.2　使用 URL 类访问网上资源

【示例程序 C15_1.java】　获取某个 URL 地址的协议名、主机名、端口号和文件名。

```
package ch15;
import   java.net.MalformedURLException;
import   java.net.URL;
public   class C15_1
{
    public static void main(String args[ ])
    {
        URL   MyURL=null;
        try
        {   MyURL=new URL("http://netbeans.org/kb/docs/java/quickstart.html"); }
        catch (MalformedURLException e)
        {   System.out.println("MalformedURLException: " + e);        }
        System.out.println("URL String: "+MyURL.toString( ));        //获取 URL 对象转换成字符串
        System.out.println("Protocol: "+MyURL.getProtocol( ));       //获取协议名
        System.out.println("Host: "+MyURL.getHost( ));               //获取主机名
        System.out.println("Port: "+MyURL.getPort( ));               //获取端口号
        System.out.println("File: "+MyURL.getFile( ));               //获取文件名
    }
}
```

该程序的运行结果如图 15.1 所示。

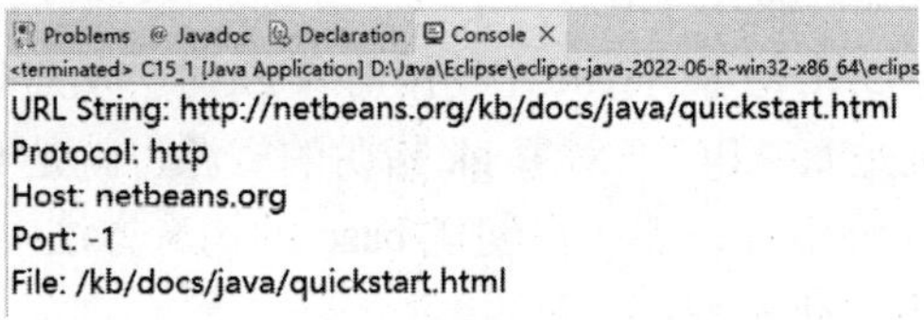

图 15.1　程序 C15_1 的运行结果

【示例程序 C15_2.java】　使用 URL 类的 openStream()成员方法获取 URL 指定的网上信息。

```
package ch15;
import    java.io.*;
import    java.net.MalformedURLException;
import    java.net.URL;
public    class C15_2
{   public    static    void    main(String[]    args)
    {
        String Str;      InputStream st1;
        //String ur="http://netbeans.org/kb/docs/java/quickstart.html";   //获取远程网上的信息
        String ur="file:///D:/eclipse-workspace/ch15/src/ch15/C15_1.java "; //获取本地网上的信息
        try
        {   URL    MyURL=new    URL(ur);
            st1=MyURL.openStream();
            InputStreamReader ins=new InputStreamReader(st1);
            BufferedReader in=new    BufferedReader(ins);
            while((Str=in.readLine())!= null)           //从 URL 处获取信息并显示
            {   System.out.println(Str); }
        }
        catch(MalformedURLException e)                //创建 URL 对象可能产生的异常
        {   System.out.println("Can't get URL: " ); }
        catch (IOException e)
        {   System.out.println("Error in I/O:" + e.getMessage());    }
    }
}
```

由于 URL 的 openStream( )成员方法返回的是 InputStream 类的对象，因此只能通过 read( )
方法逐个字节地去读 URL 地址处的资源信息。这里利用 BufferedReader 对原始信息流进行
了包装和处理，以提高 I/O 效率。运行的结果是显示出 C15_1.java 程序的内容，如图 15.2
所示。

图 15.2　程序 C15_2 的运行结果

15.1.3 使用 URLConnection 类访问网上资源

上面介绍的方法只能读取远程计算机节点的信息，如果希望在读取远程计算机节点的信息时还可向它写入信息，则需要使用 java.net 软件包中的另一个类 URLConnection。

1．创建 URLConnection 类的对象

要创建 URLConnection 对象必须先创建一个 URL 对象，然后调用该对象的 openConnection()方法就可以返回一个对应其 URL 地址的 URLConnection 对象。例如：

```
URL MyURL=new URL("http://www.xahu.edu.cn/index.html");
URLConnection con= MyURL.openConnection( );
```

2．建立输入/输出数据流

读取或写入远程计算机节点的信息时，要建立输入或输出数据流。我们可以利用 URLConnection 类的成员方法 getInputStream()和 getOutputStream()来获取输入和输出数据流。例如，下面的两行语句用于建立输入数据流：

```
InputStreamReader ins=new InputStreamReader(con.getInputStream( ));
BufferedReader in=new BufferedReader(ins);
```

下面的语句行用于建立输出数据流：

```
PrintStream out=new PrintStream(con.getOutputStream( ));
```

3．读取远程计算机节点的信息或向其写入信息

要读取远程计算机节点的信息，可调用 in.readLine()方法；向远程计算机节点写入信息时，可调用 out.println(参数)方法。

URLConnection 类是一个抽象类，它是代表程序与 URL 对象之间建立通信连接的所有类的超类，此类的一个实例可以用来读/写 URL 对象所代表的资源。出于安全性的考虑，Java 程序只能对特定的 URL 进行写操作,这种 URL 就是服务器上的公共网关接口(common gateway interface，CGI)程序。CGI 是客户端浏览器与服务器进行通信的接口。下面通过一个例子来说明 URLConnection 类是如何使用的。

🖫【示例程序 C15_3.java】 使用 URLConnection 类从远程主机获取信息。

```
package    ch15;
import    java.io.*;
import    java.net.*;
class    C15_3
{   public   static   void   main(String[ ] args) {
        try {
            String ur=" https://www.chd.edu.cn/";            //获取远程网上的信息
            //获取本地网上的信息
            //String ur="file:///D:/eclipse-workspace/ch15/src/ch15/C15_1.java ";
            URL   MyURL=new   URL(ur);
            String   str;
            URLConnection   con=MyURL.openConnection( );
```

```
InputStreamReader  ins=new  InputStreamReader(con.getInputStream( ));
BufferedReader  in=new  BufferedReader(ins);
while ((str=in.readLine( ))!=null) {  System.out.println(str); }
in.close( );
}
catch (MalformedURLException mfURLe)
{ System.out.println("MalformedURLException: " + mfURLe);   }
catch (IOException ioe)
{  System.out.println("IOException: " + ioe);       }
}
}
```

该程序的运行结果如图 15.3 所示。

```
 Problems  @ Javadoc  Declaration  Console ×
<terminated> C15_3 [Java Application] D:\Java\Eclipse\eclipse-java-2022-06-R-win32-x86_64\eclipse\plugins\org.eclipse.justj.openjdk.hotspot.jre.full.win32.x86_64_17.0.3.v202205
<!DOCTYPE html>
<html>
<head>


<meta name="viewport" content="width=device-width,user-scalable=0,initial-scale=1.0, minimum-scale=1.0,
maximum-scale=1.0"/>
<meta charset="utf-8">
<meta http-equiv="X-UA-Compatible" content="IE=edge,chrome=1">
<title>长安大学</title>

<link type="text/css" href="/_css/_system/system.css" rel="stylesheet"/>
<link type="text/css" href="/_upload/site/1/style/1/1.css" rel="stylesheet"/>
<link type="text/css" href="/_upload/site/00/02/2/style/2/2.css" rel="stylesheet"/>
    <LINK href="/_css/tpl2/system.css" type="text/css" rel="stylesheet">
```

图 15.3　程序 C15_3 的运行结果

15.2　Socket 通信

Socket 套接字是应用于网络通信中的重要机制。Socket 最初是加利福尼亚大学 Berkeley 分校为 UNIX 操作系统开发的网络通信接口。随着 UNIX 操作系统的广泛使用，套接字成为当前最流行的网络通信应用程序接口之一。Java 语言中采用的 Socket 通信是一种流式套接字通信，它采用 TCP 协议，通过提供面向连接的服务，实现客户/服务器之间双向、可靠的通信。java.net 包中的 Socket 类与 ServerSocket 类为流式套接字通信方式提供了充分的支持。

15.2.1 Socket 的概念及通信机制

1. Socket 的概念

Socket 称为套接字，也有人称为"插座"。在两台计算机上运行的两个程序之间有一个双向通信的链接点，而这个双向链路的每一端就称为一个 Socket。

建立连接的两个程序分别称为客户端(client)和服务器端(server)。客户端程序申请连接，而服务器端程序监听所有的端口，判断是否有客户程序的服务请求。当客户程序请求和某个端口连接时，服务器程序就将"套接字"连接到该端口上，此时，服务器与客户程序就建立了一个专用的虚拟连接。客户程序可以向套接字写入请求，服务器程序处理请求并把处理结果通过套接字送回。通信结束时，再将所建的虚拟连接拆除。

一个客户程序只能连接服务器的一个端口，而一个服务器可以有若干个端口，不同的端口使用不同的端口号，并提供不同的服务。

2. Socket 通信机制

利用 Socket 进行网络通信分为以下三个步骤：

(1) 建立 Socket 连接。在通信开始之前由通信双方确认身份，建立一条专用的虚拟连接通道。

(2) 数据通信。利用虚拟连接通道传送数据信息进行通信。

(3) 关闭。通信结束时将所建的虚拟连接拆除。

利用 java.net 包中提供的 Socket 类和 ServerSocket 类及其方法，可完成上述操作。

Socket 通信机制如图 15.4 所示。

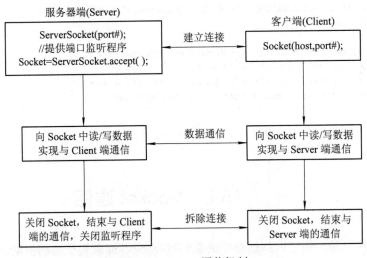

图 15.4　Socket 通信机制

从图 15.4 中可以看到，服务器端的程序首先选择一个端口(port)注册，然后调用 accept()方法对此端口进行监听，等待其他程序的连接申请。如果客户端的程序申请和此端口连接，那么服务器端就利用 accept()方法来取得这个连接的 Socket。客户端的程序建立 Socket 时必须指定服务器的地址(host)和通信的端口号(port#)，这个端口号必须与服务器端监听的端口号保持一致。

15.2.2 Socket 类与 ServerSocket 类

java.net 中提供了两个类，即 ServerSocket 类和 Socket 类，它们分别用于服务器端和客户端的 Socket 通信，进行网络通信的方法也都封装在这两个类中。

1. ServerSocket 类与 Socket 类的构造方法

Java 在软件包 java.net 中提供了 ServerSocket 类和 Socket 类对应的双向链接的服务器端和客户端，包含的主要构造方法如表 15.3 所示。

表 15.3　ServerSocket 类与 Socket 类的构造方法

构　造　方　法	功　　能
ServerSocket(int port)	在指定的端口创建一个服务器 Socket 对象
ServerSocket(int port, int backlog)	利用指定的 backlog 创建服务器套接字并将其绑定到指定的本地端口号
Socket(InetAddress address,int port)	创建一个流套接字并将其连接到指定 IP 地址的指定端口号
Socket(String host,int port)	创建一个流套接字并将其连接到指定主机上的指定端口号

2. 异常处理

在建立 Socket 对象的同时要进行异常处理，以便程序出错时能够及时做出响应。

(1) 服务器端：在建立 ServerSocket 类的对象和取得 Socket 类的对象时都要进行异常处理，如下面语句中的 try-catch 语句。

```
ServerSocket server;
Socket socket;
try{ server=new ServerSocket(3561);}
catch(Exception e){ System.out.println("Error occurred： "+e);}
try{ socket=server.accept( );}
catch(Exception e){ System.out.println("Error occurred： "+e);}
```

(2) 客户端：在建立 Socket 类的对象时要进行异常处理，如下面的 try-catch 语句。

```
Socket socket;
try{ socket=new Socket("Server Name",3561);}
catch(Exception e){ System.out.println("Error occurred： "+e);}
```

3. 获取输入/输出流

建立 Socket 连接后，就可以利用 Socket 类的两个方法 getInputStream( ) 和 getOutputStream( )分别获得向 Socket 类的对象读/写数据的输入/输出流。此时同样要进行异常处理，因此，通常将读/写数据的输入/输出流语句写在 try-catch 块中。例如：

```
try{
    InputStream   ins=socket. getInputStream( );
    OutputStream   outs=socket. getOutputStream( );
}
```

```
catch(Exception e){
    System.out.println("Error occurred:"+e);
}
```

4．读/写数据流

获取 Socket 类的对象的输入/输出流后，为了便于进行读/写，需要在这两个流对象的基础上建立易于操作的数据流对象，如 InputStreamReader 类、OutputStreamReader 类或 PrintStream 类的对象。建立数据流的对象可采用如下语句：

```
InputStreamReader    in=new InputStreamReader(ins);

BufferedReader    inn=new    BufferedReader(in);

OutputStreamReader    out=new InputStreamReader(outs);

PrintStream    out=new PrintStream(outs);
```

要读入一个字符串并将其长度写入输出流中，可以使用如下语句：

```
String    str=inn.readLine( );

Out.println(str.length( ));
```

5．断开连接

无论是编写服务器程序还是客户端程序，通信结束时，必须断开连接并释放所占用的资源。Java 提供了 close( )方法来断开连接。

(1) 关闭 Socket 对象：socket.close( )。

(2) 关闭 Server Socket 对象：server.close( )。

15.2.3　流式 Socket 通信的示例程序

综合前面介绍的内容，这里给出几个示例程序作为总结。

【示例程序 C15_4.java】 利用 InetAddress 类的对象来获取计算机主机信息。

```
package    ch15;
import    java.net.InetAddress;
import    java.net.UnknownHostException;
public class C15_4
{
    public    static void main(String args[ ])
    {
        try {
            if(args.length==1)
            {    //调用 InetAddress 类的静态方法，利用主机名创建对象
                InetAddress    ipa=InetAddress.getByName(args[0]);
                System.out.println("Host name: "+ipa.getHostName( ));    //获取主机名
                System.out.println("Host IP Address: "+ipa.toString( ));    //获取 IP 地址
                System.out.println("Local Host: "+InetAddress.getLocalHost( ));
            }
            else
```

```
                System.out.println("输入一个主机名");
        }
        catch(UnknownHostException e)   //创建 InetAddress 对象可能发生的异常
        {   System.out.println(e.toString( ));      }
    }//main
}
```

程序运行说明：

(1) 在 C15_4.java 程序编辑窗口区单击鼠标右键，选择 Run　As→Run Configurations，如图 15.5 所示。

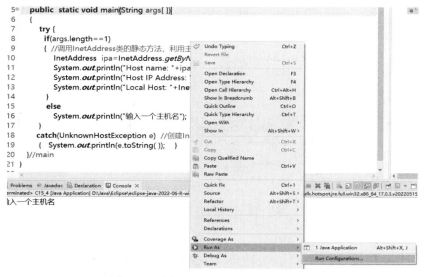

图 15.5　选择 Run Configurations 对话框

(2) 在 Run Configurations 窗口 Main 界面，填写的信息如图 15.6 所示，在 Project 下面的文本框填写"ch15"，Main class 下面的文本框填写"ch15.C15_4"。

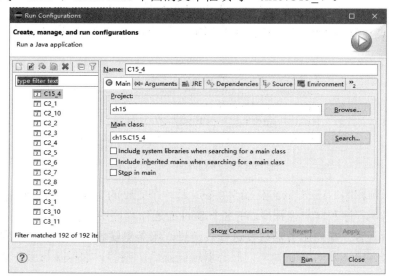

图 15.6　Main 窗口界面信息

(3) 切换到(x)=Arguments 窗口界面，这是给 args[]元素赋值的界面，填写的信息如图 15.7 所示，在 Program arguments 下面的文本框填写 "localhost"。

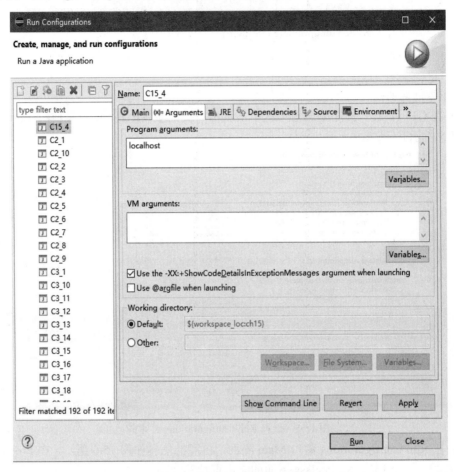

图 15.7　(x)=Arguments 窗口界面信息

(4) 点击(x)=Arguments 窗口最下面的 "Run" 按钮，C15_4.java 程序运行结果如图 15.8 所示。

图 15.8　程序 C15_4 的运行结果

下面的示例程序 C15_5.java 和 C15_6.java 是一个完整的实现 Socket 通信的 Java 程序，分别为服务器端程序和客户端程序。在这个 Socket 通信程序中，服务器等待与客户端连接。当连接建立后，客户端向服务器端发送一条消息，服务器端收到消息后，再向客户端发送一条消息。若客户端发送 end 消息，服务器端同意后，则客户端拆除与服务器端的连接结束两端通信。

【示例程序 C15_5.java】　Socket 通信的服务器端程序。

```java
package ch15;
//Socke 服务器端程序
import   java.io.*;
import   java.net.ServerSocket;
import   java.net.Socket;
public   class   C15_5
{   public static final int port=8000;
    public static void main(String args[ ])
    {   String str;
        try
        {   //在端口 port 注册服务
            ServerSocket server=new ServerSocket(port);        //创建当前线程的监听对象
            System.out.println("Started:   "+server);
            Socket socket=server.accept( );                     //负责 C/S 通信的 Socket 对象
            System.out.println("Socket:   "+socket);
            //获得对应 Socket 的输入/输出流
            InputStream fIn=socket.getInputStream( );
            OutputStream fOut=socket.getOutputStream( );
            //建立数据流
            InputStreamReader isr=new InputStreamReader(fIn);
            BufferedReader in=new BufferedReader(isr);
            PrintStream out=new PrintStream(fOut);
            InputStreamReader userisr=new InputStreamReader(System.in);
            BufferedReader userin=new BufferedReader(userisr);
            while(true){
                System.out.println("等待客户端的消息…");
                str=in.readLine( );                          //读客户端传送的字符串
                System.out.println("客户端:"+str);            //显示字符串
                if(str.equals("end"))break;                  //如果是 end，则退出
                System.out.print("给客户端发送:");
                str=userin.readLine( );     out.println(str); //向客户端发送消息
                if(str.equals("end"))break;
            } //while
            socket.close( );         server.close( );
        } //try
        catch(Exception e){      System.out.println("异常:"+e);   }
    }
}
```

【示例程序 C15_6.java】 Socket 通信的客户端程序。

```java
package ch15;
//Socket 客户端程序
import   java.io.*;
import   java.net.InetAddress;
import   java.net.Socket;
public   class   C15_6
{
    public static void main(String[ ] args)
    {
        String str;
        try{
            InetAddress   addr=InetAddress.getByName("127.0.0.1");
            //InetAddress addr=InetAddress.getByName("198.198.1.68");
            Socket socket=new Socket(addr,8000);
            System.out.println("Socket: "+socket);
            //获得对应 socket 的输入/输出流
            InputStream fIn=socket.getInputStream( );
            OutputStream fOut=socket.getOutputStream( );
            //建立数据流
            InputStreamReader isr=new InputStreamReader(fIn);
            BufferedReader in=new BufferedReader(isr);
            PrintStream out=new PrintStream(fOut);
            InputStreamReader userisr=new InputStreamReader(System.in);
            BufferedReader userin=new BufferedReader(userisr);
            while(true)
            {
                System.out.print("发送字符串:");
                str=userin.readLine( );          //读取用户输入的字符串
                out.println(str);                //将字符串传给服务器端
                if(str.equals("end"))break;      //如果是 end，就退出
                System.out.println("等待服务器端消息…");
                str=in.readLine( );              //获取服务器发送的字符串
                System.out.println("服务器端字符:"+str);
                if(str.equals("end"))break;
            }
            socket.close( );   //关闭连接
        }
        catch(Exception e)
```

```
    {    System.out.println("异常:"+e);    }
    }
}
```

服务器端程序的运行结果如图 15.9 所示，客户端程序的运行结果如图 15.10 所示。

图 15.9　服务器端程序输出窗口(C15_5 程序)

图 15.10　客户端程序输出窗口(C15_6 程序)

程序运行步骤：

(1) 先运行服务器程序 C15_5.java，服务器端程序输出窗口如图 15.9 所示，然后运行客户端程序 C15_6.java，客户端程序输出窗口如图 15.10 所示，这样就建立了服务器与客户端的连接。

(2) 目前能直接看到的输出窗口是客户端，在客户端输出窗口给服务器端发送信息，例如，"How do you do!"，回车后自动切换到服务器端程序输出窗口，这时我们可以看到服务器端收到的客户端消息。

(3) 在服务器端程序输出窗口给客户端发信息，如"Find,thanks."，回车后自动切换到客户端程序输出窗口，我们可以看到客户端收到的服务端消息。客户端可以再给服务器端发送消息，服务器端也可以再给客户端发送消息，直到客户端发送"end" 给服务器端，服务器端同意，客户端结束两端通信。

如果我们再想看客户端或服务器端程序输出窗口的所有内容，可以选择箭头所指的 Display Selected Console(显示所选控制台)选项，第一个 C15_5 是服务器端程序输出窗口，第二个 C15_6 是客户器端程序输出窗口，如图 15.11 所示。

发送字符串:How do you do!

等待服务器端消息...

图 15.11　客户端程序输出窗口(C15_6 程序)

15.2.4　URL 通信与 Socket 通信的区别

URL 通信与 Socket 通信都是面向连接的通信,它们的区别在于:Socket 通信方式为主动等待客户端的服务请求方式,而 URL 通信方式为被动等待客户端的服务请求方式。

利用 Socket 进行通信时,在服务器端运行了一个 Socket 通信程序,不停地监听客户端的连接请求,当接到客户端请求后,马上建立连接并进行通信。利用 URL 进行通信时,在服务器端常驻有一个 CGI 程序,但它一直处于睡眠状态,只有当客户端的连接请求到达时它才被唤醒,然后建立连接并进行通信。

在 Socket 通信方式中,服务器端的程序可以打开多个线程与多个客户端进行通信,并且还可以通过服务器使各个客户端之间进行通信,这种方式适合于一些较复杂的通信。而在 URL 通信方式中,服务器端的程序只能与一个客户进行通信,这种方式比较适合于 B/S 通信模式。

15.3　UDP 通信

URL 和 Socket 通信是一种面向连接的流式套接字通信,采用的协议是 TCP 协议。在面向连接的通信中,通信的双方需要首先建立连接再进行通信,这需要占用资源与时间。但是在建立连接之后,双方就可以准确、同步、可靠地进行通信了。流式套接字通信在建立连接之后,可以通过流来进行大量的数据交换。TCP 通信被广泛应用在文件传输、远程连接等需要可靠传输数据的领域。

UDP 通信是一种无连接的数据报通信,采用的协议是数据报通信协议(User Datagram Protocol,UDP)。按照这个协议,两个程序进行通信时不用建立连接;数据以独立的包为单位发送,包的容量不能太大;每个数据报需要有完整的收/发地址,可以随时进行收/发数据报,但不保证传送顺序和内容准确;数据报可能会被丢失、延误等。因此,UDP 通信是不可靠的通信。由于 UDP 通信速度较快,因此常常被应用在某些要求实时交互,准确性要求不高,但传输速度要求较高的场合。

java.net 软件包中的类 DatagramSocket 和类 DatagramPacket 为实现 UDP 通信提供了支持。

15.3.1　UDP 通信机制

利用 UDP 通信时,服务器端和客户端的通信过程如图 15.12 所示。服务器端的程序有一个线程不停地监听客户端发来的数据报，等待客户的请求。服务器只有通过客户发来的数据报中的消息才能得到客户端的地址及端口。

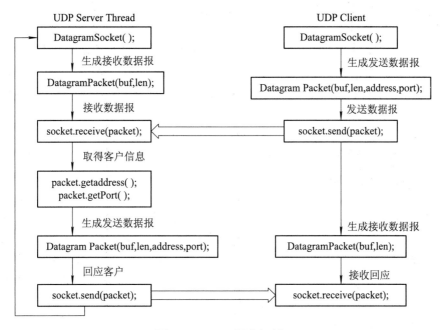

图 15.12　UDP 通信机制

15.3.2　DatagramSocket 类

DatagramSocket 类用于收/发数据报。其构造方法如下：

(1) DatagramSocket( )方法。

(2) DatagramSocket(int port)方法。

(3) DatagramSocket(int port,InetAddress iaddr)方法。

其中，第一种构造方法将 Socket 连接到本机的任何一个可用的端口上；第二种将 Socket 连接到本机的 port 端口上；第三种则将 Socket 连接到指定地址的 port 端口上。

这里需要注意两点：一是规定端口时不要发生冲突；二是在调用构造方法时要进行异常处理。

receive( )和 send( )是 DatagramSocket 类中用来实现数据报传送和接收的两个重要成员方法，其格式如下：

(1) void receive(DatagramPacket packet)方法。

(2) void send(DatagramPacket packet)方法。

receive( )方法将使程序中的线程一直处于阻塞状态，直到从当前 Socket 中接收到信息后，将收到的信息存储在 receive( )方法的参数 packet 的对象中。由于数据报是不可靠的通信，因此 receive( )方法不一定能读到数据。为防止线程死掉，应该设置超时参数(timeout)。

send( )方法将 DatagramPacket 类的 packet 的对象中包含的数据报文发送到所指定的 IP 地址主机的指定端口。

15.3.3 DatagramPacket 类

DatagramPacket 类用来实现数据报通信，它的常用的两个构造方法，分别对应发送数据报和接收数据报：

(1) DatagramPacket(byte sBuf[ ],int sLength,InetAddress iaddr,int iport)方法。这个构造方法用来创建发送数据报对象。其中，sBuf 代表发送数据报的字节数组；sLength 代表发送数据报的长度；iaddr 代表发送数据报的目的地址，即接收者的 IP 地址；iport 代表发送数据报的端口号。

(2) DatagramPacket(byte rBuf[ ],int rLength)方法。这个构造方法用来创建接收数据报对象。其中，rBuf 代表接收数据报的字节数组；rLength 代表接收数据报的长度，即读取的字节数。

15.3.4 UDP 通信示例程序

下面通过建立一个简单的 UDP 服务器端和一个客户端的程序例子，讲述 UDP 的工作方式。在这个例子中，服务器端的程序只是不停地监听本机端口，一旦收到客户端发来的数据报，就回应一个简单的信息通知客户已经收到了数据报。客户端的程序向服务器发送一个包含一个字符串的数据报，同时告知服务器自己的地址及端口，以便服务器做出回应。

1. 服务器端收/发客户端报文的步骤

(1) 创建连接服务器端口对象。例如：

```
sport=1777 //设置服务器端口号

DatagramSocket    socket=new DatagramSocket(sport); //创建连接服务器端口 socket 对象
```

(2) 生成接收客户端发送的数据报对象。例如：

```
byte[ ] buf1=new byte[1024];   //设置接收数据报报文的长度

DatagramPacket packet=new DatagramPacket(buf1,buf1.length); //生成 packet 数据报对象
```

(3) 接收客户端发送的数据报。例如：

```
socket.receive(packet);
```

(4) 读取客户端的数据。例如：

```
String s1 = new String(packet.getData(),0,packet.getLength());
```

(5) 向客户端发送数据报。例如：

```
InetAddress    address=packet.getAddress( );   //address 得到客户端的 IP 地址

int cport=packet.getPort( );                    //cport 得到客户的端口号

String s="Your packet is received";             //准备发送给客户端的数据

byte[ ] buf2=new byte[1024];                     //设置发送数据报的长度

    buf2=s.getBytes( );                          //buf2 得到 s 数据

    //生成发送客户端的 packet 数据报对象

packet=new DatagramPacket(buf2,buf2.length,address,cport);

socket.send(packet);                            //向客户端发送数据报
```

(6) 释放资源。例如：

```
socket.close( );
```

服务器端收/发客户端报文的完整程序如下所示。

🖫【示例程序 C15_7.java】　UDP 通信的服务器端程序。

```java
package ch15;
//UDP 服务器端程序
import java.io.IOException;
import    java.net.DatagramPacket;
import    java.net.DatagramSocket;
import    java.net.InetAddress;
class C15_7
{
    public static void main(String[ ] args) throws    IOException
    {
        //创建连接服务器端口对象
            int sport=1777;                 //设置服务器端口号
            DatagramSocket socket=new DatagramSocket(sport);    //创建 socket 对象
        System.out.println("Listening on port:"+socket.getLocalPort());
        //生成接收客户端发送的数据报对象
        byte[ ] buf1=new byte[1024];      //设置接收数据报报文的长度
        //生成接收 packet 数据报对象
        DatagramPacket    packet=new DatagramPacket(buf1,buf1.length);
            socket.receive(packet);        //接收客户端发送的数据报
            //读取客户端的数据
            String s1 = new String(packet.getData(),0,packet.getLength());
            System.out.println("Received from client: "+s1);     //打印数据报内容
            //向客户端发送数据报
            InetAddress    address=packet.getAddress( );    //address 得到客户端的 IP 地址
            int cport=packet.getPort( );            //cport 得到客户的端口号
            String s="Your packet is received";    //准备发送给客户端的数据
            byte[ ] buf2=new byte[1024];            //设置发送数据报报文的长度
            buf2=s.getBytes( );                     //buf2 得到 s 数据
            //生成发送客户端的 packet 数据报对象
            packet=new DatagramPacket(buf2,buf2.length,address,cport);
            socket.send(packet);                    //向客户端发送数据报
            socket.close( );                        //释放资源
    }//main
}//C15_7
```

2. 客户端发/收服务器端报文的步骤

(1) 创建连接客户端口对象。例如：

```
int port=2777;  //设置客户端口号
DatagramSocket   socket=new DatagramSocket(port); //创建连接客户端口 socket 对象
```

(2) 设置服务器端的地址、端口号、数据。例如：

```
InetAddress address = InetAddress.getByName("127.0.0.1");  //设置服务器端的 IP 地址
    int sport=1777;                //设置服务器端口号
    byte[ ] buf1=new byte[1024];   //设置发送服务器的数据报长度
    String s="Hello,server!";      //设置发送服务器的数据
    buf1=s.getBytes( );            //buf1 得到 s 的数据
```

(3) 生成发送服务器端的数据报对象。

```
        DatagramPacket   packet=new DatagramPacket(buf1,buf1.length,address,sport);
```

(4) 向服务器端发送数据报。例如：

```
socket.send(packet);
```

(5) 接收服务器端的数据报。例如：

```
    byte[ ] buf2=new byte[1024];      //设置接收数据报的长度
    //生成接收服务器端的数据报
    packet=new DatagramPacket(buf2,buf2.length);
    socket.receive(packet);          //接收服务器端的数据报
    //读取服务器端的数据
    String s2 = new String(packet.getData(),0,packet.getLength());
```

(6) 释放资源。例如：

```
socket.close( ); //关闭 Socket
```

客户端发/收服务器端报文的完整程序如下所示。

🖬【示例程序 C15_8.java】 UDP 通信的客户端程序。

```java
package ch15;
//UDP 客户端程序
import java.io.IOException;
import java.net.DatagramPacket;
import java.net.DatagramSocket;
import java.net.InetAddress;
class   C15_8{
  public static void main(String[ ] args) throws   IOException
      {
         //创建连接客户端口对象
         int port=2777;   //设置客户端口号
         //创建连接客户端口 socket 对象
         DatagramSocket   socket=new DatagramSocket(port);
         //定义服务器端的地址、端口号、数据
         InetAddress address = InetAddress.getByName("127.0.0.1");   //设置服务器端的 IP 地址
         int sport=1777;                  //设置服务器端口号
```

```
byte[ ] buf1=new byte[1024];        //设置发送服务器的数据报长度
String s="Hello,server!";           //设置发送服务器的数据
buf1=s.getBytes( );                 //buf1 得到 s 的数据
//生成发送服务器端的数据报对象
DatagramPacket packet=new DatagramPacket(buf1,buf1.length,address,sport);
//向服务器端发送数据报
socket.send(packet);
//接收服务器端的数据报
byte[ ] buf2=new byte[1024];        //设置接收数据报的长度
//生成接收服务器端的数据报
packet=new DatagramPacket(buf2,buf2.length);
socket.receive(packet); //接收服务器端的数据报
//读取服务器端的数据
String s2 = new String(packet.getData(),0,packet.getLength());
System.out.println("Received from server: "+s2);   //打印数据报内容
socket.close( );   //释放资源
    }//main
}//C15_8
```

程序运行说明：先启动服务器端，再启动客户端，服务器端程序的运行结果如图 15.13
所示，客户端程序的运行结果如图 15.14 所示。

客户端程序输出窗口如图 15.14 所示。

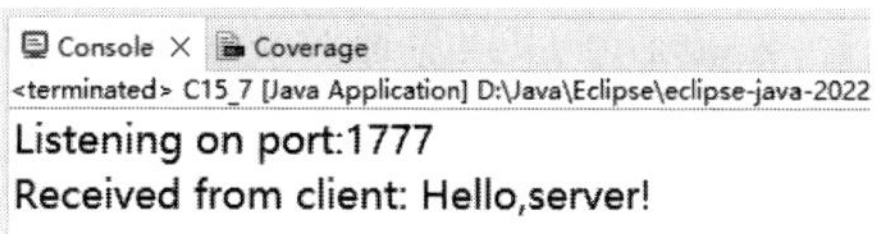

图 15.13　服务器端程序输出窗口(C15_7 程序) 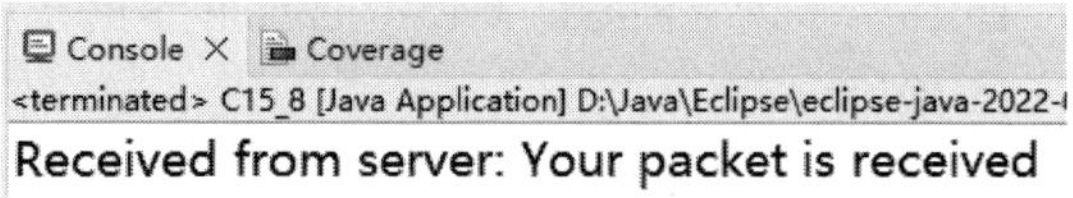　　　图 15.14　客户端程序输出窗口(C15_8 程序)

第 15 章 ch15 工程中的示例程序在 Eclipse IDE 中位置及其关系见图 15.15。

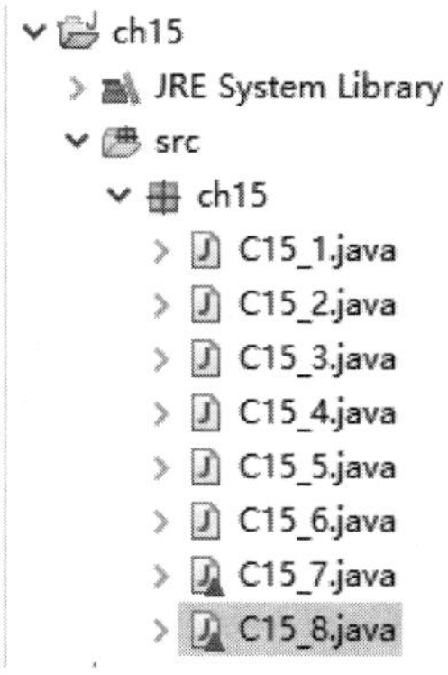

图 15.15　ch15 工程中的示例程序的位置及其关系

习　题　15

15.1　Java 语言提供了哪几种网上通信模式?

15.2　Java 语言中的套接字网络通信方式分为哪几种?

15.3　什么是面向连接的网络服务? 什么是面向无连接的网络服务?

15.4　一个完整的 URL 地址由哪几部分组成?

15.5　什么是网络通信中的地址和端口?

15.6　说明如何通过一个 URL 连接从服务器上读取文件。

15.7　利用 URL 类和 URLConnection 类访问网上资源有何异同?

15.8　简述 Socket 通信机制。

15.9　说明客户端如何同服务器连接。

15.10　说明一个客户端如何从服务器上读取一行文本。

15.11　说明服务器如何将数据发送到客户端。

15.12　一台服务器如何在一个端口上监听连接请求?

15.13　简述如何利用一台服务器接收单个客户提出的基于流的连接请求。

15.14　采用套接字的连接方式编写一个程序,允许客户向服务器发送一个文件的名字,如果文件存在就把文件内容发送回客户,否则指出文件不存在。

15.15　修改示例程序 C15_4.java、C15_5.java 和 C15_6.java 为 GUI 界面,实现网上通信。

15.16　简述 UDP 通信机制。

15.17　简述 URL 通信与 Socket 通信的区别。

15.18　修改示例程序 C15_7.java 和示例程序 C15_8.java 为 GUI 界面,实现网上通信。

15.19　填空:

(1) Java 中有关网络的类都包含在_____包中。

(2) URL 代表_____。

(3) 一个_____类的对象包含一个 Internet 的地址。

(4) 在关闭一个套接字时,如果出现一个 I/O 错误,则会引发一个_____异常。

(5) 对于不可靠的数据报传输,使用_____类来创建一个套接字。

(6) 如果一个 DatagramSocket 的构造方法不能正确设置它的对象,将会引发_____异常。

(7) 如果客户端不能解析一个服务器的地址,将会引发_____异常。

(8) 构成 WWW 的关键协议是_____协议。

15.20　判断下列叙述是否正确,如果不正确,请说明为什么。

(1) 一个 URL 对象一旦创建便不能改变。

(2) UDP 是一种面向连接的协议。

(3) 服务器在每一个端口上等待客户的连接请求。

(4) 数据报的传输是可靠的,可以保证数据包有序地到达。

(5) Web 浏览器常常约束一个 Applet,使得它仅能同下载它的机器进行通信。

第 16 章　JDBC 编程

数据库是指长期存储在计算机内的、有组织的、可共享的数据集合。在当今这个信息爆炸的时代，数据库可以说是"无所不在"。无论在现实世界中还是在计算机领域里，如何对数以万计的数据高效地存储并方便取用，一直是一个重要的研究课题。在这方面，可以说数据库管理技术是目前公认的最有效的工具之一。数据库技术从 20 世纪 60 年代中期产生到现在已经造就了 C. W. Bachman、E. F. Codd 和 James Gray 三位图灵奖获得者，这足以说明数据库技术的重要性及价值所在。

关系型数据库使用被称为第四代语言(4GL)的 SQL 语言对数据库进行定义、操纵、查询和控制。Java 程序与数据库的连接是通过 JDBC API 来实现的。本章将简要介绍数据库的基本概念和 SQL 语言，进而讲述如何在 JDBC 编程中使用 SQL 语言对 MySQL 数据库进行增、删、改、查等操作。

16.1　关系型数据库与 SQL

SQL(structured query language，结构化查询语言)作为关系型数据库管理系统的标准语言，其主要功能是同各种数据库建立联系并进行操作。SQL 最初是由 IBM 公司提出的，其主要功能是对 IBM 自行开发的关系型数据库进行操作。由于 SQL 结构性好，易学且功能完善，美国国家标准局(ANSI)和国际标准化组织(ISO)以 IBM 的 SQL 语言为蓝本，于 1989 年制定并公布了 SQL-89 标准。此后，ANSI 不断改进和完善 SQL 标准，于 1992 年又公布了 SQL-92 标准。虽然目前数据库的种类繁多，如 MySQL、SQL Server、Access、Visual FoxPro、Oracle 和 Sybase 等，并且不同的数据库有着不同的结构和数据存放方式，但是它们基本上都支持 SQL 标准，我们可以通过 SQL 来存取和操作不同数据库的数据。

16.1.1　关系型数据库的基本概念

数据库技术是计算机科学与技术领域的一个重要分支，其理论和概念比较复杂，这里扼要介绍一下本章中涉及的数据库的有关概念。首先，顾名思义，数据库(database)是存储数据的仓库，用专业术语来说它是指长期存储在计算机内的、有组织的、可共享的数据集合。在关系型数据库中，数据以记录(record)和字段(field)的形式存储在数据表(table)中，若干个数据表构成一个数据库。数据表是关系数据库的一种基本数据结构。如图 16.1 所示，数据表在概念上很像我们日常所使用的二维表格(关系代数中称为关系)。数据表中的一行称为一条记录,一列称为一个字段,字段有字段名与字段值之分。字段名是表的结构部分,由它确定该列的名称、数据类型和限制条件。字段值是该列中的一个具体值,它与第 2 章介绍的变量名与变量值的概念类似。

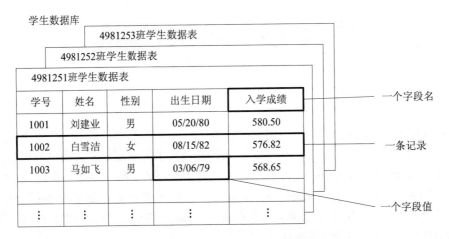

图 16.1　学生数据库的组成及相关名词

　　SQL 的操作对象主要是数据表。依照 SQL 命令操作关系型数据库的不同功能,可将 SQL 命令分成数据定义语言(data definition language,DDL)、数据操纵语言(data manipulation language,DML)、数据查询语言(data query language,DQL)和数据控制语言(data control language,DCL)四大类。本书只介绍前三类。

16.1.2　数据定义语言

　　数据定义语言提供对数据库及其数据表的创建、修改、删除等操作。属于数据定义语言的命令有 CREATE、ALTER 和 DROP。

1. 创建数据表

　　在 SQL 中,使用 CREATE TABLE 语句创建新的数据库表格。CREATE TABLE 语句的使用格式如下:

　　　　CREATE TABLE　表名(字段名 1　数据类型[限制条件],
　　　　　　字段名 2　数据类型[限制条件],…,字段名 n　数据类型[限制条件])

　　说明:

　　(1) 表名是指存放数据的表格名称;字段名是指表格中某一列的名称,通常也称为列名。表名和字段名都应遵守标识符命名规则。

　　(2) 数据类型用来设定某一个具体列中数据的类型。

　　(3) 所谓限制条件,就是当输入此列数据时必须遵守的规则。这通常由系统给定的关键字来说明。例如,使用 UNIQUE 关键字限定本列的值不能重复;NOT NULL 用来规定该列的值不能为空;PRIMARYKEY 表明该列为该表的主键(也称主码),它既限定该列的值不能重复,也限定该列的值不能为空。

　　(4) [ ]表示可选项(下同)。例如,CREATE 语句中的限制条件便是一个可选项。

2．修改数据表

修改数据表包括向表中添加字段和删除字段。这两个操作都使用 ALTER 命令，但其中的关键字有所不同。添加字段使用的格式如下：

> ALTER TABLE　表名　ADD　字段名　数据类型　[限制条件]

删除字段使用的格式如下：

> ALTER TABLE　表名　DROP　字段名

3．删除数据表

在 SQL 中使用 DROP TABLE 语句删除某个表格及表格中的所有记录，其使用格式如下：

> DROP TABLE　表名

16.1.3　数据操纵语言

数据操纵语言用来维护数据库的内容。属于数据操纵语言的命令有 INSERT、DELETE 和 UPDATE。

1．向数据表中插入数据

SQL 使用 INSERT 语句向数据库表格中插入或添加新的数据行，其格式如下：

> INSERT INTO　表名(字段名 1，…，字段名 n) VALUES(值 1，…，值 n)

说明：命令行中的"值"表示对应字段的插入值。在使用时要注意字段名的个数与值的个数要严格对应，二者的数据类型也应该一一对应，否则就会出现错误。

2．数据更新语句

SQL 使用 UPDATE 语句更新或修改满足规定条件的现有记录，使用格式如下：

> UPDATE　表名　SET　字段名 1　新值 1 [，字段名 2　新值 2…] WHERE　条件

说明：关键字 WHERE 引出更新时应满足的条件，即满足此条件的字段值将被更新。在 WHERE 从句中可以使用所有的关系运算符和逻辑运算符。

3．删除记录语句

SQL 使用 DELETE 语句删除数据库表格中的行或记录，其使用格式如下：

> DELETE FROM　表名　WHERE　条件

说明：通常情况下，由关键字 WHERE 引出删除时应满足的条件，即满足此条件的记录将被删除。如果省略 WHERE 子句，则删除当前记录。

16.1.4　数据查询语言

数据库查询是数据库的核心操作。SQL 提供了 SELECT 语句进行数据库的查询，并以数据表的形式返回符合用户查询要求的结果数据。SELECT 语句具有丰富的功能和灵活的使用方式，其一般的语法格式如下：

> SELECT [DISTINCT] 字段名 1 [，字段名 2，…] FROM　表名　[WHERE　条件]

其中：DISTINCT 表示不输出重复值，即当查询结果中有多条记录具有相同的值时，只返回满足条件的第一条记录值；字段名用来决定哪些字段将作为查询结果返回。用户可以按照自己的需要返回数据表中的任意字段，也可以使用通配符"*"来表示查询结果中包含所有字段。

16.2　JDBC API

JDBC(Java DataBase Connectivity，Java 数据库连接)是一种用于执行 SQL 语句的 Java API，由一组用 Java 语言编写的类和接口组成。它支持 ANSI SQL-92 标准，为多种关系型数据库提供统一访问。Java 应用程序通过 JDBC 驱动程序与数据库打交道，访问数据库，可以完成与数据库的连接，使用标准的 SQL 命令对数据库进行查询、插入、修改、删除、更新等操作。

16.2.1　JDBC 编程

Java 应用程序中使用 JDBC 编程的步骤如下：

(1) 引入 java.sql 包，如"import   java.sql.*;"。

(2) 加载 JDBC 驱动程序。例如，加载 MySQL 的 JDBC 驱动程序的语句是：

```
Class.forName("com.mysql.cj.jdbc.Driver");   //加载 MySQL 驱动
```

(3) 连接数据库。这一步骤由如下两条语句完成：

```
String url=  "jdbc:mysql://localhost:3306/数据库名?useSSL= false"+
    "&allowPublicKeyRetrieval=true&serverTimezone=UTC" ;
Connection conn = (Connection) DriverManager.getConnection(url, username, password);
```

其中：

　　localhost：数据库所在的机器的名称(本机一般默认为 localhost)；

　　port：端口号，默认是 3306；

　　useSSL=false：安全登录策略；

　　allowPublicKeyRetrieval=true：允许公开密钥检索；

　　serverTimezone=UTC：设置时区；

　　username：MySQL 用户登录名；

　　password：MySQL 用户登录密码。

(4) 使用 SQL 语句对数据库进行各种所需要的操作。例如，下面的语句用于对数据库执行查询操作：

```
Statement stmt = con.createStatement();
ResultSet rs=stmt.executeQuery("select * from student");
```

(5) 查询结果数据集。例如，下面的语句用于把查询结果逐条打印显示出来：

```
while(rs.next( )){
    System.out.println(rs.getString("id") +"\t" +rs.getString("name")+"\t" + rs.getInt("score"));
}
```

(6) 释放 JDBC 资源，断开数据库连接。例如：

```
rs.close();         //释放 ResultSet 对象的数据库及 JDBC 资源
stmt.close();       //释放 Statement 对象的数据库及 JDBC 资源
conn.close();       //断开与数据库的连接
```

16.2.2　JDBC 的基本结构

　　JDBC 是由如图 16.2 所示的 Java 应用程序、JDBC 驱动管理器、驱动程序和数据库四部分组成的。尽管存在数据库语言标准 SQL-92，但由于数据库技术发展的历史原因，各公司开发的 SQL 也存在着一定的差异，因此，JDBC 驱动程序根据数据库的不同，相应的又可分为四种类型。

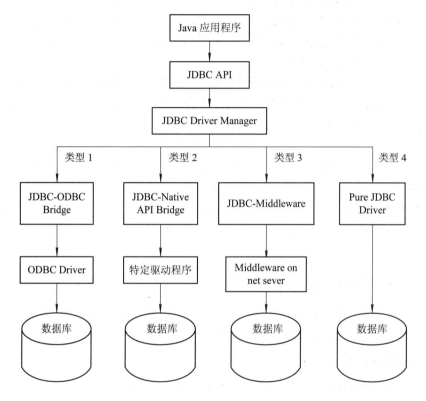

图 16.2　JDBC 的基本结构

1．Java 应用程序

　　这里的 Java 应用程序主要是指调用 JDBC API 的 Java 程序，其主要功能是根据 JDBC 方法实现对数据库的访问和操作。完成的主要任务有：请求与数据库建立连接，向数据库发送 SQL 请求，为结果集定义存储应用和数据类型，查询结果，处理错误，控制传输，提交及关闭连接等。

2．JDBC 驱动管理器

　　JDBC 驱动管理器为我们提供了一个"驱动程序管理器"，它能够动态地管理和维护数据库查询所需要的所有驱动程序对象，实现 Java 程序与特定驱动程序的连接，从而体现 JDBC 的"与平台无关"这一特点。它完成的主要任务有：为特定数据库选择驱动程序，处理 JDBC 初始化调用，为每个驱动程序提供 JDBC 功能的入口，为 JDBC 调用执行参数等。

3．数据库

这里的数据库是指 Java 程序需要访问的数据库及其数据库管理系统。

4．驱动程序

JDBC 驱动器根据其实现方式分为以下四种类型。

类型 1：JDBC-ODBC Bridge。该类型驱动程序将 JDBC 调用转换为 ODBC 的调用，它要求客户端必须安装 **ODBC** 驱动程序。这是早期的产品，不建议使用。

类型 2：JDBC-Native API Bridge。该类型驱动程序将 JDBC 调用转换为对数据库客户端 API 的调用。此类型要求客户端必须安装供应商特定的驱动程序，因此，这种类型限制了应用程序对其他数据库的调用。

类型 3：JDBC-Middleware。该类型驱动程序将 JDBC 调用转换为 DBMS-independent 网络协议，再由服务器端的中间件转换为具体数据库服务器可以接收的网络协议。该类驱动程序的中间件(middle ware)提供了灵活性，客户端不需要安装任何软件，适合异构数据库的应用，但是会降低执行效率。

类型 4：Pure JDBC Driver。该类型驱动程序用纯 Java 编写的类型 4 JDBC 驱动程序将 JDBC 调用直接转换为具体数据库服务器可以接收的网协议。使用该类驱动程序编程不需要安装任何附加软件，所有对数据库的操作由 JDBC 驱动程序完成，因此，该驱动程序支持跨平台部署性，执行效率高。本章使用的 MySQL Connector/J 驱动程序就属于这种类型。

16.2.3　JDBC 常用的类和接口

JDBC API 提供的类和接口在 java.sql 包中定义。JDBC API 所包含的类和接口非常多，这里只介绍几个常用的类和接口以及它们的成员方法。

1．DriverManage 类

java.sql.DriverManager 类是 JDBC 的驱动管理器，负责管理 JDBC 驱动程序，跟踪可用的驱动程序并在数据库和相应驱动程序之间建立连接。如果要使用 JDBC 驱动程序，必须加载 JDBC 驱动程序并向 DriverManage 注册后才能使用。加载和注册驱动程序可以使用 Class.forName()方法来完成。此外，java.sql.DriverManager 类还处理如驱动程序登录时间限制及登录和跟踪消息的显示等事务。

java.sql.DriverManager 类提供的常用成员方法如下：

(1) static Connection getConnection(String url)方法。这个方法的作用是使用指定的数据库 URL 创建一个连接，使 DriverManager 从注册的 JDBC 驱动程序中选择一个适当的驱动程序。

(2) static Connection getConnection(String url, Properties info)方法。这个方法使用指定的数据库 URL 和相关信息(用户名、用户密码等属性列表)来创建一个连接，使 DriverManager 从注册的 JDBC 驱动程序中选择一个适当的驱动程序。

(3) static Connection getConnection(String url, String user,String password)方法。这个方法使用指定的数据库 URL、用户名和用户密码创建一个连接，使 DriverManager 从注册的 JDBC 驱动程序中选择一个适当的驱动程序。

(4) static Driver getDriver(String url)方法。这个方法用于定位在给定 URL 下的驱动程序，让 DriverManager 从注册的 JDBC 驱动程序选择一个适当的驱动程序。

(5) static void deregisterDriver(Driver driver)方法。这个方法的作用是从 DriverManager 列表中删除指定的驱动程序。

(6) static int getLoginTimeout( )方法。这个方法用来获取连接数据库时驱动程序可以等待的最大时间，以秒为单位。

(7) static void println(String message)方法。这个方法用于将一条消息打印到当前 JDBC 日志流中。

2. Connection 接口

java.sql.Connection 接口负责建立与指定数据库的连接，在连接上下文中执行 SQL 语句并返回结果。Connection 接口提供的常用成员方法如下：

(1) Statement createStatement( )方法。这个方法用来创建 Statement 的对象，该对象将生成具有给定类型和并发性的 ResultSet 的对象。

(2) Statement createStatement(int resultSetType, int resultSetConcurrency)方法。这个方法是用来按指定的参数创建 Statement 的对象，该对象将生成具有给定类型和并发性的 ResultSet 的对象。

(3) PreparedStatement prepareStatement(string sql) 方 法 。 这 个 方 法 用 来 创 建 PreparedStatement 的对象，该对象将生成具有给定类型、并发性和可保存性的 ResultSet 的对象。关于该类对象的特性在后面介绍。

(4) void commit( )方法。这个方法用来提交对数据库执行的添加、删除或修改记录等操作。

(5) void rollback( )方法。这个方法用来取消对数据库执行的添加、删除或修改记录等操作，将数据库恢复到执行这些操作前的状态。

(6) void close( )方法。这个方法用来立即释放此 Connection 的对象的数据库和 JDBC 资源，而不是等待它们被自动释放。

(7) boolean isClosed( )方法。这个方法用来测试是否已关闭 Connection 的对象与数据库的连接。

3. Statement 接口

java.sql.Statement 接口用于执行静态 SQL 语句并返回它所生成结果的对象。在默认情况下，同一时间每个 Statement 的对象只能打开一个 ResultSet 的对象。Statement 接口提供的常用成员方法如下：

(1) ResultSet executeQuery(String sql)方法。这个方法用来执行给定的 SQL 语句，该语句返回单个 ResultSet 的对象。

(2) int executeUpdate(String sql)方法。这个方法用来执行给定的 SQL 语句，该语句可能为 INSERT、UPDATE 或 DELETE 语句，或者不返回任何内容的 SQL 语句(如 SQL DDL 语句)。

(3) boolean execute(String sql)方法。这个方法用来执行给定的 SQL 语句，该语句可能返回多个结果。

(4) ResultSet getResultSet( )方法。这个方法用于以 ResultSet 的对象的形式获取当前结果。

(5) int getUpdateCount( )方法。这个方法用于以更新计数的形式获取当前结果。如果结果为 ResultSet 的对象或没有更多结果，则返回 −1。

(6) void clearWarnings( )方法。这个方法用来清除在此 Statement 对象上报告的所有警告。

(7) void close( )方法。这个方法用于立即释放此 Statement 对象的数据库和 JDBC 资源，而不是等待该对象自动关闭时发生此操作。

4．PreparedStatement 接口

java.sql.PreparedStatement 接口可以表示预编译的 SQL 语句的对象，它是 Statement 接口的子接口。由于 SQL 语句可以被预编译并存储在 PreparedStatement 接口的对象中，所以可以使用此对象多次高效地执行该语句。

PreparedStatement 的对象继承了 Statement 的对象的所有功能，另外还增加了一些特定的方法。PreparedStatement 接口提供的常用成员方法如下：

(1) ResultSet executeQuery( )方法。这个方法用于在此 PreparedStatement 的对象中执行 SQL 查询，并返回该查询生成的 ResultSet 的对象。

(2) int executeUpdate( )方法。这个方法用于在此 PreparedStatement 的对象中执行 SQL 语句，该语句必须是一个 SQL 数据操纵语言(DML)语句，如 INSERT、UPDATE 或 DELETE 语句，或者是无返回内容的 SQL 语句(如 DDL 语句)。

(3) void setDate(int parameterIndex,Date x)方法。这个方法使用运行应用程序的虚拟机的默认时区，将指定参数设置为给定的 java.sql.Date 值。

(4) void setTime(int parameterIndex,Time x)方法。这个方法将指定参数设置为给定的 java.sql.Time 值。

(5) void setDouble(int parameterIndex,double x)方法。这个方法将指定参数设置为给定的 Java double 值。

(6) void setFloat(int parameterIndex,float x)方法。这个方法将指定位置的参数设定为浮点型数值。

(7) void setInt(int parameterIndex,int x)方法。这个方法将指定参数设置为给定的 Java int 值。

(8) void setNull(int parameterIndex,int sqlType)方法。这个方法将指定参数设置为 SQL NULL。

5．ResultSet 接口

java.sql.ResultSet 接口用来表示数据库结果集的数据表，通常通过执行查询数据库的语句生成。ResultSet 的对象具有指向其当前数据行的光标。最初光标被置于第一行之前。next( )方法将指针移动到下一行；因为该方法在 ResultSet 的对象没有下一行时返回 false，所以可以在 while 循环中使用它来迭代结果集。ResultSet 接口提供的常用成员方法如表 16.1 所示。

表 16.1　ResultSet 接口的常用成员方法

成 员 方 法	功 能 说 明
boolean absolute(int row)	将指针移动到此 ResultSet 的对象的给定行编号
boolean first()	将指针移动到此 ResultSet 的对象的第一行
void beforeFirst()	将指针移动到此 ResultSet 的对象的开头，位于第一行之前
boolean last()	将指针移动到此 ResultSet 的对象的最后一行
void afterLast()	将指针移动到此 ResultSet 的对象的末尾，位于最后一行之后
boolean previous()	将指针移动到此 ResultSet 的对象的上一行
boolean next()	将指针从当前位置向后移一行
void insertRow()	将插入行的内容插入到此 ResultSet 的对象和数据库中
void updateRow()	修改数据表中的一条记录
void deleteRow()	从此 ResultSet 的对象和底层数据库中删除当前行
void update 类型(int ColumnIndex,类型 x)	使用给定类型 x 更新指定列
int get 类型(int ColumnIndex)	以 Java 编程语言中类型的形式获取此 ResultSet 的对象的当前行中指定列的值

16.3　下载 MySQL 包与驱动包

　　MySQL 是 Oracle 旗下的开源产品，是最流行的关系型数据库管理系统之一。下载了 MySQL 包并安装了 MySQL 服务器后，用户就可以在 cmd 命令提示符界面或 Eclipse IDE 中对数据库执行各种操作，比如创建新的数据库、创建新的数据表，对数据库及表进行增、删、改、查询等操作。

16.3.1　下载 MySQL 包

　　用 JDBC 编程必须下载 MySQL 驱动(.jar 包)，它是 MySQL 提供的 JDBC 驱动程序，利用它可以与数据库建立连接、发送 SQL 语句及处理结果等。例如，本章使用的 MySQL 驱动程序是 mysql-connector-j-8.0.32.jar。下载免安装的 MySQL 包的步骤如下：

　　(1) 搜索 MySQL 官网地址，进入如图 16.3 所示的官网主界面。

　　(2) 将图 16.3 向下拖动，找到图 16.4 箭头所指的"MySQL Community(GPL) Downloads"选项，单击该选项进入如图 16.5 所示的界面。

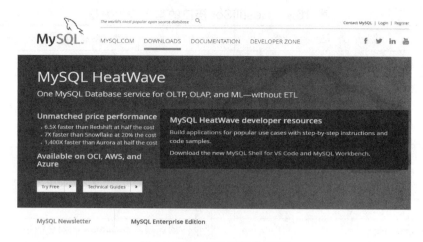

图 16.3　MySQL 官网主界面

图 16.4　"MySQL Community(GPL) Download"选项所在界面

(3) 在图 16.5 处找到并单击"MySQL Community Server"选项，点击进入如图 16.6 所示的界面。

图 16.5　"MySQL Community Server"选项所在界面

（4）在图 16.6 上，选择"Select Operating System"下的"Microsoft Windows"，然后单击右边箭头所指的第一个下载选项(下载免安装版)，进入图 16.7 所示的界面。

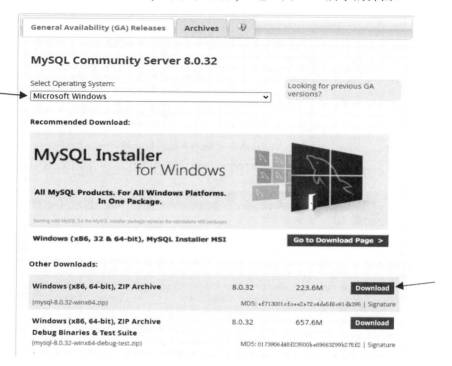

图 16.6　下载 MySQL 所在界面

（5）在图 16.7 所示的界面，我们单击其中的"No thanks,just start my download"选项，出现如图 16.8 所示的界面，我们将该文件下载到自己设定的位置，本章是下载到 D:\Java\Eclipse 下。

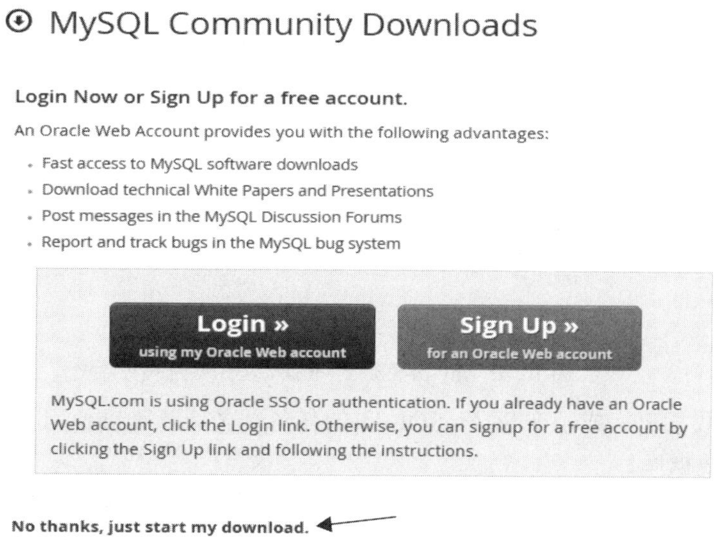

图 16.7　"No thanks,just start my download"选项所在界面

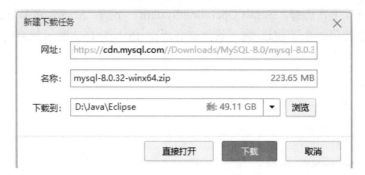

图 16.8　MySQL 下载到本机的位置界面

(6) 下载的 mysql-8.0.32-winx64 压缩包及解压后的文件位置如图 16.9 所示。

图 16.9　mysql-8.0.32-winx64 解压后的位置界面

(7) 双击 mysql-8.0.32-winx64 文件夹，其中的内容如图 16.10 所示。

图 16.10　mysql-8.0.32-winx64 文件夹内的文件夹

至此，我们已完成了下载 MySQL 包的任务，之后就可以使用下述两种方法之一操作 MySQL 数据库。

(1) 在 cmd 命令提示符界面操作数据库。当用户安装并开启了 MySQL 服务器，登录 MySQL 数据库管理系统后，就可以在 cmd 命令提示符界面执行任何 SQL 语句，比如创建新的数据库、创建新的数据表，对数据库及表进行增、删、改、查询等操作。

(2) 在 Eclipse IDE 下通过 JDBC 编程操作数据库。当我们下载了 MySQL 驱动(.jar 包)后，加载 MySQL 驱动程序到 Eclipse IDE 的工程项目中，就可以通过编写 JDBC 应用程序实现对数据库的访问。

16.3.2　在 cmd 命令提示符界面执行 MySQL 命令

1. MySQL 常用命令简介

cmd 命令提示符界面下常用的 MySQL 命令汇总如下：

安装 MySQL 服务器：mysqld -install。

初始化 MySQL 服务器：mysqld --initialize -console。

开启 MySQL 服务器：net start mysql。

用户登录 MySQL 数据库：mysql -u root -p。

用户退出 MySQL 数据库：quit。

修改用户登录密码：alter user 'root'@'localhost' identified by '新密码'。

停止 MySQL 服务器：net stop mysql。

卸载 MySQL 服务器：mysqld -remove。

2. 安装并初始化 MySQL 服务器

(1) 利用 Windows+r 进入如图 16.11 所示的运行界面。在此界面输入 cmd 命令后单击"确定"按钮，进入如图 16.12 所示的 cmd 命令提示符界面。在 cmd 命令提示符界面键入"d："后回车切换到 D 盘，再键入"cd　D:\Java\Eclipse\mysql-8.0.32-winx64\bin"并回车后，切换到 D:\Java\Eclipse\mysql-8.0.32-winx64\bin 目录下，如图 16.12 中部所示。

图 16.11　管理员身份打开运行界面

(2) 安装 MySQL 服务器。在 cmd 命令提示符界面输入命令"mysqld-install"并回车后，如果出现图 16.12 中部"Service successfully installed."的提示信息，则表明 MySQL 服务器安装成功了。

(3) 初始化 MySQL 服务器。继续在 cmd 命令提示符界面输入命令"mysqld-initialize --console"并回车后，出现图 16.12 中部的提示信息。注意：初始化会产生一个随机密码，如本例中的"mnoj=M=dJ9wk"，请记住这个密码，后面会用到。另外，此时 D:\Java\Eclipse\mysql-8.0.32-winx64 文件夹内增加了一个 data 文件夹，见图 16.13。

(4) 开启 MySQL 服务器。继续在 cmd 命令提示符界面输入命令"net start mysql"并回车后，出现图 16.12 下部所示的"服务已经启动成功。"的提示信息。

图 16.12　cmd 命令提示符界面

图 16.13　mysql-8.0.32-winx64 文件夹内的文件夹

(5) 用户登录 MySQL 数据库管理系统。在 cmd 命令提示符界面输入命令"mysql-u root -p",再输入初始化 MySQL 服务器时系统给的随机密码(见步骤(3)),结果见图 16.14 上半部分。

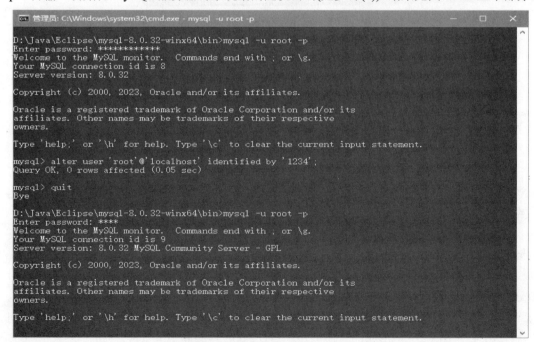

图 16.14　用户登录修改密码所在界面

(6) 修改用户的密码。在 cmd 命令提示符界面输入命令"alter user 'root'@'localhost' identified by '新密码';",例如新密码为"1234",结果如图 16.14 中部所示。此步可选。

(7) 验证用户的密码。在 cmd 命令提示符界面输入命令"quit"退出 MySQL 数据库管理系统,再次输入"mysql -u root -p"登录,输入刚刚设置的密码,如图 16.14 下半部分所示。此步可选。

3. 新建数据库操作

(1) MySQL 数据库管理系统中常用的 SQL 命令如下:

新建数据库:

    create database 数据库名;

查看现有数据库:

    show databases;

查看当前使用数据库:

    select database();

删除数据库:

    drop database 数据库名;

打开或切换数据库:

    use 数据库名;

注意:刚连接上 MySQL 时没有数据库,使用该语句设置当前使用的数据库。

查看当前数据库中所有表:

    show tables;

新建数据库的表:

    create table 表名(字段 1 字段类型,字段 2 字段类型,字段 3 字段类型,…);

显示表的字段信息:

    show create table 表名;

删除数据库中的表:

    drop table 表名;

(2) 创建 testDB 数据库。

当重新启动 cmd 命令提示符界面时,要使用"net start mysql"命令重新开启 MySQL 服务器,并使用"mysql -u root -p"命令进入 MySQL 用户登录界面后,才可以使用 SQL 语句对数据库进行操作。

要创建数据库,最好是先查看一下现有数据库。因此,在用户登录 MySQL 界面后,首先输入"show databases;"命令查看现有数据库,如图 16.15 所示。接着,输入创建数据库命令"create database testDB;", 这里的"testDB"是我们要新建的数据库名,这个名字是可以按自己的需要设置的。回车后再输入"show databases;"命令查看创建结果,如图 16.16 所示。

注意:为安全起见,当重新启动 cmd 命令提示符界面,重新开启服务器进入 MySQL 数据库界面后,最好先输入"select databases();"命令查看当前使用的数据库,如图 16.17 所示。当前使用数据库为空时,必须使用"use 数据库名;"命令打开或切换数据库,如图

16.18 所示，之后可以看到当前使用的数据库。

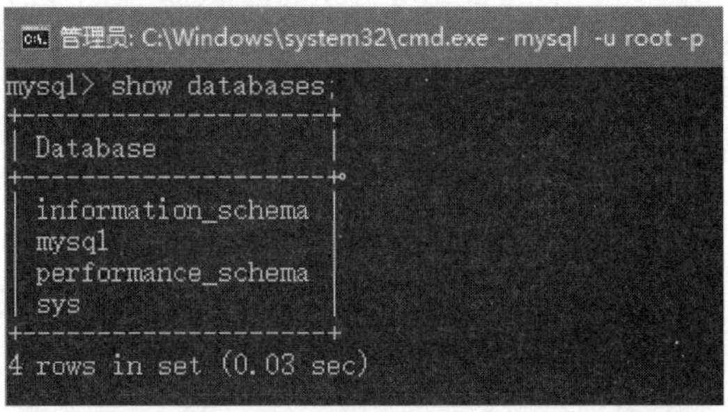

图 16.15　查看现有数据库命令界面

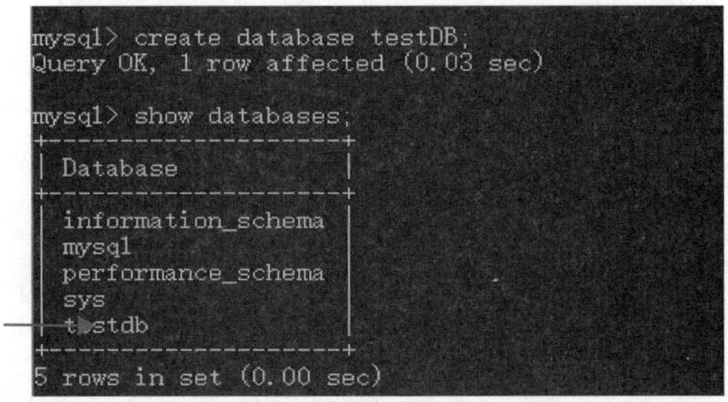

图 16.16　创建 testDB 数据库命令界面

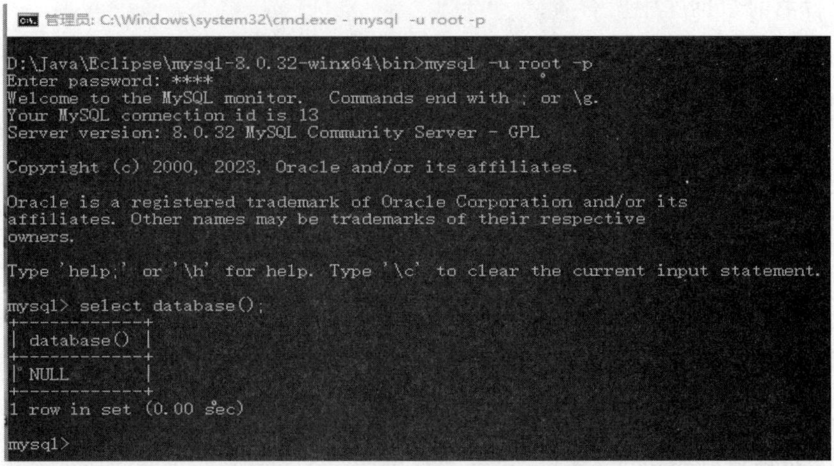

图 16.17　查看当前使用的数据库

图 16.18　加载当前使用的数据库

当我们在 MySQL 中创建了 testDB 数据库后，就可以不启动 cmd 命令提示符界面，而是通过下载 MySQL 的 JDBC 驱动(.jar 包)，并加载到 Eclipse 工程项目中，在该项目中编写 JDBC 应用程序来实现对数据库的操作。

16.3.3　将 MySQL 的 JDBC 驱动加载到 Eclipse 中

1. 下载 MySQL 的 JDBC 驱动(.jar 包)

(1) 在图 16.19 所示的 MySQL 官网主界面上单击"Products"选项，进入图 16.20 所示的界面。

图 16.19　MySQL 官网主界面

图 16.20　"Products"选项所在界面

(2) 单击图 16.20 中"MySQL Enterprise Edition"选项，进入图 16.21 所示的界面，在此界面上拖动左边菜单向下滑找到箭头所指的"Connectors"选项。

(3) 单击图 16.21 中的"Connectors"选项，进入图 16.22 所示的界面，找到"JDBC Driver for MySQL (Connector/J)"项，它就是 MySQL 的 JDBC 驱动包。单击该项后面的"Download"按钮，进入图 16.23 所示的界面。

图 16.21　"MySQL Enterprise Edition"选项所在界面

图 16.22　"Connectors"选项所在界面

(4) 在图 16.23 所示的界面上选择"Select Operating System"标签下的"Platform Independent"选项。

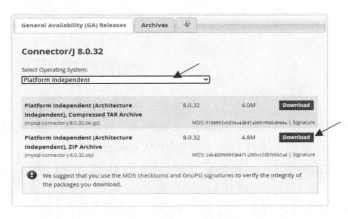

图 16.23　"Connector/J"选择所在界面

(5) 单击图 16.23 中右边箭头所指的第二个下载(ZIP)选项，进入图 16.24 所示的界面。

图 16.24　下载 MySQL 的 JDBC 驱动包所在界面

(6) 单击图 16.24 中箭头所指的 "No thanks,just start my download." 选项，进入下载界面。我们将该压缩文件下载到如图 16.25 所示的 D:\Java\Eclipse 下，并进行解压。

图 16.25　MySQL 驱动包在本机位置

(7) 在 D:\Java\Eclipse\mysql-connector-j-8.0.32\mysql-connector-j-8.0.32 文件夹下找到 MySQL 的 JDBC 驱动文件，即 mysql-connector-j-8.0.32.jar，如图 16.26 所示，这便是准备加载到 Eclipse 工程项目中 MySQL 的 JDBC 驱动。

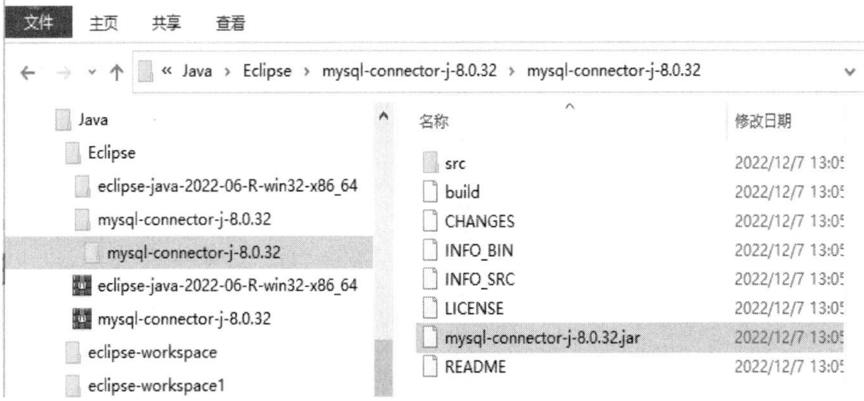

图 16.26　MySQL 的 JDBC 驱动(jar 包)在本机位置

2. 加载 JDBC 驱动到 Eclipse 工程项目的步骤

(1) 新建一个项目，如 ch16。如图 16.27 所示，在项目名根部单击右键，在出现的菜单中找到"Properties"选项并单击，出现如图 16.28 所示的界面。

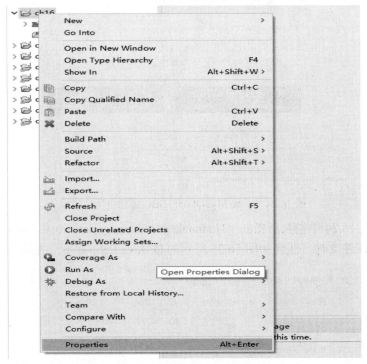

图 16.27 "Properties" 选项所在界面

(2) 在图 16.28 所示的界面上，左边选择"Java Build Path"，中间部分选择"Libraries"，然后单击"Add External Jars…"按钮，出现如图 16.29 所示的界面。

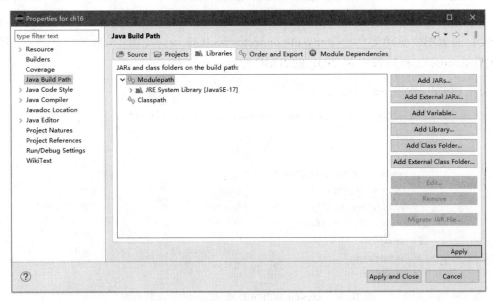

图 16.28 "Java Build Path"所在界面

(3) 在图 16.29 中，选择"jmysql-connector-j-8.0.32.jar"文件，单击右下方"打开"按钮，出现如图 16.30 所示的界面。

图 16.29　MySQL 的 JDBC 驱动所在位置

(4) 在图 16.30 中我们看到了 MySQL 的 JDBC 驱动"mysql-connector-j-8.0.32.jar"，最后单击"Apply and Close"按钮，出现图 16.31 所示的界面。

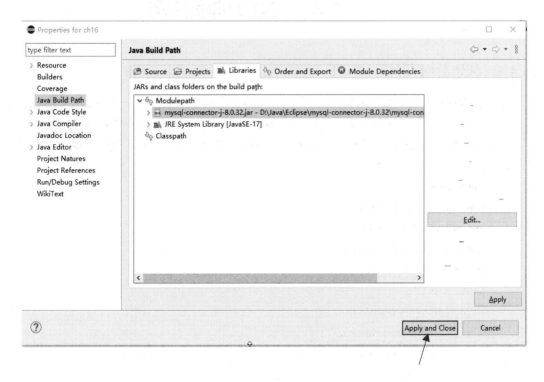

图 16.30　加载 MySQL 的 JDBC 驱动

(5) 如图 16.31 所示，当我们在 Eclipse IDE 的工程项目中看到加载的 MySQL 的 JDBC 驱动"mysql-connector-j-8.0.32.jar"时，就可以着手编写 JDBC 应用程序了。

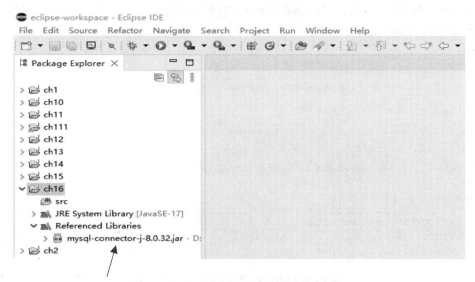

图 16.31   ch16 项目中加载了 MySQL 驱动

16.4   JDBC 编程实例

16.4.1   创建数据表

📖【示例程序 C16_1.java】   在已有的 testDB 数据库中创建一个暂时为空的 student 表。设该表有学号(id)、姓名(name)及成绩(score) 三个字段。student 表的结构是：id(字符型，宽度为 10)、name(字符型，宽度为 15)与 score(整数型)三个字段。输出 student 表中的记录总数。

```java
package ch16;
import java.sql.Connection;
import java.sql.DriverManager;
import java.sql.SQLException;
import java.sql.Statement;
public class C16_1 {
    static Connection conn;
    static Statement stmt;
    public static void main(String[] args) {
        table();    //创建 student 表
    }
    //连接数据库
    private static Connection getConnection() {
        String driver="com.mysql.cj.jdbc.Driver";    // MySQL 的 JDBC 驱动
```

```
                //jdbc:mysql 为协议和产品；localhost 为 IP 地址；3306 为端口号；testDB 为数据库名
                String str= "jdbc:mysql://localhost:3306/testDB";
            // useSSL=false 表示安全登录策略；serverTimezone=UTC 表示设置时区
            //allowPublicKeyRetrieval=true    允许公开密钥检索
    String str1="?useSSL=false&allowPublicKeyRetrieval=true&serverTimezone=UTC";
    String url=str+str1;                    //为 MySQL 的 URL 创建字符串对象
                String user="root";                //为 MySQL 用户登录名创建字符串对象
                String pass="1234";                //为 MySQL 用户登录密码创建字符串对象
                Connection conn = null;
                try {
                    Class.forName(driver);       //加载驱动
                    System.out.println("加载 MySQL 驱动成功");
                    conn = (Connection) DriverManager.getConnection(url, user, pass);
                    System.out.println("连接 MySQL 数据库成功");
                } catch (SQLException se) {
                    System.out.println("连接 MySQL 数据库出错");
                    se.printStackTrace();
                } catch (Exception e) {
                    e.printStackTrace();
                    System.out.println("加载 MySQL 驱动出错");
                }
            return conn;
        }//getConnection
    // 创建 testDB 数据库的 student 表
    public static void table() {
        conn = getConnection();        //创建 conn 对象连接数据库
        //创建一个含有三个字段的 student 学生表
        String sql = "create table student ( "+"id char(10),"+"name char(15),"+"score integer"+")";
try {
            stmt=conn.createStatement( );    //创建 Statement 对象
            int count =stmt.executeUpdate(sql);        //执行 SQL 语句，创建 student 表
            System.out.println("创建 student 表成功，表中 "+count+" 条记录");
            // 释放资源
    stmt.close();            //释放 Statement 对象的数据库及 JDBC 资源
    conn.close();            //断开数据库连接
        } catch (SQLException e) {
            System.out.println("创建 student 表失败" + e.getMessage());
        }
    }//table
```

```
    }//C16_1
```

该程序的运行结果如下：

　　　加载 MySQL 驱动成功

　　　连接 MySQL 数据库成功

　　　创建 student 表成功，表中 0 条记录

程序说明：

　　"String sql =create table student(id char(10),name char(15),score integer);" 语句用来创建一个字符串 sql 对象。该对象设置的内容是要用来执行的 SQL 语句，即创建一个包含 id(字符型，宽度为 10)、name(字符型，宽度为 15)与 score(数字型)三个字段的 student 空表。

　　createStatement() 方法是 java.sql.Connection 接口的成员方法，用来创建一个 Statement 对象，用以向数据库发送 SQL 语句。

　　executeUpdate() 方法是 java.sql.Statement 接口的成员方法，用来执行静态 SQL 语句，如 INSERT、UPDATE 或 DELETE 语句等，可以是返回它所生成结果的对象的接口，也可以是不返回任何内容的 SQL 语句。

　　"int count =stmt.executeUpdate(sql);" 表示执行 sql 对象作为实参的给定的 SQL 语句，创建一个 student 表，返回 student 表的记录总数。

16.4.2　向数据表中插入数据

　　🖫【示例程序 C16_2.java】 在上例的 student 表中插入三个学生的记录，输出插入记录后的 student 表。

```java
package ch16;
import java.sql.Connection;
import java.sql.DriverManager;
import java.sql.ResultSet;
import java.sql.SQLException;
import java.sql.Statement;
public class C16_2 {
    static Connection conn;
    static Statement stmt;
    public static void main(String[] args) {
        insert();              //在 student 表中插入记录
    }
    //连接数据库
    private static Connection getConnection() {
        String driver="com.mysql.cj.jdbc.Driver";    //MySQL 的 JDBC 驱动
        //jdbc:mysql 为协议和产品；localhost 为 IP 地址；3306 为端口号；testDB 为数据库名
        String str= "jdbc:mysql://localhost:3306/testDB";
        // useSSL=false 表示安全登录策略；serverTimezone=UTC 表示设置时区
        //allowPublicKeyRetrieval=true  允许公开密钥检索
```

```
        String str1="?useSSL=false&allowPublicKeyRetrieval=true&serverTimezone=UTC";
        String url=str+str1;                //为 MySQL 的 URL 创建字符串对象
        String user="root";                //为 MySQL 用户登录名创建字符串对象
        String pass="1234";                //为 MySQL 用户登录密码创建字符串对象
        Connection conn = null;
        try {
            Class.forName(driver);          //加载驱动
            System.out.println("加载 MySQL 驱动成功");
            conn = (Connection) DriverManager.getConnection(url, user, pass);
            System.out.println("连接 MySQL 数据库成功");
        } catch (SQLException se) {
            System.out.println("连接 MySQL 数据库出错");
            se.printStackTrace();
        } catch (Exception e) {
            e.printStackTrace();
            System.out.println("加载 MySQL 驱动出错");
        }
        return conn;
    }//getConnection


    //在 student 表中插入 3 条记录
    public static void insert() {
        conn = getConnection();             //创建 conn 对象连接数据库
        try {
            Statement stmt=conn.createStatement( );     //创建 Statement 的对象
            String r1="insert into student values("+"'0001','王明',80)";
            String r2="insert into student values("+"'0002','高强',94)";
            String r3="insert into student values("+"'0003','李莉',82)";
            //使用 SQL 的 insert 命令插入三条学生记录到表中
            stmt.executeUpdate(r1);             //执行 SQL 命令
            stmt.executeUpdate(r2);
            stmt.executeUpdate(r3);
            //输出  student  表
        System.out.println("输出 sudent 表中插入的记录");
            ResultSet rs=stmt.executeQuery("select * from student");
            while(rs.next( )){
                System.out.println(rs.getString("id") +"\t" +
                                rs.getString("name")+"\t" + rs.getInt("score"));
            }//while
```

```
                    // 释放资源
                    rs.close();              //释放 ResultSet 对象的数据库及 JDBC 资源
                    stmt.close();            //释放 Statement 对象的数据库及 JDBC 资源
                conn.close();        //断开数据库连接
            } catch (SQLException e) {
                System.out.println("插入数据失败" + e.getMessage());
            }
        } //insert
    }//C16_2
```

该程序的运行结果如下：

加载 MySQL 驱动成功

连接 MySQL 数据库成功

输出 sudent 表中插入的记录

0001 王明 80

0002 高强 94

0003 李莉 82

程序说明：

"Statement stmt=conn.createStatement( );"语句是通过 Connection 接口的 conn 对象创建一个 Statement 对象，用于向数据库发送参数化 SQL 语句。

"String r1="insert into student values("+"'0001','王明',80)";"语句用来创建一个字符串 r1 对象。该对象设置的内容是要用来执行插入一条记录的 SQL 语句。

"stmt.executeUpdate(r1);"语句表示执行 r1 对象作为实参的给定的 SQL 语句，在 student 表中插入"id=0001　name=王明 score=80"的一条记录。

"ResultSet rs=stmt.executeQuery("select * from student");"语句表示执行给定的"select * from student"SQL 查询语句，将查询的结果以数据表的形式返回给 ResultSet 的 rs 对象。

Statement 接口的 executeQuery()方法执行给定的 SQL 语句，该语句返回一个 ResultSet 对象。

java.sql.ResultSet 接口对象表示得到的数据库结果集的数据表，由执行查询数据库的语句生成。

"next( )"成员方法是 ResultSet 接口的方法，用来遍历 ResultSet 接口的对象得到的数据表。ResultSet 对象维护一个指向当前数据行的指针。最初，指针定位在第一行之前。使用 next 方法将指针移动到下一行，直到 while(rs.next( ))为 false 时为止。

16.4.3　更新数据

🔲【示例程序 C16_3.java】　在上例 student 表中修改第二条和第三条记录的学生成绩，输出修改后的 student 表。

```
        package ch16;
        import java.sql.Connection;
        import java.sql.DriverManager;
```

```java
import java.sql.PreparedStatement;
import java.sql.ResultSet;
import java.sql.SQLException;
import java.sql.Statement;
public class C16_3 {
    static Connection conn;
    static Statement stmt;
    public static void main(String[] args) {
        update();      //更新 student 表中的记录
    }
    //连接数据库
    private static Connection getConnection() {
        String driver="com.mysql.cj.jdbc.Driver";      // MySQL 的 JDBC 驱动
        //jdbc:mysql 为协议和产品；localhost 为 IP 地址；3306 为端口号；testDB 为数据库名
        String str= "jdbc:mysql://localhost:3306/testDB";
        // useSSL=false 表示安全登录策略；serverTimezone=UTC 表示设置时区
        //allowPublicKeyRetrieval=true   允许公开密钥检索
        String str1="?useSSL=false&allowPublicKeyRetrieval=true&serverTimezone=UTC";
        String url=str+str1;                //为 MySQL 的 URL 创建字符串对象
        String user="root";                //为 MySQL 用户登录名创建字符串对象
        String pass="1234";                //为 MySQL 用户登录密码创建字符串对象
        Connection conn = null;
        try {
            Class.forName(driver);   //加载驱动
            System.out.println("加载 MySQL 驱动成功");
            conn = (Connection) DriverManager.getConnection(url, user, pass);
            System.out.println("连接 MySQL 数据库成功");
        } catch (SQLException se) {
            System.out.println("连接 MySQL 数据库出错");
            se.printStackTrace();
        } catch (Exception e) {
            e.printStackTrace();
            System.out.println("加载 MySQL 驱动出错");
        }
        return conn;
    }//getConnection

    //在 student 表中更新某些记录的成绩
    public static void update() {
```

```
            String[ ] id={"0002","0003"};              //设置要修改成绩的 id 号
            int[ ] score={89,60};                       //设置要修改的新成绩
            conn = getConnection();                     //创建 conn 对象连接数据库
            try {
                    Statement stmt=conn.createStatement( );    //创建 Statement 的对象
                    //修改数据库中 student 表的内容
                    PreparedStatement ps=conn.prepareStatement(
                                        "UPDATE student set score=? where id=? ");
                    int i=0;
                    do
                     {
                        ps.setInt(1,score[i]);
                        ps.setString(2,id[i]);
                        ps.executeUpdate( );        //执行 SQL 修改命令
                        ++i;
                     }while(i<id.length);
                    ps.close( );
                    //输出 student 表
                    ResultSet rs=stmt.executeQuery("select * from student");
                    while(rs.next( )){
                        System.out.println(rs.getString("id") +"\t" +
                                    rs.getString("name")+"\t" + rs.getInt("score"));
                     }//while
                    // 释放资源
                    rs.close();         //释放 ResultSet 对象的数据库及 JDBC 资源
                    stmt.close();        //释放 Statement 对象的数据库及 JDBC 资源
                conn.close();    //断开数据库连接
            } catch (SQLException e) { System.out.println("插入数据失败" + e.getMessage());
            }
        } //update
    }//C16_2
```

该程序的运行结果如下：

　　加载 MySQL 驱动成功

　　连接 MySQL 数据库成功

　　0001 王明 80

　　0002 高强 89

　　0003 李莉 60

程序说明：

java.sql.PreparedStatement 是 java.sql.Statement 接口的子接口，它提供了一系列的 set

方法来设定位置。程序中的语句

　　"PreparedStatement ps=con.prepareStatement("UPDATE student set score=? where id=? ");"

是通过 Connection 接口的 conn 对象创建一个 PreparedStatement 接口 ps 对象，用于向数据库发送参数化 SQL 语句。其中，实参"UPDATE student set score=? where id=?"是更新 student 表中数据的 SQL 语句，表示在 student 表中当 id=? 时更新 score=? 的值。这里 "?" 表示未指定字段的值，程序必须在执行 "ps.executeUpdate( )；" 语句之前，使用 PreparedStatement 接口的 set()方法指定各个问号位置的值。

　　PreparedStatement 接口的 executeUpdate( )方法是执行 PreparedStatement 对象中的 SQL 语句，该语句必须是 SQL 数据操作语言(DML)语句，如 INSERT、UPDATE 等。

　　该程序通过下面的循环语句来实现指定各个问号位置的字段值，实现更新 student 表中数据。

```
int i=0;
do
 {
    ps.setInt(1,score[i]);
    ps.setString(2,id[i]);
    ps.executeUpdate( );          //执行 UPDATE 语句
    ++i;
 }while(i<id.length);
```

下面以 i=0 进入循环体来说明怎样指定各个问号位置的字段值，完成数据更新。

　　"ps.setInt(1,score[0]);" 语句中的参数 1 指出这里的 score[0]的值是 SQL 语句中第一个问号位置的修改值，是 89。

　　"ps.setString(2,id[0]);；" 语句中的参数 2 指出这里的 id[0]的值是 SQL 语句中第二个问号位置的值，是 0002，等同于 "UPDATE student set　score=89　where　id="0002"" SQL 语句，表示当 id="0002"时，将 score 的值修改为 89。

　　"ps.executeUpdate( );" 执行 UPDATE 语句，更新 student 表 score 字段的值，将原来 score=94 改为 score=89。

16.4.4　删除记录

　　📄【示例程序 C16_4.java】　删除上例 student 表中的第二条记录，输出删除记录后的 student 表。

```
package ch16;
import java.sql.Connection;
import java.sql.DriverManager;
import java.sql.PreparedStatement;
import java.sql.ResultSet;
import java.sql.SQLException;
import java.sql.Statement;
public class C16_4 {
```

```java
static Connection conn;
static Statement stmt;
public static void main(String[] args) {
    delete();      //删除 student 表中第二条记录
        }
        //连接数据库
private static Connection getConnection() {
        String driver="com.mysql.cj.jdbc.Driver";     // MySQL 的 JDBC 驱动
        //jdbc:mysql 为协议和产品；localhost 为 IP 地址；3306 为端口号；testDB 为数据库名
        String str= "jdbc:mysql://localhost:3306/testDB";
        // useSSL=false 表示安全登录策略；serverTimezone=UTC 表示设置时区
        //allowPublicKeyRetrieval=true    允许公开密钥检索
        String str1="?useSSL=false&allowPublicKeyRetrieval=true&serverTimezone=UTC";
    String url=str+str1;      //为 MySQL 的 URL 创建字符串对象
        String user="root";      //为 MySQL 用户登录名创建字符串对象
        String pass="1234";      //为 MySQL 用户登录密码创建字符串对象
        Connection conn = null;
        try {
        Class.forName(driver);    //加载驱动
        System.out.println("加载 MySQL 驱动成功");
        conn = (Connection) DriverManager.getConnection(url, user, pass);
        System.out.println("连接 MySQL 数据库成功");
        } catch (SQLException se) {
            System.out.println("连接 MySQL 数据库出错");
            se.printStackTrace();
        } catch (Exception e) {

            e.printStackTrace();
            System.out.println("加载 MySQL 驱动出错");
        }
        return conn;
    }//getConnection


//删除 student 表中第二条记录
public static void delete() {
    conn = getConnection();    //创建 conn 对象连接数据库
    try {
            Statement stmt=conn.createStatement( );    //创建 Statement 的对象
            PreparedStatement ps=conn.prepareStatement("delete from student where id=?");
```

```
        ps.setString(1,"0002");        //删除 id="0002" 的记录
        ps.executeUpdate( );           //执行删除操作
        ps.close( );
        //输出 student 表的记录
        ResultSet rs=stmt.executeQuery("select * from student");
        while(rs.next( )){
            System.out.println(rs.getString("id") +"\t" +
                            rs.getString("name")+"\t" + rs.getInt("score"));
        }//while
        // 释放资源
        rs.close();            //释放 ResultSet  对象的数据库及 JDBC 资源
        stmt.close();          //释放 Statement  对象的数据库及 JDBC 资源
    conn.close();        //断开数据库连接
    } catch (SQLException e) {
        System.out.println("插入数据失败" + e.getMessage());
    }
    } //delete
}//C16_4
```

该程序的运行结果如下：

        加载 MySQL 驱动成功

        连接 MySQL 数据库成功

        0001 王明 80

        0003 李莉 60

程序说明：

"delete from student where id=?"语句是删除记录的 SQL 语句,表示删除 student 表中 id=? 的记录，程序必须在执行 "ps.executeUpdate( );" 语句之前，使用 PreparedStatement 接口的 set()方法设置问号的值。

第 16 章 ch16 工程中的示例程序在 Eclipse IDE 中的位置及其关系见图 16.32。

```
∨ 📂 ch16
  ∨ 🗁 src
    ∨ 🎛 ch16
      > 🗊 C16_1.java
      > 🗊 C16_2.java
      > 🗊 C16_3.java
      > 🗊 C16_4.java
  > 🗎 JRE System Library [JavaSE-17]
∨ 🗎 Referenced Libraries
  > 🗃 mysql-connector-j-8.0.32.jar - D:\Java\Eclipse\mysql-connector-j-8.0.32\mysql-connector-j-8.0.32
```

图 16.32　ch16 工程中的示例程序的位置及其关系

习　题　16

16.1　解释下列名词：

　　　数据库、关系型数据库、Field、Record、SQL、DDL、DML、DCL、JDBC

16.2　简述数据定义语言的功能。

16.3　简述数据操纵语言的功能。

16.4　简述数据库查询语言的功能。

16.5　简述四类 JDBC 驱动程序的特点。

16.6　在 Java 中进行 JDBC 编程要注意什么？

16.7　编写程序创建一个职工数据表，结构和内容如表 16.2 所示。

表 16.2　职工数据表

职工号	姓　名	性　别	工　资	职　称
1002	张小华	男	600	助工
1007	李莉	女	1000	工程师
1001	丁卫国	男	650	助工
1005	黄菊	女	1200	工程师
1003	宁涛	男	2500	高工

16.8　编写程序将习题 16.7 所建立的职工表从数据库读出并显示到屏幕上，再将每人的工资加 50 元后存入原表中。

16.9　编写程序读习题 16.8 修改后的表，按职工号从小到大排序并显示到屏幕上，再存入另一个表中。

16.10　编写程序读习题 16.9 的职工表，在该表第二条记录后插入一条新记录(由自己设计)，并显示插入后的表的内容。

16.11　编写程序读习题 16.10 的职工表，从表中删除 1001 和 1005 号职工的记录，并输出删除记录后的表。